集成电路先进工艺制造

陆　卫　宋艳汝　主编

上海科学技术出版社

图书在版编目（CIP）数据

集成电路先进工艺制造 / 陆卫，宋艳汝主编.
上海 ：上海科学技术出版社，2025. 3. -- ISBN 978-7-5478-7044-0

Ⅰ. TN405

中国国家版本馆CIP数据核字第20258Y5L03号

封面背景图片来源：上海纭楚越创文化传媒有限公司

集成电路先进工艺制造

陆 卫 宋艳汝 主编

上海世纪出版(集团)有限公司
上 海 科 学 技 术 出 版 社 出版、发行
(上海市闵行区号景路 159 弄 A 座 9F－10F)
邮政编码 201101 www.sstp.cn
上海展强印刷有限公司印刷
开本 787×1092 1/16 印张 28.5
字数 470 千字
2025 年 3 月第 1 版 2025 年 3 月第 1 次印刷
ISBN 978－7－5478－7044－0/TN・45
定价：178.00 元

本书编委会名单

主　编

陆　卫　宋艳汝

参　编

（按工作量排序）

彭鹏飞　张妍亭　刘娟娟　杨津津　翁思远

庄　晓　刘小华　王镜喆　马驰原　张雁冰

闫晓密　张祁莲　方维政　高颖杰　吴廷琪

吴文一　姚峰英　沈俊然　乔　凯　孙效义

计　骏　赵海锋　霍进迁　关子钧　张　勇

吴　涛

本书评审委员会名单

陈寿面　张　卫　毛志刚　赵建龙　孙真荣

俞跃辉　许　东　王诗男　徐旭光　周平强

寇煦丰　王　乾

序 | Preface

集成电路产业作为国家经济和社会发展的战略性、基础性、先导性产业，推动着世界前沿技术的创新与发展。该产业涵盖了芯片设计、制造、封装测试、装备和材料等关键领域。目前，我国在集成电路封装领域已实现突破，在设计领域也初露锋芒。然而，先进微纳制造技术仍亟待高质量发展。要实现集成电路产业的高水平发展，既要重视核心技术的创新，也要关注人才的培养。因此，需要从教育、科技与人才培养的“三位一体”角度统筹推动产业的高质量发展。

针对这一需求，高校应根据产业的发展方向，及时调整和优化课程体系与培养方案，紧跟产业技术更新的步伐，培养符合行业需求的高素质人才。作为一所以服务国家战略为使命的小规模、高水平、国际化的研究型创新型大学，上海科技大学为加强学生在集成电路先进工艺制造方面的实践能力，建立了材料器件中心微纳加工平台。该平台拥有 1 600 平方米的百级和千级超净空间，配备了近百台国内外先进的微纳加工和测试设备，包括广泛应用于工业界的 ASML 光刻机等，使学生能够近距离接触集成电路行业的核心工艺与设备。

在此基础上，为了培养集成电路先进工艺制造的卓越工程师，上海科技大学在上海市教委领导下，开展了集成电路制造工艺紧缺人才的研究生培养、研究生课程、用户培训和社会化实训“四位一体”培养体系建设与实践。该体系融合于学校材料科学与工程的“双一流”学科建设，强化了功能材料对集成电路制造的贡献度，积极推进了集成电路专项班的先进工艺制造和集成电路与系统设计等项目。近五年来，学校依托材料器件中心微纳加工平台，培训了来自各高校和高新企事业的技术人员近 6 000 人次，并建立了长期化、网格化的专业人才实践培养机制。每年为产业界输送约 50 名熟练掌握微纳制造技术的创新型、应用型硕士毕业生。

为进一步推进集成电路先进制造的人才培养，上海科技大学推出了应用型交叉融合专业硕士培养和实践课程。其中，材料器件中心开设了量子材料与微纳器件制造技术Ⅰ、Ⅱ和造芯大讲堂等多门专业硕士课程，并依托“材料与化工”和“电子信息”两个专业学位点培养专业硕士，材料器件中心微纳加工平台还为本教材的实验培训提供了高质量实验条件。基于这些实践经验，材料器件中心组建了教材编写小组，与产业界数十名专家和工程技术人员合作，整理并编纂了实践教材《集成电路先进工艺制造》，填补了我国在集成电路领域紧密结合实际应用的高水平实验教材的空白。

这本教材将理论与实践紧密结合，不仅涵盖了必要的理论基础，还强调了这些理论在实际工艺过程中的应用。书中从集成电路制造的工艺、设备、厂务三个既相互交叉又各不相同的领域出发，系统地阐述具体的理论与实践应用。内容涵盖了集成电路行业的现状与发展趋势，全面覆盖了光刻、薄膜沉积、化学机械抛光、离子注入、刻蚀、湿法清洗、键合及量测技术等主流工艺技术，并深入介绍了步进式光刻机、电子束曝光机等大型高精尖设备的工作原理与应用。书中还详细介绍了超净室的设计、安全管理及特种气体与化学品处理等先进技术。读者将能全方位理解集成电路FAB厂中“工艺、设备、厂务”的内涵和知识，助力他们将理论与实践融会贯通地应用于当期或未来的集成电路制造工作中。因此，这本教材将成为国内各高校培养应用型、技能型集成电路先进制造领域专业人才的入门教材，也是从事该领域工程师和管理者的重要参考书籍。

在上海科技大学全面推进的“AI for Science”研究方向下，材料器件中心已开始探索“AI for NanoFab”。通过构建和应用制造工艺大数据，旨在使人工智能在集成电路先进制造工艺的认知和掌控中发挥重要作用，进一步助力集成电路制造工艺的发展。这些未来的探索成果将为教材的科技内涵增添新的亮点，助力我国集成电路产业迈向更高水平。

上海科技大学

江绵恒

2024.11.28

前言 | Foreword

集成电路作为现代电子技术的核心，自 20 世纪 50 年代初发明以来，经历了数十年的持续发展和创新。在这段时期内，技术的进步极大地提升了集成电路的性能，扩大了其应用范围，使其从最初的小规模集成电路演变到大规模、超大规模集成电路。

集成电路产业迅猛发展，但随之而来的人才短缺也日益凸显。每年需要大量专业人才来填补空缺，因此，培养具备集成电路专业知识的学生成为一项非常重要的任务。目前，国家在集成电路工艺、设备原理乃至厂务理论方面已有众多相关图书，但面向实践的教材却相对较少，尤其缺乏将工艺制造、设备原理与厂务知识高度融合且注重实践的图书。

为了应对这一挑战，作为上海科技大学“双一流”建设的重要支撑平台和教学实训育人基地，上海科技大学材料器件中心（ShanghaiTech Material and Device Lab，SMDL）自 2019 年运行以来，重点聚焦于集成电路先进制造领域卓越工程师的人才培养任务。自 2023 年起，SMDL 依托先进的设备、资深的工程师团队，联合产业界相关人士，将集成电路先进制造理论与实践有机结合，精心撰写了本教材，力求为读者提供一本全面、深入且实用的参考书。本书不仅适用于大学本科生、研究生的学习，也希望对有志于或已从事集成电路制造工作的专业工程师和技术人员有一定的参考价值。

本书的特色如下。

综合工艺、设备与厂务技术：融合了集成电路制造的理论基础和前沿实践技术，深入浅出地探讨了集成电路制造的全过程。从芯片制造技术的历史背景、基本原理，到各种制造工艺、设备原理、厂务动力及实践技术，进行了全方位解析。以系统的方式呈现了芯片制造的复杂性及其精妙之处，涵盖了生产的各个环节，包括光刻、薄膜沉积、化学机械抛光、离子注入、刻蚀、键合、湿法清洗、量测技术及其相关工艺设备，以及超净室动力与环境、特种气体、化学品、安全生产管理等厂务技术内容。不仅详细介绍了当前主流的制造技术，还深入讲解了产业界的量产设备(如步进式光刻机、电子束曝光机、离子注入机、键合机、化学机械抛光机等)的基本原理、动力需求和应用实践。特别是在步进式光刻技术方面，详细介绍了特色的掩模版设计、任务编写等技术应用，使读者能够理解产业界光刻机量产设备与科研设备之间的区别。

重视技能实践：通过大量工艺设备的使用案例分析、实验数据、设备操作标准程序(standard operating procedure, SOP)和教学实践视频，强调了对集成电路制造实践技能的训练，帮助读者掌握实际操作能力。

产学研协作打造：本教材由产学研多方共同合作完成，汇聚了上海科技大学的学术支持和众多产业界专家、资深工程师的实践经验，确保内容的权威性和时效性。

本书由 SMDL 工作团队主导设计方案，相关撰写和技术校对工作得到了产业界众多专家工程师的大力支持，具体如下。

第 1 章：介绍集成电路产业的背景及其发展现状，帮助读者全面了解该产业。由 SMDL 和产业界的姚峰英、沈俊然撰写，刘澄澂、王梦知进行技术校对。

第 2 章：解析光刻技术的工艺流程及涉及的关键技术和设备，旨在让读者掌握光刻技术的基本原理。特别强调了接触式光刻、无掩模激光直写光刻、电子束光刻以及步进式/扫描式光刻这 4 种主要技术，帮助读者理解不同光刻技术的特点、差异及各自的适用场景。由 SMDL 撰写，产业界的沈俊然、姬学彬、姚树歆进行技术校对。

第 3 章：介绍物理气相沉积(physical vapor deposition, PVD)(包括磁控溅射、电子束蒸发)和化学气相沉积(chemical vapor deposition, CVD)[包括低压、等离子增强、电感耦合，以及原子层沉积(atomic layer deposition, ALD)]技术及相关设备，使读者了解常见沉积技术的特点、区别及应用场景。由 SMDL 撰写，产业界的计骏提供薄膜沉积设备的市场调研，胡彬彬进行技术校对。

第 4 章：主要介绍化学机械抛光(chemical mechanical polishing, CMP)技

术，包括单面抛光、双面抛光和有蜡抛光等。由 SMDL 和产业界的关子钧撰写。

第 5 章：介绍快速离子注入技术及退火工艺。由 SMDL 和产业界的张勇撰写。

第 6 章：介绍反应离子刻蚀技术（包括常规、电感耦合、深刻蚀技术）、物理刻蚀技术、等离子体刻蚀等干法刻蚀技术，以及湿法刻蚀技术，帮助读者理解常见刻蚀技术的原理、差异及应用场景。由 SMDL 撰写，产业界的李阳柏、刘庆鹏进行技术校对，方颖提供湿法设备的市场调研。

第 7 章：重点讲解芯片制造中常见的量测技术（形貌、材料厚度、应力、方阻、介电常数、颗粒度检测等）及相关设备，帮助读者理解不同量测技术的特点、差异及适用场景。由 SMDL 撰写，产业界的闫神锁提供椭偏仪的市场调研，陈鸿泽提供原子力显微镜的市场调研，冯天对“颗粒度检测”部分进行技术校对并补充“厂务动力配套要求”内容，李辉对“扫描电子显微镜”部分进行技术校对。

第 8 章：介绍各种类型的键合技术，包括直接键合、阳极键合和中间层键合，并重点介绍当前研究热点的异质集成键合技术。由 SMDL 和产业界的霍进迁撰写。

第 9 章：解读芯片制造中涉及的主要清洗技术，如有机清洗、RCA 清洗、SPM 清洗等，使读者掌握常见晶圆清洗技术的原理、区别和适用场景。由 SMDL 撰写，产业界的李阳柏进行技术校对。

第 10 章：首先介绍超净室的控制环境，包括洁净度、温湿度的调控，以及光刻区黄光的来源和实现方法；随后介绍超净室内电力系统和水供应的要求与实现；最后阐述超净室及工艺设备的空间与工艺布局，帮助读者理解芯片制造基础设施——超净室是如何构建的。由 SMDL 撰写，产业界的乔凯进行技术校对。

第 11 章：说明在超净室内使用高纯气体的理由，描述大宗气体与特种气体的特性、使用场景、储存和运输装备，使读者对超净室内的气体供应及安全措施有初步了解。由 SMDL 和产业界的孙效义撰写，冯明、马东、隗婷婷进行技术校对。

第 12 章：涵盖超净室内使用化学品的基本知识，包括化学品供应系统的实现、监控系统的应用、辅助系统的支持，以及废弃物处理方式，使读者对超净室内的化学品使用、处理和安全控制有基础认识。由 SMDL 及产业界的赵海锋撰写。

第 13 章：介绍工艺安全管理中采用的应急响应体系，包括通过中央监控中心和各类监控系统维持超净室内的安全监控，以及在紧急情况下的应对措施；同时，讨论为保障安全生产所需的管理规范，使读者了解产业界超净室的安全生产管理。由 SMDL 和产业界的乔凯撰写，张智亮进行技术校对。

此外，感谢 SMDL 厂务工作人员秦国庆、秦硕，以及研究生易锐、梁腾月、梁清铨、蒋远东、刘超、郭强、肖裕杰的积极参与，并感谢来自产业界的刘强、柳永勋对本书提出的宝贵建议。

由于编者水平有限，书中难免有疏漏和不足，恳请读者批评指正。

编　者

2024 年 11 月

目录 | Contents

第1章 集成电路的发展与现状

集成电路作为现代电子科技的核心，自 20 世纪中叶问世以来，经历了快速而深刻的发展历程。从最初的半导体器件集成到如今纳米级工艺的多功能芯片，集成电路推动了计算能力和电子设备的小型化与智能化的发展。当下，集成电路正面临着挑战与机遇并存的局面，包括摩尔定律趋缓、量子计算与人工智能的崛起，以及全球供应链的复杂性，这些都将重新定义行业未来的发展轨迹。本章将从概况、发展、制造、产业现状等几个方面讲述集成电路的发展与现状。

1.1 集成电路概况

1.1.1 集成电路的概念

集成电路(integrated circuit，IC)就是利用特定技术把一定数量的电子元件(如电阻、电容等无源元件和二极管、晶体管等有源元件)以及这些元件之间的连线，通过制造工艺，集成在一块半导体单晶圆上，形成的具有特定功能的电路。简单来说，集成电路就是将许多电子元件“压缩”到一个微小的空间内，以实现复杂的功能。集成电路具有小尺寸、性能提升、高集成度、可批量生产、高可靠性等特点。

集成电路的概念可以从组成、功能和制造工艺这 3 个方面来理解。

(1) 组成：指集成电路由哪些基本元件构成。集成电路中最基本的元件是晶体管，同时还包括电阻、电容等。对这些基本元件进行设计、组合和连接，使集成电路达到多种电路功能。

(2) 功能：指集成电路可以完成的任务。不同类型的集成电路具有不同的功能，例如存储器、微处理器、放大器等。

(3) 制造工艺：指制造集成电路的工艺流程，包括光刻、刻蚀、扩散、沉积、平坦化和清洗等。其中光刻技术能够将电路功能图案转移到半导体表面，是形成集成电路的关键步骤。

1.1.2 集成电路的分类

按照电路属性，我们可以把集成电路分为数字集成电路、模拟集成电路和混合信号集成电路。

(1) 数字集成电路：常见为微处理器(CPU、GPU 等)、数字信号处理器(digital signal processor，DSP)和微控制器(microcontroller unit，MCU)等，处理的是数字信号，使用最为广泛。

(2) 模拟集成电路：较多用于传感器、电源芯片、运放等，主要用于模拟信号的放大、滤波、解调、混频等功能。

(3) 混合信号集成电路：模拟和数字电路集成在一个芯片上，模数转换(analog to digital converter，ADC)和数模转换(digital to analog converter，DAC)芯片就属于这类。

按照制作工艺分类，可分为半导体集成电路和膜集成电路。

按规模分类，可分为小型集成电路、中型集成电路和大规模集成电路等，如表 1-1 所示。

表 1-1 集成电路按规模分类

分　　类	英文全称	英文缩写	规　　模
小型集成电路	small scale integration	SSI	逻辑门 10 个以下或 晶体管 100 个以下
中型集成电路	medium scale integration	MSI	逻辑门 11～100 个或 晶体管 101～1 000 个
大规模集成电路	large scale integration	LSI	逻辑门 101～1 000 个或 晶体管 1 001～10 000 个
超大规模集成电路	very large scale integration	VLSI	逻辑门 1 001～10 000 个或 晶体管 10 001～100 000 个
极大规模集成电路	ultra large scale integration	ULSI	逻辑门 10 001～1 000 000 个或 晶体管 100 001～10 000 000 个
吉规模集成电路	giga scale integration	GLSI	逻辑门 1 000 001 个以上或 晶体管 10 000 001 个以上

1.1.3　芯片及其分类

芯片(chip)是内含集成电路的微小薄片,是电子设备的核心部件,“芯片”一词是半导体元件产品的统称。芯片的概念比较笼统,常见的一种定义为“包含了一个或多个集成电路、能够实现某种特定功能的通用半导体元件产品”。

为什么叫作“芯”呢,是因为对于电子设备来说,芯片是藏在内部的重要器件,好比人类的心脏、汽车的发动机;那又为什么叫作“片”呢,因为芯片的形态是一片片的。所以合起来称之为“芯片”。经过一系列流程,如设计、制造、封装和测试后形成的芯片,具有运算、存储或控制等功能。人们提到芯片时,通常会根据其实际的用途,在芯片前面加上特定的名称,限定这是哪一类芯片,例如车规级芯片、基带芯片、存储芯片等。

芯片是一个比较大的范畴,我们可以从不同角度对其进行分类。

(1) 按世界半导体贸易统计组织(World Semiconductor Trade Statistic, WSTS)的权威分类:可分为模拟、微型、逻辑和存储芯片 4 类。

(2) 按等级分类:可分为宇航级、军工级、车规级、工业级和消费级芯片等。

(3) 按设计理念分类:可分为通用、半通用和专用芯片。

(4) 按半导体材料分类:可分为第一代、第二代和第三代半导体,如表 1-2 所示。

(5) 按功能分类:可分为计算芯片、存储芯片、通信芯片、感知芯片、能源芯片和接口芯片,如表 1-3 所示。

表 1-2　芯片按半导体材料分类

代　际	类　别	代表材料	优　　点	应 用 领 域
第一代	单元素	硅(Si) 锗(Ge)	储量丰富、 价格低	电子信息领域及新能源等
第二代	Ⅲ-Ⅴ 化合物	砷化镓(GaAs) 磷化铟(InP)	高频、抗辐射、 耐高温	商用无线通信、光通信等
第三代	宽禁带	氮化镓(GaN) 碳化硅(SiC)	耐高温高压、 大功率	射频通信、汽车电子、工业电力电子等

表 1-3 芯片按功能分类

芯片大类	芯片小类	功能
计算芯片	中央处理器(central processing unit, CPU)	执行计算机的指令和处理数据
	图形处理器(graphics processing unit, GPU)	处理图形相关的计算(图形和游戏渲染等)
	数据处理器(data processing unit, DPU)、神经网络处理器(neutral network processing unit, NPU)、加速处理器(accelerated processing unit, APU)等	数据处理、神经网络计算等特殊运算
	音频处理芯片	处理音频信号
存储芯片	随机存储器(random access memory, RAM)	暂时存储程序、数据和中间结果
	只读存储器(read-only memory, ROM)	存储各种固定程序和数据
通信芯片	5G 基带/射频芯片	实现蜂窝移动通信功能
	WiFi 芯片、蓝牙芯片	实现 WiFi 等网络通信功能
	以太网芯片	实现以太网等有线通信功能
感知芯片	环境传感器芯片	感知环境和物体的状态,包括各种传感器(加速度计、陀螺仪、温度传感器等)
	图像传感器芯片	将光信号转化成数字信号,从而被数字系统处理和存储
能源芯片	电源管理芯片	管理和调节电源,包括电池管理芯片、稳压器芯片等
	模数/数模转换芯片	模拟信号和数字信号的相互转换
接口芯片	通用串行总线芯片	外部接口的数据传递和处理
	高清多媒体接口芯片	提供全数字化视频和声音发送接口以完成多媒体连接

1.1.4 芯片、集成电路与半导体的关系

狭义上讲,芯片是基于半导体材料制造的集成电路产品。传统意义上的集成电路,基本上是指半导体集成电路。而半导体、芯片、集成电路这 3 个词,在日

常使用中经常被混用。

半导体传统意义是指常温下导电性能介于导体和绝缘体之间的材料，可用于制造各种电子器件。在半导体材料的表面或内层引入掺杂物质，可以形成P型或N型半导体，而两者交接处会出现PN结(PN junction)。基于这些特性，半导体可以用来制造各种电子器件，例如二极管、场效应晶体管等。

当前半导体包括的范围比较广，通常由集成电路、光电子器件(optoelectronic device)、传感器(sensor)和分立器件(discrete device)组成。其中光电子器件、传感器和分立器件可合并简称为O-S-D。

集成电路与O-S-D的主要区别在于集成度，集成电路的晶体管数量远远大于光电子器件、传感器和分立器件，同时就市场规模而言，光电子器件、传感器和分立器件加在一起的市场份额，也仅约为全部半导体市场的10%。

1.2 集成电路的发展

1.2.1 真空管

1883年，托马斯·爱迪生(Thomas Edison)在一次电灯泡实验中发现，在加热的灯丝及其附近的防污染金属片间接上电流计，电流计中有电流通过，这就是“爱迪生效应”。这一发现为后来的电子工业，尤其是无线电和电视的发展奠定了基础。

基于爱迪生效应的启发，1904年，约翰·弗莱明(John Fleming)发明了世界上第一支真空电子二极管，又叫作“弗莱明阀”、真空管(vacuum tube)、电子管或胆管。

1906年，美国发明家李·德福雷斯特(Lee De Forest)通过在真空二极电子管里加入一个栅板(“栅极”)而发明了真空三极电子管。三极管的发明促成了世界上第一座无线电广播电台的建立，使无线电通信迅速传播到世界各地。

1926年，英国物理学家亨利·朗德(Henry Round)发明了四极管，这个发明是基于瓦尔特·肖特基(Walter Schottky)提出的“在栅极和正极间加一个帘栅极”的想法。后来，希勒斯·霍尔斯特(Gilles Holst)和伯纳德·特勒根(Bernard Tellegen)又发明了五极管。

1.2.2 电子管的应用——门电路

20世纪40年代，计算机技术的研究蓬勃发展。电子管被引入计算机领域，主要由于其单向导通特性可以用于设计一些逻辑门电路(例如与门电路、或门电路)。那时候,几乎所有的电子计算机都是基于电子管制造的,其中包括著名的埃尼阿克(ENIAC,使用了18 000多只电子管),如图1-1所示。

图1-1 第一台电子计算机埃尼阿克[1]

逻辑门电路就是实现基本的逻辑运算(例如与、或、非、异或、同或、与非、或非等)的电路。单向导电的电子管(真空管),可以组成各种逻辑门电路,如表1-4所示。

表1-4 逻辑运算及规则

逻辑运算	英文	运算规则
与	AND	有1为1,全0为0
或	OR	有0为0,全1为1
非	NOT	1为0,0为1
异或	XOR	不同为1,相同为0
同或	XNOR	相同为1,不同为0
与非	NAND	先与后非(全1为0,有0为1)
或非	NOR	先或后非(全0为1,有1为0)

1.2.3　晶体管

20 世纪 30 年代，电子二极管被贝尔实验室的科学家罗素·奥尔(Russell Ohl)使用提纯晶体材料制作的检波器完全取代。不久后，他发明了世界上第一个半导体 PN 结。

1945 年，贝尔实验室的威廉·肖克利(William Shockley)与奥尔基于能带理论，绘制了 P 型与 N 型半导体的能带图，并在此基础上提出“场效应设想”。

1947 年 12 月 23 日，贝尔实验室的约翰·巴丁(John Bardeen)和沃尔特·布喇顿(Walter Brattain)制作出世界上第一只半导体三极管放大器，如图 1－2 所示。

图 1－2　第一只半导体三极管放大器[1]

1948 年 1 月 23 日，肖克利为了改进实用性而提出了名为结型晶体管(junction transistor)的模型，它是一种具有 3 层结构的新型晶体管模型，使用空穴与电子两种载流子参与导电，因此被称为双极性结型晶体管(bipolar junction transistor, BJT)。BJT 有 NPN 和 PNP 两种结构，每种结构均由 3 个不同的掺杂半导体区域组成，分别是发射极、基极和集电极，这三者在 NPN 型晶体管中分别是 N 型、P 型和 N 型半导体，在 PNP 型晶体管中则分别是 P 型、N 型和 P 型半导体。每一个半导体区域都由一个引脚端接出，通常用字母 E、B 和 C 来分别表示发射极(emitter)、基极(base)和集电极(collector)，如图 1－3 所示。

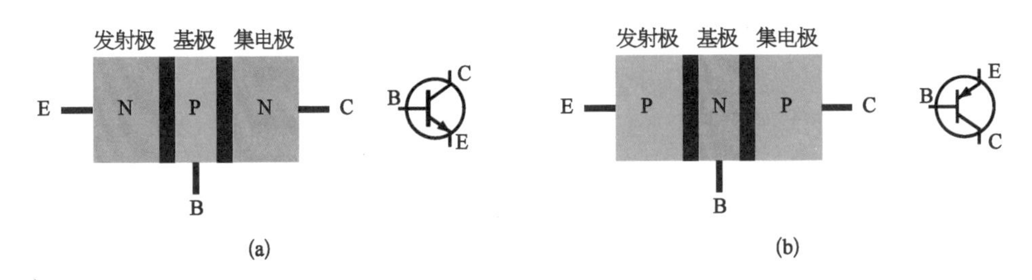

图 1－3　BJT 晶体管

(a) NPN 型；(b) PNP 型。

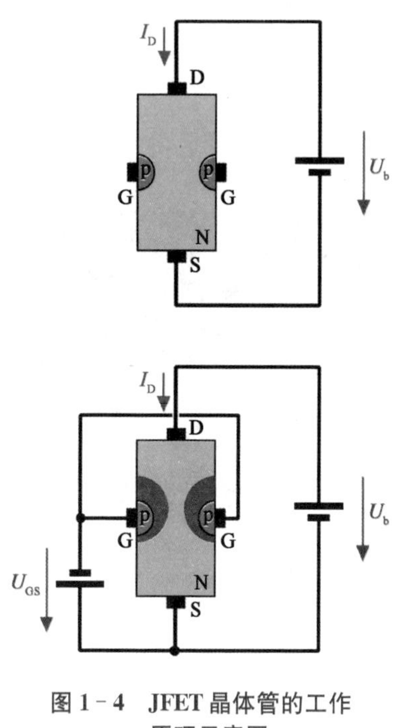

图 1-4　JFET 晶体管的工作原理示意图

1953 年，贝尔实验室的伊恩・罗斯(Ian Ross)和乔治・达西(George Dacey)合作，制作了世界上第一个结型场效应晶体管(junction field effect transistor, JFET)原型，工作原理如图 1-4 所示。

1959 年，埃及裔科学家穆罕默德・埃塔拉(Mohamed Atala)与美籍韩裔科学家姜大元(Dawon Kahng)共同发明了金属氧化物半导体场效应晶体管(metal oxide semiconductor field effect transistor, MOSFET)，也称为绝缘栅场效应晶体管(in-sulated gate field effect transistor, IGFET)，是一种可以广泛应用在模拟电路与数字电路中的场效应管。金属氧化物半导体场效应晶体管依照其沟道极性的不同，可分为电子占多数的 N 沟道型与空穴占多数的 P 沟道型，通常被分别称为 N 型金属氧化物半导体(NMOS)场效应晶体管与 P 型金属氧化物半导体(PMOS)场效应晶体管。

1963 年，美国仙童半导体(Fairchild)公司的弗兰克・万拉斯(Frank Wanlass)和美籍华裔科学家萨支唐(Chih-Tang Sah)首次提出互补金属氧化物半导体(complementary metal oxide semiconductor, CMOS)场效应晶体管。CMOS 晶体管是将 PMOS 与 NMOS 晶体管组合在一起，连接成互补结构，几乎没有静态电流。

随着集成电路的晶体管数量不断增加，对功耗的要求也不断增加。如今，95%以上的集成电路芯片，都是基于 CMOS 晶体管工艺制造的，主要原因是 CMOS 晶体管的功耗远低于其他类型的晶体管，基于其低功耗的特点，CMOS 晶体管开始成为主流。

1967 年，姜大元与美籍华裔科学家施敏合作，共同发明了浮栅金属氧化物半导体(floating gate metal oxide semiconductor, FGMOS)场效应晶体管结构。后来所有的内存、闪存(flash memory)、电擦除可编程只读存储器(electrically-erasable programmable read only memory, EEPROM)等，都是基于这个结构，FGMOS 晶体管奠定了半导体存储技术的基础，器件设计原理如图 1-5 所示。

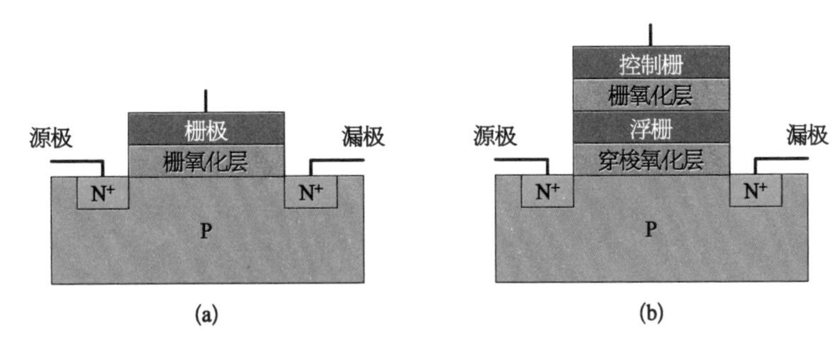

图 1-5　MOSFET 与 FGMOS 晶体管的器件设计原理图

(a) MOSFET 结构；(b) FGMOS 结构。

平面型场效应晶体管(planarFET)是早期晶体管的代表，如图 1-6(a)所示。它的主要缺点是，随着晶体管体积变小，栅极的长度越来越短，源极和漏极的距离逐渐靠近。

当制程(一般指栅极的宽度)小于 20 nm 时，MOSFET 的栅极已经难以关闭电流通道，出现漏电现象，同时伴随着高功耗。鳍式场效应晶体管(fin field effect transistor, FinFET)的发明解决了上述问题。FinFET 从 PlanarFET 的平面设计变成了 3D 设计，如图 1-6(b)所示。它的电流通道像鱼鳍一样，三面都被栅极包夹。这样就有了比较强大的电场，提升了控制通道的效率，可以更好地控制电子通过。但是到了 7 nm 节点，即使是 FinFET 也无法在保证性能的同时抑制漏电。至于 FinFET 在更先进制程的使用是因为有极紫外光刻机以及铟镓砷(InGaAs)的加持。

到 5 nm 时，FinFET 再次失效，因鳍片距离太近、漏电重新出现，再加上鳍片增加的高度越来越高，难以保持直立结构，以及物理材料的极限都让 3D FinFET 难以为继。此时，延续“摩尔定律”的新技术全环绕栅极场效应晶体管(gate-all-around field effect transistor, GAAFET)出现了。如图 1-6(c)所示，GAAFET 把栅极和漏极从鳍片又变成了一根根“小棒子”，垂直穿过栅极，“三接触面”变成了被拆分成好几个的“四接触面”，进一步提高了栅极对电流的控制力。

另一种 GAAFET 形式的多桥通道场效应晶体管(multi-bridge-channel field effect transistor, MBCFET)，如图 1-6(d)所示，由韩国三星首次提出。采用多层纳米片替代 GAAFET 中的纳米线来构造晶体管，增加了接触面，在性能、功耗控制上会更加出色，在制造上也更易实现。三星声称其研发的 MBCFET 可以提供更低的工作电压、更高的电流效率(即驱动电流能力)和高度的设计灵活性。不过，虽然 MBCFET 能承载更大电流，但栅控能力不如纳米线强。2017 年三星表示，其新的 3 nm MBCFET 可减少面积 35%，同等功耗下性能提升 30%，同等性能下功耗降低 50%。

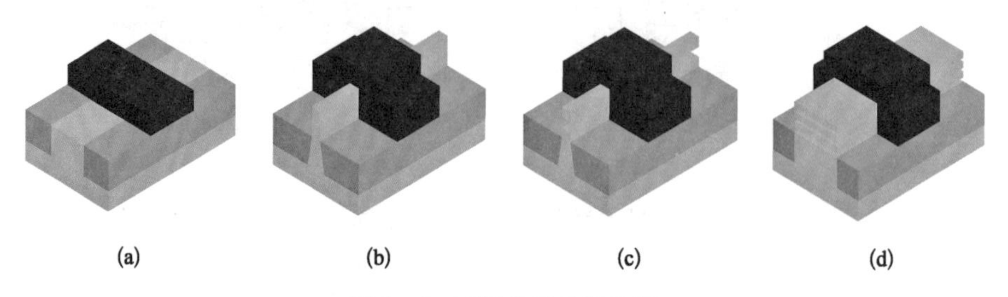

图 1-6　不同类型的晶体管

(a) PlanarFET；(b) FinFET；(c) GAAFET；(d) MBCFET。

1.2.4　集成电路

1. 集成电路的发明

1958 年 9 月 12 日，世界上第一块集成电路诞生于德州仪器(Texas Instruments)公司，它是一块长 7/16 英寸(in，1 in=0.025 4 m)、宽 1/16 in 的锗片电路，发明人是杰克·基尔比(Jack Kilby)。

几乎在同一时期(1959 年 7 月 30 日)，世界上第一块 Si 衬底的集成电路由仙童的罗伯特·诺伊斯(Robert Noyce)发明，如图 1-7 所示。该项发明是基于其同事让·霍尼(Jean Hoerni)的平面工艺(planner process)而提出的，诺伊斯还申请了一项专利(“半导体器件和引线结构”)。

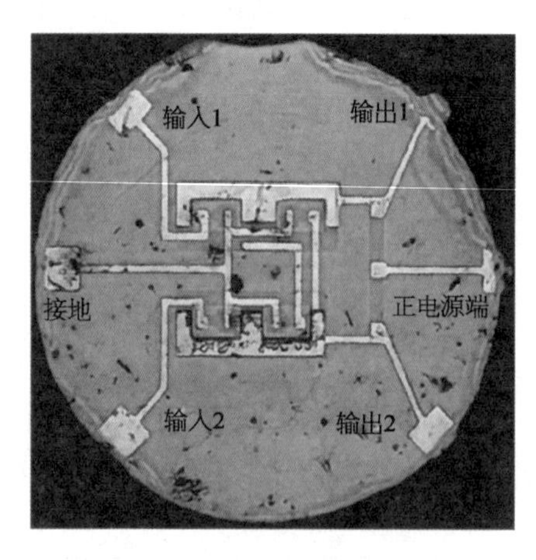

图 1-7　诺伊斯的发明[2]

关于谁才是集成电路的发明者，有过很长一段时间的争论。最终，在 1966 年，法庭裁定集成电路想法(混合型集成电路)的发明权属于基尔比，他被誉为“第一块集成电路的发明家”。同时，真正意义上的集成电路及制造工艺的发明权属于诺伊斯，他是“提出了适合于工业生产的集成电路理论”的人。

德州仪器于 1960 年 3 月正式推出了

全球第一款商用化的集成电路产品——502 型硅双稳态多谐振二进制触发器（售价 450 美元）。集成电路诞生之初，由于美苏冷战的原因，可以看到接下来主要的发展集中在军事领域。比如：1961 年，美国空军推出了第一台由集成电路驱动的计算机；1962 年，美国又将集成电路用于民兵弹道导弹的制导系统。

直到 1964 年，集成电路在民用领域首次落地：仙童将集成电路运用到助听器上。此后，1970 年，英特尔推出世界上第一款动态随机存储器（dynamic random access memory，DRAM）集成电路 1103。1971 年，英特尔又推出世界上第一款包括运算器、控制器在内的可编程序运算芯片——Intel 4004，实物如图 1－8 所示。

图 1－8　Intel 4004 实物

（来源：维基百科，作者：Thomas Nguyen）

此后，集成电路进入爆炸式发展的阶段，集成电路发展史上里程碑事件如表 1－5 所示。

表 1－5　集成电路发展史上里程碑事件

事　件	时　间	发明人/企业
晶体管的发明	1947 年	巴丁、布喇顿、肖克利
第一款集成电路的诞生	1958 年	基尔比、诺伊斯
MOSFET 的发明	1959 年	埃塔拉、姜大元
第一台接触式光刻机的发明	1961 年	美国 GCA 公司
CMOS 晶体管的提出	1963 年	萨支唐、万拉斯
摩尔定律的提出	1965 年	戈登・摩尔（Gordon Moore）
FGMOS 晶体管的发明	1967 年	姜大元、施敏
第一款微处理器（Intel 4004）的推出	1971 年	英特尔
铜互联技术的发明	1997 年	国际商业机器公司（IBM，美国）
FinFET 的发明	1999 年	胡正明
水为介质的 193 nm 浸没式光刻技术的发明	2002 年	林本坚
新型阻变式存储器（resistive random access memory，RRAM）发明	2008 年	惠普（Hewlett-Packard，美国）

2. 集成电路的发展趋势

伴随着技术的不断进步，集成电路的发展逐渐呈现这样的趋势：① 特征尺寸越来越小。② 集成度越来越高：芯片上的晶体管数量在 30 年中呈指数增长。③ 速度越来越快。④ 成本越来越低。⑤ 功耗越来越大。⑥ 晶圆尺寸越来越大(但由于硬件等原因，目前国际主流晶圆厂仍采用 12 in 晶圆)。⑦ 新材料越来越多(如图 1-9 所示)。

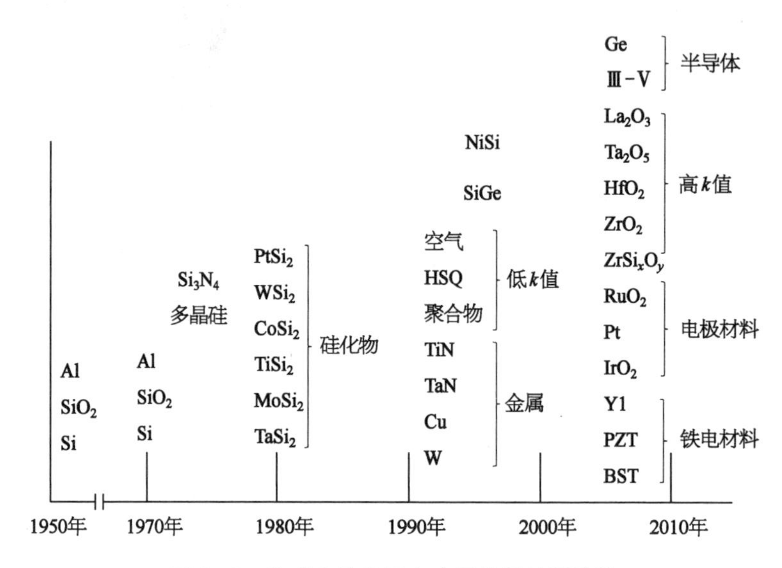

图 1-9 集成电路发展中应用的新材料种类

3. 集成电路的发展规律

戈登·摩尔是仙童研发部的经理，1965 年他发表了《在集成电路里融入更多组件》(Cramming More Components Onto Integrated Circuits)的文章，提出芯片的器件数量每年会翻一番。以 1959 年的一个晶体管尺寸作为起始，到 1965 年，同样的尺寸范围内有 64 个晶体管。他预测每年翻一番的状态会一直持续至少 10 年。

1975 年，摩尔修改了他的预言，他在电气与电子工程师协会(Institute of Electrical and Electronics Engineers，IEEE)举办的大会上提出单个芯片上晶体管的数量每两年会翻一番。此后，摩尔的同事卡弗·米德(Carver Mead)将这个预测正式命名为“摩尔定律”。

摩尔定律常见的版本有“芯片性能每 18～24 个月会翻一番”“计算机速度每 18～24 个月翻一番”“计算机功耗每 18～24 个月翻一番”“晶体管的集成度每

18～24 个月翻一番”。

2008 年，美国国家科学基金会启动了一项名为“超越摩尔定律的科学与工程”(Science and Engineering Beyond Moore's Law)的研究项目，此后更多使用 More Than Moore 来代指“超越摩尔”，至此集成电路进入后摩尔时代。超越摩尔不再只追求晶体管密度的提升，而是更多地改变加工工艺和晶体管结构，在单个芯片上集成多个不同的功能模块以提高集成电路的兼容性，实现芯片的成本降级及性能提升。

4. 中国*集成电路的发展

中国集成电路的发展，起步并不算晚，但是因为种种原因，前中期发展得并不顺利。下面简单罗列一下关于中国集成电路发展的重大事件。

1956 年，周恩来总理主持制定了“十二年科学技术发展远景规划”。他有远见地提出和确定了四项“紧急措施”，即大力发展计算机、无线电电子学、半导体、自动化，并将新技术应用于工业和国防。

1958 年，黄昆和谢希德合著的《半导体物理学》出版，这是中国第一部半导体领域的系统性著作。

1959 年，中国成功拉出高纯度硅单晶，仅比美国晚了一年。

1960 年，中国科学院半导体研究所和河北半导体研究所正式成立。

1963 年(一说 1962 年)，中国成功研制出硅平面型晶体管，仅比仙童晚 4 年。

1965 年，中国第一块硅基数字集成电路成功研制。

1968 年，上海无线电十四厂首先完成了 PMOS 的生产。

1982 年，江苏无锡江南无线电器材厂(742 厂)从日本东芝公司引进完整的 3 in 芯片生产线，这是中国第一次从国外全面引进集成电路技术。

1986 年，中国半导体产业第一个重大战略——“531”战略提出。

1988 年，中国集成电路行业首家上市企业上海贝岭在上海证券交易所上市。

1996 年，国家对建设“大规模集成电路芯片生产线”项目正式批复立项，即“909 工程 ”。同年，上海华虹(集团)有限公司成立。

2001 年，中芯国际正式建成投产(于 2015 年实现 28 nm 产品量产，2019 年实现 14 nm 工艺量产)。

2003 年，台积电(上海)有限公司[现名台积电(中国)有限公司]落户上海。

---

* 本书中关于中国集成电路的相关情况，如无特殊说明，均不含我国港澳台地区。

2004 年，中国第一条 12 in 晶圆生产线在北京投入生产。

2013 年，中国集成电路进口额达 2 313 亿美元，超过石油，成为中国第一大进口商品。

2020 年，华润微电子在科创板挂牌上市。

1.3 集成电路的制造

1.3.1 芯片制造模式

在 1987 年以前，全球集成电路行业唯一的商业模式是集成器件供应商(integrated device manufacturer, IDM)模式，即在企业内部完成芯片的设计、生产、封装测试 3 个流程。直到 1987 年，张忠谋创立了全球第一家半导体专业代工厂(foundry)——台积电，使得集成电路制造行业的发展有了历史性飞跃。至此，新的集成电路制造模式诞生，除了晶圆代工的 Foundry 模式，还包括 Fabless 模式(只专注于芯片设计，而将加工制造委托他人)。半导体企业不同的主要商业模式及代表企业如表 1-6 所示。

表 1-6　半导体企业的主要商业模式

模　式	特　点	代　表　企　业
IDM	全流程	英特尔(Intel，美国)
Fabless	仅设计	高通(Qualcomm，美国)、博通(Broadcom，美国)、英伟达(NVIDIA，美国)、联发科、海思
Foundry	仅代工	台积电、中芯国际、华虹集团

1.3.2 芯片制造流程

芯片制造包括 Si 晶圆制造、芯片设计、晶圆制造、芯片封装和芯片测试等。

1. Si 晶圆制造

集成电路制造的原材料是极其纯净并且几乎无缺陷的单晶形式的 Si，一般用于集成电路制造的 Si 晶圆的纯度需要达到“9 个 9”(即 99.9999999%)以上。

Si 晶圆的加工流程：首先生长成一个约 1 m 长的圆柱体(又叫硅碇)，然后将硅锭切割成上百个很薄的晶圆片。具体的加工流程包括拉单晶、切片、倒角、抛光、清洗等。

在尺寸定义上，8 in Si 晶圆的直径为 200 mm，12 in Si 晶圆的直径为 300 mm。

从 Si 晶圆掺杂类型上，Si 晶圆分为 N 型、P 型和本征型。

2. 芯片设计全流程

芯片设计包括前端设计和后端设计，先进行前端设计，再进行后端设计。在前端需求分析后定义芯片规格，再进行设计、优化、布局布线等，具体流程如图 1-10 所示。

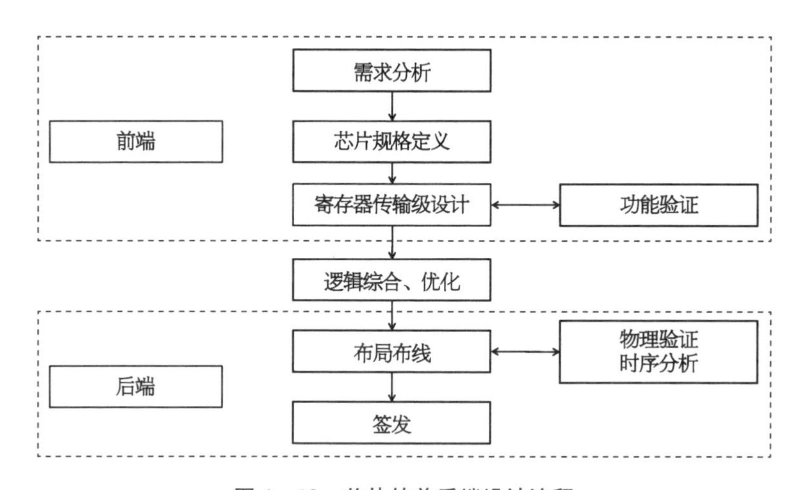

图 1-10　芯片的前后端设计流程

芯片设计流程又分为半定制和全定制设计流程，具体见图 1-11。

3. 晶圆制造流程

晶圆制造流程十分复杂，主要包括晶圆清洗、氧化、匀胶、烘焙、光刻、显影、刻蚀、去胶、离子注入、清洗、薄膜沉积、研磨抛光及测试等。

(1) 晶圆清洗：对晶圆进行清洗，去除表面污染物，保证表面光滑平整。

(2) 氧化：在高温下，通过氧气(O_2)在晶圆表面流动形成 SiO_2 层，作为保护膜。

(3) 匀胶：通过旋涂工艺，将光刻胶均匀地旋涂在晶圆表面。

(4) 烘焙：对光刻胶进行烘焙，为后续工艺做准备。

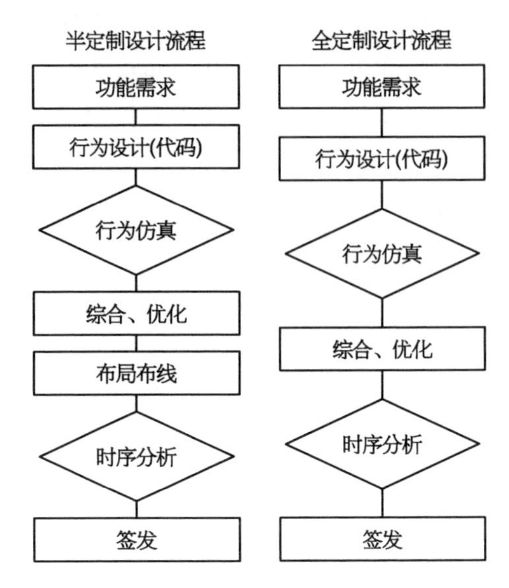

图 1－11 半定制和全定制设计流程

(5) 光刻：使用特定波长的光使光刻胶发生物理化学反应，从而把电路图形传递到晶圆表面。

(6) 显影：去除可溶于显影液的光刻胶，完成图形从掩模版到晶圆上的转移。

(7) 刻蚀：使用化学或物理方法去除晶圆上未被光刻胶保护的区域，完成图形的向下传递。

(8) 去胶：去除上层残余的光刻胶。

(9) 离子注入：向晶体中引入不同类型的杂质原子，并控制其浓度和深度，从而形成特定的电荷分布。

(10) 薄膜沉积：在晶圆表面形成均匀且厚度合适的材料层。

(11) 研磨抛光：通过物理研磨作用与化学腐蚀作用的有机结合，对晶圆表面进行平滑处理，并使之高度平整。

(12) 测试：对芯片进行测试，确保其性能符合标准。

不同种类集成电路器件的设计区别很大，相应的制造工艺流程也不相同。我们以最常见的逻辑器件和存储器件为例，简要介绍相关工艺流程。

逻辑器件是主要以 CMOS 为基础的数字逻辑器件，能够执行各种计算任务，包括数据处理、控制指令执行等。逻辑器件主要依靠平面工艺制备而成，简单来说，包含前道、中道和后道工序。前道工序的步骤为：首先在 Si 衬底上划分制备晶体管的区域，然后通过掺杂形成 N 型区域和 P 型区域，最后制备栅极、源极和漏极；中道是使用金属钨(W)将前道与后道相连；后道主要包含若干层的导电金属线，一般是铜(Cu)互联或者铝(Al)互联。一个典型的逻辑器件剖面示意图如图 1 - 12 所示。

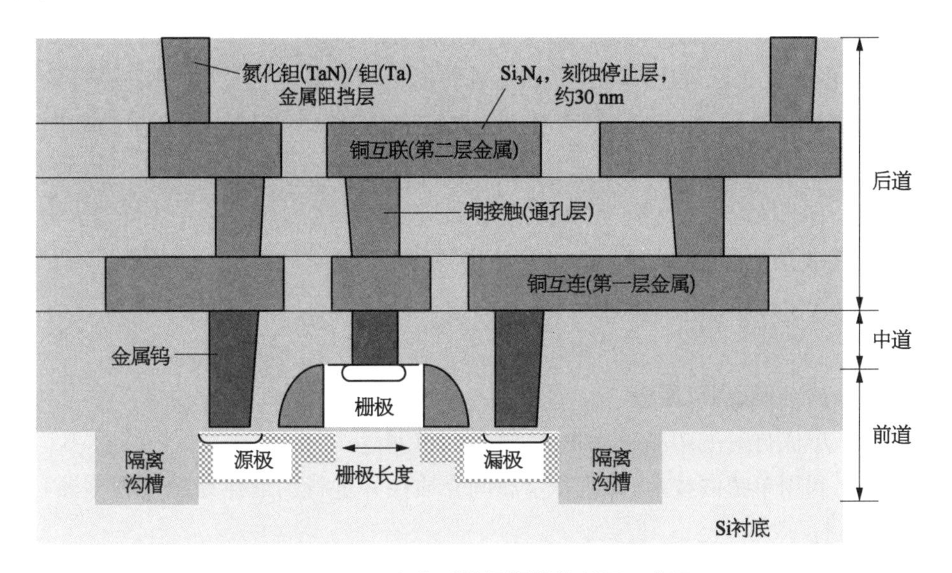

图 1 - 12　一个典型的逻辑器件剖面示意图

现代 CMOS 逻辑工艺流程(以 90 nm 节点为例)基本如下：基底一般是直径为 200 mm(约 8 in)或 300 mm(约 12 in)的 P 型硅或绝缘体上硅(SOI)。首先形成浅槽隔离(shallow trench isolation, STI)，接着形成 n 阱区域(PMOS 晶体管)和 p 阱区域(NMOS 晶体管)并对阱区域分别选择性注入掺杂。随后进行 NMOS 和 PMOS 晶体管栅氧生长并形成多晶栅层叠。多晶栅层叠图形化后再氧化、补偿和主隔离结构，接着完成 n/p 沟道 MOS 的轻掺杂漏极(lightly doped drain, LDD)工艺和源极/漏极注入掺杂。然后进行刻蚀和钨塞填充形成接触孔，到此为止，NMOS/PMOS 晶体管形成，也意味着前端制程完成。后端制程首先通过单镶嵌技术形成金属-1(第一金属层)，其他的互连通过双镶嵌技术实现。通过重复双镶嵌技术实现多层互连完成后端制程，可以简单概括为以下几个步骤[3]。

(1) 要形成浅槽隔离，可先对 Si 衬底进行热氧化，然后通过低压化学气相沉积(low pressure chemical vapor deposition, LPCVD)的方式沉积一层氮化硅(Si_3N_4)，接着通过光刻等技术形成有源区，最后利用离子刻蚀在 Si 衬底上刻蚀出浅槽，利用化学气相沉积（chemical vapor deposition，CVD）在槽内填充氧化物，之后通过化学机械研磨使表面平坦化，最后在表面生长一层牺牲氧化层。

（2）n阱和p阱的形成包括掩模形成和穿过薄牺牲氧化层的离子注入。

（3）先用湿法去除牺牲氧化层，通过热氧化生长第一层栅氧，后打开核心区域掩模，浸入氟化氢（HF）溶液中，接着在核心区域热氧化生长第二层栅氧，从而形成栅氧和多晶硅栅。补偿隔离用于隔离轻掺杂漏极离子注入所产生的横向效应（对于90 nm节点来说是可选项，对于更高节点而言则是必选项）。

（4）有选择地对n/p沟道MOS的LDD进行离子注入，随后采用尖峰退火去除缺陷并激活杂质形成nLDD和pLDD。沉积四乙基原硅酸盐（tetraethoxysilane，TEOS）-氧化物和氮化物的复合层，然后对其进行离子回刻蚀，从而形成复合主隔离。

（5）掺杂形成源/漏极。

（6）形成自对准多晶硅化物、接触孔和钨塞。

（7）利用单镶嵌技术（即沉积金属间介质层并进行图形化和氧化物刻蚀）形成金属-1。

（8）通过先通孔双镶嵌工艺实现通孔-1和金属-2的互连。

存储器件用于数据存储，主要包括DRAM和闪存。同逻辑器件相比，其设计相对简单，制造时所需要的光刻层也较少。在此不再展开。

4. 芯片封装

芯片封装是指切割芯片上的晶粒以进行晶粒间连接，通过引线键合连接外部引脚，然后进行成型。封装的作用是使电子封装器件免受环境污染，使芯片免受机械冲击，提供结构支撑、电绝缘支撑保护等。具体工艺流程如下。

（1）晶圆研磨（wafer grinding）：将晶圆的厚度研磨至所需规格，以便后续加工，降低成本，增强散热性能。

（2）晶圆固定（wafer mount）：将晶圆固定在载体上，确保晶圆在后续加工过程中保持稳定，防止损坏。

（3）晶圆切割（wafer dicing）：用切割刀或激光将晶圆上的芯片切割分离成单个晶粒，以便进行进一步的封装。

（4）芯片贴装（die attach）：吸取晶粒，用环氧树脂将其吸附在引线框上。

（5）环氧树脂固化（epoxy cure）：加热固化用于粘接芯片的环氧树脂，确保芯片与基板之间的粘接强度，保证机械稳定性和介电性能。

(6) 引线键合：通过控制超声波、力、温度、时间等，将焊盘与引线框通过金(Au)/Cu/银(Ag)/Al 导线连接。

(7) 成型：使用环氧树脂模塑料(epoxy molding compound, EMC)对产品进行密封，以防止模具或金线被损坏、污染和氧化。

(8) 后固化(post mold cure)：提高材料的交联密度，缓释制造应力。

(9) 激光打标(laser marking)：使用激光在封装表面标记产品信息，如型号、批号等，便于产品追溯和识别，确保生产和管理的可追溯性。

(10) 垃圾去除(de-junk)：移除拆卸引线框的阻尼条。

(11) 飞边去除(de-flash)：清除封装本体和引线周围的 EMC 残留物。

(12) 电镀(plating)：利用金属和化学手段，在框架表面镀上一层镀层，以防外界环境的影响，而且使元器件在印刷电路板(printed circuit board, PCB)上焊接更容易并提高导电性。

(13) 修形(trim/form)：修整和成形引脚，使其符合设计规格，确保引脚形状和尺寸符合标准，以便于后续焊接和安装。

(14) 测试(test)：出厂前进行静态测试、动态测试及可靠性测试，以确保产品的质量。

(15) 包装(packing)：保护产品，在流通过程中方便运输。

其中(1)～(6)为前段，余下步骤为后段。

1.4 中国集成电路产业的现状

集成电路是现代电子设备的核心组件，广泛应用于计算机、通信、汽车等多个领域。它将大量晶体管集成在一个小芯片上，从而实现高效的运算和存储功能，推动了科技进步和经济发展。集成电路的微型化和性能提升对智能设备、物联网、人工智能等技术的发展起到了关键性的作用，在信息时代中具有不可替代的重要性。

中国的集成电路产业近年来发展迅速，已成为全球重要的市场之一。中国的集成电路产业的市场规模快速扩大，逐步形成了较为完整的产业生态体系，特别是在长三角、粤港澳大湾区和京津冀三大重点区域，集成电路产业的配套能力得到了明显提升，涌现了一批具备竞争力的优势龙头企业。

尽管在核心技术方面仍与国际领先水平存在差距，但中国企业在设计、制造、封装测试等环节已经取得了显著的进展。特别是中芯国际、长江存储、长电科技等企业在高端芯片制造和封装领域的突破，为产业链的进一步完善和全球竞争力的提升奠定了坚实基础。

1.4.1 集成电路产业链分析

集成电路产业链分为上游、中游和下游（图 1－13），其中包括芯片设计工具、材料、制造装备、集成电路设计、集成电路制造、封装测试和应用等。

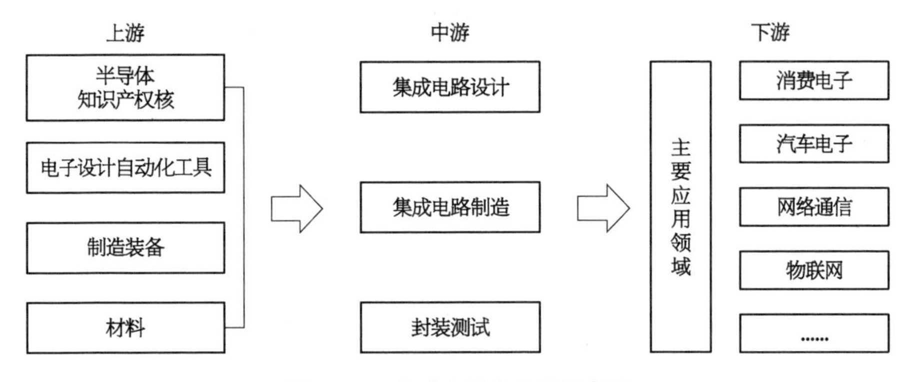

图 1－13 集成电路产业链示意图

芯片设计工具、材料和制造装备属于上游产业链。具体涵盖的内容如表 1－7 所示。

表 1－7 集成电路上游产业链

类别	内容
芯片设计工具	集成电路设计与制作：电子设计自动化工具（electronic design automation，EDA） 核心功能模块：知识产权（intellectual property，IP）核
材料	衬底材料、光刻胶、光掩模版、湿化学品、电子特种气体、抛光材料和靶材等
制造装备	前道：光刻机、刻蚀设备、离子注入设备、镀膜沉积设备、化学机械研磨设备、量测设备等 后道：用于组装、封装及测试的设备等

集成电路设计、制造、封装测试等环节属于中游产业链，代表企业如表 1－8 所示。

表 1-8　中国集成电路产业链中游代表企业

分　类	代　表　企　业
设计	紫光国微、海光信息、韦尔股份、兆易创新、复旦微电、龙芯中科、寒武纪等
制造	中芯国际、华虹、晶合集成、赛微电子、华润微等
封装测试	长电科技、通富微电、华天科技、晶方科技等

下游产业链则涉及集成电路的具体应用，主要包括消费电子、汽车电子、网络通信和物联网等领域。

1.4.2　集成电路产业结构及规模

2013 至 2018 年，全球集成电路行业呈现快速增长趋势，产业收入复合年均增长率为 9.33%。据 WSTS 数据，2020 年，全球集成电路产业总收入为 3 612 亿美元，较 2019 年增长 9.32%。

中国企业在芯片设计、制造、封装测试等领域都有了长足的进步，形成了一套较为完善的产业体系。特别是在芯片设计领域，中国企业的技术水平已经达到了国际先进水平。据中国半导体行业协会（China Semiconductor Industry Association，CSIA）数据，2013 至 2020 年的复合年均增长率为 19.73%，持续保持高速增长趋势。2020 年实现总销售额高达 8 848 亿元，较 2019 年增长 17.01%。

2022 年中国集成电路产业销售额在 2021 年首次突破万亿元之后继续保持较快增长，规模达到 1.2 万亿元，较 2021 年实现同比增长 14.8%。研发设计领域实现销售额 0.52 万亿元，较 2021 年实现同比增长 14.1%。制造领域实现销售额 0.39 万亿元，较 2021 年实现同比增长 21.4%，增速最快。封装测试领域实现销售额 0.30 万亿元，较 2021 年实现同比增长 8.4%，具体统计如图 1-14 所示。

1.4.3　集成电路产业链的发展现状

1. 材料

集成电路的材料主要包括 Si 晶圆、靶材、化学机械抛光（chemical mechanical

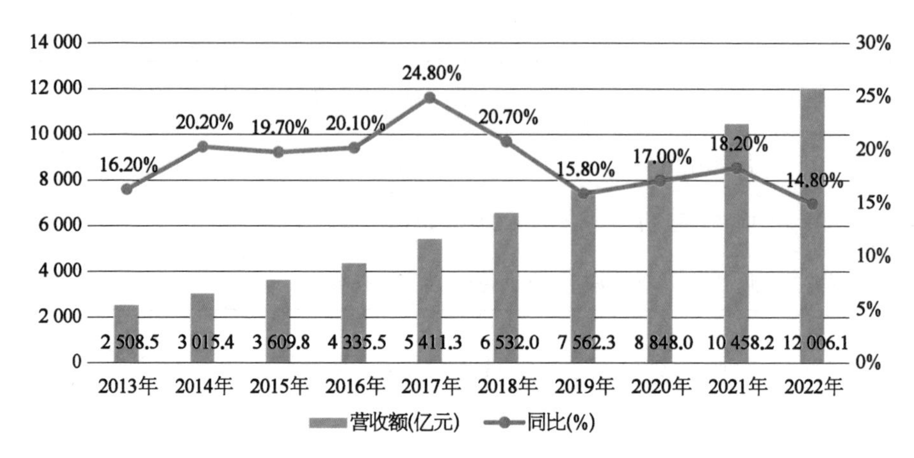

图 1－14　中国集成电路产业销售统计

［数据来源：中华人民共和国工业和信息化部/CSIA/江苏省半导体行业协会(JSSIA)］

polishing，CMP)使用的抛光材料、光刻胶、湿电子化学品、电子特种气体、掩模版、封装材料等。

据国际半导体产业协会(Semiconductor Equipment and Materials International，SEMI)数据，2022 年全球半导体材料市场销售额达 727 亿美元，相比 2021 年的 668 亿美元增长 8.83%，中国材料销售额为 129.7 亿美元，占全球市场约 17.8%。

1）Si 晶圆

SEMI 数据显示，全球 Si 晶圆市场排名前 5 的厂商分别为信越化学(Shin-Etsu Chemical，日本)、胜高(SUMCO，日本)、环球晶圆(Global Wafers，中国台湾)、世创电子(Siltronic，德国)、鲜京矽特隆(SK Siltron，韩国)。

中国半导体 Si 晶圆企业主要包括沪硅产业、中环股份、立昂微、中晶科技等，单一厂商市场占有率均不超过 10%，且以 8 in 及以下尺寸 Si 晶圆为主。据广州市半导体协会数据显示，近两年来，12 in 晶圆成为中国集成电路晶圆制造产业的重点。据 SEMI 数据，中国 Si 晶圆市场规模在 2019 至 2021 年连续超过 10 亿美元。

2）掩模版

掩模版是光刻工艺中的重要材料，它是光刻过程中的底片，能将其上面的图形传递到晶圆上。

据 SEMI 数据，2020 年，掩模版约占全球半导体材料市场的 12%。集成电路方面，全球 65%的市场是由半导体厂商自行生产(如英特尔、三星等)，而福尼克斯(Photronics，美国)、凸版印刷(Toppan，日本)及大日本印刷(DNP，日本)等第三方公司分别占据 2020 年全球市场份额的 11%、10%、8%。

3）光刻胶

光刻胶，又称“光致抗蚀剂”，是光刻成像的承载介质，可利用光化学反应把微细图形从掩模版转移到待加工基片上。

据电子材料咨询机构 TECHCET 数据，2020 年，全球光刻胶市场规模约为 17.5 亿美元，2010 至 2019 年，复合年均增长率约为 5.4%；据市场调研公司 Reportlinker 数据，2019 年中国光刻胶市场规模超过 80 亿元人民币。

全球光刻胶市场高度集中，且主要由日本和美国的企业主导，占据了绝大部分的市场份额。TECHCET 数据显示，日本的捷时雅（JSR）、东京应化工业（TOK）、信越化学及富士胶片（Fujifilm）4 家企业占据了全球 70%以上的市场份额，整体垄断地位稳固。

在中国，半导体光刻胶的自给率非常低。中国电子材料行业协会（China Electronics Materials Industry Association，CEMIA）数据显示，目前适用于 6 in 晶圆的 G 线（G-line，波长 405 nm）和 I 线（I-line，波长 365 nm）光刻胶总自给率仅约 20%；晶瑞股份公告数据显示，适用于 8 in 晶圆的氟化氪（KrF）光刻胶自给率不足 5%；而适用于 12 in 晶圆的氟化氩（ArF）光刻胶几乎完全依赖进口。更先进的极紫外线（extreme ultraviolet，EUV）光刻胶甚至还处于相当早期的研发阶段。在产能方面，中国企业的 G/I 线光刻胶产品已经实现了批量应用，KrF 光刻胶则仅在少数研发进度领先的企业中能够实现小批量应用。

4）电子气体

电子气体是重要的基础性原材料，据 SEMI 数据，其占据了芯片总成本的 5%～6%。集成电路生产中涉及 100 多种电子气体，其中核心工段需要约 40～50 种。据中商产业研究院数据，2020 年空气化工（Air Products and Chemicals，美国）、林德（Linde，德国）、液化空气（Air Liquide，法国）、大阳日酸（Taiyo Nippon Sanso，日本）4 家海外巨头占据了全球约 9 成市场份额。

尽管中国在电子气体领域存在部分具备生产高纯电子气体能力的企业，但其产品难以进入集成电路领域[4]。据中国工业气体工业协会（China Industry Gases Industry Association，CIGIA）数据，2020 年中国能够生产的电子特种气体品种仅占约 20%，一些高端电子特种气体几乎全部依赖进口。

5）湿电子化学品

湿电子化学品是用于集成电路制造工艺中的各种液体，可划分为通用湿电子化学品和功能湿电子化学品两类。

目前，国际大规模湿电子化学品生产企业包括巴斯夫(BASF SE，德国)、亚什兰(Ashland，美国)、奥麒化工(Arch Chemicals，美国)、霍尼韦尔(Honeywell，美国)、关东化学(Kanto Chemical，日本)、三菱化学(Mitsubishi Chemical，日本)、住友化学(Sumitomo Chemical，日本)、东进世美肯(Dongjin Semichem，韩国)等。中国主要企业则包括多氟多材料、江阴江化微、江阴润玛、苏州晶瑞等。

CEMIA数据显示，2022年全球湿电子化学品总规模达到639.1亿元，同比增长6.65%，集成电路、显示面板、太阳能光伏电池3个应用市场使用湿电子化学品市场规模的比例约为71∶20∶9。其中，占比最大的半导体集成电路领域用湿电子化学品市场规模达到453.3亿元，同比增长9.24%。预测到2025年，全球集成电路领域用湿电子化学品市场规模将增至541.5亿元，三大领域用湿电子化学品市场规模总计达825.2亿元，2022到2025年复合增长率为8.89%。2023年全球市场中，湿电子化学品应用于集成电路行业的市场规模占市场总规模的67.54%，而中国市场中，这一占比为32.36%。同时，CEMIA数据显示，2021年中国集成电路用湿电子化学品整体国产化率达到35%，2022年上升至38%，2023年进一步上升至44%。2022年全球集成电路用湿电子化学品市场规模为56.9亿美元，2025年将可增长至63.81亿美元，中国总体市场规模将在2025年增长至10.27亿美元。但在半导体和平板显示领域中国市占率仅分别为23%和35%，超净高纯试剂无论是在质量上还是数量上都难以满足电子工业需求。

6) 溅射靶材

溅射靶材是沉积薄膜的原材料，靶坯属于核心部分，是高速离子束流轰击的目标材料。

溅射靶材产业中最高端的高纯溅射靶材，难度极高，仅JX日矿日石金属株式会社(JX Nippon Mining & Metals，日本)、东曹(Tosoh，日本)、霍尼韦尔、普莱克斯(Praxair，美国)等少数几个拥有最完整的溅射靶材产业链的美日企业能够生产，据SEMI数据，该4家公司合计占据80%以上全球市场。

中国起步较晚，主要有江丰电子、有研新材、阿石创、隆华科技4家企业，目前已有部分企业初步实现高端应用溅射靶材。

7) CMP抛光液

CMP抛光液是CMP过程的重要耗材，约占CMP成本的50%，主要由磨料、去离子水、pH调节剂、氧化剂及分散剂等添加剂组成。

根据TECHET研究及QYResearch预测，2026年全球晶圆制造使用的抛光液市场规模预计可达到 26 亿美元；2025 年中国抛光液市场有望占全球市场的 25%，达 40 亿元人民币。

目前，全球仅有少数几家 CMP 抛光液供应商，包括卡博特（Cabot，美国）、慧瞻材料（Versum material，美国）、日立（Hitachi，日本）、富士美（Fujimi，日本）和陶氏（Dow，美国）5 家美日厂商。SEMI 数据显示，2018 年这 5 家厂商合计占据全球 CMP 抛光液近 8 成市场份额，而中国仅安集科技占全球 2.44%市场份额（但到了 2020 年，增加到 4.5%；2022 年变成了 7%；2023 年则为 8%）。卡博特也占据了中国大部分市场，且其磨料直径可达 15～20 nm。反观中国，CMP 抛光液国产化率约 5%，主要企业包括安集微电子、上海新安纳电子、北京国瑞升科技。

8）封装材料

封装材料按用途分为封装基板、引线框架、键合丝、塑封料 4 大主材，全球市场占比分别为 32.46%、16.75%、16.23%和 6.81%。SEMI 数据显示，2022 至 2027 年，全球半导体封装材料市场规模将从 261 亿美元增长至 298 亿美元，复合年均增长率达 2.7%。

（1）封装基板：日韩企业在全球封装基板市场的占有率极高。中国主要的封装基板供应商包括深南电路、珠海越亚、兴森科技和丹邦科技。

（2）引线框架：据 QYResearch 预测，2030 年全球集成电路用引线框架市场规模将达到 31.4 亿美元，未来几年年复合增长率为 4.2%。目前，三井高科技（Mitsui High-tech，日本）、HAESUNG DS（韩国）、先进封装材料（AAMI，中国香港）、三星 SDI（Samsung SDI，韩国）和长华科技（中国台湾）占据了全球前五大供应商的位置。其中，2023 年三井高科技占据了 12.66%的全球收入市场份额，位列全球第一，HAESUNG DS、先进封装材料、三星 SDI 和长华科技分别占全球收入市场份额的 10.31%、10.22%、9.56%和 8.81%。

（3）键合丝：国际市场主要由田中贵金属（Tanaka Precious Metals，日本）、日本制铁（Nippon Steel Corporation，日本）、贺利氏（Heraeus Holding GmbH，德国）、铭凯益（MK Electron，韩国）和喜星电子（Heesung Electronics，韩国）等厂商占据。中国有 20 多家键合丝生产企业，如贺利氏和田中贵金属的中国分公司，但在新技术掌控方面仍显不足。

（4）塑封材料：根据中商产业研究院数据，2021 年全球有 95%以上的集成电路采用塑料封装，其中 97%以上使用环氧树脂。住友电木（Sumitomo Bakelite，日本）、日立化成[Hitachi Chemical，日本。现为昭和电工材料（Showa Denko Materials）]、京瓷化学(Kyocera Chemical,日本)、信越化学、松下(Panasonic,日本)以及三星SDI主导了这一市场。中国虽然也有20多家塑封材料生产商,但在高端产品领域依然存在较大差距。

2. 晶圆制造设备

Gartner数据显示,在晶圆厂的资本开支中,芯片制造设备的投入占比最大,约为70%～80%。芯片制造工艺包括光刻、干法刻蚀、湿法刻蚀、化学气相沉积(chemical vapor deposition, CVD)、物理气相沉积(physical vapor deposition, PVD)、等离子清洗、湿法清洗、热处理、电镀处理、化学表面处理和机械表面处理等,每一道工艺都需要对应的特定设备。

从设备的价值贡献来看,光刻、刻蚀和薄膜沉积是前期加工中最主要的3个环节。据Gartner数据,2021年全球光刻机、刻蚀机和薄膜沉积[包括CVD、原子层沉积(atomic layer deposition, ALD)和PVD]设备的投资占比分别为20%、25%和22%,合计占设备总支出的60%以上。如图1-15所示,这些环节的设备投资占比显著,体现了其在芯片制造工艺中的重要性。

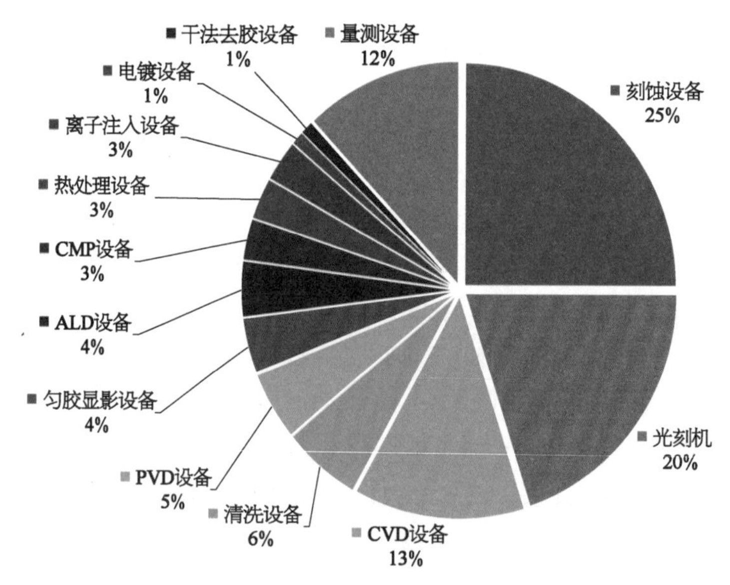

图1-15　2021年全球半导体设备价值量分布

(数据来源:Gartner)

纵观中国不同设备的国产化率(表1-9),虽然整体有上升趋势,但依然较低。

表 1-9　中国半导体制备情况与国际龙头企业概览

设　备	国产化率		国产化进展	国际龙头企业	中国企业
	2016 年	2020 年			
光刻机	<1%	<1%	研发难度大，国产化短期仍将受限	阿斯麦（ASML，荷兰）、佳能（Canon，日本）、尼康（Nikon，日本）	上海微电子
匀胶显影设备	6%	8%	国产化处于初期	迪恩士(DNS，日本)、东京电子（TEL，日本）、苏斯微技术(SÜSS MicroTec，德国)	芯源微
刻蚀设备	2%	7%	市场投资重点	东京电子、泛林半导体（LAM，美国）、应用材料（AMAT，美国）	北方华创、中微公司、金盛微纳、亚电科技、屹唐半导体
薄膜沉积设备	5%	8%	市场投资重点	东京电子、泛林半导体、应用材料、意发薄膜(Evatec，瑞士)、爱发科(Ulvac，日本)	北方华创、拓荆科技、原磊纳米
过程检测设备	<1%	2%	正在追逐龙头企业	前道检测：科天(KLA，美国)、日立、应用材料 后道测试：爱德万测试（Advantest，日本)、东京电子、泰瑞达(Teradyne，美国)	前道检测：中科飞测、华海清科、上海精测、中安半导体 后道测试：华峰测控、长川科技、上海中艺
离子注入设备	<1%	3%	研发难度仅次于光刻机	亚舍立（Axcelis，美国)、应用材料	博锐恒电子、凯世通、中科信
CMP 设备	2%	10%	追赶相对迅速	意发薄膜、应用材料	中国电科 45 所、华海清科
清洗设备	15%	20%	持续发展	东京电子、迪恩士、泛林半导体	北方华创、盛美半导体、至纯科技、聚晶科技、苏州恒越

注：数据来自 SEMI、Gartner。

以下对光刻机、匀胶显影机、刻蚀设备、薄膜沉积设备、热处理设备(氧化退火设备)、离子注入设备、CMP设备、清洗设备、过程检测设备这9种价值分量最高的设备进行剖析。

1) 光刻机

光刻机决定了芯片上晶体管能做多小,是芯片制造中最精密复杂、价格最昂贵的设备,光刻成本占芯片总制造成本的1/3[5]。

目前,业界主要的光刻机公司分别是阿斯麦、尼康、佳能[6]。其中,阿斯麦光刻机种类齐全,是全球唯一能够生产EUV光刻机的公司,目前最小制程达到3 nm;尼康集中于深紫外(deep ultraviolet, DUV)光刻机(KrF、I线、ArF),也可生产浸没式光刻机(ArFi);佳能的产品则集中在中低端(表1-10)。其中,KrF表示采用KrF气体产生248 nm的光源,ArF表示采用ArF气体产生193 nm的光源,i代表浸没式。

表1-10　2022年全球光刻机行业排名前3的厂商出货量(单位:台)

级　别	类　型	阿斯麦	尼　康	佳　能
超高端	EUV	40	/	/
高端	ArFi	81	4	/
	ArF	28	4	/
中低端	KrF	151	7	51
	I线	45	15	125
合计		345	30	176

注:数据来自芯思想研究院。

2) 匀胶显影设备

匀胶显影(或旋涂显影)设备是光刻过程中必不可少的设备[7]。在半导体设备价值链中,匀胶显影设备的价值占比约为5%。从全球市场来看,主要头部企业包括东京电子、迪恩士、EVG(EV Group, 奥地利)及沈阳芯源微电子(简称芯源微)等,其中,东京电子处于基本垄断地位。

据东京电子数据,2019年东京电子占据了全球匀胶显影设备近87%的市场份额,在中国市场的占比更是高达91%,而中国芯源微数据显示芯源微的市场份额仅为 4%。

3）刻蚀设备

刻蚀工艺分为湿法刻蚀和干法刻蚀两种。湿法刻蚀是通过使用化学制剂清洗晶圆表面以去除不需要的材料；干法刻蚀则基于等离子体或活性气体直接在晶圆上进行图案化处理。

据 Gartner 数据，2021 年全球刻蚀设备行业排名前三的供应商分别是泛林半导体、东京电子和应用材料。这 3 家公司总共占据了 90%以上的市场份额，其中泛林半导体以 46%的市场占有率位居首位，如图 1－16 所示。

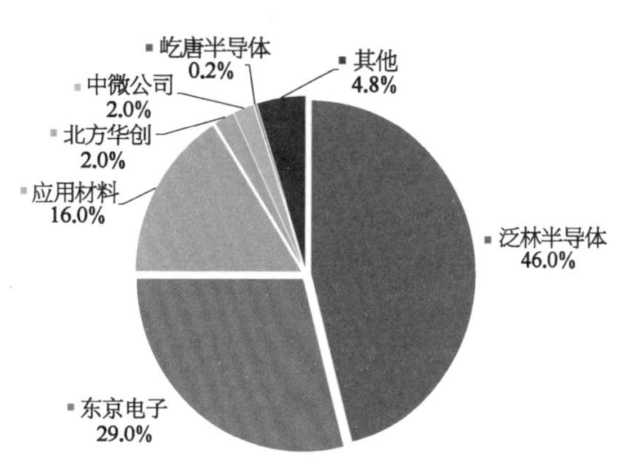

图 1－16　2021 年全球刻蚀设备竞争格局

（数据来源：Gartner）

在中国市场，中微半导体、北方微电子和金盛微纳科技等公司已经逐渐实现了主流制程设备的出货，显示出中国厂商在该领域的快速进步。

4）薄膜沉积设备

薄膜沉积是将厚度为 1 μm 或更小的分子或原子材料薄膜覆盖在晶圆表面，是半导体制造中的关键技术之一。薄膜沉积设备在制造设备中的价值比重很高。其中，CVD 设备约占 17%（其中 ALD 设备占 4%），PVD 设备占约 5%。尽管价值显著，但薄膜沉积设备行业仍然是一个高度垄断的产业。

据 Gartner、SEMI 数据，在全球市场方面，CVD 领域由应用材料、泛林半导体和东京电子 3 家公司合计包揽了全球 70%的市场份额。尤其是在先进制程中必需的 ALD 设备市场，东京电子和先晶半导体占据了全球近 50%的份额。PVD 领域主要被应用材料、意发薄膜和爱发科 3 家公司所垄断，其中应用材料的市场占比接近 85%。

在中国，企业主要通过在细分领域进行差异化竞争来应对高垄断市场的挑战。例如，拓荆科技和中微半导体的主要产品为 CVD 设备，北方华创的核心产品是 PVD 设备，微导纳米专注于 ALD 设备，盛美半导体的主要产品则是电镀设备。

通过这种差异化竞争策略，中国的薄膜沉积设备企业在各自的细分市场中逐渐建立起了自身的竞争优势，为未来迈进更高一级的市场竞争奠定了基础。

5）热处理设备

芯片制造过程涉及多种高温热处理工艺，这些工艺通常在700～1 200℃的高温炉中进行，包括氧化、扩散、退火等关键工艺步骤。

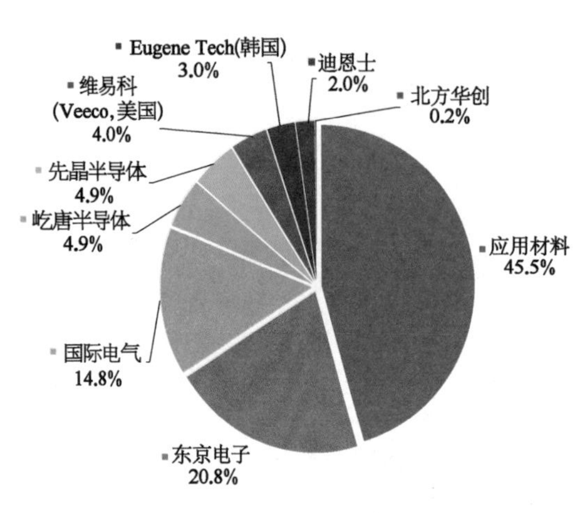

图1-17　2018年全球热工艺设备竞争格局

数据存在四舍五入的情况。（数据来源：Gartner）

热处理设备在半导体设备价值链中的占比约为3%。据Gartner数据，全球热处理设备市场处于寡头垄断状态，应用材料、东京电子和国际电气（Kokusai Electric，日本）3家公司合计占据了超过80%的市场份额。而在中国市场，非激光退火类设备的主要供应商屹唐半导体市场占有率约为5%，北方华创的市场占有率则仅为0.2%（图1-17）。

6）离子注入设备

向硅中加入元素，使不导电的纯硅成为半导体的过程被称为掺杂（doping）。离子注入的原理是利用高能量电场加速杂质离子，将其直接轰击到半导体表面，最终嵌入晶体内部，从而改变材料的电学性质。

据头豹研究院数据，在全球半导体领域，离子注入设备市场主要由应用材料和亚舍立所垄断，两家公司合计占据了全球市场近88%的份额。

7）CMP设备

CMP是一种结合化学腐蚀和机械研磨，实现晶圆表面平坦化的工艺。据集微咨询（JW Insights）数据，在半导体设备价值链中，全球CMP设备市场则主要被应用材料和荏原（Ebara，日本）所垄断，这两家公司合计占据了全球超过90%的市场份额。中国绝大部分的高端CMP设备也依赖于这两家公司提供。

在中国市场，CMP设备的应用主要集中在中低端产品领域。然而，一些中国企业已经逐步在这一领域取得显著进展。

（1）华海清科：其CMP设备已经正式进入了集成电路生产线。

（2）盛美半导体：其CMP设备主要用于后段封装的65～45 nm铜互联工艺。

（3）杭州众德：由中国电科45所的CMP技术专家创业建立，该公司也在

CMP 技术和设备方面有所进展。

8）清洗设备

半导体中的清洗技术是指采用物理或化学方法，清除污染物和自身氧化物的过程。清洗设备在半导体设备价值链中占比约为 6%，Gartner 数据显示，迪恩士、东京电子、SEMES（韩国）与泛林半导体分别占据 2020 年全球半导体清洗设备市场份额的 45.1%、25.3%、14.8%和 12.5%。

根据美国半导体产业协会（Semiconductors Industry Association，SIA）与波士顿咨询公司（The Boston Consulting Group，BCG）联合发布的研究报告，中国能提供半导体清洗设备的企业非常少，但增速明显，国产化率从 2015 年的 15%提升到了 2020 年的 20%。主要包括盛美半导体、北方华创、芯源微及至纯科技 4 家公司，目前 4 家企业均已具备 130～28 nm 主流制程清洗设备技术，其中盛美半导体已在研 7～5 nm 清洗设备技术。

9）检测与量测设备

集成电路生产工艺复杂，只有保证每道工序都不存在缺陷，才能保证最终成品的性能。主要包括检测与量测设备。

（1）检测设备：用于检测晶圆表面缺陷（包括异物缺陷、气泡缺陷、颗粒缺陷等），分为明/暗场光学图形陷检测设备、无图形表面检测设备、宏观缺陷检测设备等。

（2）量测设备：用于测量透明/不透明薄膜厚度、膜应力、掺杂浓度、关键尺寸、光刻套准精度等指标，对应设备分为椭偏仪、四探针、原子力显微镜（atomic force microscope，AFM）、关键尺寸扫描电子显微镜（critical dimension scanning electron microscope，CD - SEM）、光学关键尺寸-扫描电子显微镜（optical critical dimension-scanning electron microscope，OCD - SEM）、薄膜量测设备等。

这一领域全球市场集中度极高，据 VLSI Research、QY Research 数据，2020 年，科天、应用材料、日立 3 家企业的全球市场占比分别为 50.8%、11.5%和 8.9%。

据 VLSI Research 及 QYResearch 统计分析显示，中国半导体检测与量测设备国产化率极低，2020 年国产化率约为 2%，并在 2023 年提升至 5%左右。2023 年全球半导体检测和量测设备市场规模达到 128.3 亿美元，在全球半导体制造设备中占比约为 13%。其中，中国半导体量测检测设备的市场规模 43.6 亿美元，全球市场规模占比约 33.98%，市场空间广阔。

3. 封装与测试设备

1）封装设备

Yole 数据显示，2021 年全球先进封装市场规模为 374 亿美元，预计 2027 年可达 650 亿美元，复合年均增长率达 9.6%，此外，先进封装市场增长将更为显著，成为全球封装市场主要增量。

SEMI 数据显示，2021 年全球半导体封装设备市场规模为 71.7 亿美元，其中大部分市场由国际寡头垄断，其中川崎（K&S，日本）的球焊机全球市占率达 64%，迪斯科（Disco，日本）的划片机和减薄机全球市占率达 2/3 以上，Besi（荷兰）、ASM PT（ASM Pacific，新加坡）垄断装片机市场，Besi、东和（Towa，日本）、ASMPT、山田（Yamada，日本）是塑封系统主要品牌。

SEMI 数据显示，2020 年，中国封装市场规模达到 2 509.5 亿元，其中先进封装市场规模 351.3 亿元，占比约 14%，预计 2025 年中国先进封装市场规模将达到 1 137 亿元，占比将达 32.0%。

SEMI 数据显示，中国方面，封装设备国产化率不足 5%，低于制程设备整体 10%～15%的国产化率。其中，划片机以中国电科 45 所、武汉三工光电和江苏京创等为代表，固晶机以新益昌、艾科瑞思、大连佳峰为代表，塑封设备以文一三佳、耐科装备为代表。

2）测试设备

测试工艺穿插在封装工艺的前面和后面，即晶圆检测（circuit probing，CP，又称“中测”）和成品测试（final test，FT，又称“终测”），包括测试机（tester）、探针台（prober）、分选机（test handler）3 种设备。

2019 年，泰瑞达、爱德万测试两大龙头全球合计市占率达到 90%，占据中国测试设备市场将近 91.2%的市场份额，此外，科休半导体（Cohu，美国）、安捷伦（Agilent，美国）、科利登（Xcerra，美国）等厂商也长期位居前几。反观中国市场，华峰测控占比中国市场份额仅 6.1%，长川科技为 2.4%[8]。

相比来说，中国起步较晚，所以产品线单一，侧重于模拟/混合测试机，海外厂商则在片上系统（system on chip，SoC）测试机、存储测试机、模拟/混合测试机 3 大种类均有涉及。

探针台方面，2019 年东京电子和东京精密（Accretech，日本）占据全球 73%份额，惠特科技（FitTech，中国台湾）、旺矽科技（MPI，中国台湾）两家企业占据剩余市场份额大部分空间[8]。

从整个封测市场来看，从全球委外测试（不包含 IDM 自有封测和晶圆代工公司提供测试）角度来看，芯思想研究院（Chip Insights）数据显示，2022 年全球委外测试整体营收为 3 154 亿元，同比增长 9.82%，其中前十强营收达 2 459 亿元，同比增长 10.44%。半导体测试是中国最早转型的制造环节，迄今为止，它已成为中国集成电路产业链中相对成熟的环节，但实际核心机国产市占率较低。

第2章　光刻技术

光刻技术在集成电路制造过程中起着至关重要的作用，光刻过程是实现微缩和构建电路图案的关键步骤。光刻过程涉及使用紫外光通过掩模版照射到涂有光刻胶的晶圆上。这一过程可以将掩模版上的图案精确转移到光刻胶上，进而通过后续步骤，例如刻蚀过程在晶圆上形成图案。光刻技术是集成电路制造不可或缺的一环，它不仅使得电路微缩化、性能提升成为可能，还保证了集成电路生产的高效率和低成本。随着技术的不断进步，光刻技术的重要性将持续增长，支持着未来电子设备的创新与发展。本章主要介绍光刻技术的基础理论、相关光刻设备的工作原理以及实际操作方法。

2.1　光刻流程概况

光刻是半导体器件制造工艺中的关键步骤，通过曝光和显影在光刻胶上光刻几何图案结构。光刻工艺包括匀胶、曝光和显影等步骤。典型的工艺制造流程及光刻流程如图 2－1 所示，其中光刻前的工艺为清洗，光刻后的工艺为刻蚀。

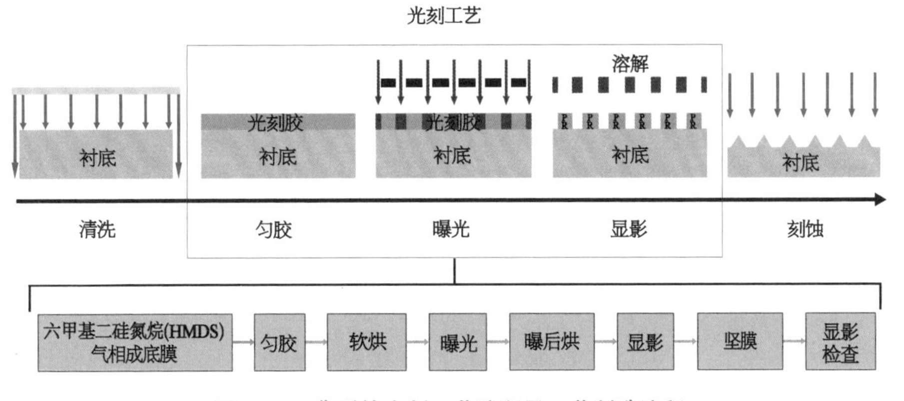

图 2－1　典型的光刻工艺流程及工艺制造流程

本节将详细介绍光刻工艺全流程。

2.2 气相成底膜

2.2.1 气相成底膜的作用

正常情况下，Si 衬底在空气中极易氧化，在表面形成二氧化硅（SiO_2）。因 SiO_2 层是亲水的，所以衬底的表面具有一定的亲水性，即在其上方形成的水滴能够迅速均匀地展开。大多数光刻胶是疏水的，这就造成光刻胶和晶圆的附着性较差，而使用六甲基二硅胺（HMDS）进行气相成底膜处理后，衬底的亲水性会发生改变。

HMDS 气相成底膜可以在衬底表面形成一层有机硅化合物薄膜，这层薄膜具有一定的疏水性，即在其上形成的水滴无法迅速均匀地展开，而是呈现出珠状形态。这种改变衬底亲水性的效果有助于光刻胶在衬底表面的附着和分辨过程中的精确控制。光刻胶在照射光的作用下，会在衬底表面形成所需的图案结构。而 HMDS 底膜的疏水性可有效抑制光刻胶的自发扩散和侵蚀，从而保证光刻胶的精确性和稳定性。

因此，HMDS 气相成底膜处理可以改变衬底的亲水性，提供更好的涂覆和图案定义性能，有助于半导体器件制造工艺的成功实施。此外，HMDS 的处理过程简单、成本相对低廉，是提高集成电路制造过程中光刻步骤成功率和可靠性的重要手段。

2.2.2 工艺规范

要实现完美的 HMDS 气相底膜，需要按照以下相关规范进行操作。

(1) 进行气相成底膜之前，首先对衬底进行化学清洗，确保衬底表面的洁净程度。清洗包括去除表面污染物和有机残留物等步骤。完成清洗后，进行甩干操作以去除残留的水分或污染物。

(2) 使用氮气（N_2）作为携带气体，将 HMDS 引入真空烘箱中。在适当的温度和压力条件下，HMDS 会形成气相，然后在衬底表面形成一层均匀的底膜。这层底膜有助于提高光刻胶与衬底之间的附着性和光刻胶的分辨率，从而实现更好的图案定义和精度(图 2-2)。

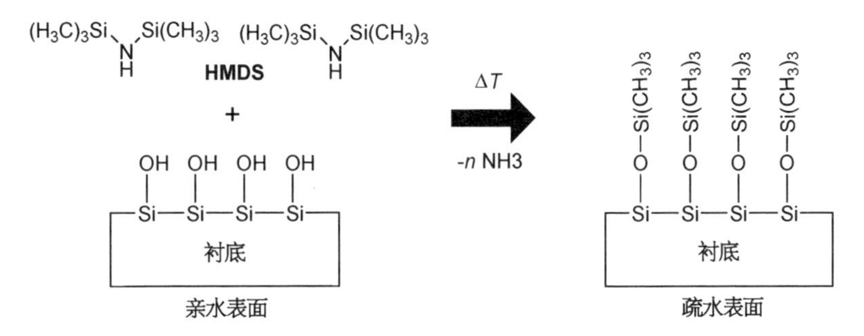

图 2-2　表面反应，衬底表面由亲水性改成了疏水性，有利于光刻胶的附着

其中 ΔT 为加热，$-n$ NH_3为去除多个 NH_3。

2.2.3　HMDS 烘箱

HMDS 烘箱是用于 HMDS 气相成底膜的一种设备，主要用于引入 HMDS 并在衬底表面形成底膜的过程中进行热处理。HMDS 烘箱通常包括以下主要部件和功能。

(1) 加热系统：用于提供恒定的温度环境，通常通过加热元件和温度控制器来实现。

(2) 真空系统：用于创建和维持适当的真空环境，通常包括真空泵和真空控制系统。

(3) 气体供应系统：用于引入 N_2，作为携带气体，将 HMDS 引入烘箱中。

(4) 冷却系统：用于快速冷却衬底和固化底膜，以确保其稳定性和可靠性。

(5) 控制系统：用于监测和控制温度、真空、气体流量和烘烤时间等参数，以实现精确的工艺控制。

通过 HMDS 烘箱的热烘烤处理，可以在衬底表面形成均匀的底膜，为后续的光刻工艺提供良好的基础。

在高校、研究所等对产能要求不高的实验室中，通常会采用 HMDS 烘箱进行 HMDS 气相成膜。这类实验室用的 HMDS 烘箱通常具有以下特点。

(1) 设备尺寸相对较小，适应实验室环境和空间限制。

(2) 采用真空烘箱的设计，可以提供稳定的加热和真空环境，以支持 HMDS 的分解和底膜形成。

(3) 可以适应 8 in 及以下的样品大小，满足实验室内不同尺寸样品的需求。

这样的 HMDS 烘箱在实验室中具有较高的灵活性和适应性，可以方便地进行 HMDS 气相成膜，为学术研究和小批量制备提供支持。

图 2-3 为 YES(美国)制造的型号为 YES-310TA 的 HMDS 烘箱实物图。

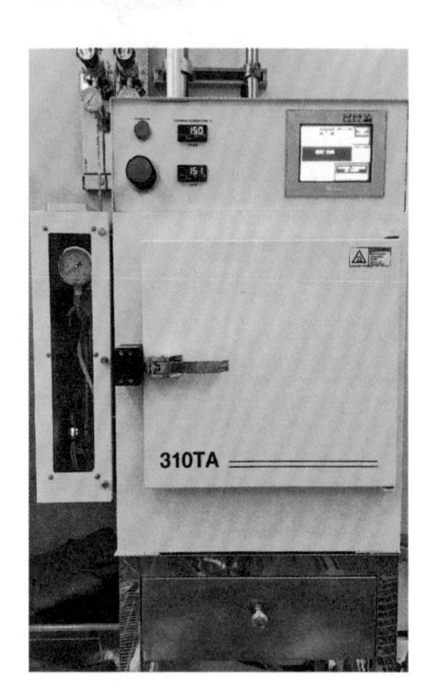

图 2-3　型号为 YES-310TA 的 HMDS 烘箱

2.2.4　厂务动力配套要求

要确保 HMDS 烘箱能够稳定有效地运行，除了超净室必备的洁净度、温湿度、黄光、电力供应外，还需要配套以下厂务动力条件。

(1) 排气和通风系统：由于 HMDS 的使用可能会产生有害的蒸气，因此配套强大的排气系统和通风系统，保证工作环境的安全是非常必要的。

(2) 消防和安全系统：鉴于 HMDS 的易燃特点，必须配套相应的消防系统，包括火警探测器、灭火器材、紧急切断电源等安全设施。

(3) 气体供应：HMDS 烘箱的操作需要特定的气体(如 N_2)，因此需要精确的气体供应和控制系统。

以上条件可能会根据烘箱的型号、使用的工艺及厂房的实际条件有所不同，图 2-4 是型号为 YES-310TA 的 HMDS 烘箱所需的厂务动力条件实物举例。

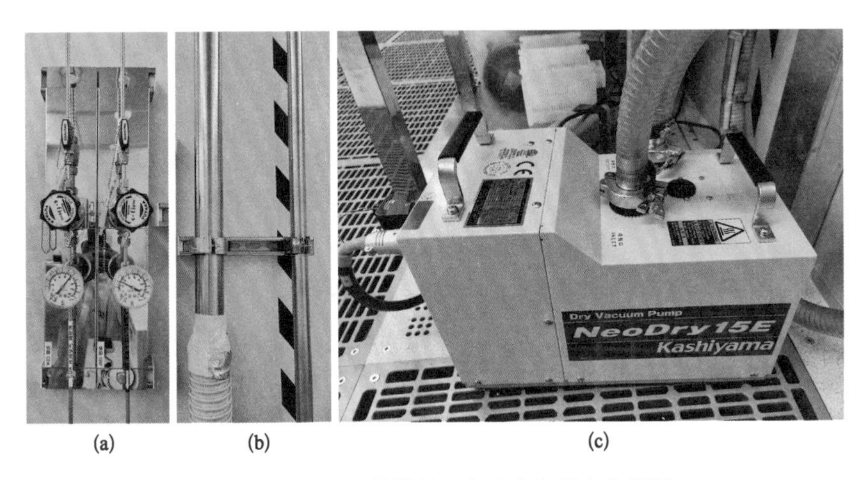

图 2－4　HMDS 烘箱的厂务动力条件实物举例

(a) 高纯压缩干燥空气(clean dry air, CDA)和 N_2 阀门面板;(b) 排气通风管道;(c) 真空泵。

2.2.5　HMDS 烘箱的操作规范及注意事项

使用 HMDS 烘箱进行实验时,必须遵守严格的操作规范,以确保安全性。以下是常见的操作规范及注意事项。

(1) 设备操作前的准备

① 确保实验操作人员已经接受过相关的培训,并理解 HMDS 的危险性和操作要求。

② 检查烘箱设备的工作状态和安全性,确保设备正常运行并具备必要的安全装置。

③ 检查气源和真空系统,确保其正常运行和连接稳固。

④ 配备个人防护装备(personal protective equipment, PPE),如防护眼镜、手套和防护服等。

(2) HMDS 烘箱操作过程

① 在操作过程中,必须进行充分的通风排气,将产生的有毒气体及时排出。

② 确保 HMDS 烘箱处于恒定的温度和压力环境,避免温度过高或压力过低导致危险。

③ 在操作过程中严格控制 HMDS 的使用量,避免过量使用造成安全隐患。

④ 在加入 HMDS 后,严格遵守相应的烘烤时间和温度要求,以确保底膜形

成的质量和稳定性。

⑤ 操作结束后，及时关闭设备并进行必要的清洁和维护，确保设备安全和正常运行。

⑥ 开腔门取放样品时要迅速，同时应佩戴隔热手套，以避免因高温导致的烫伤。在处理过程中，尽量减少开腔门的时间，以保持烘箱的稳定状态。

(3) 废弃物处理：对于使用过的 HMDS 和废弃物产生的气体、液体或固体材料，需按照相关法规和处理要求进行安全处理和处置。

(4) 烘箱温度和与之相关的配方(recipe)参数是经过精心设定和优化的，以确保烘箱内的气氛和温度控制在安全和稳定的范围内。任何非授权的修改都可能导致温度失控、失效或产生其他安全隐患。

(5) 遵守以上事项可以有效保护人员的安全并确保工艺的稳定性。同时，在操作 HMDS 烘箱之前，操作人员应接受相关的培训，了解烘箱的工作原理、操作规程和安全注意事项。遵循正确的操作流程和安全规范，是确保人员安全和工艺稳定的关键步骤。

读者如需了解操作 HMDS 烘箱的方法，可扫描图 2-3 旁的二维码观看视频。

2.3 匀　　胶

2.3.1 匀胶的目的及要求

匀胶是半导体器件制造工艺中的重要步骤，其主要目的是将光刻胶均匀旋涂在衬底表面上。匀胶的要求具体如下。

(1) 均匀性：匀胶过程旨在实现光刻胶在衬底表面的均匀旋涂。均匀旋涂有助于保证图案定义的精确性和一致性，确保光刻胶能够正确地覆盖并保护待加工区域。

(2) 厚度控制：匀胶过程中可以控制光刻胶的厚度。通过调整匀胶速度或次数等参数，可以实现需要的光刻胶厚度，以满足工艺要求和器件设计的需要。

(3) 附着性：匀胶使光刻胶能够牢固附着在衬底表面，防止在后续工艺步骤中发生剥离或移动。良好的附着性有助于确保光刻胶的稳定性和图案定义的保持。

(4) 消除气泡和缺陷：匀胶过程中会将光刻胶均匀覆盖在衬底上，并排除气泡和其他缺陷，以确保光刻胶的质量和均匀性，这有助于提高工艺的可靠性。

总之，匀胶的主要目的是实现光刻胶的均匀旋涂、厚度控制、良好的附着性，并消除气泡等缺陷，实现高质量的光刻工艺。

理论上，将光刻胶滴注到样品表面，通过样品台带动样品高速旋转，使光刻胶在离心力的作用下均匀地铺展到样品表面，光刻胶厚度 T 与比例常数 K、光刻胶浓度 C、转速 S 相关，公式为 $T = KC^2/S^{1/2}$，厚度与转速的关系曲线如图 2-5 所示。

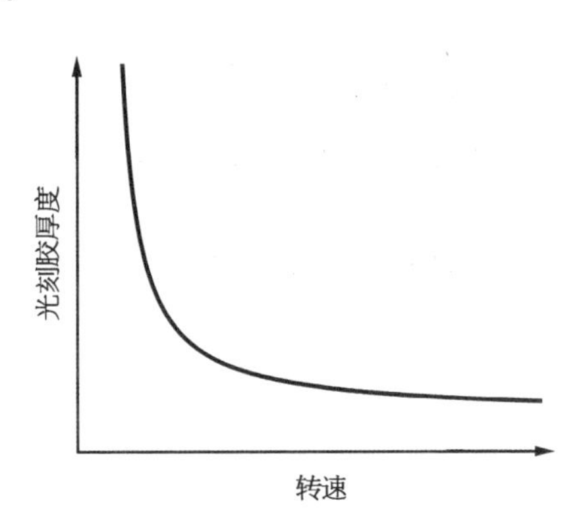

图 2-5　光刻胶厚度与转速的关系曲线

关于光刻胶厚度的相关解释如下。

(1) 增加光刻胶的黏度会导致光刻胶在匀胶过程中更难流动，更难获得较薄的膜厚。因此，增加光刻胶黏度通常会导致膜厚的增加。

(2) 降低光刻胶的黏度会使其在匀胶过程中更容易流动，更容易获得较薄的膜厚。因此，减少光刻胶黏度通常会导致膜厚的降低。

(3) 提高匀胶转速会提高光刻胶在衬底上的旋涂速度，从而导致较薄的膜厚；降低匀胶转速则减缓旋涂速度，有助于获得较厚的膜厚。

总之，光刻胶的黏度和匀胶转速对膜厚有相反的影响：增加光刻胶的黏度和减少匀胶转速会增加膜厚，而降低光刻胶的黏度和提高匀胶转速会减少膜厚。

2.3.2　匀胶机

在半导体器件制造工艺中，常用的匀胶设备是匀胶机(coater)。匀胶机是专门设计用于将光刻胶均匀旋涂在衬底上的设备，其主要功能是实现光刻胶的均匀分布和厚度控制。匀胶机通常由以下主要部分组成。

(1) 光刻胶供应系统：用于提供光刻胶，并控制光刻胶的流量。光刻胶供应系统通常包括泵和光刻胶流量控制器等。

(2) 匀胶头/喷头：用于将光刻胶均匀地喷洒在衬底表面上。

(3) 控制系统：匀胶机通常带有一个控制系统，用于监测和调节匀胶过程中的

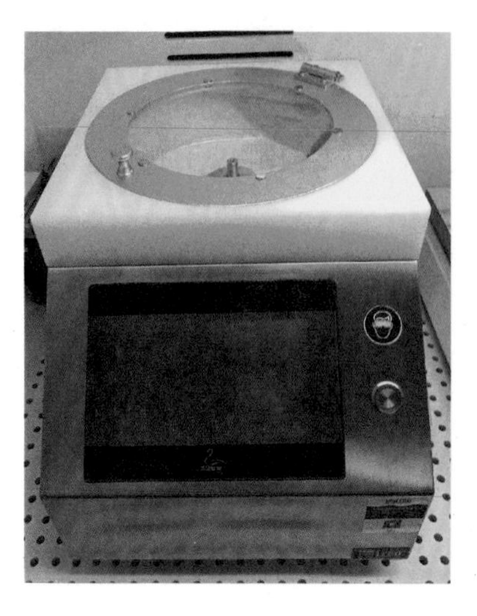

图 2-6　实验室常用的匀胶机

匀胶速度和其他参数，以实现精确的旋涂控制。

(4) 处理轨道和运输系统：匀胶机通常配备了一个可以容纳和支持衬底的处理轨道，并配备运输系统，以使衬底在匀胶过程中保持平稳移动。

通过匀胶机的使用，可以实现光刻胶的均匀旋涂和厚度控制，为后续的光刻和显影步骤打下基础，保证器件的精确性和一致性。

图 2-6 为实验室常用的手动匀胶机（无光刻胶供应系统、处理轨道等）。该类设备可实现 8 in 及以下样品的匀胶，满足不同样品尺寸的需求。

2.3.3　厂务动力配套要求

要确保匀胶机能够稳定有效地运行，除了超净室必备的洁净度、温湿度、黄光、电力供应外，还需要配套以下厂务动力条件。

(1) 气体供应系统：匀胶机在工作过程中可能需要用到保护气体（如 N_2）来保护光刻胶不被氧化，或者需要特定的气体来促进某些化学过程。因此，需要建立一个稳定可靠的气体供应系统，包括气体的储存、输送和净化设施。

(2) 专用排气系统：匀胶过程中可能会产生挥发性有机化合物（volatile organic compounds, VOCs）等有害气体，需要配置专用的排气系统来控制和处理这些气体，确保工作环境的安全。

(3) 化学药品供应系统：匀胶机需要用到各种化学药品，如光刻胶、溶剂等。这些药品需要通过专用的供应系统进行安全、准确地输送，同时也需要考虑废弃药品的安全处理。

(4) 震动控制系统：匀胶过程对环境的稳定性有较高要求，过度的震动可能会影响匀胶的质量。因此，安装匀胶机的环境需要具备良好的震动控制，可能需要使用隔震平台或者选定减少外部震动干扰的设施位置。

(5) 防静电设施：在高洁净度的环境中，静电的控制也非常重要。需要确保工作区域有良好的防静电地面、防静电服装以及其他必要的防静电措施。

(6) 紧急事故处理系统：考虑到化学药品的使用和储存，需要准备紧急事故处理系统，包括泄漏感应、紧急停机按钮、紧急洗眼站和安全淋浴设施等，确保工作人员的安全。

(7) 真空系统：通过使用真空泵创建真空环境，真空系统对晶圆背部施加吸力，确保晶圆在整个加工过程中保持固定位置，防止其发生移动或不必要的旋转。这一操作显著增强了加工过程中的精度和重复性，从而保障了加工质量。

确保这些系统和设施的完善和高效运行，是匀胶机稳定有效运行的重要保障。同时，还需要定期对这些系统进行维护和检查，确保其持续稳定地支持匀胶机的运行。

图 2-7 是实验室常用的匀胶机所需的动力条件。

(a)

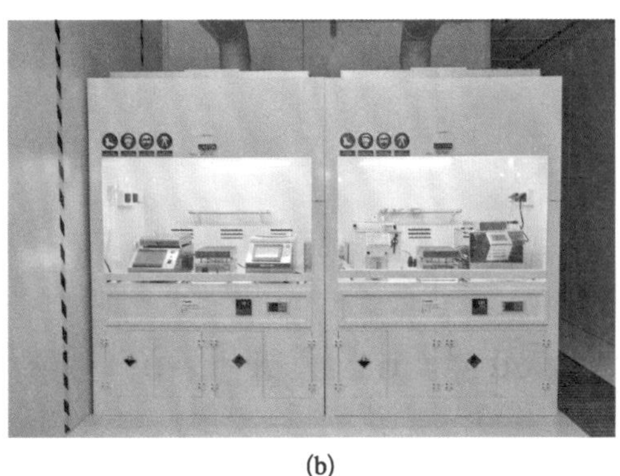

(b)

图 2-7　实验室常用的匀胶机所需的动力条件

(a) 真空泵；(b) 通风橱。

2.4　软　　烘

2.4.1　软烘的目的

软烘是在光刻工艺中的一个重要步骤，其主要目的如下。

(1) 去除溶剂：光刻胶旋涂到衬底上后，需要进行软烘以去除残留的溶剂。软烘过程中，通过加热使光刻胶中的溶剂挥发，促进其快速蒸发，以确保光刻胶干燥，避免在后续步骤中出现光刻胶收缩、分离或形变等问题。

(2) 促进旋涂层的流动：软烘过程中的加热作用会使旋涂层具有一定的流动性。这有助于提高旋涂层的平整度和均匀性，使光刻胶能够更好地覆盖并附着在衬底表面，减少可能存在的几何形变或表面不平整导致的图案定义问题。

(3) 消除气泡和缺陷：软烘过程中的加热也有助于消除旋涂层中可能存在的气泡和其他缺陷。通过使光刻胶软化并通过表面张力作用排除气泡，可以提高光刻胶的质量和均匀性，确保图案的清晰度和准确性。

(4) 促进光刻胶和衬底间的附着力：软烘还可以改善光刻胶和衬底之间的附着力。加热过程中，光刻胶分子与衬底表面发生反应，增强了它们之间的相互作用力，从而使光刻胶更好地附着在衬底上，提高工艺的可靠性和稳定性。

因此，软烘的目的是去除溶剂、促进旋涂层的流动、消除气泡和缺陷，以及促进光刻胶和衬底间的附着力。通过软烘步骤，可以为后续的曝光和显影工艺提供更好的基础，确保高质量的图案定义和制造过程的成功实施。

2.4.2 软烘设备

在半导体器件制造工艺中，软烘过程常使用的设备是热板(hot plate)或烘箱(oven)。软烘设备主要用于在光刻胶旋涂到衬底后进行加热烘烤的步骤。

软烘设备通常具有以下主要特点和功能。

(1) 温度控制系统：软烘设备配备了一个精确的温度控制系统，可以实时监测和调节烘烤温度。温度控制系统通常使用热敏电阻或热电偶等传感器来测量温度，并通过控制加热元件(如加热棒或加热元件阵列)来调节温度。

(2) 加热方式：软烘设备主要通过电加热的方式提供热源，可使用电阻加热器或电加热装置来产生热量，使热板或烘箱升温。

(3) 时间控制器：软烘设备通常配备了时间控制器，用于设置和控制软烘的持续时间。根据工艺需要，软烘的时间可以在几分钟到数十分钟之间，以实现光刻胶的溶剂蒸发和干燥。

(4) 通风系统：软烘设备通常配备了适当的通风系统，以排出软烘过程中产生的挥发性溶剂和气体，保持操作环境的安全和舒适。

通过软烘设备的使用，可以将光刻胶中的溶剂快速蒸发、帮助光刻胶干燥、增强附着力和消除气泡等。软烘是光刻工艺中的关键步骤，为后续的曝光和显影提供了重要的预处理。

图 2-8 为常用的两种软烘设备：热板及烘箱。该类设备的工作温度一般依据光刻胶的烘烤温度而设定，适用的样品规格为 8 in 以下样品，可满足各种类型样品的需求。

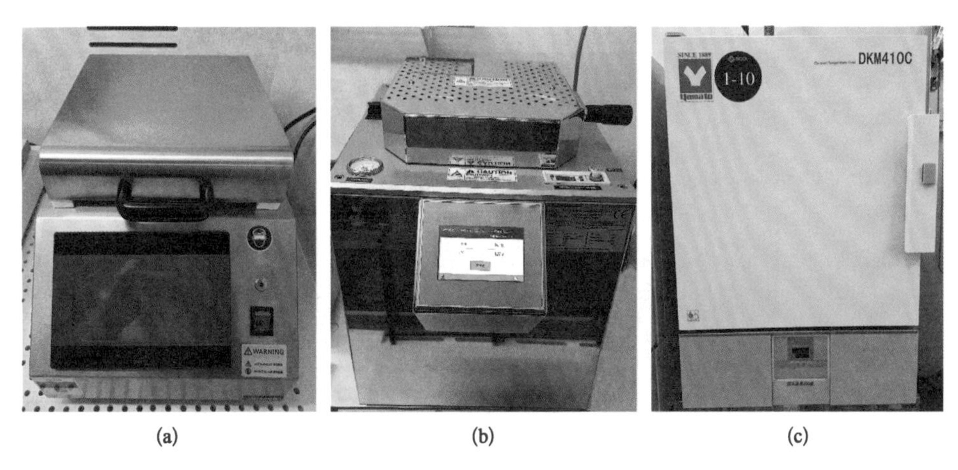

(a)　　　(b)　　　(c)

图 2－8　热板及烘箱

(a) 热板 1；(b) 热板 2；(c) 烘箱。

在实验室中，考虑到设备尺寸较小，通常会将匀胶机、热板放置在同一个通风橱内，以便于工艺操作的便捷性及工艺稳定性，设备照片如图 2－9 所示。

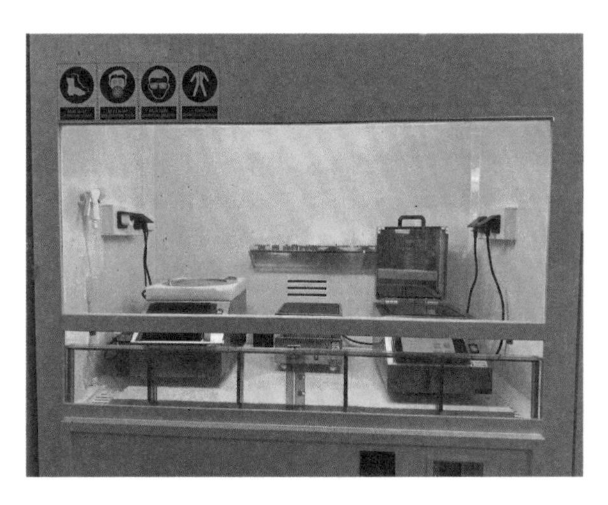

图 2－9　匀胶、软烘通风橱

2.4.3　厂务动力配套要求

要确保软烘设备能够稳定有效地运行，除了超净室必备的洁净度、温湿度、黄光、电力供应外，还需要配套的厂务动力设施主要为通风橱及排风系统(图 2－9 和 2－10)。

图 2-10　通风橱的排风系统

2.5　曝　　光

2.5.1　工作原理

曝光是半导体器件制造工艺中的一个关键步骤，用来将掩模版上的图案模板转移到衬底上，形成所需的光刻图案。在曝光过程中，使用特定的曝光设备和光源，将掩模版上的图案进行投射，使光刻胶在被光照射的区域发生化学或物理变化。曝光的主要目的和作用如下。

(1) 形成图案：通过将掩模版与光源结合，使光照射到光刻胶上形成所需的图案。图案的形成主要通过光照引起的光敏反应或聚合反应来实现。

(2) 传递尺寸和形态：通过曝光设备和曝光参数的控制，可以将掩模版上的图案以特定的尺寸和形态传递到光刻胶上。这是实现器件设计要求、特定器件结构和图案尺寸控制的关键。

(3) 分辨率和图案精度：曝光过程中的光源和光刻胶特性的控制，可以影响光刻胶上图案的分辨率和精度。通过优化光源的波长、光斑形状、光刻胶的感光特性等因素，可以实现更高的分辨率和更好的图案精度。

(4) 控制剂量和曝光时间：通过控制曝光剂量和曝光时间，可以调节光刻胶对光的响应程度，从而实现不同深浅的图案定义或不同程度的图案抑制。

曝光作为半导体器件制造工艺中的核心步骤，其参数和控制对于器件的性能和制造的成功至关重要。适当的曝光技术和优化的参数选择，可以实现高精度、高分辨率的图案定义，为后续显影和刻蚀步骤打下良好的基础。

2.5.2　曝光中使用的光刻胶

光刻胶由树脂、感光化合物和溶剂 3 种基本成分组成。根据在显影过程中曝光区域的去除或保留可分为两种——正性光刻胶（positive photoresist，简称正胶）和负性光刻胶（negative photoresist，简称负胶）。

负胶的曝光区域在光照的作用下发生光化学交联反应，形成高分子聚合物，使其在甲苯（C_7H_8）或者二甲苯（C_8H_{10}）之类的有机溶剂中的溶解度显著下降，而未曝光的区域溶于这些有机溶剂，可将与掩模版上相反的图案复制到衬底上。

正胶的曝光区域在光照的作用下发生反应，生成可溶于碱的酸性物质，在碱性的显影液中发生溶解，而未曝光的区域不溶于显影液，可将与掩模版上相同的图案复制到衬底上。根据应用的光刻波长，正胶又可分为紫外正性光刻胶和深紫外化学放大正性光刻胶。

1. 紫外正性光刻胶

紫外正性光刻胶应用于紫外（300～450 nm）光源曝光，感光剂（photo active compound，PAC）为重氮萘醌（diazonaphthoquinone，DNQ），基体为酚醛树脂。在曝光的区域里，DNQ 会形成乙烯酮，由此再与环境中的水形成可溶于碱的茚羧酸（图 2－11）。

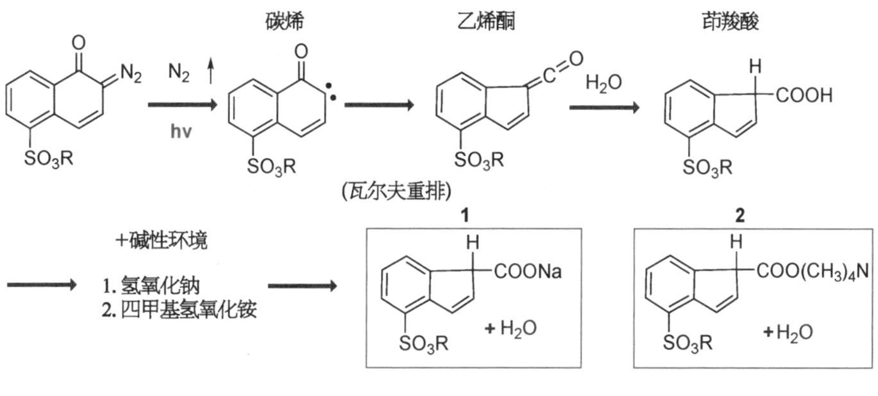

图 2－11　正性光刻胶中的感光剂 DNQ 在曝光及显影过程中的变化

2. 深紫外化学放大正性光刻胶

深紫外化学放大正性光刻胶应用于深紫外(150～280 nm)光源曝光，以光酸产生剂(photo acid generator，PAG)作为感光剂，以与 PAG 感光剂相匹配的聚合物树脂作为成膜基体材料。应用化学放大(chemical amplification)原理：PAG 感光剂吸收光子后分解产生光酸，光刻胶膜中形成掩模图案的潜像，在 PEB 的热作用下，光酸促使树脂中对酸敏感的部分分解，产生可溶于碱性溶液的基团。这种反应具有级联特点，类似催化反应，导致光化学反应作用得到“放大”(图 2-12)，使曝光区域转化为可溶性化合物，显影后得到掩模版图案。

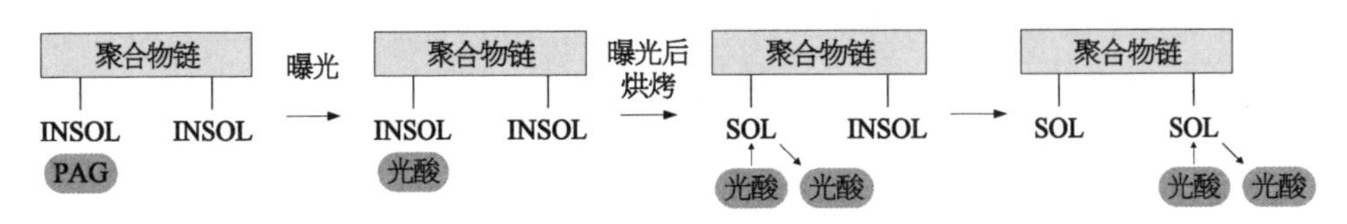

图 2-12　深紫外化学放大正性光刻胶中的反应过程

其中 INSOL 是不溶性基团，SOL 是可溶性基团。

2.5.3　曝光类型

根据曝光的工作方式，可分为接触式/接近式曝光、无掩模激光直写、电子束曝光、DUV/EUV 步进式曝光、DUV/EUV 扫描式曝光等(表 2-1)。不同曝光技术各有其特定应用领域和优缺点。选择合适的曝光技术取决于所需的分辨率、生产效率和成本。接触式/接近式曝光技术适用于低分辨率应用；无掩模激光直写和电子束曝光适用于高精度要求的小批量或研究级应用；DUV/EUV 技术则是面向大规模半导体加工的高效解决方案。以下分别对不同曝光类型的原理和工艺做详细介绍。

表 2-1　不同曝光技术的对比

曝光类型	原　理	优　点	缺　点
接触式/接近式曝光	使用掩模版，掩模版接触或接近晶圆	过程简单，成本低	掩模版与 Si 晶圆接触，导致磨损或损坏掩模版； 分辨率受限于掩模版与晶圆的间距

（续表）

曝光类型	原　理	优　点	缺　点
无掩模激光直写	无掩模版，利用精密控制的激光光束直接在光刻胶上“画”出所需图案	高灵活性，可用于复杂或小批量生产；无掩模版制造和维护的成本	曝光时间比掩模式长，生产效率低，成本较高
电子束曝光	无掩模版，使用电子束扫描晶圆表面，以极高的精度“绘制”电路图案	极高的分辨率，适用于先进的微纳加工	过程速度慢、成本高，通常用于高精度或研究用途
DUV/EUV 步进式曝光	使用掩模版，使用 DUV 或 EUV 作为光源，采用步进技术移动晶圆以曝光不同区域	允许较大面积芯片的高速处理，具备高分辨率	设备成本高、运行成本高、技术复杂
DUV/EUV 扫描式曝光	类似于步进式，但采用连续扫描方式，晶圆和掩模版在曝光过程中同时移动	相比于步进式，有更快的曝光速度	相比于步进式，系统更为复杂，调试、维护难度及成本较高

1. 接触式/接近式曝光

1）工作原理及特点

接触式/接近式曝光使用高压汞灯作为光源（波长为 365 nm 的 I 线与 405 nm 的 H 线），将其投射到掩模版上，光线通过镜头使掩模版上的图案 1∶1 印在样品表面，工作原理如图 2－13 所示。

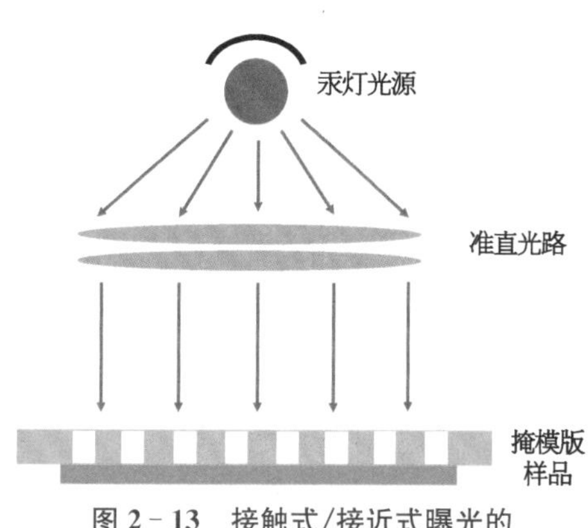

图 2－13　接触式/接近式曝光的工作原理示意图

接触式与接近式的区别在于：接触式曝光是将掩模版与光刻胶直接接触，然后使用紫外光或深紫外光源进行曝光。光透过掩模版的透明区域传递到光刻胶上，形成所需的图案。而接近式曝光是在掩模版和光刻胶之间保留一定的间隙，使用紫外光或深紫外光源进行照射。光通过掩模版的透明区域，将图案投射到光刻胶上。具体原理如图 2-14 所示。

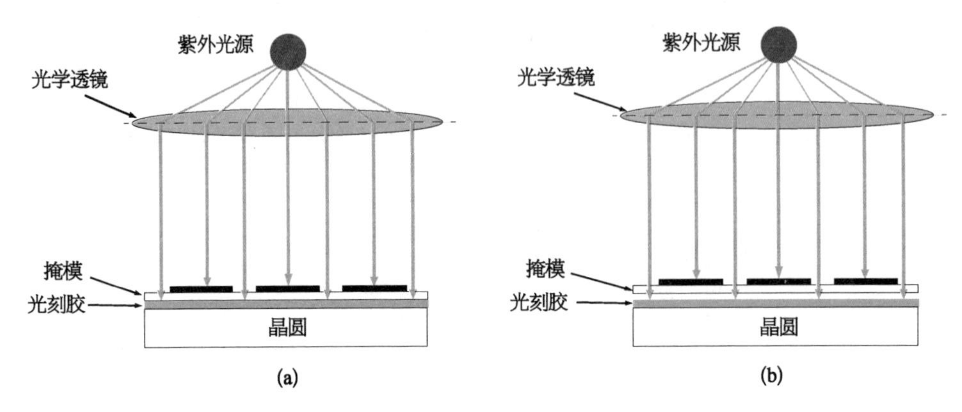

图 2-14　两种曝光方式的区别

(a) 接触式曝光;(b) 接近式曝光。

除了工作原理的不同,接触式曝光和接近式曝光还有一些区别和特点。

(1) 分辨率能力:由于接触式曝光可以实现掩模版和光刻胶的直接接触,不受衍射和散射的限制,因此可以实现更高的分辨率。而接近式曝光由于掩模版和光刻胶之间有一定的间隙,受到光的衍射限制,分辨率相对较低。

(2) 对掩模版要求:接触式曝光对掩模版要求更高,需要具备较高的平整度和表面光洁度,以确保与光刻胶的充分接触和传递良好的图案细节。而接近式曝光对掩模版要求相对较低,因为图案是通过光进行传输的。

(3) 适用对象:接触式曝光通常适用于对分辨率和图案精度要求较高的装置和工艺。接近式曝光相对更灵活,适用于对分辨率要求相对较低的应用,也可获得更大的曝光面积。

综上所述,接触式曝光和接近式曝光在曝光原理、分辨率能力、对掩模版要求和适用对象等方面存在区别。选择合适的曝光方式取决于工艺要求、器件设计和图像分辨率的需求等因素。

接触式曝光和接近式曝光是常用的曝光方法,具有高曝光效率,但由于需要使用掩模版,容易出现损伤和沾污的问题。为了优化这个问题,可以采取以下措施。

(1) 加强对掩模版的保护:定期对掩模版进行清洁和维护,确保其表面干净,减少沾污的可能性。同时,在使用过程中,可以增加掩模版的保护罩或者使用遮挡物,防止碰撞和损伤。

(2) 优化曝光过程：通过精确调整曝光参数和工艺，减少曝光时间和光强，降低对掩模版的损伤风险。优化光源的均匀性，改善光刻胶的散射能力，减少曝光过程中可能产生的反射和散射，从而减少掩模版损伤。

(3) 开发更耐磨、抗沾污的掩模版材料：研发新材料，具备更好的耐磨性和抗沾污性，减少掩模版的损伤和沾污。此外，引入抗静电涂层和防粉尘涂层等技术手段，为掩模版表面增加保护层，提高掩模版的耐用性。

(4) 建立操作规范：制定一套完善的操作流程，包括掩模版的安装、拆卸、清洁和维护等步骤。培训操作人员正确使用和保护掩模版，增强其意识和技能，有效降低损伤和沾污的风险。

(5) 引入自动化设备：采用自动对位和取片系统等自动化控制技术，减少人为因素对掩模版的损伤。使用自动化设备可以降低人工接触和摩擦，减少掩模版损伤的可能性。

综上所述，通过加强对掩模版的保护、优化曝光过程、开发新材料、制定操作规范和引入自动化设备等措施，可以有效解决接触式/接近式曝光中掩模版容易损伤和沾污的问题。

2) 分辨率与对准参数

接触式/接近式曝光分辨率均取决于光刻机、光源和掩模版的特性。通常情况下，接触式曝光的分辨率较高，可以达到亚微米级别甚至更小的特征尺寸；而接近式曝光的分辨率相对较低，通常限制在几微米到几十微米的范围。

对准包含正面对准和背面对准，这是光刻技术中常用的两种对准方式，它们具有不同的特点和应用场景。

(1) 正面对准(frontside alignment)：指通过掩模版和衬底(晶圆)的正面对准标记，实现图案的对准。这种对准方式通常通过显微镜或光学对准系统进行观察和调整。其特点如下。

① 适用于单面处理工艺，如单面晶圆制程。

② 对准精度较高，可以在亚微米级别实现对准。

③ 通常使用光学方法进行，成本较低。

(2) 背面对准(backside alignment)：指通过在晶圆背面刻上对准标记，通过背面透射或反射光的方式，实现图案的对准。这种对准方式用于双面处理或背面直写工艺中。其特点如下。

① 适用于需要对准晶圆背面的工艺，如双面晶圆制程。

② 对准精度相对较低，通常在几微米到数十微米之间。

③ 需要使用特殊的透射或反射光照射和检测设备，成本较高。

总体而言，正面对准适用于单面处理工艺，对准精度高且成本相对较低，适合于制造需要高精度的器件；而背面对准适用于双面处理工艺，对准精度相对较低且设备成本较高，适合于对准背面图案的特定需求。选择合适的对准方式需要考虑具体工艺需求和设备条件。

对准精度是指在多次曝光和对准过程中，不同层之间特征的对准精度。接触式曝光由于采用了直接接触方式，可以实现较高的套刻精度。它通常可以达到亚微米级别的套刻精度。而接近式曝光由于光刻机和样品之间存在一定的距离，套刻精度相对较低，通常在几微米到几十微米的范围。

以苏斯微技术制造的型号为 MA6/MB6 的接触式/接近式曝光机为例，其分辨率为 0.8 μm，正面及背面对准精度分别为±0.5 μm 和±1.0 μm。

由于该类设备的精度较低，主要用于实验室研发，因此其可容忍的样品尺寸具备灵活性，通常会兼容晶圆及小样品的曝光。配套使用的掩模版也具备灵活兼容性，适用于 2.5～5 in 的掩模版。

3) 曝光模式

接触式/接近式曝光机的工作模式主要包括真空接触模式(vacuum contact mode)、硬接触模式(hard contact mode)、软接触模式(soft contact mode)和接近式模式(proximity mode)。每种模式都有其适用场景和限制条件。

(1) 真空接触模式

指在进行曝光之前，将掩模版和衬底(晶圆)通过真空吸附在一起，形成一个稳定的接触状态，然后进行曝光(图 2-15)。这种模式下，掩模版和晶圆之间的空气被抽出，减少了空气的干扰，提高了曝光的精度。

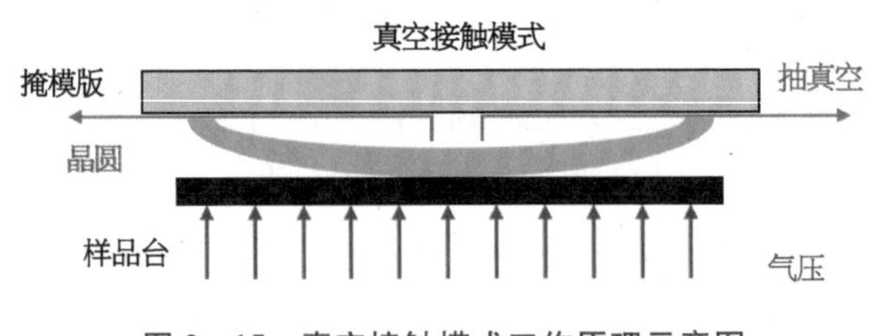

图 2-15　真空接触模式工作原理示意图

① 适用场景：适用于对准要求较高、需要提高曝光精度(1.5 μm 以下)和稳定性的工艺。

② 限制条件：在设备成本、维护和操作等方面要求较高，需要专门的设备和

操作技术。同时，由于接触过程中可能会产生较大的接触力，容易导致掩模版损伤。此外，该模式仅可使用完整晶圆。

(2) 硬接触模式

指在曝光过程中，掩模版和晶圆通过机械加压的方式直接接触在一起，然后进行曝光(图 2-16)。在这种模式下，接触力较大，确保了掩模版和晶圆的紧密接触。

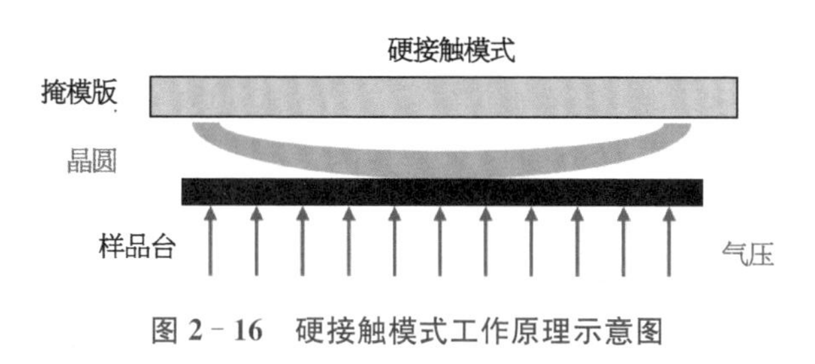

图 2-16　硬接触模式工作原理示意图

① 适用场景：适用于对准要求较高、需要高曝光精度(1.5 μm 以上)和稳定性的工艺。常见于一些高分辨率的半导体工艺，如先进的 CMOS 制程。

② 限制条件：需要控制好加压力度，避免过度的压力导致掩模版的损伤。同时，硬接触模式对于晶圆表面的平整度和光刻胶的厚度要求较高。

(3) 软接触模式

指在曝光过程中，掩模版和晶圆以较小的接触力直接接触在一起(图 2-17)。这种模式下，接触力相对较小，可以减少对掩模版的损伤。

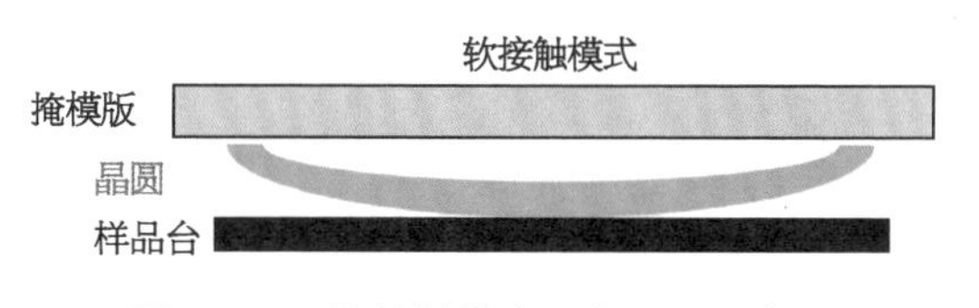

图 2-17　软接触模式工作原理示意图

① 适用场景：适用于对准要求较高、需要较小接触力(精度大于 2.5 μm)和较低的掩模版损伤风险的工艺。常见于一些光刻工艺和微机电系统(microelectromechanical system, MEMS)制造等。

② 限制条件：要求掩模版和晶圆表面的平整度和光刻胶的厚度要匹配，避免不均匀接触或光刻胶的过度变形。

(4) 接近式模式

指在曝光过程中，掩模版和晶圆之间通过一定的距离进行曝光，而不直接接触在一起。光照通过掩模版的透明区域到达光刻胶和衬底。

① 适用场景：适用于对准要求相对较低、曝光精度要求低(大于 3 μm)、较大曝光面积的工艺，如显示器制造、太阳能电池制造等。

② 限制条件：对于掩模版和晶圆之间的距离要求较为严格，需要控制好光线的散射和衍射效应，以及提高光源的均匀性。

由于不同的模式具有不同的适用场景和限制条件，因此，需要根据具体工艺需求和设备条件来选择合适的工作模式。

4) 使用的设备

接触式/接近式曝光使用的设备为接触式/接近式曝光机。其组成部分如下。

(1) 光源模块：它是曝光机的核心部分，提供所需的光照以转移掩模版上的图案到晶圆上。常见的光源为汞灯(I线、G线)。

(2) 掩模盘(mask stage)：用于固定和精确控制掩模版的位置。在接触式/接近式曝光过程中，掩模盘需要能精确移动掩模版，以正确对准晶圆。

(3) 晶圆台(wafer stage)：用于固定晶圆，并能精确控制其位置和角度。在曝光过程中，晶圆台能够在 $X-Y$ 平面内移动晶圆以实现步进扫描曝光，调整 Z 轴的控制晶圆与掩模版的间距。

(4) 照明系统(illumination system)：负责将光源发出的光均匀分布到掩模版上。这通常涉及各种光学元件，如透镜、反射镜和光阑，确保光线均匀并适当照射到掩模版上。

(5) 对准系统(alignment system)：确保掩模版和晶圆之间正确对齐，这对于保证图案转移的准确性至关重要。这些系统通常使用光学或激光传感技术来检测掩模版和晶圆的相对位置，并进行微调。

以型号为 MA6/MB6 的接触式/接近式曝光机为例，其设备照片如图 2-18 所示。

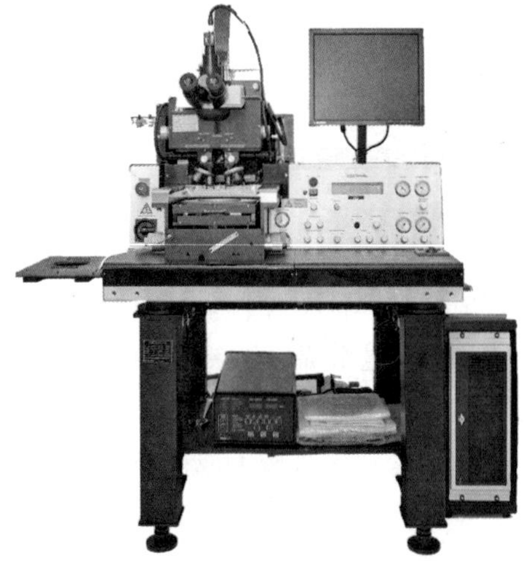

图 2-18 型号为 MA6/MB6 的接触式/接近式曝光机

5) 厂务动力条件

要确保接触式、接近式曝光机能够稳定有效地运行，除了超净室必备的洁净度、温湿度、黄光、电力供应外，还需要配套以下厂务动力条件。

(1) 高纯 N_2 供应系统：用于提供干燥、洁净的 N_2(用于冷却汞灯)，以保证光刻过程中光强稳定。

(2) 纯水供应系统：提供去离子水或超纯水，用于光刻机的冷却。

(3) 稳压供电系统：确保接触式/接近式曝光机的电源供应稳定，避免电压波动对设备操作造成影响。

(4) 精密控温系统：确保设备运行环境的温度精确控制，在光刻过程中保持恒定温度，避免因温度波动引起的影响。

(5) 不间断电源系统(uninterruptible power supply, UPS)：在主电源出现问题时，能够提供临时电力，保证设备不受影响，维持生产操作。

(6) 震动隔离系统：减少外界及其他设备运行产生的震动对光刻机的影响，保证曝光精度。

(7) 排气系统：有效排除曝光过程中产生的有害气体和热量，维护设备操作环境的安全与舒适。

图 2－19 为接触式/接近式曝光机所需的厂务动力条件实物举例。

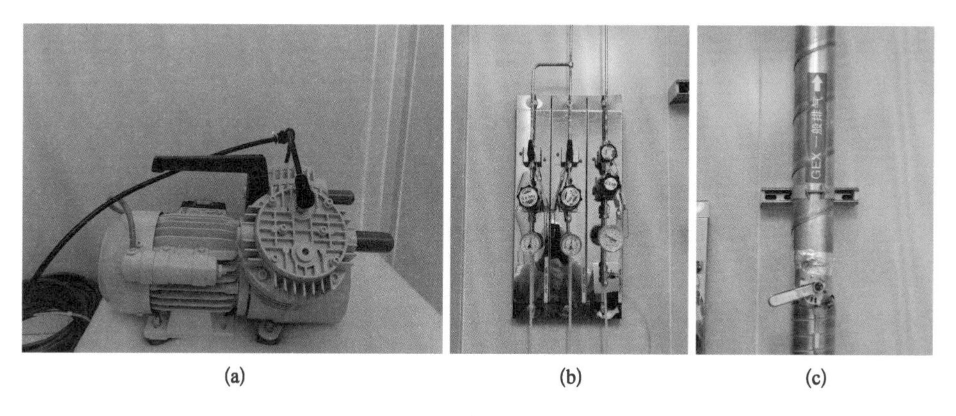

图 2－19　接触式/接近式曝光机所需的厂务动力条件实物举例

(a) 真空泵；(b) CDA 和 N_2 阀门面板；(c) 排气通风管道。

6) 设备操作规范及注意事项

使用接触式/接近式曝光机进行实验时，必须遵守严格的操作规范，以确保安全性，以下是一些常见的操作规范。

(1) 仔细阅读和理解设备的操作手册和安全指南，并遵循其中提供的操作步骤和注意事项。

(2) 接受相关培训,并熟悉机器的正常操作流程。

(3) 在操作之前,确保所有的安全装置和保护设备正常工作。检查防护罩、紧急停止按钮等设备是否完好。

(4) 在进行任何操作之前,穿戴 PPE,包括安全眼镜、手套、防护服等,以防止可能的伤害或污染。测试光强时必须佩戴防紫外护目镜防止强光伤害。

(5) 在操作接触式/接近式曝光机时,避免在机器运行期间触摸任何活动部件,特别是光源、传送装置等。

(6) 在操作过程中,严禁将任何物品投放到曝光区域中,以免损坏设备或引发意外伤害。

(7) 当系统存在故障时,及时停止操作,通知维修人员检查并修复设备。不得私自修理或调整设备,以防发生安全事故。

(8) 定期检查设备的状态和维护要求。确保设备处于良好工作状态,消除潜在的安全隐患。

(9) 在实验过程中,注意实验环境的整洁和干净。清理和处理任何可能导致污染或危险的废料和材料。

(10) 当实验结束时,及时关闭设备并清理工作区域,按照正确的方法处理废弃物和材料。

(11) 禁止随意更改任何仪表和软件上的默认设置。

(12) 禁止作业尺寸与样品台规格不匹配的样品。

(13) 禁止将背面沾污或将不清洁的样品放上样品台。

(14) 禁止在设备使用过程中,使用丙酮(C_3H_6O)和异丙醇(C_3H_8O)擦拭样品台。

(15) 使用完毕后及时取下掩模版,防止掩模版掉落。

(16) 汞灯关闭后禁止立即再次开启,最少间隔 10 min 以等待汞灯冷却。

(17) 汞灯关闭后,禁止立即关闭 N_2,待排风口温度冷却至 50℃ 以下方可关闭。

读者可扫描图 2-18 旁的二维码观看具体的操作流程视频。

7) 接触式/接近式光刻机的国际市场

国际上,接触式/接近式光刻机的制造主要被国外企业垄断,供应商有 EVG、苏斯微技术、牛尾(USHIO,日本)、迈达斯(MIDAS,韩国)、恩科优(Neutronix-Quintel, NXQ,美国)和 OAI(Optical Associates Inc,美国)等,中国市场仅有 ABM(Advanced Bonding Machines,中国香港)、上海微电子、中国科学院光电所、中国电科 45 所、无锡光刻电子、华为海思、苏州美图等。

2. 无掩模激光直写技术

1）工作原理、流程

无掩模激光直写(maskless laser lithography)是一种光刻技术，其采用激光直接曝光目标材料，而无须使用传统的掩模版。在无掩模激光直写中，激光器以高能量聚焦的激光光束照射目标材料的表面。通过控制激光的位置和强度，可以在材料表面上直接形成所需的结构和图案。这种直接写入的方式具有很高的灵活性，可以实现高分辨率和复杂的图案，其工作原理如图 2-20 所示。

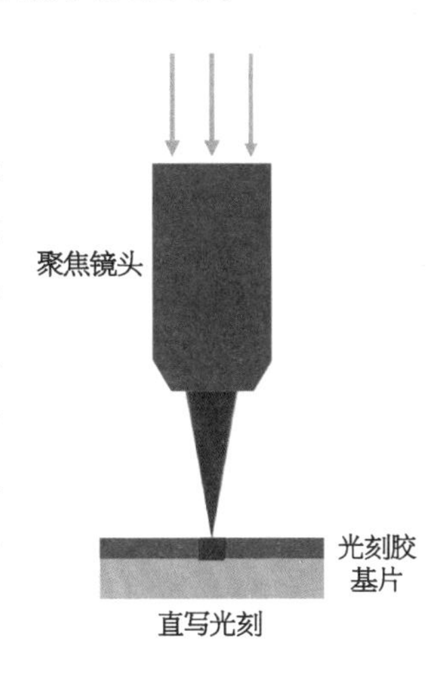

图 2-20　无掩模激光直写的工作原理示意图

无掩模激光直写将设计好的图案(通常为 gds、bmp 等文件格式)转化为机器可编程的文件。在这种技术中，利用数字微镜器件(digital micromirror device, DMD)对光束进行调制，形成与设计图案相对应的图案，通过投影透镜将图案投射到衬底上完成曝光(图 2-21 及 2-22)。

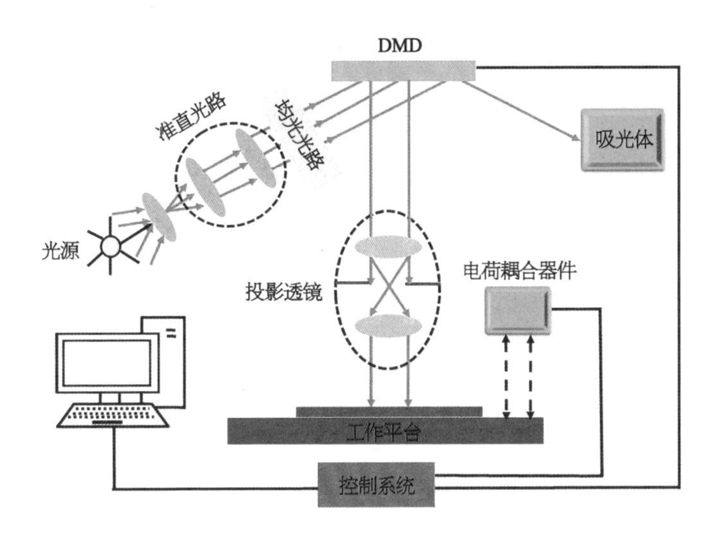

图 2-21　无掩模激光直写的工作示意图

无掩模激光直写的工作流程大致如下。

(1) 设计阶段：根据需要，使用计算机辅助设计软件(如 CAD 软件)绘制目标图案，并将其保存为 gds 文件格式。

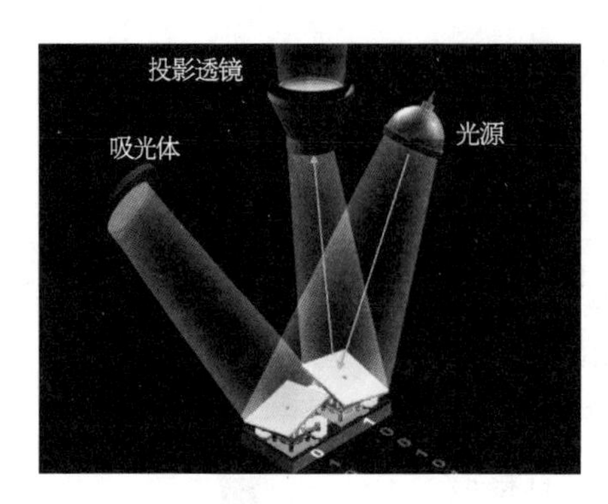

图 2-22 DMD 阵列工作原理示意图
（来源：CSDN）

（2）数据准备：将 gds 文件导入无掩模激光直写机器，机器的软件会进行数据处理和转换，将图案分解为机器可编程的文件。

（3）光学系统：采用 DMD 对光束进行调制，DMD 由许多微小的可转动反射镜组成，可以根据编程文件中的指令，调整镜面的取向和角度。这样，激光束被反射成机器内指定的图案。

（4）投影透镜：通过投影透镜，激光束经过光学聚焦后，被投射到衬底上，形成相应的图案。

（5）曝光和加工：激光束的曝光和扫描将目标图案逐步绘制在衬底上。衬底上的材料可能是聚合物、氧化物、金属等，可根据不同的应用需求进行选择。

无掩模激光直写作为一种先进的光刻技术，具有以下特点。

（1）高灵活性：无掩模激光直写可以直接将设计图案转化为机器可编程的文件，并通过 DMD 对光束进行调制形成对应的图案。这种方式可以灵活地制备各种复杂的微纳结构和图案，而无须制备传统的掩模版，大幅缩短了制备周期。

（2）高分辨率：无掩模激光直写技术利用激光的高能量聚焦性，可以实现很高的分辨率。通过控制光束的位置和强度，可以绘制出细微的结构和高分辨率的图案，满足微纳加工中对精度和细节的要求。

（3）增强设计自由度：传统光刻技术需要使用掩模版，而无掩模激光直写可以直接将设计图案转化为机器的文件进行曝光。这种方式不受掩模版限制，使得设计自由度更高，可以灵活地调整和修改图案，加快了创新和设计迭代的速度。

（4）快速加工速度：由于无掩模直接写入的方式，无须涉及掩模制备等传统工艺步骤，从设计到成品的制作速度相对较快。这种方式对于快速原型制作、小批量生产以及个性化制造具有优势。

（5）适用范围广：无掩模激光直写技术在微纳加工、光子学器件、生物芯片、柔性电子等领域具有广泛应用前景。它可以制备微型光学元件、微流体芯片、微机电系统（MEMS）、纳米材料、生物传感器等多种微纳米结构。

然而，无掩模激光直写技术也面临一些挑战。

(1) 加工速度相对较慢：与传统光刻技术相比，无掩模激光直写的加工速度通常较慢。由于直接写入的方式，一次只能处理很小的区域，因此在制备整个样品时需要进行多次曝光和扫描，加工时间较长。

(2) 对材料的选择有限：无掩模激光直写技术对材料的选择有一定的限制。高能量的激光照射可能对一些材料产生热效应，导致材料熔化、蒸发或结构损坏。因此，在选择适当的材料时需要考虑其光学性能和耐热性等因素。

(3) 表面平坦度要求较高：由于直接写入的方式，无掩模激光直写对衬底表面的平坦度要求较高。如果衬底表面不均匀或不平整，可能会导致光束的聚焦和图案的成像受到影响，影响加工质量和精度。

(4) 曝光光斑的形状和大小受限：无掩模激光直写技术中使用的激光器通常具有固定的光斑形状和大小。这种限制可能会对图案的形状和尺寸造成限制，并且难以实现细微的特征和结构。

(5) 设备成本相对较高：无掩模激光直写技术的设备成本相对较高，使得技术的普及和商业化应用有一定的挑战。设备的复杂性、高精度要求和先进的光学系统等方面均增加了成本。

尽管存在这些缺点和挑战，无掩模激光直写技术仍在不断优化和发展中。随着技术的进步和创新，相信这种技术将逐渐克服这些限制，并在微纳加工领域发挥更大的作用。

2) 分辨率与对准参数

无掩模激光直写技术具有很高的分辨率，能够实现微小特征和细节的制造。无掩模激光直写技术的分辨率取决于多种因素，包括激光束的特性、光学系统的性能以及被加工材料的特性。一般来说，无掩模激光直写技术可以实现很高的分辨率，通常可以达到以下级别。

(1) 亚微米级别：在一些先进的无掩模激光直写系统中，例如采用高能紫外光源(例如波长为 193 nm 或更低)和高性能光学系统，可以实现亚微米级别的分辨率。这允许制造出具有细小特征和高精度要求的微纳结构。

(2) 微米级别：一般的无掩模激光直写技术通常可以达到微米级别的分辨率。这对于许多微纳加工应用来说已经足够，可以制造出各种微型光学元件、微流体芯片、MEMS 器件等。

需要注意的是，分辨率也受到加工材料的影响。一些材料可能具有较高的吸收率、散射率或热扩散性，这可能会对分辨率产生一定的限制。

在无掩模激光直写技术中，除了分辨率的提高，对准精度也对最终制造的结构和设备的性能至关重要。因此，在实际应用中，除了分辨率，还需要综合考虑对准精度、材料选择等因素，以满足具体应用的要求。无掩模激光直写技术的对准主要涉及设计图案与实际曝光目标的准确对位。对准的精度直接影响所制备的结构的位置精度和形状准确性。

按功能划分，对准通常包括衬底对准和层间对准两个方面。

(1) 衬底对准：是指将衬底的位置与激光直写系统的坐标系进行精确对位，以确保所绘制的图案在目标材料上的位置准确。衬底对准通常包括以下步骤。

① 预先定义或标定激光直写系统的坐标系。

② 将目标材料(衬底)放置到激光直写系统的工作平台上。

③ 使用适当的对准方法(如显微镜观察、图像识别等)来调整工作平台，使激光投射的位置与目标材料表面上的位置对齐。

(2) 层间对准：是指不同层之间的对位，以保证多层结构的位置精度和对齐要求。在多层结构的制备过程中，每一层的图案都需要与前一层的图案进行对准。层间对准通常包括以下步骤。

① 制备底层结构，并进行衬底对准以确保底层的位置准确。

② 在底层的基础之上制备上层结构，使用适当的对准方法(如参考点对准、栅格标记对准等)来调整上层结构的位置，以实现与底层图案的对齐。

层间对准的准确性对于多层结构的制备至关重要。通过精确对准不同层之间的图案，可以确保多层结构中各个层次的位置精确性和相互对应。

无论是衬底对准还是层间对准，准确性和稳定性都对最终产品的质量和性能产生重要影响。因此，在实际操作中，需要选择合适的对准方法和系统，结合精确的测量和调整技术，以确保对准的准确性和稳定性。

按对准手段划分，无掩模激光直写的对准方式如下。

(1) 视觉对准：通过在激光直写系统中使用显微镜或图像识别系统，实时观察激光束与材料表面的对准情况。操作员可以根据直观的视觉信息进行微调对准，使光斑与目标位置对齐。

(2) 辅助对准标记：在目标材料上添加一些辅助对准标记，例如栅格标记或一维/二维码标记。激光直写系统可以使用合适的方法来识别和对准这些标记，以校正激光投射位置，实现精确对准。

(3) 参考点对准：在材料或衬底上预先放置一些准确已知位置的参考点。激光直写系统可以通过测量这些参考点的位置和偏移量，来进行对准调整，以确保所绘制图案的准确位置。

(4) X、Y、Z 轴调整：激光直写系统的工作平台通常具有 3 个轴向的运动调整功能，即 X、Y、Z 轴调整。通过微调这些轴向，可以实现目标位置的精确对准。

以海德堡仪器(Heidelberg Instruments，德国)制造的型号为 MLA 150 的无掩模激光直写光刻机为例，其分辨率及双面对准精度如表 2-2 所示。

表 2-2　型号为 MLA 150 的无掩模激光直写光刻机的硬件能力

光源型号	405 nm(连续激光)	375 nm(连续激光)
功率	8 W，满功率运行	3 W，满功率运行
最小线宽	1 μm	1 μm
对准精度(3σ)	≤500 nm(正面) ≤1 000 nm(背面)	≤500 nm(正面) ≤1 000 nm(背面)
基片厚度	0.1～12 mm(基片不能有向写头方向的 U 形翘曲)	
写头到基片距离	80 μm 左右，气压检测+步进与压电模块控制	
焦距	可调范围：-10～10 运动方向：向下(靠近基片) 实际运动距离：0.7～1 μm	

3) 使用的设备

该技术使用的设备为无掩模激光直写光刻机，包含如下部件。

(1) 激光源：激光源是系统的心脏，提供必要的光能以实现精准地图案绘制。

(2) 光学系统：包括多组透镜、光束整形器、聚焦透镜和反射镜，用于引导、聚焦和校正激光束到达衬底的特定位置。系统的设计确保光束高精度对准和均匀分布。

(3) 扫描系统：该系统包括 DMD 与 $X-Y$ 运动平台。DMD 沿 Y 轴方向以一定的频率进行高速滚动扫描，$X-Y$ 运动平台配合 DMD 沿 X 轴方向进行快速拼接，绘图区域激光反射至光学系统，无图案区域激光反射至吸收体，高速且精确地完成直写任务。

(4) 衬底定位台：定位台支撑衬底，并允许精确控制其位置以确保图案正确复制。定位台通常可以进行精细调整，以补偿任何存在的机械或热引起的误差。

(5) 控制系统：系统中包含先进的电脑控制单元，用来协调激光源、光学系统和扫描系统的活动，以及管理图案的数据输入和加工。控制系统通常配有用户友好的界面，使操作者能够方便地输入图案数据和控制光刻过程。

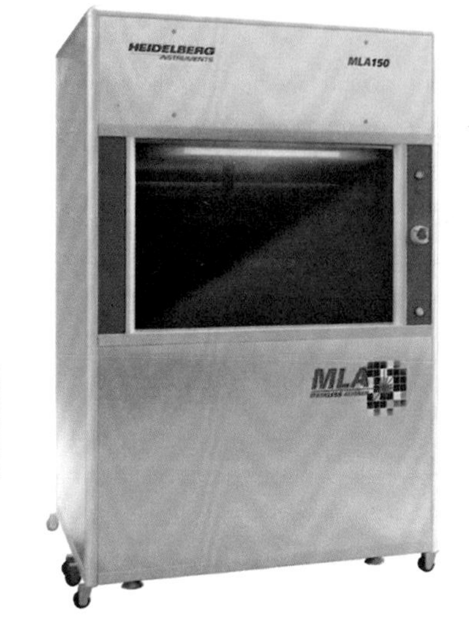

图 2-23　型号为 MLA 150 的无掩模激光直写光刻机

(6) 监测与校正系统：一些高端的无掩模激光直写光刻机包括自动监测功能，可以实时监控和调整光束的质量、位置和其他关键参数，确保图案的精确性和重复性。

(7) 环境控制单元：考虑到激光和光学元件对环境条件敏感，无掩模激光直写光刻机通常配备有温湿度控制单元和洁净室设置，以防尘埃和温度波动干扰光刻过程。

以型号为 MLA 150 的无掩模激光直写光刻机为例，其设备照片如图 2-23 所示，其内部结构如图 2-24 所示。

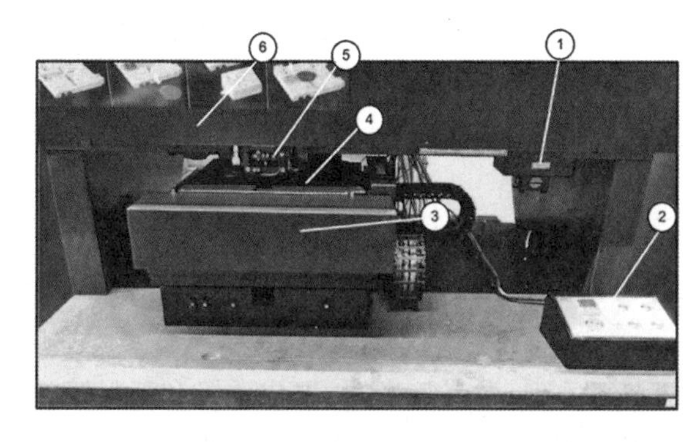

图 2-24　型号为 MLA150 的无掩模激光直写光刻机的内部结构图

4) 厂务动力配套要求

要确保无掩模激光直写光刻机能够稳定有效地运行，除了超净室必备的洁净度、温湿度、黄光、电力供应外，还需要配套以下厂务动力条件。

(1) 精确温控系统：除了基本的温度控制，光刻过程中微小的温度波动都可能导致图案变形，因此，对温度的控制需要比常规要求更为精确。

(2) 震动控制/隔离系统：无掩模激光直写对环境的震动非常敏感，需要高效的震动隔离系统来确保设备运行的稳定性，对地基和设备的震动控制标准要求都比较高。

(3) 高纯度气体供应系统：无掩模激光直写光刻过程可能需要使用到特定的气体，如惰性气体来保护激光器不受污染，或者在光刻过程中用于特殊处理。因此，连续不断的高纯度气体供应是必需的。

(4) 电力稳定供应和紧急备用系统：精确和连续的电力供应对无掩模激光直写光刻非常关键，任何电力波动都可能影响曝光质量。因此，除了稳定的电力供应外，紧急备用电源(如 UPS)在突发断电时能立即上线，保证光刻过程不受影响。

(5) 光学元件的清洁和维护设施：无掩模激光直写设备包含多个精密的光学元件，这些元件需要定期地清洁和维护以保证光路的清晰和稳定。

无掩模激光直写光刻机所需的厂务动力条件实物举例如图 2-25 所示。

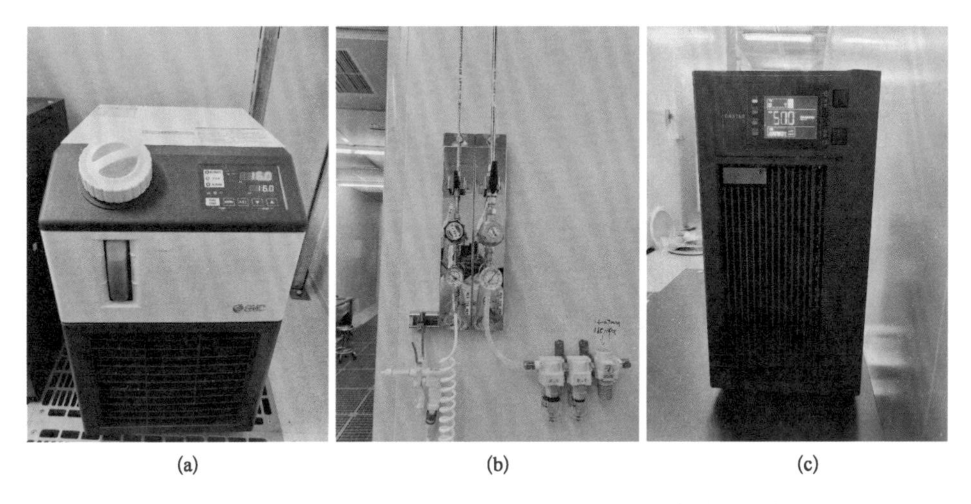

(a)　(b)　(c)

图 2-25　无掩模激光直写光刻机所需的厂务动力条件实物举例

(a) 冷水机；(b) CDA；(c) UPS。

5) 设备操作规范及注意事项

使用掩模激光直写光刻机进行实验时，必须遵守严格的操作规范，以确保安全性，以下是一些常见的操作规范。

(1) 阅读操作手册和安全指南：仔细阅读和理解设备的操作手册和安全指南，并遵循其中的操作步骤和注意事项。

(2) 接受培训：接受相关培训，熟悉机器的正常操作流程和安全措施。

(3) 穿戴 PPE：在操作前，穿戴 PPE，包括安全眼镜、手套、防护服等，以保护人员的安全。

(4) 检查设备状态：在操作之前，确保所有的安全装置和保护设备正常工作。检查防护罩、紧急停止按钮、安全门等设备是否完好。

(5) 注意操作安全：在操作过程中，遵守相关的操作规范和程序。避免在机器运行期间触摸任何活动部件，尤其是激光器的输出口等。

(6) 定期维护：定期检查设备的状态和维护要求。确保设备处于良好工作状态，消除潜在的安全隐患。

(7) 紧急情况处理：熟悉紧急情况处理程序，如急停操作和紧急撤离计划。

(8) 定期检查激光安全：确保激光器的安全性能符合相关的安全标准，进行定期的校准和维护。

(9) 实验环境管理：实验过程中，保持实验环境的整洁和干净。避免将杂物、可燃物等带入实验区域，及时处理废料和材料。

(10) 结束操作：在实验结束时，及时关闭设备并清理工作区域，按照正确的方法处理废弃物和材料。

(11) 禁止使用不规则基片：不规则基片容易导致设备寻边异常。

(12) 版图大小必须小于基片尺寸：版图大小大于基片尺寸时，容易导致设备超出基片区域，引发安全问题。

(13) 实验前必须清洁样品：背面沾污或不清洁的样品容易污染样品台。

(14) 禁止在有人员未离开保护窗(flowbox)内部区域的情况下关闭保护窗：防止人员夹伤。

(15) 禁止长时间保持保护窗开放状态：长时间保持保护窗在开放状态，会导致保护窗内温度波动过大而报警。

读者可扫描图 2-23 旁的二维码观看具体的操作流程视频。

6) 无掩模激光直写设备的国际市场

国际上，用于无掩模激光直写晶圆或样品的设备供应商有海德堡仪器、4PICO litho(荷兰，后被德国的 Raith 收购)及麦瑞卡(Mycronic，瑞典)等。

其中，海德堡仪器专门从事高分辨率激光直写系统的开发和制造。产品线包括 MLA、ULTRA 及 DWL 系列，专为无掩模直写光刻设计，适用于研究和开发、原型制作及低容量生产。MLA 系列设备可生成高分辨率的图案，特别适用于快速的图案化过程；ULTRA 系列能够实现纳米级别的分辨率，用于更高要求的光刻应用；DWL 系列特别适用于大面积、高分辨率的图案制作。而 4PICO litho专注于开发高精度的无掩模直写光刻设备。产品线主要为PicoMaster系列。

在中国市场,激光直写曝光机的主要企业包括芯碁微装、江苏影速集成电路装备和苏大维格等。

芯碁微装专注于微纳直写光刻技术,研发和生产直接成像设备及直写光刻设备,产品涵盖PCB直接成像设备及自动线系统、泛半导体直写光刻设备及自动线系统和其他激光直接成像设备。

江苏影速集成电路装备致力于研发、制造和销售应用于半导体、PCB及显示面板等领域的光刻设备。该公司是中国专业的集成电路核心装备的供应商,也是唯一能够制造半导体纳米级制版光刻设备的企业。

苏大维格专注于微纳结构产品的设计、开发与制造,以及相关制造设备的研制和技术研发服务。其产品应用于微纳光学(如包装防伪、交通反光膜、液晶显示导光板)和微电路[如薄膜晶体管(thin-film transistor, TFT)触控、小型发光二极管(mini LED)显示]制造领域。

3. 电子束曝光技术

1) 工作原理、特点及组成

电子束曝光(e-beam lithography, EBL)是一种高分辨率的微纳加工技术,通常用于制造半导体器件、光子学器件、纳米材料等领域。它利用高速电子束的聚焦和控制,直接在目标材料上进行绘制和曝光。EBL的工作原理如下。

(1) 电子源:EBL系统通过电子源产生高速的电子束。常用的电子源包括热阴极电子枪(electron gun)、场致发射电子枪等。

(2) 恒定加速:电子束在电子源后经过恒定的加速电压,在加速过程中获得较高的能量。

(3) 聚焦系统:通过磁场或电场聚焦系统对电子束进行聚焦,使其变得非常细小和集中。这种聚焦系统常采用电磁透镜,通过调节导线中的电流或电势来控制电子束的聚焦效果。

(4) 控制和扫描:通过电子束控制系统,控制聚焦的电子束照射到目标材料上。通常采用电子束扫描的方式,即通过电磁偏转系统控制电子束在水平和垂直方向上进行快速扫描。

(5) 曝光和绘制:在目标材料上,通过控制电子束的强度和位置,精确地绘制和曝光。电子束的位置和强度控制通常通过电子束控制系统和计算机进行,根据预先设计的图案进行控制和调节。

EBL 的优点如下。

(1) 高分辨率：EBL 能够实现非常高的分辨率，能够制造出微小特征和细节。通常可以达到亚纳米级别的分辨率，满足对高精度器件和高密度集成电路的需求。

(2) 高灵活性：EBL 可以根据需要制作各种复杂的图案和结构，具有非常高的灵活性。由于可以直接使用电子束写入，无须使用光刻掩模版，因此可以快速调整和修改图案。

(3) 模式切换简单：相对于传统光刻技术，EBL 仅需更改电子束的控制和曝光参数，以切换不同的模式。这种灵活性和简易性使得 EBL 在研发和快速原型制作中具有优势。

(4) EBL 可应用于样品曝光及掩模版曝光。

① 样品曝光：EBL 可以直接将电子束控制到样品上进行曝光。通过控制电子束的位置和强度，可以在样品表面制造出所需的图案和结构。这种样品曝光常见于微纳加工、器件制造、纳米结构构筑等领域。例如，用于纳米线、纳米点阵或微通道的制造。

② 掩模版曝光：EBL 还可以用于制作掩模版。掩模版是一种具有特定图案的透明或半透明材料，它定义了所需图案的形状和位置。通过 EBL，将电子束照射到掩模版上，可以形成所需的图案。掩模版曝光常用于半导体制造、集成电路制造等领域，用于制备微型或纳米级别的器件结构。

EBL 具备强大的优势，同时也存在一系列的挑战。

(1) 生产效率低：由于 EBL 是逐个击打的方法，一次只能处理很小的区域，因此生产速度较慢，不适用于大规模生产需求。

(2) 设备成本高：相对于传统光刻设备，EBL 设备的成本较高。它具有复杂的光学、电子束控制和操控系统，需要高性能的电子束源等。这使得 EBL 在商业化和大规模生产的应用上存在一定的限制。

(3) 材料选择受限：EBL 对材料的选择有一定限制。一些材料可能不适合承受电子束的高能量，容易受到热效应的影响，导致材料的熔化、蒸发或结构损坏。

(4) 对准要求高：由于高分辨率的特性，EBL 对对准的要求非常高。图案的准确定位和层间对准都是至关重要的，而且对准过程需要非常精密和稳定的系统及控制。

2) 分辨率、对准等技术参数

EBL 的分辨率取决于电子束的能量、电子光学系统的性能以及对图案绘制的控制精度。通常情况下，EBL 可以实现亚纳米级别的分辨率，甚至更小。这使得 EBL 适用于制造具有极细微结构和高分辨率要求的器件。

EBL 对准的精度是影响制造图案位置及形状准确性的关键参数之一。对准精度涉及多个方面，包括样品对准、层间对准和曝光时间等的控制。EBL 通常采用高精度的样品对准系统和层间对准系统，以确保不同层次的图案位置和对齐误差在允许范围内。

此外，电子束曝光机的关键参数还有最大加速电压、最小束斑直径、电流大小、拼接精度、写场尺寸等。以型号为 ELS－F125 的电子束曝光机为例，其相关技术指标如表 2－3 所示。

表 2－3　型号为 ELS－F125 的电子束曝光机的技术指标

最大加速电压	125 kV
扫描频率	100 MHz
最小束斑直径	≤4 nm@1 nA；≤8 nm@10 nA
最小线宽	8 nm(100 μm × 100 μm)；20 nm(500 μm × 500 μm)
束流大小	50 pA～10 nA
场拼接精度	≤10 nm(100 μm × 100 μm)；≤ 25 nm(500 μm × 500 μm)
对准精度	≤15 nm(100 μm × 100 μm)；≤ 30 nm(500 μm × 500 μm)
最大写场范围	3 000 μm × 3 000 μm(高速模式)；500 μm × 500 μm(高精度模式)
样品台步进精度	0.3 nm
样品尺寸	8 in 以下基片及不规则小片
衬底类型	Si、SiC、Ⅲ－Ⅴ族半导体、石英玻璃/蓝宝石透明晶圆

3）图案拼接

EBL 可以在计算机的控制下直接产生所要求的图案。由于电子束偏转场（即写场）很小，所以 EBL 图案是由写场拼接而成的。

当曝光图案仅分布在一个写场中时，不需要移动样品台，只通过电磁透镜改变电子束的偏转就可以完成图案的曝光；当图案尺寸超过设定写场的尺寸后，电子束扫描完一个写场，工作台将按指令依次移动至下一个写场，完成全部图案的曝光，这样就存在了写场拼接的问题。因此，曝光图案应尽量放在同一写场内，对于尺寸大于设定写场的图案，要避免图案的关键部位处于写场边界。通常，写场越大，拼接精度越低、噪声越大、写场内束流均匀性越低，但工作台移动次数较少、拼接次数少、曝光效率高，具体如表 2-4 所示。

表 2-4　EBL 的图案拼接精度及噪声等参数对比

参　　数	大 写 场	小 写 场
拼接精度	低	高
噪声	大	小
写场内束流均匀性	低	高
工作台移动次数	少	多

减小图案拼接造成的误差，可使用以下两种方法：① 在执行曝光任务(job)前，进行写场校正，从而修正电子束在一个写场的 9 个点位的偏转，补偿工作台的移动误差；② 利用 Beamer 软件的“Fracture”模块功能，将图案的关键区域置于写场中心，从而避免关键区域出现写场拼接问题。

4) 图案校正

由于高能量的电子波长要比光波长短成百上千倍，因此限制分辨率的不是电子的衍射，而是各种电子像散和电子在光刻胶中的散射。射入光刻胶的电子束通常具有较高动能，电子在运动过程中不断被散射，特别是在光刻胶与衬底界面存在较强背散射效应，导致邻近区域较大范围被曝光[图 2-26(a)]。

电子散射会使图案边缘内侧的电子能量和剂量降低，产生内邻近效应；同时散射的电子会使图案边缘外侧的光刻胶感光，产生外邻近效应。邻近效应的产

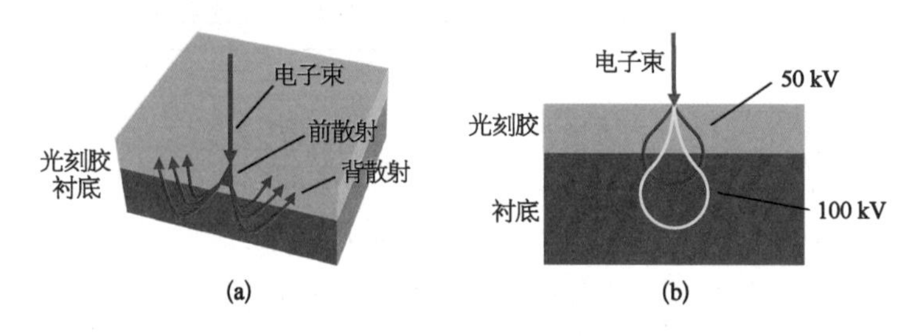

图 2-26　EBL 的邻近效应

(a) 电子束的散射效应；(b) 不同加速电压的电子束对邻近效应的影响。

生导致曝光图案发生畸变、对比度降低、分辨率下降等问题。通常情况下，加速电压的大小、衬底材料的种类、衬底的厚度是影响邻近效应的主要因素。其中，加速电压越大，邻近效应越小[图 2-26(b)]。如何克服邻近效应对电子束光刻分辨率的影响，是研究电子束技术发展的重要课题。

5) 常见的曝光工艺

EBL 是一种复杂的工艺，其使用的电子束光刻胶与传统的光学光刻胶有明显的差异。在 EBL 中，常用的光刻胶包括 ZEP520A、聚甲基丙烯酸甲酯(polymethyl methacrylate，PMMA)和 AR-P 6200 等。这些光刻胶的标准光刻工艺步骤如下。

(1) ZEP520A 电子束光刻胶的标准光刻工艺

① 清洗：将衬底用有机溶剂如丙酮清洗，去除表面的污染物。

② 旋涂：将 ZEP520A 溶解于合适的溶剂中，旋涂在衬底上，形成均匀的薄膜。涂布速度通常为 4 000～6 000 转每分[rpm，1 rpm＝1 r/min＝$(1/60)s^{-1}$]，旋涂时间为 60 s。

③ 软烘：将旋涂后的样品放在烘箱中，在约 180℃的温度下烘烤 3～5 min，使光刻胶变得更加稳定。

④ 曝光：使用电子束曝光机对烘焙后的样品进行曝光，通过电子束在光刻胶上形成所需的图案。曝光时间和电流可以根据具体的设备和需要来调整。

⑤ PEB：曝光后，将样品放在烘箱中，在约 180℃的温度下烘烤 3～5 min，固定曝光后的图案。

⑥ 显影：使用合适的显影剂对曝光后的样品进行显影，去除未曝光的光刻胶。显影时间根据具体的显影剂来调整。

⑦ 清洗：用去离子水对样品进行清洗，去除显影剂和残留的光刻胶。

⑧ 干燥：将样品用 N_2 吹干或放在烘箱中干燥。

(2) PMMA 电子束光刻胶的标准光刻工艺

① 清洗：将衬底用有机溶剂如丙酮清洗，去除表面的污染物。

② 旋涂：将 PMMA 溶解于合适的溶剂中，旋涂在衬底上，形成均匀的薄膜。涂布速度通常为 3 000～5 000 rpm，旋涂时间为 60 s。

③ 软烘：将旋涂后的样品放在烘箱中，在约 180℃的温度下烘烤 5 min，使光刻胶变得更加稳定。

④ 曝光：使用电子束曝光机对烘焙后的样品进行曝光，通过电子束在光刻胶上形成所需的图案。曝光时间和电流可以根据具体的设备和需要来调整。

⑤ PEB：曝光后，将样品放在烘箱中，在约 180℃的温度下烘烤 10 min，固

定曝光后的图案。

⑥ 显影：使用合适的显影剂对曝光后的样品进行显影，去除未曝光的光刻胶。显影时间根据具体的显影剂来调整。

⑦ 清洗：用去离子水对样品进行清洗，去除显影剂和残留的光刻胶。

⑧ 干燥：将样品用 N_2吹干或放在烘箱中干燥。

(3) AR－P 6200 电子束光刻胶的标准光刻工艺

① 清洗：将衬底用有机溶剂如丙酮清洗，去除表面的污染物。

② 旋涂：将 AR－P 6200 溶解于合适的溶剂中，旋涂在衬底上，形成均匀的薄膜。涂布速度通常为 3 000～5 000 rpm，旋涂时间为 60 s。

③ 软烘：将旋涂后的样品放在烘箱中，在约 90℃的温度下烘烤 2 min，使光刻胶变得更加稳定。

④ 曝光：使用电子束曝光机对烘焙后的样品进行曝光，通过电子束在光刻胶上形成所需的图案。曝光时间和电流可以根据具体的设备和需要来调整。

⑤ PEB：曝光后，将样品放在烘箱中，在约 110℃的温度下烘烤 5 min，固定曝光后的图案。

⑥ 显影：使用合适的显影剂对曝光后的样品进行显影，去除未曝光的光刻胶。显影时间根据具体的显影剂来调整。

⑦ 清洗：用去离子水对样品进行清洗，去除显影剂和残留的光刻胶。

⑧ 干燥：将样品用 N_2吹干或放在烘箱中干燥。

6) 使用的设备

EBL 系统通常由多个基本部件和其他辅助系统构成，以实现高精度的 EBL 过程。以下是 EBL 系统的一些基本部件和辅助系统。

(1) 电子枪：电子枪是 EBL 系统的核心部件之一，通过热发射或场致发射产生高速的电子束。电子枪通常由阴极、阳极、提取极等组成，通过加速电压将电子束加速到高速。

(2) 电子光学柱(electron optical column)：用于控制和聚焦电子束，使其达到所需的分辨率和精度。光学柱通常包括聚焦透镜、扫描线圈、偏转线圈等，通过调节电子束的轨道和聚焦效果，实现准确的电子束控制。

(3) 工作台(stage 或 substrate holder)：放置样品或衬底的平台，用于支持和定位待曝光的目标材料。工作台通常具有精确控制样品位置和运动的能力，以便实现所需图案的准确投射。

(4) 真空系统(vacuum system)：由于 EBL 需要在真空环境中进行，EBL

系统通常配备真空系统，以提供合适的操作环境。真空系统包括真空室、抽气系统、气体供给和控制等设备。

以伊领科思(Elionix，日本)制造的型号为 ELS－F125 的电子束曝光机为例，实物图与曝光系统的内部结构示意图如图 2－27 所示。

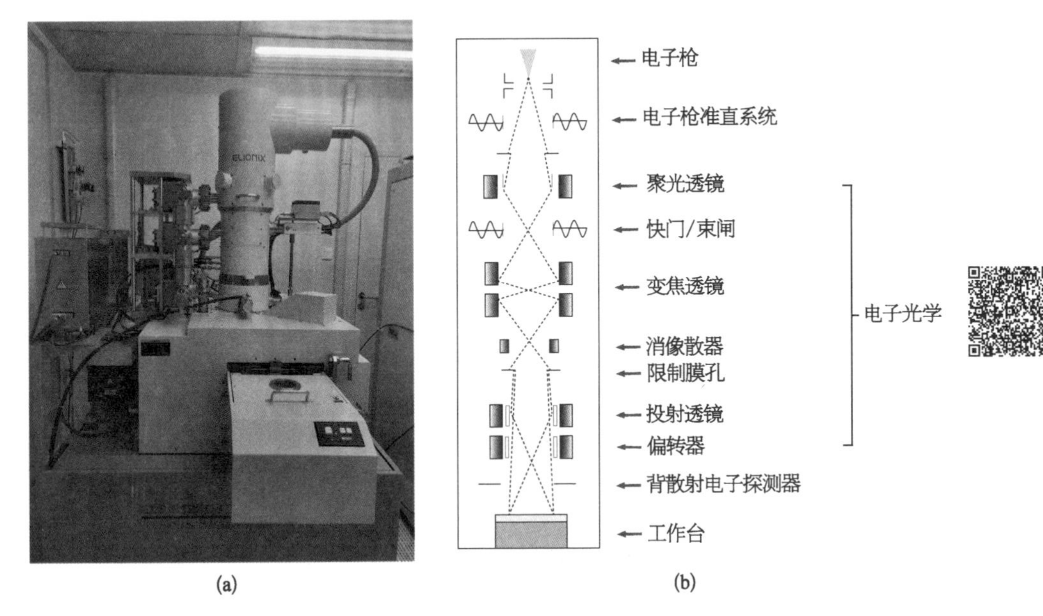

图 2－27　型号为 ELS－F125 的电子束曝光机

(a) 设备实物图；(b) 光学系统内部结构示意图。

除了上述基本部件外，EBL 系统还可能包括电子束控制系统、数据处理和图案生成系统、曝光控制和监控系统等。这些辅助系统用于控制和调节电子束的强度、位置以及曝光参数，从而实现所需的图案制备。

7) 厂务动力配套条件

电子束曝光机由于高精度和对环境要求极其严苛的特性，除了超净室内所需的基本条件外，其稳定有效运行还需要额外的支持系统，所需系统如下。

(1) 高精度温度控制系统：EBL 对环境温度极为敏感，需要精确的温度控制系统以保持设备周围环境温度的稳定，波动范围通常控制在±0.1℃以内。

(2) 震动隔离系统：减少地面和周围环境震动对设备的影响，需要精密的震动隔离系统来保证设备稳定，包括隔震台、气浮系统等。

(3) 高稳定性电力供应系统：电子束曝光机对电源的稳定性要求极高，需要 UPS 和电源纯化系统来保持电源稳定无波动。

(4) 高纯度气体供应系统：供应高纯度气体(如 Ar、N_2)，用于设备操作和样品处理中，防止样品受到污染。

(5) 冷却水系统：电子束曝光机在运行中会产生大量热量，需要高效的冷却水系统保持设备在适宜温度运行。

(6) 精密控湿系统：除了温度，湿度的波动也会影响曝光过程，需要稳定的控湿系统。

(7) 静电控制系统：由于操作中会产生静电，可能影响曝光质量，需要配备静电消除设备。

(8) 精确的空气流动控制：在超净室内，需要精密控制空气流动，确保洁净空气有效流动至重要设备周围，同时带走热量和污染物。

图 2-28 为电子束曝光机所需的厂务动力条件实物举例。

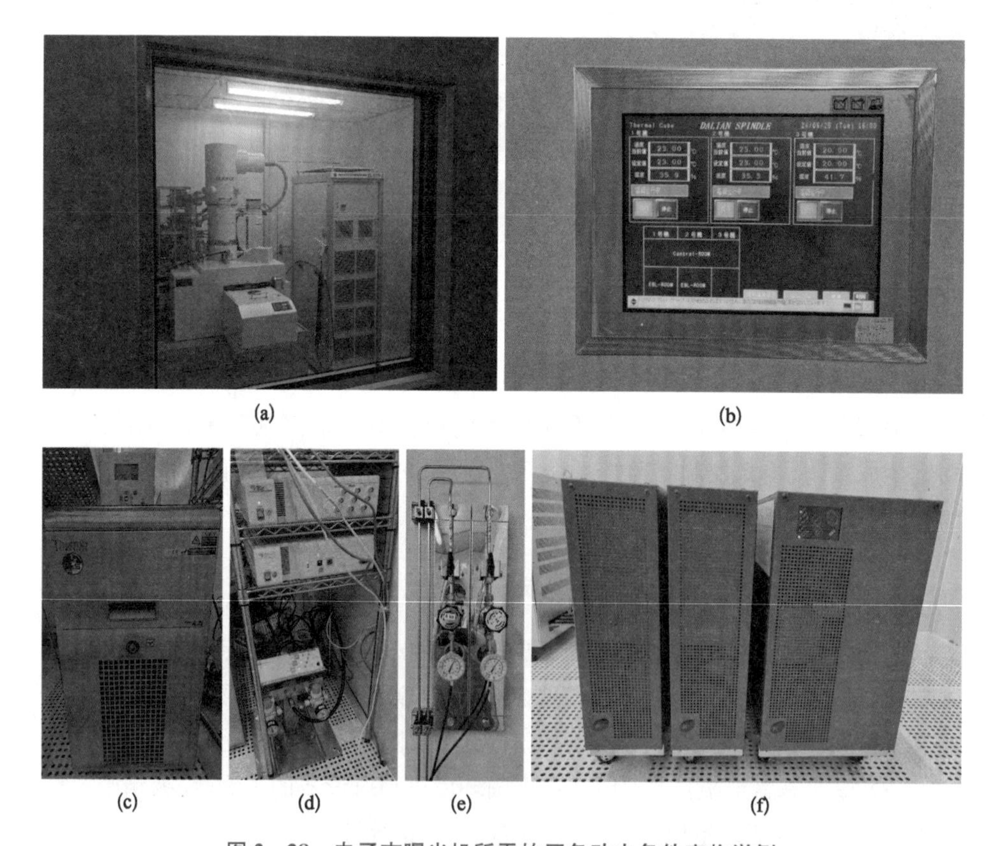

图 2-28　电子束曝光机所需的厂务动力条件实物举例

(a) 独立房间；(b) 独立空调系统控制面板；(c) 冷水机；(d) 主动隔震台控制器；(e) CDA 和 N_2 阀门面板；(f) UPS。

8) 设备操作规范及注意事项

电子束曝光机作为超高精度的光刻系统，要求操作者熟悉设备原理、严格遵守操作规范，并且在恰当的温度、湿度、真空和辐射屏蔽条件下，它才能够实现精准的曝光，制造出高精度的微纳器件。具体的操作注意事项如下。

(1) 温度、湿度、空气流动和震动等对电子束的稳定性有一定影响。这些因素可能引入热效应、电荷积累和机械震动，影响电子束的传输和聚焦，从而影响曝光精度。所以需要严格控制环境温湿度并加配隔震台。所有进入实验室的人员应时刻留意是否有气体和冷却水泄漏，以及温度和湿度是否正常。

(2) 操作者需要每日对设备的真空度、电子枪参数等进行点检。

(3) 需定期对设备进行调试和校准，确保仪器的准确性和稳定性。

(4) 确保样品符合曝光机的要求，包括尺寸、形状和表面平整度，以确保获得准确的曝光效果。

(5) 电子枪需要高真空状态，在主腔体(main chamber)真空度达到 1×10^{-5} Pa 以下才可以打开电子枪与主腔体之间的隔离阀(isolation valve)进行曝光操作。

(6) 曝光运行过程中，所有人禁止进入 EBL 设备房间内，以免影响电子束稳定性。

读者可通过扫描图 2-27 旁的二维码观看具体的操作流程视频。

9) 电子束光刻设备的国际市场

国际上代表性的用于晶圆电子束直写的厂商包括 Mapper(荷兰，已被阿斯麦收购)、Raith、日本电子(JEOL，日本)、伊领科思、克瑞斯特科技(Crest Technologies，日本)、NBL(英国)及爱德万测试等。其中，日本电子制造的 JBX-9500FS 和 JBX-A9 系列、伊领科思制造的 ELS-BODEN Σ、爱德万测试制造的 F7000 以及 Mapper 制造的 FLX-1200 均可用于先进的 12 in 晶圆生产。值得一提的是，日本电子制造的 A9 系列最新型号可以在 300 mm 晶圆上直写出最细线宽≤8 nm 的结构(源自 JBX 产品介绍)。Mapper 原本在多束 EBL 设备研发方面处于领先地位，但由于 EUV 技术的快速发展，Mapper 的晶圆级 EBL 设备逐渐失去了优势。

中国电子束直写设备市场的情况则有所不同，在《瓦森纳协定》之前，中国主要依赖进口设备，这基本能够满足市场需求。然而，此后高端 EBL 设备禁运，中国市场面临空白，国产化需求迫在眉睫。尽管一些科研单位已经开始研发 EBL 整机设备，并且在相关工艺和关键零部件上有所突破，但整体依然处于起步或进行阶段。国产高端 EBL 设备在技术上尚未实现重大突破[9]。

4. 扫描式/步进式光刻技术

扫描式光刻（scanning lithography）和步进式光刻（step-and-repeat lithography）都是半导体制造中用于图案转移的关键工艺，但它们采用的技术和操作方式有所不同，各有其特点和适用场景。

扫描式光刻通过同步移动掩模版和晶圆，在照射过程中连续地曝光整个芯片。光源聚焦后，再透过一个狭缝（条状窗口），形成长条状光斑，并且同时移动掩模版和晶圆来曝光整个芯片区域。其特点如下。

(1) 连续曝光：允许连续平滑的曝光过程，适合大面积图案的转移。

(2) 适合大尺寸晶圆：因为可以连续曝光，更适合较大尺寸的晶圆。

(3) 分辨率：通常与步进式光刻机相当，但因为曝光是连续进行的，可能会受到更多动态因素的影响。

步进式光刻采用"分步曝光"的方式，即每次只曝光晶圆上的一小块区域（场）。完成一个场的曝光后，机器移动晶圆到下一个位置，然后再次曝光，如此重复直到整个晶圆被完全曝光。其特点如下。

(1) 分步曝光：一次只处理一个小区域，适用于高精度的局部图案转移。

(2) 高对准精度：每次曝光之前都可重新对准，从而实现高精度的图案叠加。

两者的相同点如下。

(1) 都用于在半导体制造中进行光刻过程。

(2) 理论上，两者都可以使用相同的光源，如 DUV 或 EUV[在实际生产中，考虑到产能、性价比等，仅有扫描式光刻机（scanner）采用 EUV 光源]。

(3) 曝光模式相同

① 量产（production, P）模式：所有曝光块（shot）使用单一剂量和单一焦距进行曝光，用于已知曝光条件的工艺过程。

② 剂量（energy, E）变化模式：不同曝光块间使用步进剂量和单一焦距进行曝光，用于探索工艺的最佳曝光剂量。

③ 焦距（focus, F）变化模式：不同曝光块间使用单一能量和步进焦距进行曝光，用于探索工艺的最佳曝光焦距。

④ 矩阵（matrix, M）模式：不同曝光块间使用步进能量和步进焦距进行曝光，用于探索工艺的最佳曝光剂量和焦距，常用于新工艺的第一次工艺探索。

两者的不同点在于曝光方式：扫描式持续移动掩模版和晶圆，而步进式光刻机固定掩模版位置只移动晶圆。

由于两者仅在掩模版是否移动方面存在差异性，因此，以下以步进式光刻机为例介绍。

1）步进式光刻机的工作原理及优缺点

步进式光刻机是步进重复式光刻机的简称，通过投影成像方式把掩模版上图案以高分辨率、高精度、高效率的方式分步重复曝光在涂有胶层的晶圆表面，主要用于各种微纳结构的图案转移（图2-29）。

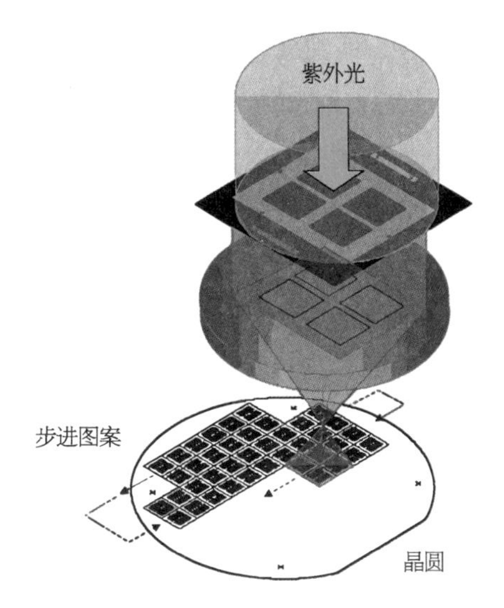

图2-29　步进式光刻机的工作示意图

步进式光刻机的工作主要包含以下几步。

（1）图案载入：光刻机首先将设计好的掩模版载入设备。掩模版包含了所需转移至晶圆的微纳结构图案。

（2）定位与对准：晶圆被准确放置在光刻机的工件台上，光刻机使用先进的对准技术确保掩模版和晶圆之间的精准对准。

（3）分步曝光：步进光刻机通过控制系统按预定的步骤移动晶圆，而掩模版位置固定不动。光源（通常是紫外光）透过掩模版，使用投影光学系统（包括镜头和其他光学元件）将图案投影到晶圆的光刻胶上。曝光过程中，光刻机会按设定的“步进”移动晶圆，逐个区域进行曝光，直到整个晶圆上的所有所需的图案都被转移完毕。

（4）显影处理：曝光后，晶圆上曝光区域的光刻胶会发生化学反应。对晶圆进行显影处理，可溶于显影液的胶层被去除，留下晶圆上的图案。

步进式光刻机的优点如下。

（1）高精度与高重复性：步进式光刻机可以在不同的晶圆上重复地实现高精度的图案复制。

（2）良好的图案解析度：通过使用先进的光学系统，步进式光刻机能够实现非常小的特征尺寸，支持不断缩小的工艺节点要求。

（3）适用于大面积晶圆：步进光刻技术通过步进重复方式，能够有效地处理大直径的晶圆，这对于提高每片晶圆的芯片产量具有重要意义。

（4）灵活的生产适应性：可以轻松调整步进式光刻机以适应不同的生产设

计和需求，使其成为半导体生产中相对灵活的工艺步骤。

(5) 适应性强：可以通过更换掩模版，轻松适应不同的图案和设计，使步进式光刻机适用于多种不同的生产线。

步进式光刻机的优点众多，但也存在一定的缺点。

(1) 成本高昂：高性能的步进式光刻机设备价格昂贵，需要大量的初始投资，并且维护成本也相当高。

(2) 生产速度限制：虽然步进式光刻机可以实现高精度的图案复制，但其步进重复的过程相对较慢，这限制了其在高产量要求时的处理速度。

(3) 技术复杂性：操作步进式光刻机需要高度专业化的知识和技能，设备的编程、调整和日常维护需要经过专门培训的技术人员。

(4) 对环境敏感：步进式光刻机对环境条件，如温度、湿度和震动等，有非常严格的要求，需要专门的清净室环境以控制这些因素。

(5) 局限于平面光刻：由于工作原理的限制，步进式光刻机主要适用于 2D 平面的光刻工艺，对于一些复杂的 3D 结构或特定的微纳加工任务可能不是最佳选择。

步进式光刻机提供了一种高精度、高解析度的图案复制能力，是半导体制造行业的重要工具。然而，技术和成本的限制也意味着其应用存在一定的局限性。随着微电子行业的发展，这些设备正持续升级以提高产量、降低成本并满足更严格的制造要求。

2) 步进式光刻机的分辨率及对准参数

步进式光刻机的分辨率主要受光源波长和光学系统的数值孔径(numerical aperture, NA)限制，这可以通过瑞利判据公式进行描述

$$CD = k\lambda/\mathrm{NA} \tag{2-1}$$

其中，CD 是最小尺寸，λ 代表使用的光源波长，NA 为系统的数值孔径，k 是过程控制因子，通常取值在 0.5～0.6 之间，为了保证足够的工艺稳定性，一般要求 k 大于 0.30，在理论上，k 不可能小于 0.25。光源波长越短，NA 越大，得到的分辨率就越高。

为了提高分辨率，现代步进式光刻机采用了以下技术。

(1) 短波长光源：使用光波长更短的光源，如 DUV 和 EUV 光源，以缩小可达到的最小特征尺寸。

(2) 相移掩模(phase-shift mask, PSM)和光学邻近效应修正(optical

proximity correction, OPC)：通过改进掩模版设计和使用计算方法对掩模版上的图案做修正,间接提高在晶圆上实现的特征细节。

值得注意的是,步进光刻机在提高分辨率的同时,还需要保持良好的曝光均匀性和对准精度,以确保制造出的集成电路性能一致且可靠。

随着集成电路线宽的继续缩小,光刻技术的发展对提高分辨率提出了更高的要求。目前,EUV 光刻技术因其使用更短波长的光源,被认为是实现更高分辨率和更小节点工艺的关键技术之一。

步进式光刻机的对准精度是指光刻机在重复曝光过程中将新层图案精确对准到晶圆上已有图案的能力。这一指标对于多层集成电路的制造尤为关键,因为每一层的图案都必须准确对齐以保证器件的功能和性能。

(1) 步进式光刻机的对准技术

① 光学对准系统：现代步进式光刻机通常配备先进的光学对准系统,包括多通道、多波长的光学检测系统,能够精确检测和对准晶圆上的定位标记。

② 激光干涉仪：用于精确测量和控制工件台的位置,确保晶圆在曝光过程中的精确移动。

③ 自动聚焦系统：保持曝光过程中光掩模版与晶圆的正确焦距,对于维护图案的清晰度和位置精度至关重要。

(2) 对准精度的测量：对准精度通常用"overlay error"来描述,这是晶圆上已有图案与新图案之间的偏移量,通常以纳米为单位。现代步进式光刻机的对准精度通常能达到几十纳米(扫描式光刻机可以达几纳米),这对于先进的集成电路制造是必需的。

(3) 影响对准精度的因素

① 晶圆平整度：晶圆表面的微小起伏可以影响图案的对准精度。

② 环境因素：如温度波动、震动等都可能影响光刻机的对准性能。

③ 设备磨损：设备使用时间的增长,机械部件磨损可能影响对准精度。

步进式光刻机的对准精度是其技术性能的关键指标之一,直接影响到芯片的产量和质量。随着电子设备向更高性能、更小尺寸发展,对光刻技术的对准精度要求也在不断提高。因此,不断优化光刻机的设计和提高对准技术的精确度对于满足未来半导体工业的需求至关重要。

以型号为 PAS 5500/350C 的步进式光刻机为例,其分辨率、对准精度及相关指标如表 2-5 所示。其设备结构图如图 2-30 所示,设备照片如图 2-31 所示。

表 2－5　型号为 PAS 5500/350C 的步进式光刻机的主要参数

光源	248 nm
最大曝光剂量	150 mJ
单次曝光区域	22 mm×22 mm、14.7 mm×27.4 mm
极限线宽	150 nm
拼接精度	20 nm
正面套刻精度	25 nm
背面套刻精度	75 nm
掩模版尺寸	6 in
掩模版放大倍数	4 倍
适用晶圆类型	透明、半透明、不透明
适用晶圆尺寸	4 in、6 in、8 in
适用晶圆厚度	350～850 μm(4 in) 350～1 000 μm(6 in) 500～1 300 μm(8 in)

3) 步进式光刻机的设备操作

由于步进式光刻机为生产型设备，其操作与传统光刻机存在较大差异，因此，本书以阿斯麦制造的步进式光刻机为例，介绍其相关操作。

简单的曝光操作步骤可分为：① 放入掩模版→② 放入样品→③ 选择曝光 Job→④ 设定曝光参数(曝光模式、曝光剂量和焦距等)→⑤ 执行曝光→⑥ 曝光结束取出样品→⑦ 取出掩模版。

读者可扫描图 2－31 旁的二维码观看具体的操作流程视频。

4) Job 编写

由于步进式光刻机为生产型设备，因此其设备操作非常智能化。在步进式光刻机的操作中，最为复杂的、需要人为参与的部分是 Job 编写。以下以阿斯麦的设备操作软件为例介绍 Job 编写的逻辑及编写方法。

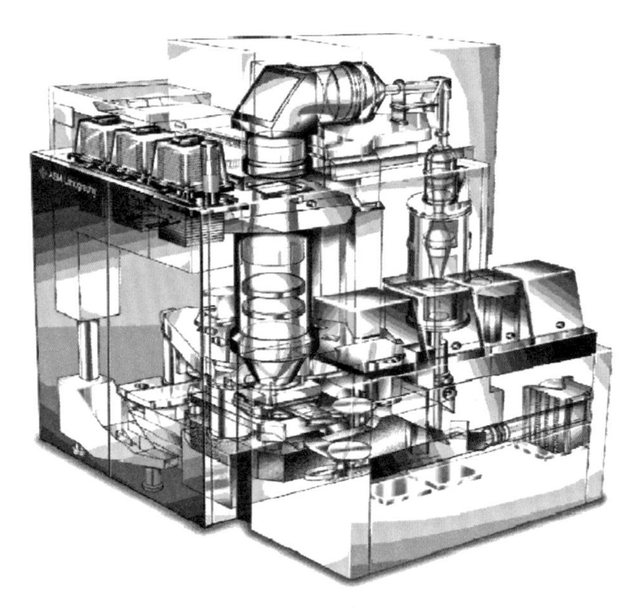

图 2-30　型号为 PAS 5500/350C 的步进式光刻机的结构示意图

图 2-31　型号为 PAS 5500/350C 的步进式光刻机

要想理解 Job 编写方法，首先需了解设备执行曝光时的基本数据逻辑，具体如图 2-32 所示。

(1) Image 为设置的最基本曝光执行单元，包含掩模版信息和曝光区域在晶圆上的分布信息等。

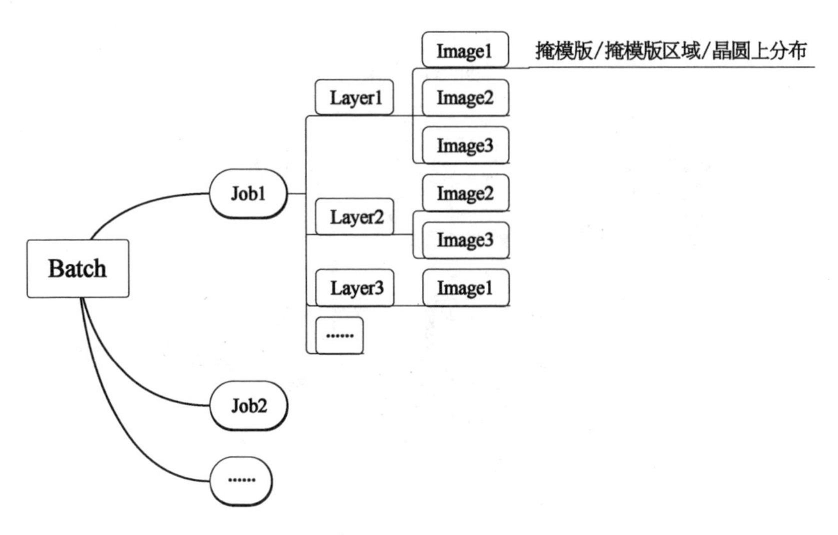

图 2-32　步进式光刻机执行曝光的基本数据逻辑

(2) Layer 为设置的曝光层数,可调用任意已设置好的 Image。

(3) Job 为编辑好的曝光执行文件,可包含多个 Layer,但一次曝光只能执行一个 Layer。

(4) Batch 为曝光执行程序,调用一个 Job 的一个 Layer 执行曝光。

依照上述设备曝光的基本逻辑,阿斯麦设备操作软件的 Job 编写逻辑如图 2-33 所示。

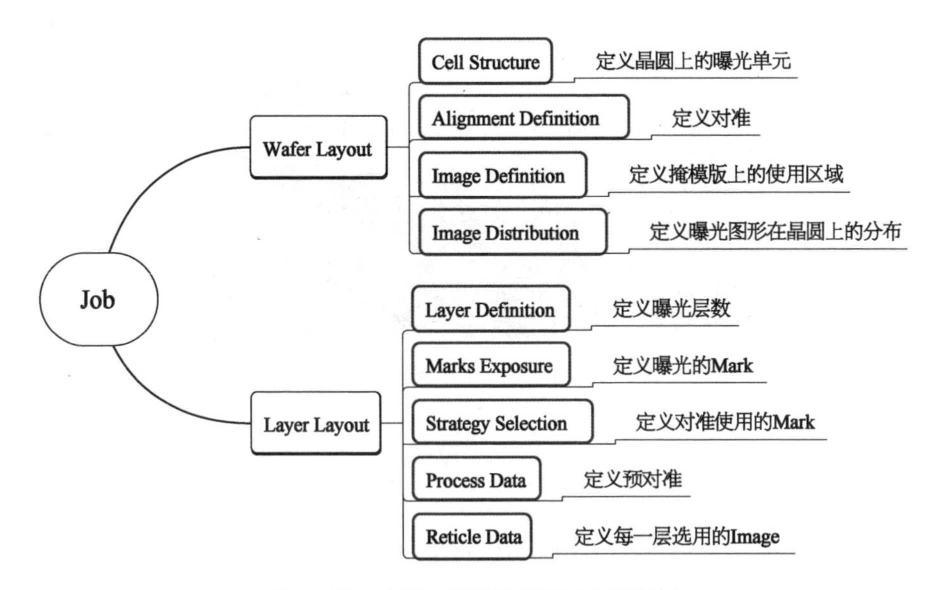

图 2-33　步进式光刻机编写 Job 的逻辑

基本的编写 Job 步骤如下。

(1) 进入 Cell Structure,定义晶圆上的曝光单元。

① 在 Cell Size 的 X 和 Y 空格内分别填入预设的曝光单元大小,点击 Enter 确认。

② 输入完毕后,点击步进式光刻机按键,显示晶圆上曝光单元的示意图。

③ 点击 Accept 确认并保存。

(2) 进入 Alignment Definition,定义对准信息(可选)。

① 进入 Optical and Global Alignment 选项,定义使用的 Mark 信息。

② 在 Mark ID 空格内定义 Mark 名称,点击 Enter 确认,在 Wafer Coordinates 空格内定义 Mark 坐标,点击 Enter 确认,点击 Apply 应用更改。

③ 点击 New 键,并重复步骤②设置多个 Mark。

④ 设置完毕所有 Mark 后,点击 Exit 退出。

⑤ 进入 Alignment Strategy 选项,定义对准方式。

⑥ 在 Alignment Strategy ID 空格内定义对准方式的名称。

⑦ 点击 Selection,选取此对准方式需要使用的 Mark。

⑧ 设置完毕后,点击 Apply,点击 Exit 退出。

⑨ 再次点击 0 - Exit 退出 Alignment Definition。

(3) 进入 Image Definition,定义掩模版上的使用区域。

① 在 Image ID 空格内定义 Image 名称,点击 Enter 确认。

② 在 Default Reticle ID 空格内输入需要使用的掩模版的 ID,点击 Enter 确认。

③ 在 Image Size 内输入选用的区域大小,在 Image Shift 内输入区域的中心坐标,点击 Apply 应用更改。

④ 点击 New 键,并重复步骤①~③,设置多个 Image。

⑤ 设置完毕所有 Image 后,点击 Exit 退出。

(4) 进入 Image Distribution,定义曝光图案在晶圆上的分布。

① 在 Image ID 空格内选择需要编辑的 Image 名称。

② 在 Cell Index 内输入坐标或者直接在右侧晶圆图内鼠标左键单击选择曝光单元。

③ 在 Action 内修改所选 Image 在选择的曝光单元内为是(Apply)/否(Delete)曝光。

④ 重复步骤①~③,设置多个 Image 的曝光分布。

⑤ 设置完毕所有 Image 后,点击 Exit 退出。

(5) 进入 Layer Definition,定义曝光层。

① 在 Number of Device Layers 空格内定义 Layer 数量。

② 在 Layer ID 内定义每一个 Layer 的名称。

③ 点击 Apply 应用更改。

④ 设置完毕所有 Layer 后,点击 Exit 退出。

(6) 进入 Marks Exposure,定义需要曝光的 0 层 Mark。

① 在 Layer 内选择 0 - Marks 层。

② 选择需要曝光的 Mark,并点击 Add 添加。

③ 设置完毕后,点击 Exit 退出。

(7) 进入 Strategy Selection,定义每一层的对准方式(可选)。

① 在 Layer 空格内选择需要设置对准的层。

② 在 Active 内选择步骤(2)中定义的对准方式。

③ 点击 Apply 应用更改。

④ 设置完毕所有 Layer 后,点击 Exit 退出。

(8) 进入 Process Data,定义预对准(可选)。

① 在 Layer 空格内选择需要设置预对准的层。

② 在 Optical Prealignment 选项内输入 Y。

③ 在 Selection 内选择左右两个 Mark,可用于预对准的 Mark 位置固定,坐标为(±45, 0)。

④ 点击 Apply 应用更改。

⑤ 设置完毕所有 Layer 后,点击 Exit 退出。

(9) 进入 Reticle Data,定义每一层调用的 Image。

① 在 Layer 空格内选择需要设置的 Layer。

② 在 Image 空格内选择需要设置的 Image。

③ 在 Expose Image 内选择是否曝光此 Image,Y 曝光/N 不曝光,点击 Apply 应用更改。

④ 重复步骤②~③,设置完毕所有的 Image。

⑤ 重复步骤①~④,设置完毕所有的 Layer。

⑥ 确认所有信息已设置完毕后,点击 Exit 退出。

(10) 点击 Exit,在弹窗内选择 Save 保存设置好的 Job 文件。

5) 厂务动力配套要求

步进式光刻机由于其高精度和对环境要求极其严苛的特性,除了超净室内所需的基本条件外，其稳定有效运行还需要额外的支持系统。

(1) 高精度温度和湿度控制系统：步进式光刻机对环境温度和湿度极为敏感。需要维持工作环境在非常严格的温湿度范围内，通常温度控制需在±0.1℃以内，湿度控制也需达到相应的精度。这是为了防止因温度或湿度波动引发的光学部件热膨胀或光路变化，从而保障曝光精度。

(2) 震动隔离系统：为降低外部震动(如地面震动)对高精度曝光过程的影响，步进式光刻机通常安装在特别设计的震动隔离平台上。这些平台可以有效减少来自环境的微小震动或设备自身运行产生的震动。

(3) 高纯度气体供应系统：步进式光刻机在曝光过程中，可能需要使用到高纯度的惰性气体(如 N_2 气体)，以保护光刻过程避免污染和氧化。

(4) 高质量供电系统：由于步进式光刻机包含多个高精度控制单元和光学元件，对电力供应的质量要求非常高。这不仅包括稳定的电源供应，还包括电压、电流的精确控制和清洁(无电磁干扰)，以避免设备运行中出现任何波动或干扰。

(5) 高效的排气和化学过滤系统：在使用光刻胶和其他化学品的过程中，需要有效的排气系统和化学过滤，以保证操作环境的安全性并符合健康标准。

(6) 精密冷却水系统：步进式光刻机在运行过程中产生的热量需要有效控制。使用精密的冷却水系统可以保持设备的稳定运行，特别是光源和高功率运行部件的冷却。

(7) 防静电系统：在处理晶圆等敏感材料时，需要控制静电的产生和消散，防止对晶圆造成损害或影响曝光效果。

(8) 精确的光学校正和维护系统：由于步进式光刻机依赖于精确的光学系统，需要定期的光学校正和维护，保证曝光精度和重复性。

步进式光刻机的厂务动力配套实物举例如图 2-34 所示。

6) 扫描式/步进式光刻机的国际市场

在集成电路(前道)领域，光刻机市场基本由阿斯麦、尼康和佳能 3 家公司包揽。其中，阿斯麦以其设备和技术在市场中占据绝对优势，2023 年占全球市场份额的 94.2%。尽管在不同报告中略有差异，但普遍认为在 90 nm 以下的高端光刻机[如 ArF、ArFi(浸没式)和 EUV 光刻机]中，阿斯麦设备占据了 95%以上的市场份额，尼康则不到 5%。阿斯麦的高数值孔径 EUV 光刻机因其极致的线宽与套刻精度，可发出 13.5 nm 波长的 EUV 光。其镜片平坦度达到原子级，精密工件台的运动过载超过 10 倍重力加速度，单价超过 2.75 亿美元。

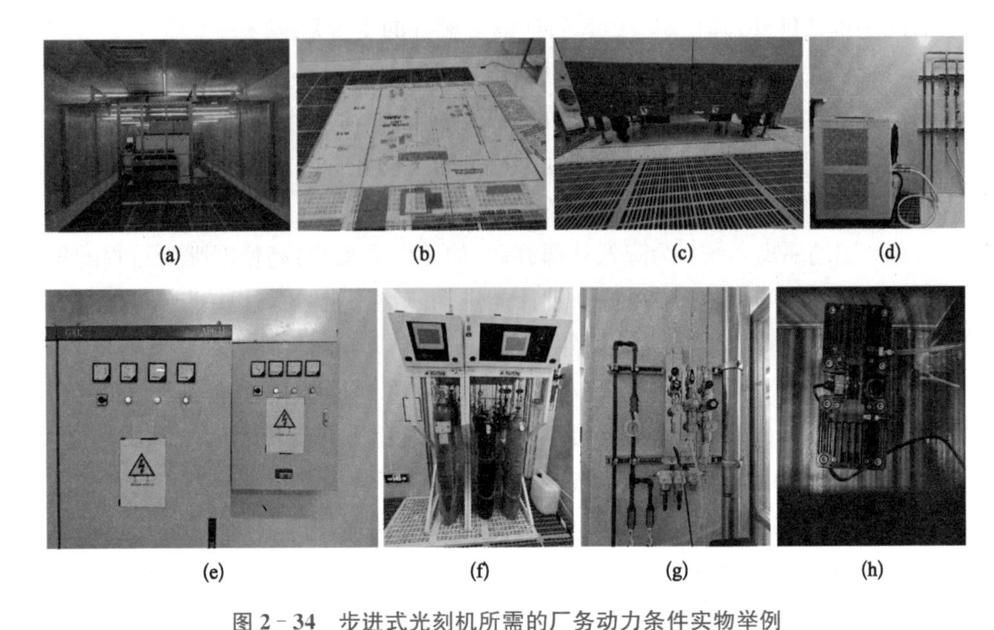

图 2-34　步进式光刻机所需的厂务动力条件实物举例

(a) 独立房间及独立风机过滤单元；(b) 主机被动隔震台；(c) 激光器被动隔震台；(d) 冷水机；(e) 供电箱；(f) 特种气体阀门面板[氪气(Kr)/氖气(Ne)混合气和氦气(He)/N_2混合气]；(g) 阀门面板(真空、CDA、N_2)；(h) 真空泵。

近年来，阿斯麦在全球市场的光刻机占有情况如下：I 线光刻机占 23%，KrF 光刻机占 72%，ArF 光刻机占 87%，ArFi 光刻机占 95%，EUV 光刻机则垄断市场。2023 年，尼康的光刻机营收占全球市场 7.65%(约 15 亿美元)，而佳能占据了 10%(约 20 亿美元)，主要集中在中低端(I 线和 DUV 光刻机)市场。相比之下，全球其他公司的半导体制造端光刻机市场份额几乎可以忽略不计。

7) 掩模版制作

良好的掩模版设计是掩模版制造的关键因素之一。掩模版图案的准确性、分辨率和形状对最终的器件制造质量有直接的影响。需要根据不同的设备、器件的要求、材料特性、曝光工艺等多方面因素进行合理的设计。图 2-35 是较为通用的掩模版布局设计图，其各个区域的功能如表 2-6 所示。

需要特别注意的是，不同光刻机型号对应的掩模版布局不同，以型号为 PAS 5500A/350C 的步进式光刻机的掩模版布局为例，其包括预对准标记(P)、对准标记(MA)、条形码区域(B1)、保护膜位置线(PL)和人类可读编码(HRC)如图 2-36 所示，各区域在掩模版上的对应位置如表 2-7 所示。

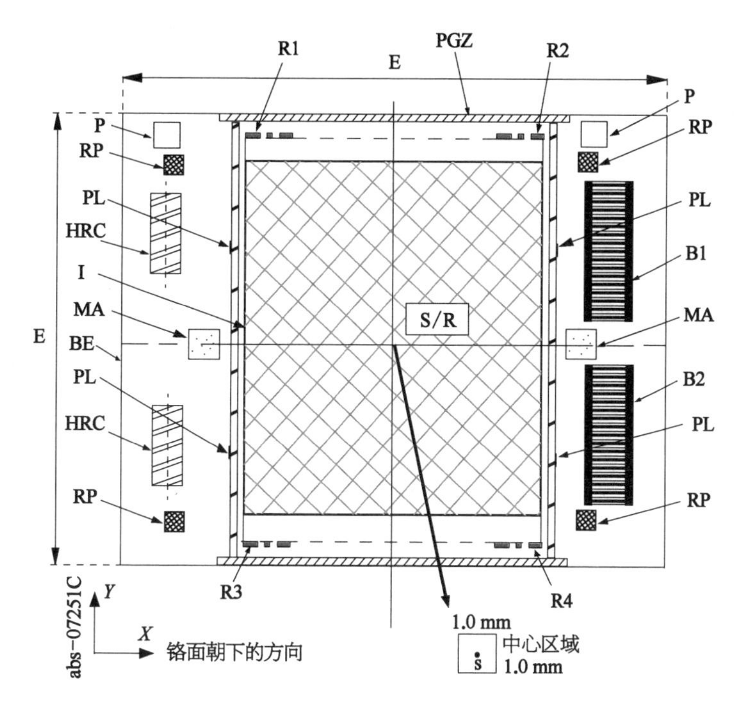

图 2－35　掩模版布局设计

表 2－6　掩模版各个区域功能定义

编　码	定　　义
P	掩模版预对准标记(reticle prealignment mark)
RP	顶针位置(release pin area)
PL	保护膜位置线(pellicle position line)
HRC	人类可读编码(human readable code)
BE	掩模版边界(bevelled edge)
I	图案区域(image field)
MA	掩模版对准标记(reticle alignment mark)
B1	条形码区域(barcode area)

（续表）

编　码	定　　　　义
B2	24 字符附加条形码区域(additional barcode area for 24 character barcode)
PGZ	保护膜粘连区域(pellicle glue zone)
R1～R4	透射图像传感器标记(transmission image sensor mark)
R	掩模版布局中心(center of reticle layout)
S	基板中心(center of substrate)
E	掩模版边长[edge length of the reticle(6 in=152.4 mm)]

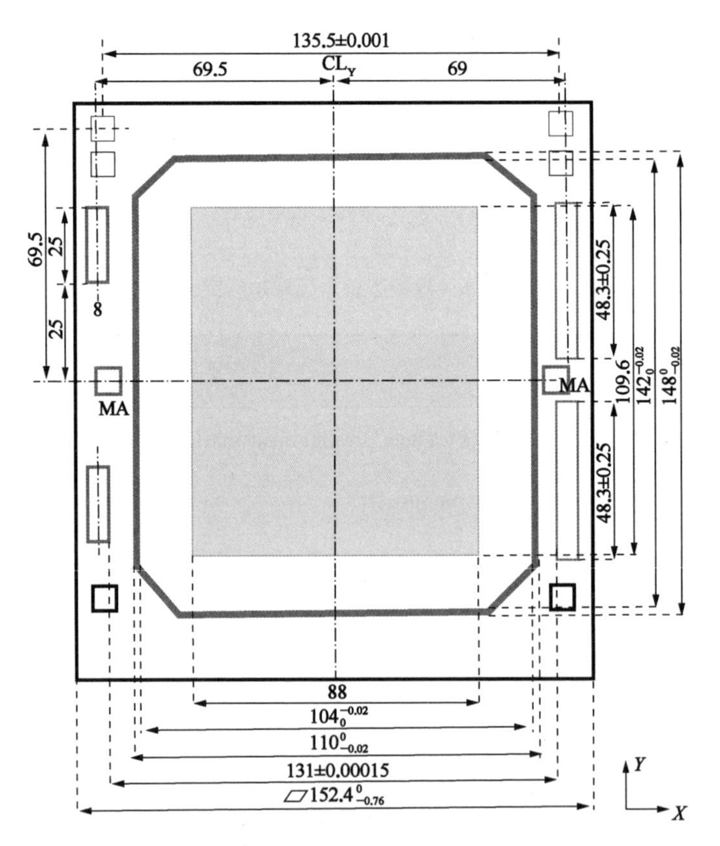

图 2-36　型号为 PAS 5500/350C 的步进式光刻机的掩模版布局示意图

（单位：mm）

表 2-7　型号为 PAS 5500/350C 的步进式光刻机对应掩模版区域坐标

区　域	X(mm)	Y(mm)	倾斜角度(°)	备　注
P	−67.75 67.75	69.50 69.50	0	
PL	55.15 55.15 48.66 −48.66 −55.15 −55.15 −48.66 48.66	−37.50 37.50 69.49 69.49 37.50 −37.50 −69.49 −69.49	90 90 −35 35 90 90 −35 35	
MA	−65.50 65.50	0.00 0.00	0	
HRC	−69.50 −69.50	37.50 −37.50	90	
B1	69.00	29.15	90	包括静区 (quiet zones)

8) 掩模版制造设备的国际市场

掩模版在光刻工艺中扮演了重要角色，常用于制作微纳器件的图案和结构。由于具有高度可重复性的特点，可以通过大规模、批量制造的方式生产出大量相同的高精度微纳器件。这对于满足工业生产的需求至关重要，能够实现高效的器件制造和大规模集成。制造掩模版的技术有激光直写与 EBL，以下分别介绍两种设备的市场情况。

(1) 用于制造掩模版的激光直写设备的市场情况

目前，国外用于集成电路掩模版制造的多路激光直写光刻机主要包括迈康尼(Mycronic Laser Systems AB，瑞典)的 Sigma 系列、应用材料的 ALTA 系列和 KBTEM - OMO(白俄罗斯)的 EM 系列[10]。

根据报道，Sigma7700 激光直写光刻机能够满足 45 nm 技术节点中约半数掩模版的制造需求。该系列设备基于空间光调制器(spatial light modulator，SLM)技术，无须掩模版投影曝光，其光源为 248 nm 波长的准分子激光器。操作时，将掩模版图案加载到能够反射该图案的空间光调制器中，再将图案投影到空白掩模版上。利用短脉冲激光将图案直接刻画在掩模版上，在掩模版移动到新位置后，短脉冲激光再次触发，并将新图案输入到空白掩模版上，从而实现光学曝光。经过市场调研，目前这款设备不再在市场上销售。

ALTA 系列采用转镜扫描技术。倍频激光器经分束器形成 32 束子光束，通过声光调制器并行调制，然后通过多面转镜和物镜在掩模版上实现多光束并行扫描曝光。

EM 系列(EM－5589 和 EM－5489)设备采用电光偏转扫描技术。然而，其即将研发的 EM－5489B 设备将改用与 ALTA 系列相同的转镜扫描技术和直写曝光策略，将多路并行扫描方向与工件台运动方向垂直排列，实现矩阵式多点网格化曝光，并通过间隙网格和灰度控制在不增加像素数量的情况下提高图案分辨率。

在中国，激光直写光刻机的主要供应商包括江苏影速和苏大维格等。然而，目前中国在高端集成电路掩模版制造领域严重依赖进口。

(2) 用于制造掩模版的电子束光刻机的市场情况

目前，国际上用于集成电路掩模版制造的电子束光刻机主要包括纽富来(NuFlare，日本)的 EBM 系列和 MBM 系列、日本电子的 JBX 系列以及 IMS(奥地利)的 MBMW 系列。其中，MBMW 系列是当前主流的 EUV 掩模版图案发生设备，而 EBM 系列在 DUV 掩模版图案发生设备市场中占据了较大份额[9]。

据报道，EBM 系列中的 9500PLUS 具备 7/5 nm 掩模版制备能力，其束流密度高达 1 200 $A \cdot cm^{-2}$，远超同类产品，大幅提升了曝光效率。EBM 系列设备已被广泛应用于各大掩模版供应商，以其精准的半周期(half-pitch，30 nm 以下)结构曝光能力满足了复杂图案的高精度快速制备需求。除了极高的控制精度，纽富来在其最新几代变形束设备中逐步引入了热效应、雾化效应、充电效应等电子束与材料相互作用的仿真模型，以补偿相应误差，使其设备的曝光结构精度领先于行业。

随着技术节点向亚 10 nm 推进，掩模版结构愈加精细，掩模版曝光所需时间也日益增加，单电子束光刻机已无法满足生产商对掩模版生产效率的需求，多电子束光刻机应运而生。IMS 的 MBMW 系列是目前主流的 EUV 掩模版图案发生设备。以 MBMW－101 为例，该设备能够在掩模版上形成 512×512 的束斑阵列，其中束斑直径为 20 nm、束斑间距为 160 nm 的束斑阵列，其阵列大小为 82 μm×82 μm。设备分辨率可达 14 nm，位置精度高达 0.1 nm，最大电流密度可达 1 A・cm^{-2},这些特性使其单张掩模版的写入时间缩短到 10 h 内,大大提高了生产效率,并使得复杂图案的掩模版生产成为可能。

近年来,中国在电子束图案发生设备的研究方面基本处于停滞状态。中国只有少量高校和科研院所从事相关研发,但其设备的加速电压不足 30 kV,扫描频率不足 10 MHz,套刻精度也仅在亚微米量级,整体性能与国外设备存在较大差距。

2.6　计算光刻

光刻工艺过程可以用光学和化学模型,借助数学公式来描述。光照射在掩模版上发生衍射,衍射级被投影透镜收集并会聚在光刻胶表面,这一成像过程是一个光学过程;投影在光刻胶上的图案激发光化学反应,烘烤后导致光刻胶局部可溶于显影液,这是化学过程。计算光刻就是使用计算机来模拟、仿真这些光学和化学过程,从理论上探索增大光刻分辨率和工艺窗口的途径,指导工艺参数的优化[11]。

计算光刻起源于 20 世纪 80 年代,一直是作为一种辅助工具而存在。从 180 nm 技术节点起,器件上最小线宽开始小于曝光波长,因此 OPC 必不可少,成为掩模版图案处理中的一个关键步骤。

计算光刻通常包括 OPC、光源-掩模协同优化(source mask optimization, SMO)技术、多重曝光技术(multiple patterning technology, MPT)、反演光刻技术(inverse lithography technology, ILT)四大技术,利用计算机建模、仿真和数据分析等手段,来预测、校正、优化和验证光刻工艺在一系列图案、工艺和系统条件下的成像性能。

OPC 是一种通过调整光刻掩模版上透光区域图案的拓扑结构,或者在掩模版上添加细小的亚分辨辅助图案,使得在光刻胶中的成像结果尽量接近理想图案的技术。OPC 技术也是一种通过改变掩模版透射光的振幅,进而对光刻系统成像质量的下降进行补偿的一种技术[12]。

SMO 仿真计算的基本原理与基于模型的 OPC 类似。对掩模版图案的边缘做移动,计算其与晶圆上目标图案的偏差,即边缘放置误差。在优化时模型中故意引入曝光剂量、聚焦度、掩模版上图案尺寸的扰动,计算这些扰动导致的晶圆上的像边缘放置误差。评价函数和优化都是基于边缘放置误差实现的。SMO

计算出的结果，不仅包含一个像素化的光源，而且包括对输入设计做的 OPC。由于光照参数和掩模版上的图案可以同时变化，优化计算的结果可能不是唯一的[11]。

ILT 也叫逆向光刻技术、反向光刻技术，是以晶圆上要实现的图案为目标，反演计算出掩模版上所需要图案的算法。即将 OPC 或 SMO 的过程看作逆向处理的问题，将光刻后的目标图案设为理想的成像结果，根据已知成像结果和成像系统空间像的变换模型，反演计算出掩模版图案[13]。

多重曝光技术（MPT）是近几年来讨论最多的一种技术，以下展开具体介绍。

集成电路设计发展到超深亚微米，其特征尺寸越来越小，并趋近于曝光系统的理论极限，光刻后晶圆表面的成像将产生严重的畸变，即产生光学邻近效应（optical proximity effect）。随着光刻技术面临更高要求和挑战，人们提出了浸没式光刻（immersion lithography）、离轴照明（off axis illumination）、PSM 等各种分辨率增强技术来改善成像质量，增强分辨率。

当前主流的数值孔径为 1.35 的 193 nm 浸没式光刻机能够提供 36～40 nm 的半周期分辨率，可以满足 28 nm 逻辑技术节点的要求，如果小于该尺寸，就需要双重曝光甚至多重曝光技术。

MPT 主要有光刻-刻蚀-光刻-刻蚀（litho-etch-litho-etch, LELE）、光刻-固化-光刻-刻蚀（litho-freeze-litho-etch, LFLE），以及自对准双重图案化（self aligned double patterning, SADP）/自对准四重图案化（self aligned quadruple patterning, SAQP）。

（1）LELE：具体步骤包括第一步光刻、第一步刻蚀、对准及第二步光刻、第二步刻蚀、第三步刻蚀。把原来一层光刻图案拆分到两个或多个掩模版上，实现了图案密度的叠加。

（2）LFLE：具体步骤为第一步光刻、固化、对准及第二步光刻、第一步刻蚀、第二步刻蚀，相比 LELE 少了一道刻蚀工序，降低一些制造成本和风险。

（3）SADP/SAQP：SADP 是一种替代传统 LELE 方法的双重图案化工艺。通过侧墙自对准工艺的双重图案化技术方案，即通过一次光刻和刻蚀工艺形成轴心图案，然后在侧墙通过 ALD 和刻蚀工艺形成侧墙图案，去除轴心层（即牺牲层），形成了周期减半的侧墙硬掩模版图案。SAQP 是在 SADP 的基础上再重复一次沉积和去除，形成尺寸和周期更小的图案。

上述几种多重曝光技术的基本流程如图 2-37 所示。

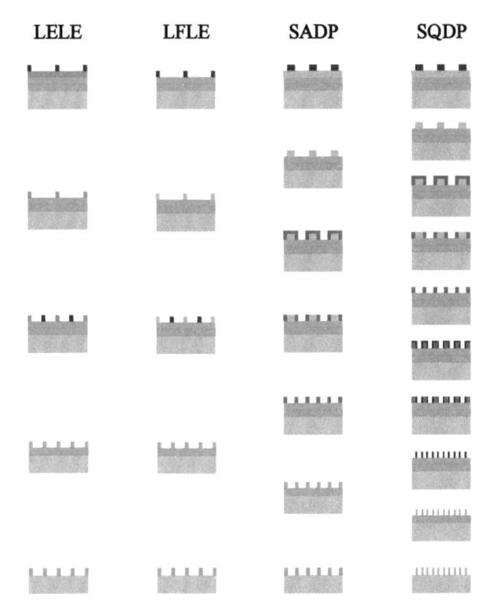

图 2 - 37　各种 MPT 的基本流程示意图

2.7 显　　影

2.7.1 显影的作用

显影是半导体器件制造工艺中的一个重要步骤，用于去除曝光或未曝光区域的光刻胶(分别对应正胶、负胶)，从而形成所需的图案和结构。显影的作用如下。

(1) 去除曝光或未曝光区域的光刻胶：显影过程中使用显影剂，将曝光或未曝光的光刻胶部分溶解或去除(分别对应正胶或负胶)，只保留未曝光或曝光过的部分。这样可以形成需要的图案，并定义器件的结构和特征。

(2) 控制显影速度：显影速度的控制对于图案的清晰度和尺寸的保持非常重要。通过调整显影剂的浓度、温度和显影时间等参数，可以控制显影速度，以实现所需的图案尺寸和图案定义。

(3) 保护未曝光/已曝光区域的光刻图案：显影剂针对未曝光/已曝光的光刻胶起作用，对未曝光/已曝光区域的光刻图案通常具有较小的影响(分别对应正胶/负胶)。这有助于保护未曝光/已曝光区域的光刻图案,确保其在显影过程中不被损坏或剥离。

(4) 显影底膜保护:显影过程中,有时还会利用显影底膜来保护底部的衬底或底层材料,以避免被显影剂侵蚀或损坏。

通过显影步骤,可以实现对光刻胶的选择性清除,形成所需的图案和结构,为后续的刻蚀、沉积或其他工艺步骤提供良好的基础。显影的参数和控制对光刻图案的质量、尺寸和器件性能有重要影响,因此需要合理选择显影剂和优化显影条件。

2.7.2 显影机

在半导体器件制造工艺中,显影过程使用的主要设备通常是显影机。显影机是专门设计用于将光刻胶进行显影的设备,其主要功能是控制显影剂的流动和接触光刻胶,以去除未曝光/已曝光区域的光刻胶(分别针对正胶或负胶),形成所需的图案和结构。显影机通常具有以下主要部分和功能。

(1) 显影槽或槽式气相显影腔室:用来容纳显影剂和衬底,形成显影的环境。显影槽可以是单槽或多槽的设计,以适应不同的显影剂和工艺要求。

(2) 显影液供应系统:用于供应和控制显影剂的流动。这包括显影液的储存和循环系统、液体泵及流量控制器等。

(3) 温度控制系统:显影过程中温度对显影剂的效果和速度有影响,因此显影机通常配备了温度控制系统,以确保显影液的温度恒定。

(4) 显影剂喷洒或浸没系统:用于将显影剂均匀地喷洒或浸没到光刻胶表面。这通常是通过液体喷头、喷嘴或浸没槽进行的。

(5) 液体回收和处理系统:有些显影机配备了液体回收和处理系统,用于回收和处理使用过的显影液,以减少废液的排放和环境污染。

(6) 控制系统和用户界面:显影机通常带有一个控制系统和用户界面,用于设置和调整显影的参数,如显影时间、显影液剂量等。

通过显影机的使用,可以进行自动化的显影过程,实现对光刻胶的可控性和一致性。同时,显影机的参数优化和控制对于图案质量和尺寸的保持非常重要,因此在选择和操作显影机时,需要遵循相应的操作规程和工艺要求,确保显影的安全和可靠性。

在实验室环境中,常使用的显影方式有两种:自动显影和手动显影。以苏州晶淼制造的型号 JM19 - SKD06 - YJ 的设备为例，实物如图 2 - 38 所示。

（1）自动显影：自动显影用到的显影机是一种自动化设备，专用于进行显影过程。它包括液体供应和控制系统，以及显影槽、喷洒或浸没系统，具有温度控制等功能。显影机能够更加精确地控制显影剂的流量、温度和显影时间等参数，提供更为一致和可控的显影过程。实验室中使用的显影机通常较小型，适用于一定规模的样品和研究需求。

（2）手动显影：手动显影是一种较简单的方式，在实验室环境中常用于小批量样品显影。这种方式是将样品放置在装有显影液的容器中，通过手动控制显影液的浸润、浸泡和搅拌，实现显影的目的。手动显影通常需要在通风橱或其他适当的通风环境下进行，以确保操作者的安全和防止挥发性显影液对室内环境的影响。

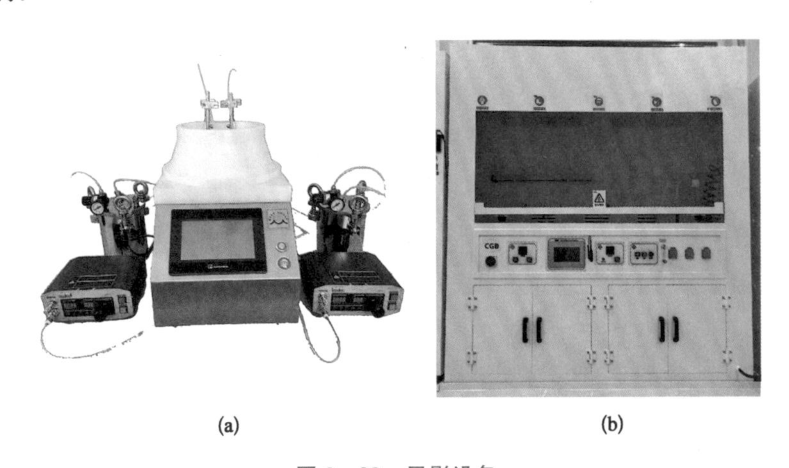

(a)　　(b)

图 2 - 38　显影设备

(a) 自动显影机；(b) 显影通风橱（型号：JM19 - SKD06 - YJ）。

2.7.3　厂务动力配套要求

要确保显影设备能够稳定有效地运行，除了超净室必备的洁净度、温湿度、黄光、电力供应外，还需要配套的厂务动力设施主要如下。

（1）化学品管理系统：显影过程中需要用到多种化学药水，如显影液和清洗剂，因此必须有一个精确的化学品分配和存储系统，确保化学品的安全使用和供应。

（2）废液处理系统：使用化学药水后产生的废液需要通过专门的废液处理系统进行处理，以符合环保要求并保护环境。

(3) 温度控制系统：显影过程对温度非常敏感，需要精确的温控系统以保持药水和显影环境的温度恒定，保证显影质量。

(4) 水质控制系统：对于使用水作为洁净或冲洗介质的显影设备，需要高质量的水源供应，并维持一定的水质标准。

(5) 高效排气系统：保证显影过程中使用的挥发性有机化合物和蒸气能被有效地排出，并且维持工作空间的适宜通风状态。

(6) 电源稳定系统：持续稳定的电源供应是设备正常运行的基础，必须有备用电源如 UPS 系统以防突发断电。

图 2-39 是显影通风橱所需的厂务动力条件实物举例。

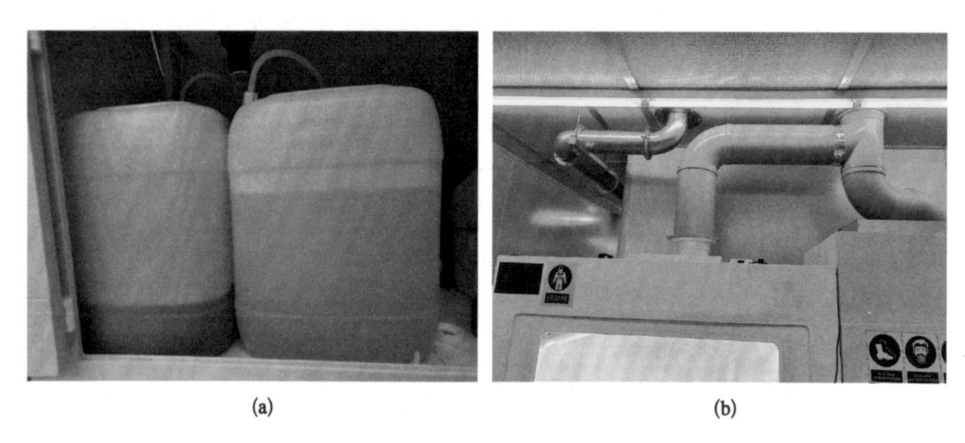

(a)　　　　(b)

图 2-39　显影通风橱所需的厂务动力条件实物举例

(a) 废液回收桶；(b) 通风橱排风系统。

2.8　匀胶显影一体机

为适应大规模生产，供应商生产出了整合了 HMDS 气相成膜、匀胶、软烘、PEB、显影和坚膜等功能的匀胶显影一体机，它具备以下优势。

(1) 提高生产效率：一体机的整合设计使得工艺流程更加紧凑和连续，减少了样品的处理时间和设备转换时间，从而提高了生产效率。此外，更高级别的一体机可与曝光设备互连，实现更高级别的机械化联动，其生产效率可进一步提升。

(2) 降低人力成本：一体机的自动化操作和连续加工流程减少了人为操作

的需求，降低了人力成本和操作误差的风险。

（3）一致性和稳定性：通过一致的工艺参数和自动化控制，一体机可以实现对每个样品的一致性处理，提供更加稳定和可靠的工艺结果。

（4）节约空间：一体机整合了多个步骤，减少了设备的占用空间，特别适用于空间有限的生产环境。

（5）简化操作和管理：一体机集成了多个步骤，简化了操作流程和设备管理，降低了设备配置和操作的复杂性。

匀胶显影一体机的整合设计为大规模生产提供了优势，它能够提高生产效率、降低成本、具备一致性和稳定性，并节约空间和简化操作流程。这种设备广泛应用于工业生产中，特别是对产品质量和产能要求较高的场景。

2.8.1　工作原理

晶圆在机械手的抓取下，沿着固定的 U 形路径从一个操作站（如匀胶、烘焙、显影等）移动到另一个站，因此匀胶显影一体机被称为轨道机（track）。现代一体机则通过机械手将晶圆递送进不同的腔室中，类似旅馆的各个房间，还可以有不同的“楼层”，并没有沿着轨道行进的感觉。

轨道机的主要子系统包括匀胶、显影（develop）、冷/热板（chill/hot plate）、晶圆传输/暂存（wafer transport/buffering）、供/排化学品（chemical supply/drain）、通信（communication）子系统。

根据是否与光刻机联机，可以将轨道机分为非联机（offline）设备和联机（inline）设备。

（1）非联机设备：不与光刻机联机作业。主要包括前道底部抗反射层（bottom anti-reflection coating，BARC）匀胶机和聚酰亚胺（polyimide film，PI）匀胶显影机。BARC 匀胶机主要用于前道制程中光刻胶旋涂前的抗反射层旋涂，而 PI 匀胶显影机用于集成电路制造中晶圆加工环节的 PI 旋涂。

（2）联机设备：与光刻机联机作业。根据光刻工艺的曝光光源波长分类，光源波长越短，光刻机分辨率越高，制程工艺越先进。联机设备按照 I 线、KrF、ArF 和 ArFi 的工艺发展路线进行演进。

图 2-40 为 C&D SEMI（美国）制造的型号为 P8000 的匀胶显影一体机的实物照片。与对产能无要求的需求相比，该类设备仅针对晶圆级样品的处理，包括 4 in、6 in、8 in 和 12 in 标准晶圆。

读者可通过扫描图 2－40 旁的二维码观看具体的操作流程视频。

图 2－40　型号为 P8000 的匀胶显影一体机

2.8.2　厂务动力配套要求

要确保匀胶显影一体机能够稳定有效地运行，除了超净室必备的洁净度、温湿度、黄光、电力供应外，还需要配套的厂务动力设施主要如下。

(1) 精确的温度控制系统：为了在匀胶和显影过程中获得最佳效果，需要精确控制工作环境的温度。这通常涉及高精度的空调系统。

(2) 高效的气体过滤系统：以确保空气中不含有损害光刻胶或干扰显影过程的有害气体。同时，对于某些过程可能需要纯净的 N_2 或其他气体的直接供应。

(3) 震动控制系统：尽管匀胶和显影过程对震动的敏感度不及其他设备(如光刻机)，但为保证设备稳定运行和工艺质量，仍需一定程度的震动控制或隔离。

(4) 特殊废弃物处理系统：处理光刻过程中产生的化学废料，比如废溶剂和废光刻胶等，确保环保和安全。

(5) 稳定清洁的水源供应：高纯度的水对于某些显影工艺非常关键，因此，匀胶显影一体机通常需要接入超纯水系统。

(6) 化学品分配与储存系统：为了保证匀胶和显影过程中化学品的准确使用和安全储存，需要配备专业的化学品分配系统和安全存储设施。

(7) 排风系统：在显影过程中，为了维持操作区域的安全和舒适，以及防止有害气体累积,需要高效的排风系统。

(8) 电源稳定与 UPS：高稳定性的电源供应对于保持设备稳定运行至关重要,而 UPS 可以在断电事件中保持设备至关重要部分的暂时运行。

匀胶显影一体机所需的厂务动力条件实物举例如图 2-41 所示。

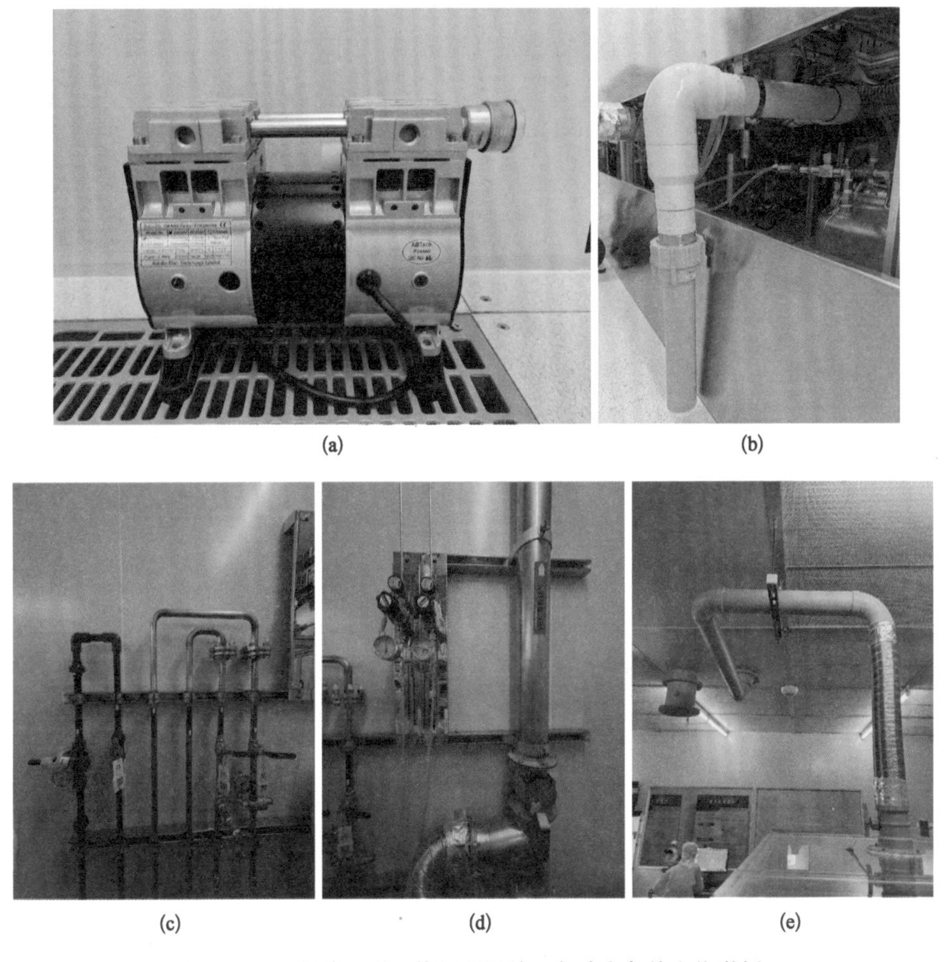

图 2-41　匀胶显影一体机所需的厂务动力条件实物举例

(a) 真空泵;(b) 废液回收系统;(c) 纯水及厂务水供应系统;(d) 高纯气体(CDA 和 N_2);(e) 独立排风装置。

2.8.3　匀胶显影一体机的国际市场

目前,后道先进封装环节大多仅使用非联机设备;而在前道晶圆加工环节中,通常非联机和联机设备搭配使用,并且根据不同的工艺制程,设备配置也有所不同。

匀胶显影一体机的主要厂商有两家:东京电子和迪恩士。全球来看,东京电子在匀胶显影设备市场占有主导地位,2023年其市场份额达到90%。尽管东京电子在匀胶显影一体机领域的壁垒极高,但以芯源微为代表的中国设备厂商正加速追赶。其工艺水平与产品性能日益完善,中国前道匀胶显影的市场份额有望持续提升。

第3章　薄膜沉积技术

薄膜沉积技术是实现多种功能材料薄膜沉积的关键步骤之一，这项技术涉及在晶圆上均匀地制备薄膜材料，以形成电路元件所需的金属、绝缘体和半导体层。其沉积的薄膜特性直接影响到集成电路的性能和可靠性。镀膜的应用范围广泛，包括金属、绝缘体和半导体材料的沉积。

薄膜沉积技术包括 PVD、CVD、ALD 等多种方法，每种方法都有其独特的优点和应用领域。本章主要介绍薄膜沉积技术基础理论，并介绍几种常见镀膜设备的工作原理、优缺点、异同点以及注意事项等。

3.1　薄膜沉积技术概述

3.1.1　薄膜制备工艺及特点

薄膜通常是指从几纳米到几微米的薄层材料，既可保持与体材料相同的基本物理化学性质，也可能具有与体材料制备方法及性能显著不同的特点。根据不同功能、不同物相结构，可选择不同薄膜制备工艺。

薄膜制备工艺按照成膜原理可分为两大类：PVD 和 CVD。其中，PVD 技术具有工艺过程相对简单、对环境无污染、耗材少、薄膜均匀致密、与衬底结合力强等特点，常用的方法有热蒸发、电子束蒸发、分子束外延(molecular beam epitaxy, MBE)和磁控溅射。CVD 技术具有组分与晶态易于控制、台阶覆盖特性好、参与沉积的前体反应物多，以及可选择性强等特点，主要分为 PECVD、LPCVD、金属有机化合物化学气相沉积(metal-organic chemical vapor deposition, MOCVD)、ALD。各方法特点如下。

(1) 热蒸发：在真空室中，加热置于坩埚中的蒸发材料，使其熔化、蒸发。操作方法简单易行，但不易准确控制薄膜厚度和均匀性，不适用于高熔点金属薄膜制备，常用于沉积 Al、钛(Ti)、In 等金属。

(2) 电子束蒸发：电子束蒸发作为真空蒸发镀膜的主流技术，与电阻的固体传输电流不同，它是真空中输运的电子流，在其进入蒸发物时，瞬间直接转化为热运动能，减少能量损耗。常用于沉积包括难熔金属及氧化物在内的各种材料，例如铬(Cr)、Ti、Au、铂(Pt)、锗金合金(GeAu)、镍(Ni)、SiO_2、二氧化钛(TiO_2)、二氧化锆(ZrO_2)等。

(3) MBE：通过高真空下将材料源加热产生的分子束直接沉积在衬底上，MBE 能够实现单原子层或单分子层的精确控制，用于制备高质量的晶体薄膜。

(4) 磁控溅射：磁控溅射技术将等离子体、真空、高纯气体、高纯材料等结合，是 PVD 领域中应用最为普遍的沉积技术。磁控溅射技术可在各种材料衬底上，沉积均匀性、致密性良好的不同类型薄膜，例如 Ni、钽(Ta)、铁镓合金(FeGa)、B、Cr、Au、Si、铌(Nb)、氮化铌(NbN)等。

(5) PECVD：PECVD 引入了等离子体，提高了反应前驱体的活性，可降低化学活性较低的化合物的反应温度。例如，以四乙氧基硅烷(tetraethyl orthosilicate，TEOS)前驱体和一氧化二氮(N_2O)反应制备 SiO_2 薄膜，普通 CVD 工艺需要 700℃以上的衬底温度，而 PECVD 可将衬底温度降低至 300～400℃。常用于沉积 SiO_2、Si_3N_4 薄膜等。

(6) LPCVD：LPCVD 是一种低压化学气相沉积法，多用于 SiO_2、Si_3N_4、多晶硅的沉积。工艺过程通常在炉管反应器中进行，需要较高的温度，具有薄膜纯度高、均匀性好、生产效率高等特点。

(7) MOCVD：利用金属有机前驱体和气相反应将薄膜沉积在衬底上。广泛应用于半导体器件制备，特别是Ⅲ-Ⅴ族化合物半导体材料，如 GaAs 和 InP 等。MOCVD 具有高度的沉积控制和薄膜均匀性，可实现多层结构的生长。

(8) ALD：其基本特点是周期性地将原子一层一层沉积在基片上，因此可在保证超薄膜厚度精确控制的同时，降低薄膜的缺陷密度。ALD 多应用于氧化物、氮化物的化合物超薄膜沉积。

这些技术在沉积机理、适用性、高温或低温操作、沉积速率、设备成本以及目标薄膜的性能方面各有不同，需要根据特定应用的要求选择合适的技术。

几种常见沉积设备的照片如图 3-1 所示。

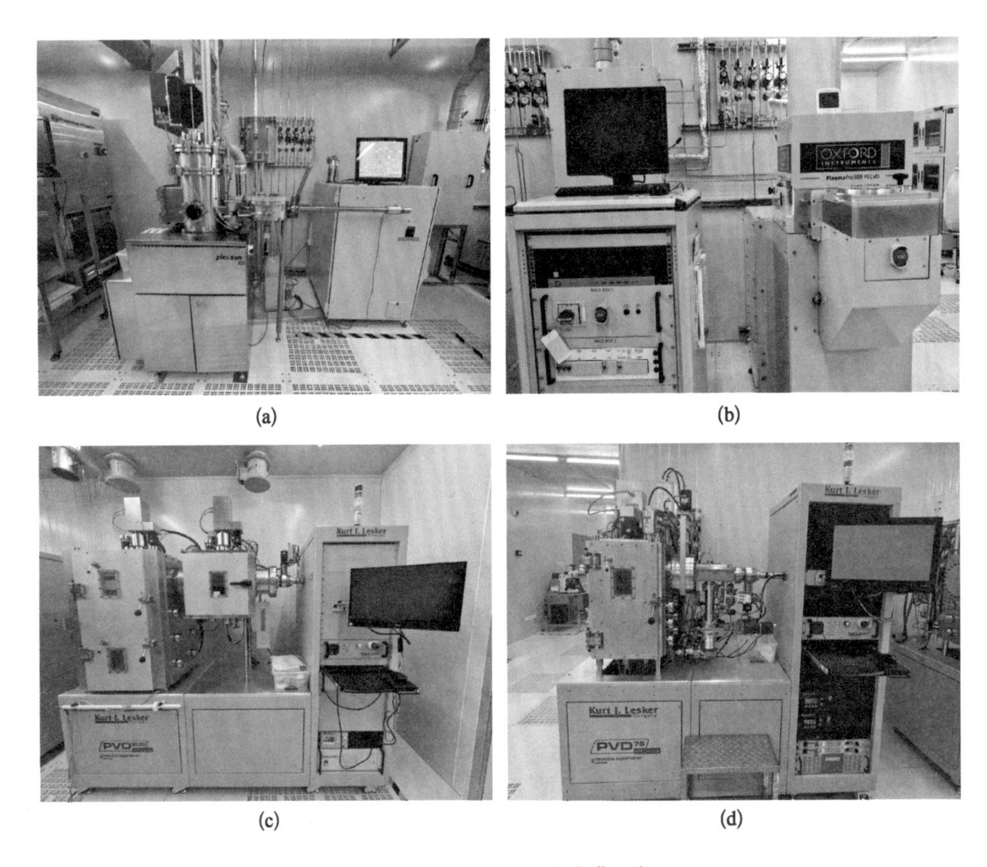

图 3-1　几种常见的镀膜设备

(a) ALD(型号：R-200 Advanced)；(b) PECVD(型号：Plasma pro 100 PECVD 180)；
(c) 电子束蒸发系统(型号：PVD200)；(d) 磁控溅射仪(型号：PVD75)。

3.1.2　影响薄膜特性的因素

薄膜生长过程受到多种因素的影响，这些因素共同决定了薄膜的微观结构、形貌、厚度、成分以及宏观性能。理解并控制这些因素对于设计并制备出具有预期特性的薄膜至关重要。

(1) 沉积方法：不同的沉积技术具有不同的能量传递机制、生长速率和生长环境，影响薄膜的结构和成分。

(2) 衬底材料：衬底的材料类型(如金属、半导体、绝缘体等)及其与沉积材料间的化学相容性直接影响薄膜的成核和生长方式。

(3) 衬底表面状况：衬底的表面粗糙度、清洁度、化学状态和晶格参数对薄膜的初始成核及后续生长行为有显著影响。预处理如清洗、加热和等离子体处理可显著改变薄膜的生长。

(4) 沉积温度：沉积过程中衬底的温度影响薄膜生长的动力学过程。较高的温度有助于原子扩散和再结晶，可能导致薄膜致密和结晶性更好，但也可能引起某些不希望的相变或衬底损伤。

(5) 沉积速率：沉积速率影响原子在衬底上的扩散时间和薄膜生长模式。快速沉积可能导致非平衡态结构，而慢速沉积更有助于获得平滑且紧密排列的膜层。

(6) 环境气压和组成：在 CVD、PVD 或 ALD 等过程中，反应腔内的总压力以及反应气体的种类和比例对薄膜的成分、成核密度和生长速率有显著影响。

(7) 其他因素

① 离子/原子助长工艺：如离子辅助沉积(ion assisted deposition，IAD)可以改变薄膜的微观结构和生长动力学。

② 外部能量源：例如激光、电子束或等离子体的使用可为薄膜生长提供额外的能量，促进原子移动和化学反应。

③ 薄膜与衬底间的晶格匹配程度：晶格失配度过大可能导致薄膜生长过程中产生应力，影响薄膜的结构稳定性。

④ 杂质和缺陷：杂质元素和衬底，以及薄膜内部的缺陷如位错、孔洞等也会影响薄膜的生长和最终性能。

通过精准地控制上述因素，可以精确调控薄膜的生长过程，制备出满足特定应用要求的薄膜材料。

由于薄膜沉积技术涉及多种材料、多种手段和多种参数，是一个复杂的体系，因此，接下来分别介绍集成电路工艺制造中涉及的几种常见的沉积技术，如磁控溅射沉积技术、电子束蒸发技术、LPCVD、PECVD、电感耦合等离子体化学气相沉积(inductively coupled plasma chemical vapour deposition，ICPCVD)和 ALD 的工作原理及实践操作规范。

3.2　磁控溅射沉积技术

3.2.1　工作原理

磁控溅射是提高沉积速率、发展高效且精密可控的物理气相成膜工艺的关键技术，可用于制备金属、半导体、绝缘体等多种材料，溅射的基本原理为：电子在电场的作用下加速飞向衬底的过程中与 Ar 原子发生碰撞，电离出大量的 Ar^+ 和电子，电子飞向基片。Ar^+ 在电场的作用下加速轰击靶材，溅射出大量的靶材原子，呈中性的靶原子（或分子）沉积在基片上成膜。磁控溅射（magnetron sputtering）是最常见的 PVD 设备，其通过在靶材表面引入磁场，利用磁场与电场交互作用，使带电粒子在靶材表面附近呈螺旋状运行，从而增大 Ar 原子的离化率，提高等离子体密度，增加溅射率（如图 3－2 所示）。

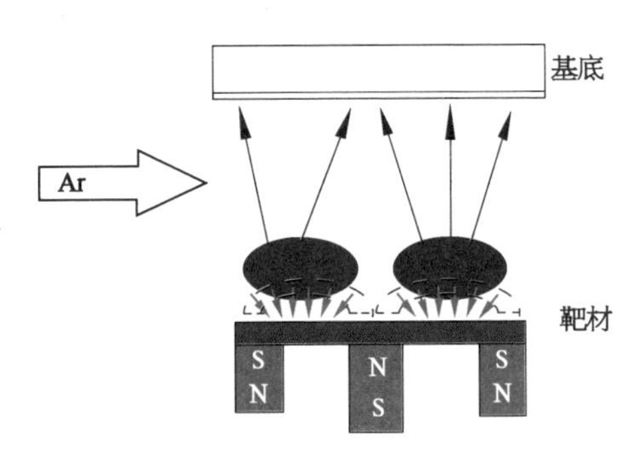

图 3－2　磁控溅射的工作原理示意图

针对不同的材料，发展出了几种不同类型的磁控溅射方法，主要方法如下。

(1) 直流溅射：是利用直流辉光放电产生的离子轰击靶材进行溅射镀膜的技术，如果使用绝缘材料靶材，轰击靶材表面的正离子会在靶材表面上累积，使其带正电，靶材电位从而上升，使得电极间的电场逐渐变小，直至辉光放电熄灭和溅射停止，所以直流溅射装置不能用来溅射沉积绝缘介质薄膜，只适用于导电材料靶材的溅射。

(2) 射频溅射：射频溅射是利用射频放电等离子体中的正离子轰击靶材、溅射出靶材原子，从而沉积在接地的衬底表面，可以用于非导体材料的溅射。

(3) 反应性溅射：在溅射过程中加入反应性气体（如 O_2 或 N_2），形成复合或化合物薄膜。

上述 3 种磁控溅射方法的工作原理如图 3－3 所示。

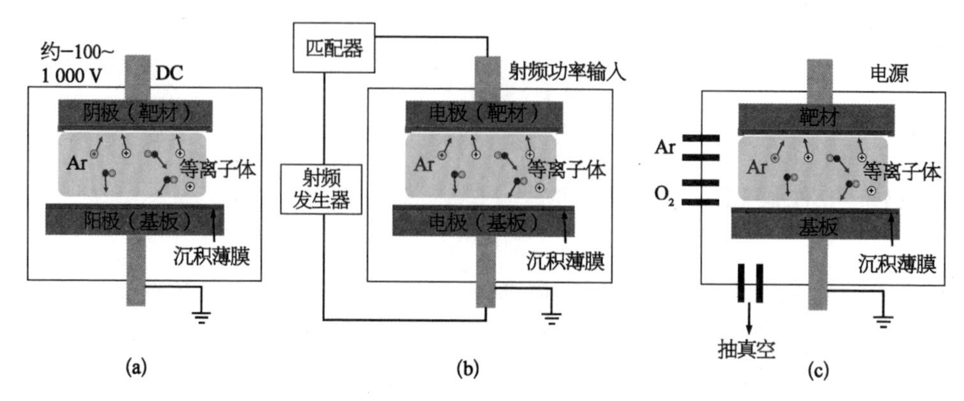

图 3-3　3 种磁控溅射方法的工作原理示意图

(a) 直流溅射；(b) 射频溅射；(c) 反应性溅射。

3.2.2　磁控溅射技术的优缺点

磁控溅射技术作为一种高效的薄膜沉积方法，相较于其他沉积技术，具有一系列优点，但也存在一些局限性。以下是磁控溅射技术的优缺点总结。

(1) 优点

① 高溅射率：磁场的加入能够增加等离子体的密度，提高离子与靶材的相互作用，因此相比于普通的直流溅射，磁控溅射有更高的溅射效率。

② 衬底温度低：相对于热蒸发等其他方法，磁控溅射对于衬底的加热温度较低，对于热敏感材料的薄膜沉积尤为有利。

③ 广泛的材料适应性：磁控溅射可以用于沉积各种类型的薄膜，包括金属、半导体、绝缘体和多种复合材料。

④ 可控的薄膜特性：通过调整溅射参数，如气压、功率、衬底温度等，可有效控制薄膜的厚度和其他特性。

(2) 缺点

① 填孔性能差：磁控溅射沉积时金属粒子的活动基本是杂乱无章的，台阶覆盖性能较差，所以改善台阶覆盖性能一直是磁控溅射工艺发展的主要方向。

② 外部磁场影响：如果溅射系统附近有其他强磁场干扰，可能会影响等离子体稳定性，从而影响薄膜均匀性。

③ 尺寸受限：对于大面积靶材的磁控溅射，需要较大的磁场和电源系统来实现均匀沉积，这可能导致设备尺寸较大。

④ 特定应用的局限性：对于反应性溅射而言，控制薄膜成分可能会更加困难，特别是当涉及多元素靶材时。

⑤ 气体成分和压强限制：在磁控溅射过程中，必须严格控制反应气体的成分和压强，以确保沉积速率和薄膜的特性。

尽管存在这些限制，磁控溅射仍然是工业界和研究领域广泛采用的薄膜沉积技术之一，尤其适用于高性能微电子和光学薄膜的制造。

3.2.3　磁控溅射仪

以莱思科(Lesker，美国)制造的型号为 PVD 75 的磁控溅射仪为例，其设备照片如图 3 - 4 所示。

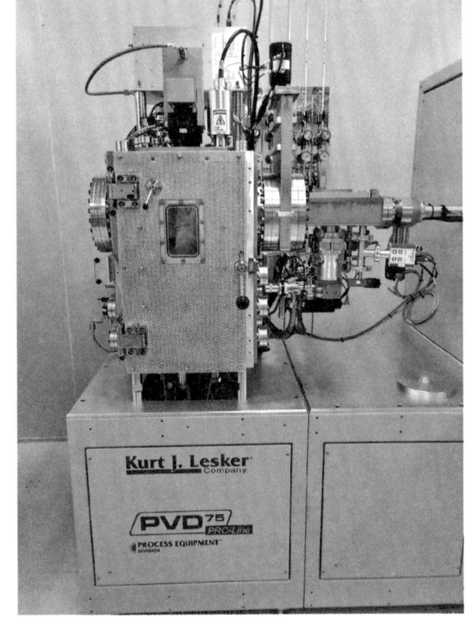

图 3 - 4　型号为 PVD75 的磁控溅射仪

磁控溅射仪一般由真空腔体、靶材、磁控溅射源、基片台、气体供应系统、电源系统、真空系统等构成。具体要求如下。

1) 真空要求

(1) 高真空环境：为了有效进行溅射沉积，溅射系统通常需要抽至高真空环境，压强通常在 $10^{-5}\sim10^{-8}$ 托(Torr，1 Torr≈133.322 Pa)范围内。高真空可以显著减少残留气体分子的数量，降低被溅射材料与残留气体的不必要反应以及避免二次碰撞，从而获得较高质量的薄膜。

(2) 系统清洁和预抽：在达到所需的真空度之前，系统需要经过彻底的清洁和预抽，以除去系统中的残余气体和水蒸气等污染物。对溅射室的真空密封性也有较高的要求，以防外部空气的渗透。

2) Ar 纯度要求

(1) 高纯度 Ar：为了减少杂质对薄膜的影响，通常使用高纯度的 Ar(纯度为 99.999%或更高)作为溅射气体。如果杂质元素(如 O_2、水蒸气、N_2 等)在 Ar 中含量过高，会导致薄膜中出现非预期的化学反应和缺陷，影响薄膜的电学性能和结构完整性。

(2) 气体纯净处理：即便采用高纯度 Ar，系统中仍可能有微量杂质或水蒸气残留。因此，通常会采用干燥器或其他纯化器材来进一步净化气体，确保进入溅射室的气体尽可能纯净。

(3) 气体流量控制：除了 Ar 纯度外，Ar 的流量和压力控制对于薄膜的均匀性和沉积率也非常关键。通过精准控制气体流量和溅射功率，可以优化薄膜的微观结构和表面形貌。

3) *靶材要求*

靶材是溅射过程中材料的源头，它的选择决定了薄膜的基本成分和性质。在溅射中，高能粒子(通常是 Ar^{+})被用来轰击靶材，将靶材原子溅射出来，并最终形成薄膜。关键考量指标如下。

(1) 材料质量：高纯度的靶材可以减少薄膜中的杂质含量，提高薄膜的性能。

(2) 均匀性：靶材的均匀性是保证薄膜厚度和成分均匀的关键。

(3) 尺寸和形状：靶材需要按照溅射设备的要求进行定制，以确保均匀的溅射率和有效的材料利用率。

(4) 经济性：靶材成本在溅射生产中占比重要，因此选择经济效益高的靶材具有实际的经济意义。

图 3-5 为 8 in 的 Al 靶材。

图 3-5　8 in Al 靶材

4) *磁控溅射源要求*

磁控溅射源是利用磁场来增强溅射过程的设备。在传统溅射中，部分离子直接撞击到隔板或其他非靶材表面上，造成材料的浪费。磁控溅射通过在靶材附近创建一个磁场，可以有效地束缚电子，增加等离子体的密度，从而增加溅射率，提高靶材利用率，并提升薄膜的质量。关键特性如下。

(1) 强化等离子体密度：通过磁场的作用，等离子体被约束在靶材表面附近，增加与靶材的相互作用。

(2) 提高溅射效率：磁控溅射源可以显著提高原子从靶材表面的溅出率，加快沉积速率。

(3) 降低能耗：更高的沉积速率使得在更短的时间内完成薄膜制备，从而节省能源。

以型号为 PVD 75 的磁控溅射仪使用的磁控溅射源为例，其实物如图 3 - 6 所示。

图 3 - 6　磁控溅射仪使用的磁控溅射源

5）基片台要求

基片台是支撑基片的装置，基片是薄膜沉积的承载物。基片台的设计影响基片的温度、位置和运动，从而间接影响薄膜的均匀性、形态和结晶性。其重要功能如下。

（1）温度控制：许多基片台配备有加热或冷却系统，可对基片温度进行精确控制，这对薄膜的微观结构和性能至关重要。

（2）旋转和移动：基片台可以旋转甚至在一定范围内移动，以实现薄膜的均匀沉积。

（3）精确定位：对基片的精确定位可以确保薄膜在基片上的均匀覆盖。

图 3 - 7 为型号为 PVD 75 的设备使用的载物台及传样腔。

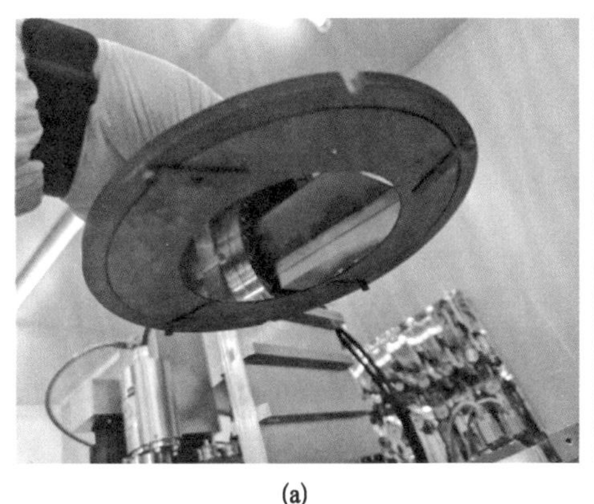

(a)

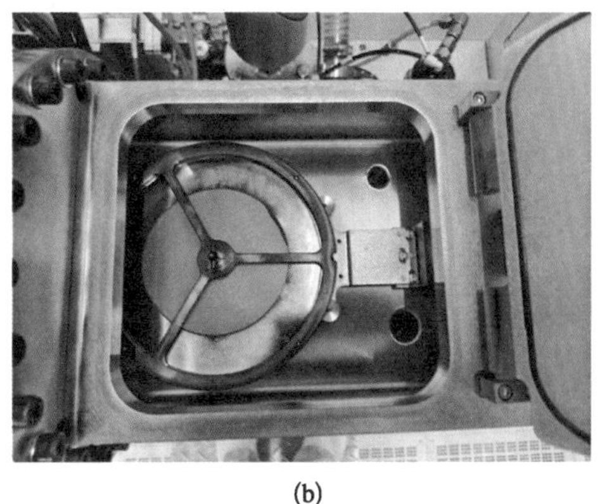

(b)

图 3 - 7　PVD 75 的载物台和传样腔

(a) 载物台；(b) 传样腔。

6）电源系统要求

为溅射过程提供所需的能量，控制等离子体的形成和维持，从而实现高效的材料沉积。电源系统的类型和配置直接影响溅射效率、薄膜质量和生产成本。以下是电源系统在溅射工艺中的基本作用和常见类型。

（1）基本作用

① 离子化气体：电源供应高电压，用于电离室内的气体（通常为 Ar），产生等离子体。这是溅射过程的基础，因为只有电离后的气体粒子才能被用来轰击靶材，导致材料的溅射。

② 加速离子：电源创建的电场加速等离子体中的离子，使其以高速撞击到靶材上。这个过程中离子的能量需要控制得当，以确保有效地溅射而不造成靶材或基片的损伤。

③ 维持等离子体稳定：在整个溅射过程中，需要持续供电以维持等离子体的稳定，保证溅射过程的连续性和均匀性。

（2）常见类型的电源有直流电源、脉冲直流电源和射频电源。实物如图 3－8 所示。

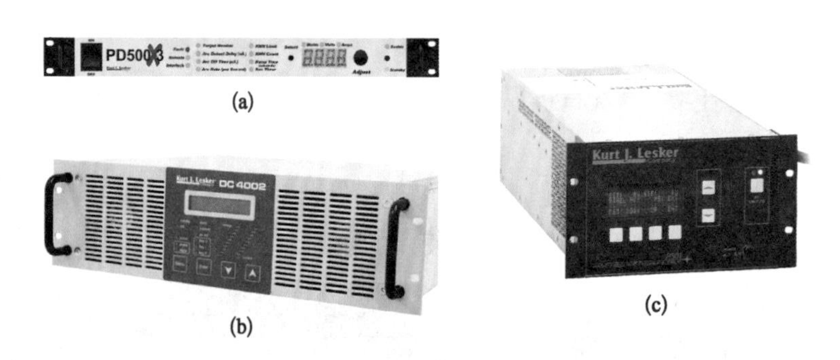

图 3－8　磁控溅射设备使用的电源

（a）直流电源；（b）脉冲电源；（c）射频电源。

在磁控溅射中，关键的技术参数有 Ar 流量、靶材类型、靶材尺寸、样品尺寸、加热温度、电源功率、薄膜均匀性等。以型号为 PVD 75 的磁控溅射仪为例，其硬件参数如表 3－1 所示。

表 3-1　型号为 PVD 75 的磁控溅射仪的硬件参数

参　　数	设　备　1	设　备　2
Ar 流量	0～100 标准立方厘米每分钟(sccm)	0～100 sccm
靶材类型	Ti、Pt、Au、Al、Cu 非磁性金属	N、FeGa、B、Cr、Ta 磁性金属
靶材尺寸	3 in	3 in
样品托盘	6 in 及以下	6 in 及以下
加热温度	/	约 800℃
直流电源	1 000 W	1 000 W
射频电源	500 W	500 W
薄膜均匀性	±5%@6 in	±5%@6 in

3.2.4　厂务动力配套要求

要确保磁控溅射设备能够稳定有效地运行，除了超净室必备的洁净度、温湿度、电力供应外，所需配套的厂务动力主要设施如下。

(1) 高性能真空系统：磁控溅射需要在高真空环境下进行。因此，高性能的真空泵，包括前级泵和高真空泵，对于迅速达到和维持所需真空度至关重要。

(2) 纯净气体供应系统：磁控溅射过程中需要不同种类的纯净气体，如 Ar 作为溅射气体，以及可能需要的反应气体(如 O_2、N_2)。系统需要能够稳定控制气体流量和纯度。

(3) 冷却水系统：为了保护设备并防止薄膜特性受热影响，磁控溅射设备通常需配备冷却水系统，对靶材、溅射室壁等部分进行冷却。

(4) 电力稳定与高功率供电系统：磁控溅射需要稳定而强大的电源供应，以提供溅射过程中所需的高电压和高电流。

(5) 排气和通风系统：溅射过程可能会产生有害气体和颗粒物，因此需要有效的排气和通风系统来保障操作环境的安全。

(6) 温度控制系统：虽然主要依赖冷却水系统，但溅射过程中还可能需要其他加热或制冷设备以保证薄膜生长环境的温度稳定。

(7) 废弃物处理系统：处理溅射过程中产生的废弃物，包括固体废弃靶材、捕集器里的残留物以及可能的化学废弃物。

(8) 安全系统：包括紧急停机按钮、溅射靶材更换时的防护装置和溅射室的防护门等安全措施，以保护操作人员和设备安全。

磁控溅射仪所需的厂务动力条件实物举例如图 3－9 所示。

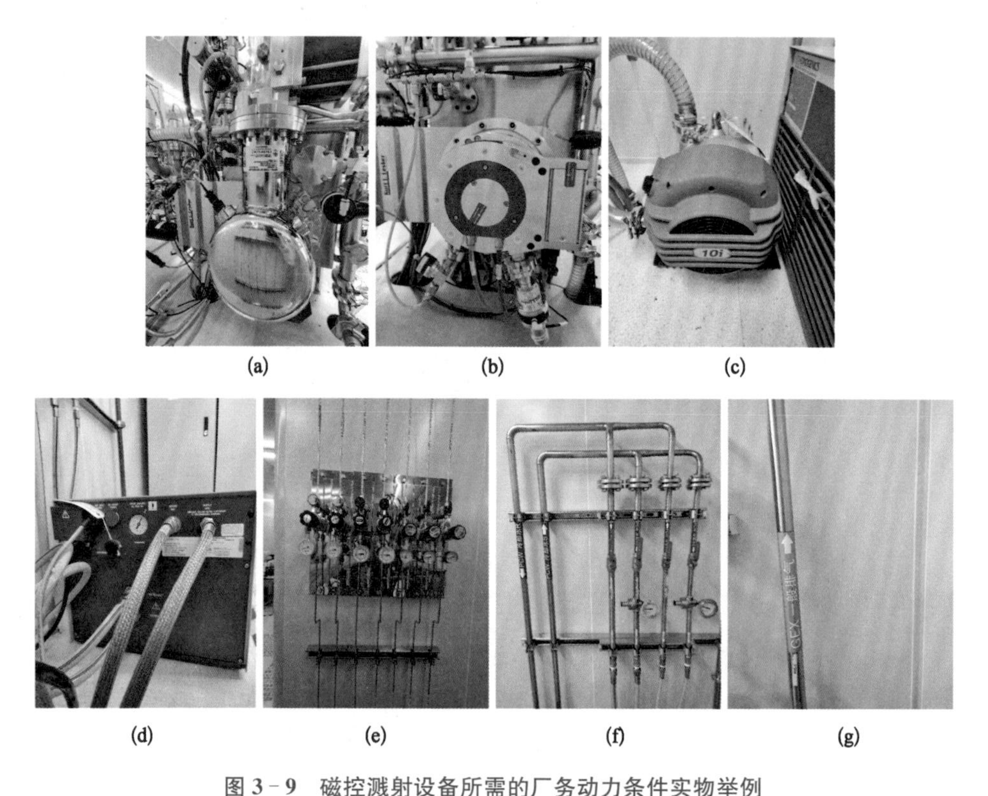

图 3－9　磁控溅射设备所需的厂务动力条件实物举例

(a) 冷凝泵；(b) 分子泵；(c) 机械泵；(d) 压缩机；(e) 高纯气体控制系统；(f) 冷却水系统；(g) 排气管道。

3.2.5　磁控溅射仪的操作规范及注意事项

磁控溅射仪的操作复杂，需要特别注意一些关键事项以确保安全、高效且高质量的薄膜沉积。以下是操作磁控溅射仪时的一些重要操作规范和注意事项。

(1) 安全操作

① 操作前的安全培训：确保所有操作人员都经过了相应的安全培训，并了解设备的操作手册。

② 穿戴适当防护装备：根据工作环境的需要，穿戴合适的防护眼镜、手套等装备。

③ 电气安全：操作之前确保设备接地良好，避免在设备运行过程中进行任何电气调整。

(2) 设备准备

① 彻底清洁：设备清洁是极为重要的，包括真空腔体、靶材表面、基片台等。残留的杂质会影响薄膜的质量。

② 检查密封性：确保设备的密封件完好无损，避免真空泄漏。

③ 靶材安装：正确安装靶材，并检查其是否牢固、是否与冷却系统接触良好，确保靶材在使用过程中不会过热。

(3) 溅射过程

① 真空度检查：在开始溅射前，确认达到了设定的真空度。

② 气体流量和压强控制：根据溅射材料和所需薄膜特性，精确调整工作气体的流量和腔体压强。

③ 电源设置：根据需求设置适当的功率水平，避免过高的功率导致靶材或基片损坏。

(4) 过程监控

① 薄膜厚度和生长速率监测：利用晶振或其他在线监测装置，实时监控薄膜的厚度和生长速率。

② 温度控制：注意监控基片的温度，避免过高温度损害基片或影响薄膜特性。

③ 异常情况处理：如遇异常声响、温度骤升、异常放电等情况，应立即停止操作，并采取适当措施。

(5) 维护与后处理

① 日常维护：定期检查和维护设备的关键组件，如更换靶材、检查真空泵抽速及更换冷却水。

② 记录和分析：详细记录溅射参数和结果，对异常情况进行分析，不断优化工艺参数。

③ 后处理作业：薄膜沉积后，根据需要进行后续处理，如退火、光刻等，并保

持工作区清洁。

遵循这些操作注意事项有助于确保磁控溅射过程的安全性、可靠性和生产性，同时也有利于提升薄膜的整体质量。

读者可通过扫描图 3-4 旁的二维码观看具体的操作流程视频。

3.2.6 磁控溅射设备的国际市场

随着集成芯片加工精度要求的不断提高和晶圆尺寸的逐步增大，各种薄膜技术设备也需要相应的升级换代。磁控溅射设备作为集成电路制造中的关键设备，从多片加工到单片处理，从单一真空室到多真空室系统，从单层薄膜制备到多层薄膜集成加工，一代比一代更为复杂、高效。磁控溅射设备制备的薄膜广泛应用于金属互连、绝缘层、硬掩模等。国内外相对应用较多的设备厂商有应用材料、泛林半导体、北方华创等。

应用材料其磁控溅射设备在全球半导体领域占有重要地位，其 Endura 平台产品在业界处于“绝对霸主”的地位。除此之外，泛林半导体也是全球领先的半导体设备供应商之一，但在磁控溅射设备领域与应用材料的竞争一直处于弱势地位，尤其在 65 nm 技术节点以后，落后的幅度不断加大。但其独特的平台设计使其在生产效率上具有较大优势，因此在存储这种超大规模产量的领域仍具有一定市场份额。另外，爱发科、意发薄膜、昭和真空（Showa Shinku，日本）等供应商也提供磁控溅射系统。

尽管全球磁控溅射设备市场主要由几家国际巨头所占据，中国磁控溅射供应商也在不断发展，提升自身的技术实力和市场竞争力。其中，北方华创是中国制造磁控溅射设备的龙头企业，其产品已经量产应用在 28 nm 技术节点，并积极与中国头部集成电路制造企业合作开发 14 nm 及以下工艺应用的磁控溅射设备。另外，中国电科 48 所、苏州赛森电子科技也具备提供磁控溅射设备和相关配件的能力。

3.3 电子束蒸发技术

3.3.1 工作原理

电子束蒸发技术是一种常用的 PVD 技术，用于在高真空条件下将材料从固态加热至蒸气态，并在衬底上形成薄膜。利用加速电子轰击镀膜材料，将电子的动能转换成热能从而使镀膜材料加热、蒸发、成膜。电子束蒸发技术的特点是材料能获得极高的能量密度，温度可达 3 000～6 000℃，可以蒸发难熔金属或化合物；被蒸发材料置于含冷却水的不同坩埚中，可避免不同材料间的污染，制备高纯薄膜；另外，由于蒸发物加热面积小，因而热辐射损失减少、热效率高（如图 3－10 所示）。

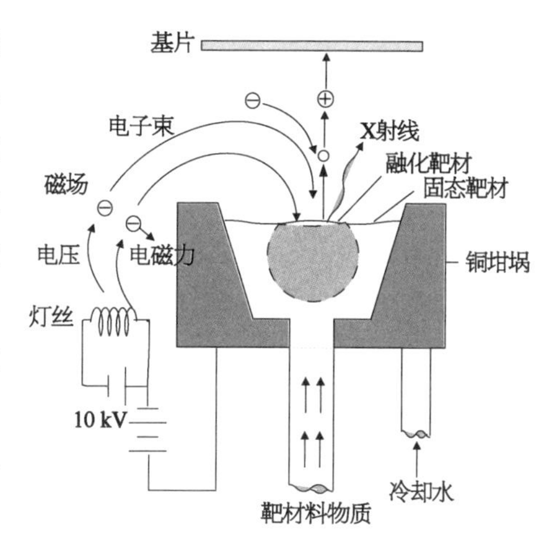

图 3－10　电子束蒸发的工作原理示意图

3.3.2　电子束蒸发技术的优缺点

电子束蒸发技术因其独特的优点在科学研究和工业制造中有着广泛的应用。然而，对于特定的应用需求，选择适合的薄膜沉积技术还需综合考虑成本、器件性能、安全性等因素。以下是电子束蒸发技术的主要优缺点。

（1）优点

① 高纯度薄膜：由于蒸发过程在高真空环境中进行，可以显著减少薄膜中的杂质，制备出纯度高的薄膜。

② 高材料利用率：与传统的热蒸发相比，电子束蒸发可以更准确地控制加热区域，从而减少靶材的浪费，提高材料利用率。

③ 适用于高熔点材料：电子束蒸发可以产生高达数千摄氏度的温度，使其能够蒸发高熔点材料，如钨、金刚石等。

④ 厚度和速率控制：蒸发速率可以通过调节电子束的功率来精细控制，使得薄膜厚度和生长速率易于调节。

⑤ 多材料兼容性：能够蒸发多种类型的靶材，包括金属、化合物和一些有机材料，适用于多种薄膜制备需求。

（2）缺点

① 局部加热可能导致靶材损坏：电子束焦点集中的高温可能导致靶材局部过热，甚至出现蒸发坑，影响薄膜的均匀性。

② 需要防护措施：高能电子束可能产生 X 射线，需要采取相应的屏蔽措施来保护操作人员，增加了安全防护的复杂性。

③ 对衬底加热：虽然大多数情况下对衬底的加热温度比热蒸发低，但在长时间沉积或高功率操作下，衬底温度可能上升，对某些温度敏感的薄膜或衬底材料可能会造成影响。

④ 制备多元素合金薄膜的难度：由于不同元素的蒸发速率可能不同，制备具有精确组成的多元素合金薄膜具有一定的挑战性。

3.3.3 电子束蒸发设备

常见的电子束蒸发设备由真空腔体、电子束枪、多源炉、基片台、冷却系统、气体供应系统、电源控制系统等组成。设备的主要部件如下。

1) 真空系统

电子束蒸发通常要求真空度小于 10^{-6} Torr，具体要求可以根据使用的材料和薄膜的需求有所不同。一般来说，至少需要 10^{-4} Torr 的真空度来进行基本的电子束蒸发操作。为了制备高质量的薄膜，尤其是需要极高纯度和特定光电性质的薄膜，更高的真空度（$<10^{-6}$ Torr）是必需的。为了达到和维持所需的真空度，电子束蒸发设备配备高效的真空系统，通常包括以下几个部分。

(1) 机械泵（粗抽阶段）：首先使用机械泵来抽除大部分空气，达到约 10^{-2} Torr的真空度。

(2) 高真空泵：达到更高真空度通常需要用到扩散泵、涡轮分子泵或冷阱等，利用这些设备可以将真空度抽至 10^{-6} Torr 以下。

(3) 真空室：真空室需要良好的密封性能，以防泄漏，保持高真空环境的稳定。

2) 电子束枪

电子束枪是电子束蒸发技术中的核心组件，负责产生、加速和聚焦电子，以将足够的能量传递到靶材上，使之达到蒸发温度。电子束枪的性能和配置对整个蒸发过程和薄膜的质量有着决定性的影响。以下是电子束枪在电子束蒸发中的主要要求。

(1) 高稳定性和可靠性：电子束枪需要能够稳定地产生和维持所需的电子束强度和能量。任何波动都可能导致蒸发速率的不稳定，影响薄膜的均匀性和质量。

(2) 精准的束流控制：电子束枪必须能够精确控制电子束的强度、能量和聚焦。这包括能够调节电子束的直径和形状，以及能够精准定位电子束的撞击位置。

(3) 强大的聚焦能力：电子束枪需要有强大的聚焦能力，以确保电子束能够集中在较小的区域内。这有助于提高加热效率和材料利用率，同时减少对靶材周围区域的热损伤。

(4) 高能量和高电流能力：电子束枪必须能够提供足够高的能量和电流，以便快速将靶材加热至其蒸发点。对于需要蒸发高熔点材料的应用，这一点尤其重要。

图 3-11 为莱思科制造的型号为 PVD 200 的电子束蒸发设备照片，电子束蒸发设备内部结构如图 3-12 所示。

图 3-11　型号为 PVD 200 的电子束蒸发设备

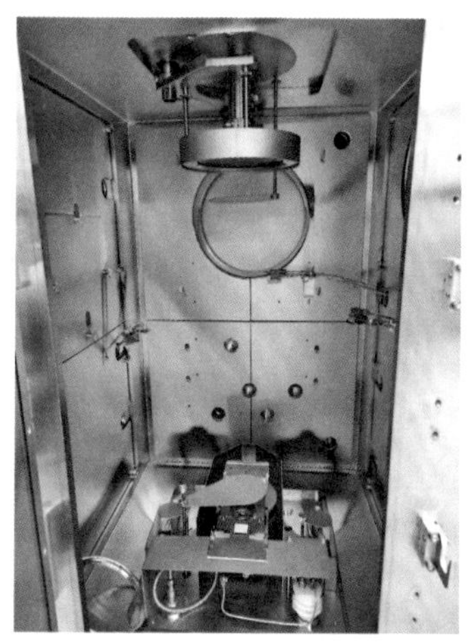

图 3-12　电子束蒸发设备内部结构

在电子束蒸发中，关键的技术参数有气压、镀膜材料类型、样品尺寸、电源功率、薄膜均匀性等。以型号为 PVD 200 的电子束蒸发设备为例，硬件参数如表 3-2 所示。

表 3-2　型号为 PVD 200 的电子束蒸发设备的硬件参数

真空实现方式	冷泵：1 台；分子泵：1 台；机械泵：1 台
样品尺寸	6 in

（续表）

金属源	Ti、Cr、Ni、Pt、Au、GeAu
配置	晶振控制器：1套[0.1埃(Å,1 Å =0.1 nm=10^{-10} m)灵敏度] 电子枪电源：1台(10 kW)

3.3.4 厂务动力配套要求

要确保电子束蒸发设备能够稳定有效地运行，除了超净室必备的洁净度、温湿度、电力供应外，还需要配套的厂务动力设施主要如下。

(1) 高真空系统：电子束蒸发过程需要在高真空条件下进行，以减少残余气体分子与蒸发物的碰撞概率，保证沉积膜层的纯净度和质量。因此，高效的真空泵组(包括机械泵、分子泵、冷泵等)对于迅速达到和维持所需的高真空环境至关重要。

(2) 冷却水系统：由于电子束枪在工作过程中会产生大量热量，必须配备有效的冷却水系统来冷却电子枪和真空腔体，防止过热影响设备性能和沉积材料的性质。

(3) 电力稳定供应系统：电子束蒸发设备对电力供应的稳定性、纯净度有很高要求，特别是电子枪的操作需要高稳定性电流。因此，稳压和滤波系统对于保障设备稳定运行至关重要。

(4) 纯净气体供应系统：某些电子束蒸发过程可能需要反应气体(如 O_2、N_2等)参与，以促进薄膜的化学反应或改善薄膜性质。因此，一个稳定且纯净的气体供应系统是必备的。

(5) 排气和过滤系统：在蒸发过程中可能会产生有害气体或蒸气，因此需要有效的排气系统和过滤装置以保持操作环境的安全。

(6) 安全控制系统：包括泄漏检测、过热保护、电气安全等多重保护措施，以确保操作人员和设备的安全。

(7) 控温系统：虽然主要依赖于冷却水系统控制设备温度，但对于某些特定的沉积材料和过程，可能还需要额外的加热或制冷设备来维持或控制衬底的温度。

(8) 精细控制系统：用于精确控制电子束的能量、扫描速度和模式等，以实现高质量和高一致性的膜层沉积。

电子束蒸发设备所需厂务动力条件实物举例如图 3－13 所示。

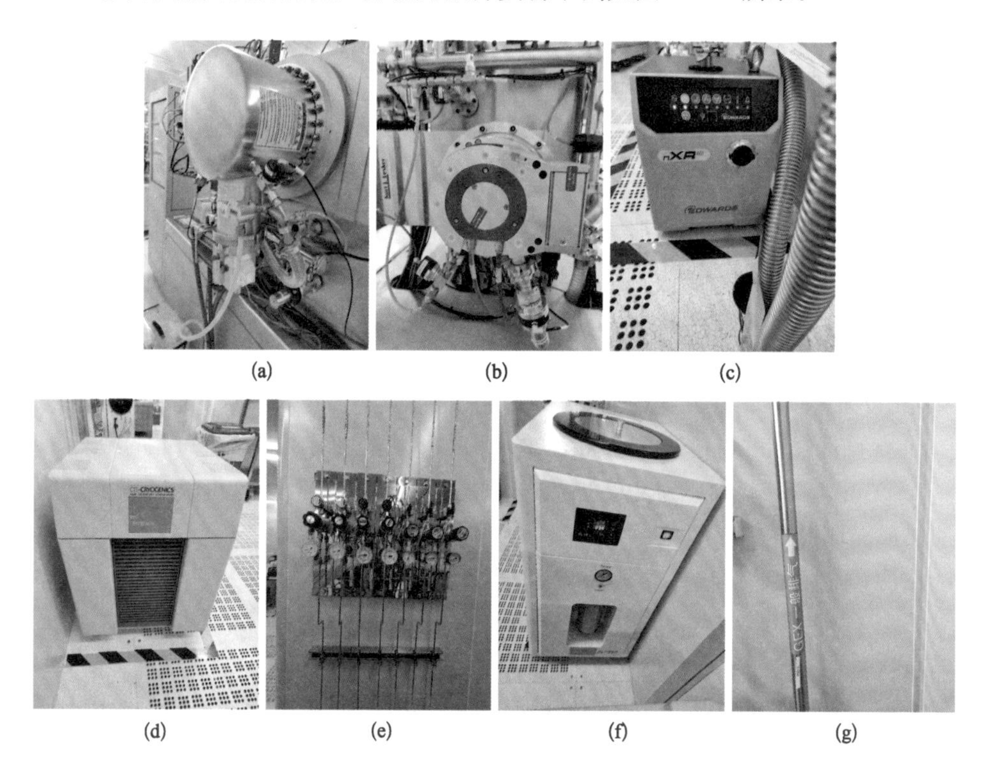

图 3－13　电子束蒸发设备配置的厂务动力条件实物举例

(a) 冷凝泵；(b) 分子泵；(c) 机械泵；(d) 冷凝泵的压缩机；(e) 高纯气体控制系统；(f) 冷水机；(g) 排风系统。

3.3.5　电子束蒸发设备的操作规范及注意事项

操作电子束蒸发设备是一个需要精确控制和注意安全的过程。下面列出了一些关键的操作注意事项，帮助读者确保蒸发过程的安全、高效和生产出高质量薄膜。

(1) 安全培训与个人防护

① 确保所有操作人员都接受了足够的培训，了解设备的工作原理和操作程序。

② 穿戴适当的 PPE，诸如防护眼镜、手套等，以防止高能电子束和潜在的 X 射线辐射造成伤害。

(2) 确认真空系统的完整性

① 在启动蒸发过程前,确保真空系统完整无泄漏。高真空状态对于电子束蒸发至关重要。

② 使用真空计检查并记录真空度,确保系统达到适当的真空水平以供蒸发使用。

(3) 检查电子束枪配置

① 确保电子束枪已正确配置,包括其对准、聚焦和束流强度设置。

② 定期检查电子束枪的部件,尤其是灯丝和高压供电部分,以确保它们正常工作并且无明显磨损或损坏。

(4) 靶材的装载与配置

① 确保使用的材料是正确和清洁的。在放入坩埚之前,清除任何可能的污染物。

② 正确安装材料以避免在加热过程中发生移位或翻滚,这可能导致不均匀加热或损坏设备。

(5) 控制和监测操作参数

① 仔细控制电子束功率、能量密度和扫描速率,以确保均匀蒸发且不过度加热材料。

② 实时监控蒸发过程中的关键参数,如蒸发速率、薄膜厚度和衬底温度。

(6) 维持操作记录:详细记录操作条件、使用的材料、蒸发参数及任何异常情况。这些记录对于跟踪生产效率、解决问题和进行未来改进至关重要。

(7) 后续冷却与清理

① 蒸发完成后,确保电子束枪和其他加热部件已经完全冷却下来再打开真空室或进行清理。

② 清理工作区,移除残留的靶材碎片,并检查设备有无任何磨损或损坏。

(8) 安全关机和维护

① 按照设备供应商的说明书进行设备关机。确保所有电源断开,并采取适当的步骤来保养真空系统和电子束枪。

② 定期进行维护检查,按照供应商的建议更换易损件并进行必要的调整。

3.3.6 电子束蒸发在剥离工艺中的应用

剥离(lift-off)工艺是一种用于创建精细金属图案的关键步骤,而电子束蒸发可以提供较高的沉积速率和高纯度的沉积薄膜。因此,电子束蒸发在剥离工艺中被广泛采用，从而制造出高性能的微电子元件。这个过程通常包括以下几个关键步骤。

(1) 衬底准备和光刻：通过匀胶、曝光、显影，移除曝光或未曝光区域(取决于光刻胶的类型)的光刻胶部分，在衬底表面形成所需要的图形。

(2) 电子束蒸发沉积：使用电子束蒸发技术，在整个衬底(包括裸露衬底和光刻胶覆盖区域)表面上沉积金属或其他材料。

(3) 剥离：将整个衬底浸入到溶解光刻胶的溶剂中[通常为丙酮、N-甲基吡咯烷酮(NMP)等]，这种溶剂可以溶解残留的光刻胶，使被沉积材料覆盖的光刻胶携带着沉积材料一起被移除，留下的则只是在裸露衬底上形成的沉积材料图案。

以最常见的 Ti/Au 双层金属蒸镀为例，其标准剥离工艺步骤如下。

(1) 清洗：将衬底用湿法溶剂(如有机溶剂或无机溶剂，具体见第 9 章)清洗，去除表面的污染物。

(2) 光刻

① 在清洗干净的衬底表面形成一层均匀的 HMDS 底膜，使得衬底具备疏水性。

② 旋涂甲基丙烯酸甲酯(MMA)+PMMA 双层光刻胶，并进行烘焙。

③ 使用电子束曝光机(PMMA 及 MMA 为电子束胶)对烘焙后的样品进行曝光。

④ 显影后，在衬底上形成所需的图案。

(3) 镀膜

① 使用等离子体对需要镀膜的衬底进行清洗，保证待镀膜晶圆表面的清洁。

② 蒸镀 5～10 nm 厚度的 Ti 或 Cr 作为黏附层(否则 Au 极易脱落)。

③ 蒸镀所需厚度的 Au 材料。

(4) 剥离

① 将待剥离的衬底在丙酮里浸泡 30 min，然后用丙酮冲洗，使得大部分需要被剥离区域从衬底上剥离。

② 在丙酮溶剂中使用低功率超声 10 min。

③ 在异丙醇溶剂中使用低功率超声 3 min。

④ 使用 N_2 吹干，然后镜检，如仍有残留的 Au，可重复步骤①～③。

⑤ 在 NMP 溶剂中加热至 60℃，浸泡 30 min。

⑥ 在 NMP 溶剂中使用低功率超声 3～5 min。

⑦ 在异丙醇溶剂中使用低功率超声 3 min。

⑧ N_2 吹干，然后再次镜检，此时 Au 应全部脱落(如仍有残留，需考虑前道

工序是否存在问题)。

注意事项:可根据具体曝光图形和镜检结果,酌情增减超声时间和功率。

3.3.7 电子束蒸发设备的国际市场

电子束蒸发设备作为集成电路制造中使用的传统设备,主要应用于较早的集成电路和后段封装生产线。国外电子束蒸发设备的生产厂商主要集中在日本、美国和欧洲等地区,具有较高的市场竞争力和技术水平,例如爱发科、那诺-马斯特(Nano-Master,美国)等均占有相当大的市场份额。此外,中国台湾地区的聚昌科技、富临科技等也在电子束蒸发设备领域具有一定的市场竞争力。中国大陆的电子束蒸发设备厂商相对较少,且进入该领域的时间较短,技术实力相对较弱。目前,中国科学院沈阳科学仪器、沈阳鹏程真空技术、沈阳爱科斯科技、衡岳真空设备是中国电子束蒸发设备行业的主要参与者。

3.4 低压化学气相沉积

3.4.1 工作原理

低压化学气相(LPCVD)是微电子加工工艺中用来制备薄膜的重要方法。通常是在400～1 100℃的高温与0.1～0.3 Torr的低压下操作,利用多种气态化学源材料通入腔体(如图3-14所示)中在晶圆表面产生化学反应的过程,通过调整温度、压力、气体比例、流量等条件在衬底表面沉积一种固态薄膜层,其他气态副产物则从晶圆表面离开。

LPCVD的低压、高热环境提高了反应室内的气体扩散系数和平均自由程,极大提高了薄膜厚度的均匀性、电阻率的均匀性以及沟槽的覆盖填充能力。高温可以提高化学反应的速率,从而增加薄膜的沉积速度。另外,低压环境下气体物质传输速率较快,衬底扩散出的杂质和反应副产物可迅速通过边界层被带出反应区,反应气体则可迅速通过边界层到达衬底表面进行反应,因此在有效抑制自掺杂的同时还可提高生产效率。另外,LPCVD不需要载气,因此大大降低了颗粒污染源。以Tystar(美国)制造的型号为Mini-Tytan 4600的LPCVD为例,其有8种工艺气体,包括甲硅烷(SiH_4)、磷化氢(PH_3)、二氯硅烷(H_2SiCl_2,缩写

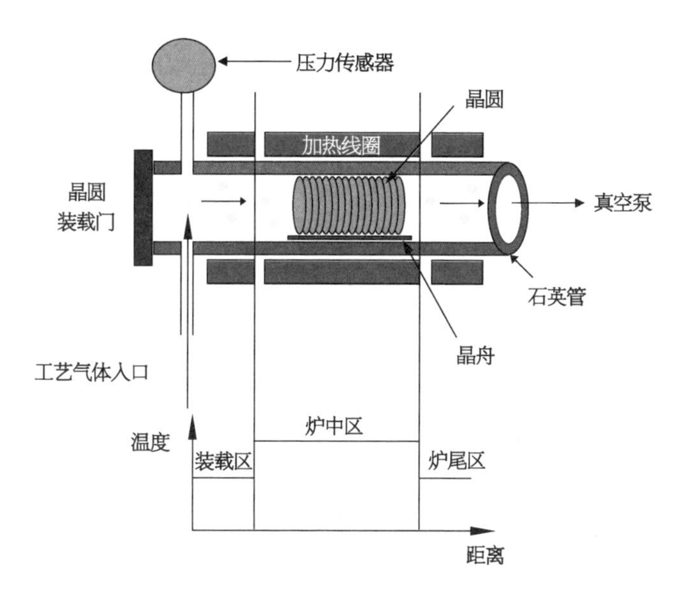

图 3-14 LPCVD 的沉积工艺原理示意图

DCS)、氨气(NH_3)、H_2、O_2、N_2、氮氢混合气体,可以沉积 SiO_2、Si_3N_4、多晶硅、掺杂多晶硅以及磷硅玻璃。

3.4.2 低压化学气相沉积的优缺点

LPCVD 作为一种 CVD 薄膜沉积方法,在半导体制造业及科学研究中具有广泛的应用,主要具有以下优缺点。

(1) 优点

① 由于在低压高温环境中进行化学反应,可以显著减少薄膜中的杂质,纯度高,生长的薄膜致密、针孔密度小、表面均匀性好、化学性质稳定。

② 高温环境下进行反应,化学反应的速率较高、薄膜的沉积速度较快。

③ 可以兼容多种工艺气体,如 SiH_4、PH_3、DCS、NH_3、H_2、O_2、氮氢混合气体。

④ LPCVD 具备较佳的阶梯覆盖能力、很好的组成成分和结构控制、很高的沉积速率及输出量,大大降低了颗粒污染源。

⑤ 可以批量制备,一次最多可以制备 50 片晶圆,大大降低了工艺生产成本。

(2) 缺点

① LPCVD 的投资成本高,对操作和维护人员要求较高,对初期投资较大的实验室或企业来说可能是一个负担。

② 需要真空设备并需要维持高温待机，增加了电力消耗及后期运营维护成本。

③ 由于设备会有特种气体使用并需要高温环境，需要采取相应的措施来保护操作人员，增加了安全防护的复杂性。

3.4.3 低压化学气相沉积设备

常见的 LPCVD 设备主要由炉体柜、真空系统、气路系统、气体控制系统、温度控制系统、送片系统、控制系统与数据采集系统等组成。另外设备厂务端还配置了尾气处理器(scrubber)，确保环境与人员安全。以型号为 Mini-Tytan 4600 的 LPCVD 设备为例，设备实物如图 3-15 所示。

图 3-15 型号为 Mini-Tytan 4600 的 LPCVD 设备

在 LPCVD 技术中，关键的技术参数有单次薄膜沉积最大量、舟型、最低气压、真空漏率、晶圆尺寸、沉积温度与精度等。以型号为 Mini-Tytan 4600 的 LPCVD 为例，硬件参数如表 3-3 所示。

表 3-3 型号为 Mini-Tytan 4600 的 LPCVD 设备硬件参数

炉管	晶圆尺寸(in)	单次最大数量(片)	舟型	底压(mTorr)	漏率(mTorr/min)	抽真空至底压耗时(min)	最高工艺温度(℃)	温控精度(℃)
炉管 1	4/6	50	开口舟	常压	/	/	1 100	≤±0.5
炉管 2	4/6	50	开口舟	<10	<10	<10	850	≤±0.5

（续表）

炉管	晶圆尺寸（in）	单次最大数量（片）	舟型	底压（mTorr）	漏率（mTorr/min）	抽真空至底压耗时（min）	最高工艺温度（℃）	温控精度（℃）
炉管 3	4/6	50	笼型舟	<10	<10	<10	650	≤±0.5
炉管 4	4/6	50	笼型舟	<10	<10	<10	500	≤±0.5

其中，LPCVD 的炉体柜包括工艺炉管、加热器、加热电源模块和水冷凝器。同时炉体柜还安装有固定式超温报警传感器，当炉体柜内超过设定的失控温度（260℃）时，该传感器将切断各个炉管的加热电源。安装的挡热板可以有效保护气源柜内的敏感零部件。热堵的设计可以使恒温区内径向和横向温度均匀性优于±0.5℃。以型号为 Mini-Tytan 4600 的 LPCVD 为例，其炉体柜如图 3－16 所示。

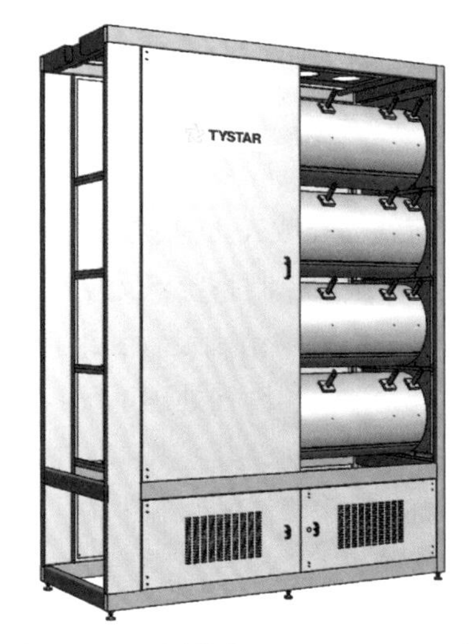

图 3－16　型号为 Mini-Tytan 4600 的 LPCVD 设备的炉体柜

LPCVD 通常是一个批处理过程，意味着一次可以处理多片晶圆。批处理的能力取决于反应炉的大小和设计，一次可以处理 25～50 片。型号为 Mini-Tytan 4600 的 LPCVD 一共有 4 支炉管，从上至下分别为炉管 1、2、3、4。每个炉管中都有 3 个加热区，分别是炉尾侧的加热区、炉中间加热区及炉口侧加热区，3 个加热区可以独立加热控制，系统沉积时，晶圆一般放在炉中间加热区进行镀膜沉积。晶圆可以在非常小的间距下垂直装载，炉中间加热区可以装载下两只晶舟，每只晶舟最多可以装载 25 片晶圆。LPCVD 的大量晶圆装载可改进生产率并降低成本。以 Mini-Tytan 4600 的 LPCVD 为例，其晶圆放置方式如图 3－17 所示。

图 3－17　LPCVD 晶圆放置方式

3.4.4 厂务动力配套要求

要确保 LPCVD 能够稳定有效地运行，除了超净室必备的洁净度、温湿度、电力供应外，还需要配套的厂务动力设施主要如下。

(1) 高效真空系统：LPCVD 过程通常在低压条件下进行，因此一个高效且可靠的真空泵系统是必须的，以保证可以达到和维持所需的低压环境。

(2) 精确的气体流量控制系统：由于 LPCVD 依赖于精确的化学反应，所以需要精确控制进入反应室的气体种类和流量。这通常通过质量流量控制器(mass flow controller，MFC)来实现。

(3) 气体供应系统：需要稳定和安全的气体供应系统用以提供各种纯度高的反应气体和载气，包括管道输送系统。

(4) 温度控制系统：反应室的温度控制对于沉积过程和薄膜的质量至关重要。需要有能够精确设置和维持高温的加热系统。

(5) 排气和废气处理系统：LPCVD 过程可能产生有害气体，需要有效的排气系统和废气处理设施以确保操作的安全性和环境的合规性。

(6) 稳定清洁的水源供应：对于设备的冷却系统和某些清洗过程，需要高纯度的水源。

(7) 电源稳定系统：对电源的干净和稳定性有较高要求，特别是在精密控制加热和真空泵等设备时，电源稳定性直接影响到设备性能和处理结果。

(8) 安全系统：包括气体泄漏监控、火灾报警和自动消防系统，确保在处理高温和潜在危险气体时的安全性。

LPCVD 设备所需的厂务动力条件实物举例如图 3-18 所示。

3.4.5 低压化学气相沉积设备的操作规范及注意事项

LPCVD 设备广泛应用于半导体工业和材料科学研究中的技术，用于沉积各种功能性薄膜。使用时应当注意以下关键事项。

(1) 确保操作人员都接受了足够的培训，了解设备的工作原理和操作程序。

(2) 穿戴适当的 PPE，诸如防护眼镜、防高温手套等，以防热辐射造成伤害。

(3) 实验前务必将尾气处理器由制冷模式(cooling mode)切换为自动模式(auto mode，700℃)，并于实验结束后及时切回制冷模式。

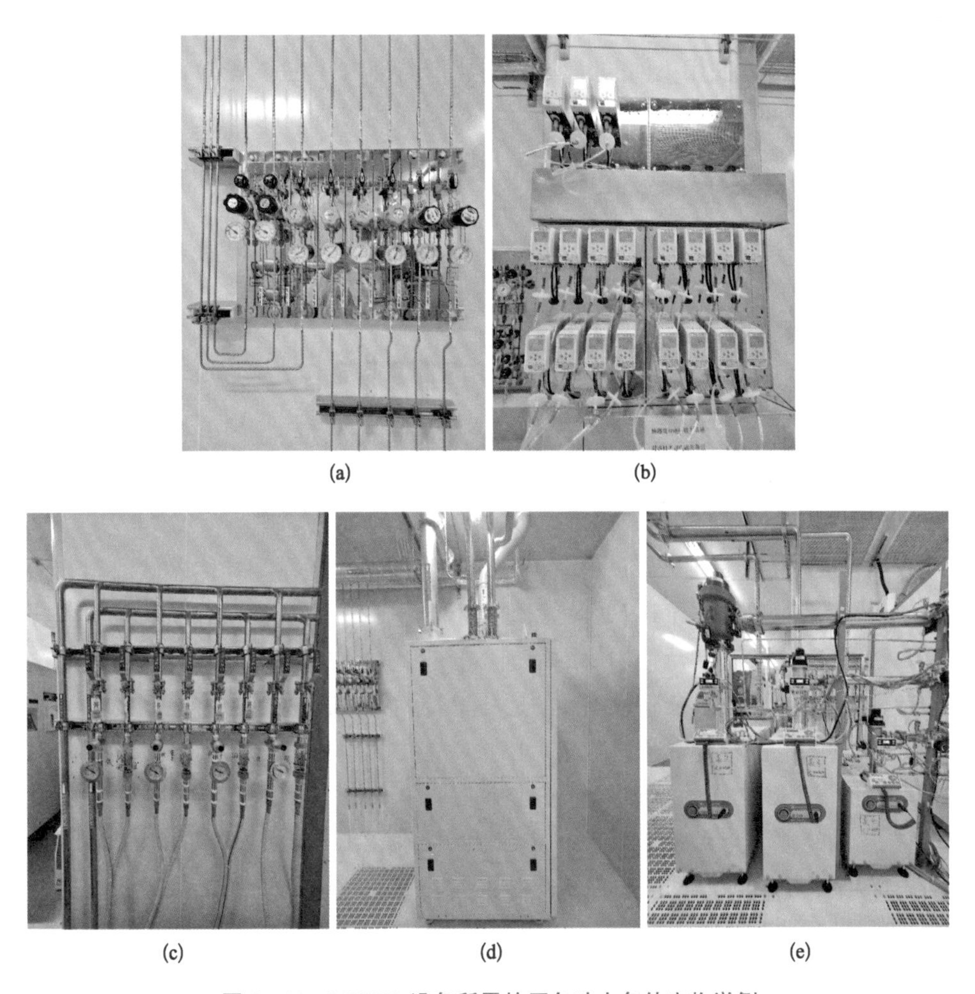

图 3 - 18　LPCVD 设备所需的厂务动力条件实物举例

(a) 特种气体供应系统；(b) 特种气体泄漏侦测器；(c) 冷却循环水系统；(d) 尾气处理器；(e) 真空系统。

(4) 外置冷水机出口端压力维持在 0.4 MPa 左右，保证充足的炉体冷却水。

(5) 真空系统性能：部分炉管需保证真空系统的正常运行，因此，需定期检查和维护真空泵及密封件，以确保能够达到所需的真空度。

(6) 气体流量和成分控制：准确控制反应气体的流量、比例和时间，这对沉积薄膜的厚度、组分、均匀性和应力均有直接影响。使用高纯度的反应气体，减少可能的杂质掺入，实验前需先进行气体控制器的参数设置，输入合理数值，才能保证气体控制的稳定性。

(7) 炉管温度：炉管有 3 个温区，确保在沉积过程中每个温区设置合理的平坦或阶梯温度，过高或过低的温度均可能影响薄膜的成核与生长。

(8) 不同炉管使用不同的晶舟，样品放于晶舟内并注意抛光面的朝向，晶舟放置于炉管中间加热区位置，取放样品时使用专用夹具，以防烫伤。

(9) 设备长期运行后注意炉管、晶舟以及真空管道的清洗，以维持薄膜最佳生长环境。

读者可通过扫描图 3-15 旁的二维码观看具体的操作流程视频。

3.4.6 低压化学气相沉积的工艺能力

LPCVD 技术能够通过多种方式实现薄膜的生长，涵盖的生长方式包括元素掺杂和扩散等过程。该技术可以用于生长多种材料，诸如掺杂多晶硅、Si_3N_4 及 SiO_2 等。

(1) 元素掺杂是 LPCVD 中一种极为常用的手段。在半导体器件的制造过程中，特别是对于光波导和 MOS 管栅极材料的制备而言，掺杂多晶硅显得尤其重要。磷(P)是一种广泛使用的掺杂剂，它在 Si 中具有较高的溶解度，通过原位掺杂，能够极大地减小杂质载流子的迁移率，从而有效优化掺杂多晶硅的电学性能，提升其导电性和导热性。此外，由于多晶硅薄膜的优异导电特性和机械性能，它在 MEMS 中作为基本结构层材料的应用十分广泛。尤其是作为牺牲层材料时，多晶硅薄膜与半导体工艺的高度兼容性展现出其特别的价值。在 MEMS 的设计与制造中，薄膜的应力控制至关重要，因为过高的应力可能会导致结构的形态不良、翘曲或甚至折断，从而影响器件的性能和可靠性。通过采用 LPCVD 技术，可以生长低应力的多晶硅薄膜，以保障制造过程中结构的完整性和功能的准确性。

(2) 生长的 Si_3N_4 薄膜在半导体制造和 MEMS 设计中扮演着多重角色。它主要用于作为扩散膜、钝化层、氧化掩模、刻蚀掩模、离子注入掩模、隔离层、封装材料、机械保护层、MEMS 的结构部分、介电层、光波导、多核心及蚀刻停止层等。Si_3N_4 薄膜以其卓越的化学稳定性和良好的电气特性，在现代微电子学和光电子学领域中有着关键的应用。

(3) 生长的 SiO_2 薄膜则在半导体制造过程中充当着关键的绝缘材料角色。它主要应用于绝缘层(包括场氧化层和局部氧化层)和掺杂扩散阻挡层等领域。SiO_2 因其优秀的绝缘性能、化学稳定性以及与硅基材料的良好兼容性，成为集成电路制造和表面微加工技术中不可缺少的材料。

以型号为 Mini-Tytan 4600 的 LPCVD 为例，设备的部分硬件参数如表 3-4 所示。

表 3-4　型号为 Mini-Tytan 4600 的 LPCVD 的硬件参数

炉管	沉积薄膜	厚度(nm)	沉积温度(℃)	腔体压力(mTorr)	膜厚均匀性	残余应力	折射率
炉管 1	SiO_2	500	1 100	常压	片内≤2% 片间≤2% 批间≤2%	/	/
炉管 2	Si_3N_4	300	830	150	片内≤3% 片间≤5% 批间≤3%	< 75 MPa	/
炉管 3	多晶硅	2 000	620	150	片内≤3% 片间≤3% 批间≤3%	<50 MPa	/
炉管 3	掺杂多晶硅	320	590	250	片内≤3% 片间≤5% 批间≤3%	<50 MPa	3.5~5.5
炉管 1	磷硅玻璃	2 000	450	300	片内≤5% 片间≤5% 批间≤5%	/	1.44~1.47

使用 LPCVD 生长的 6 in 薄膜的实物如图 3-19 所示。

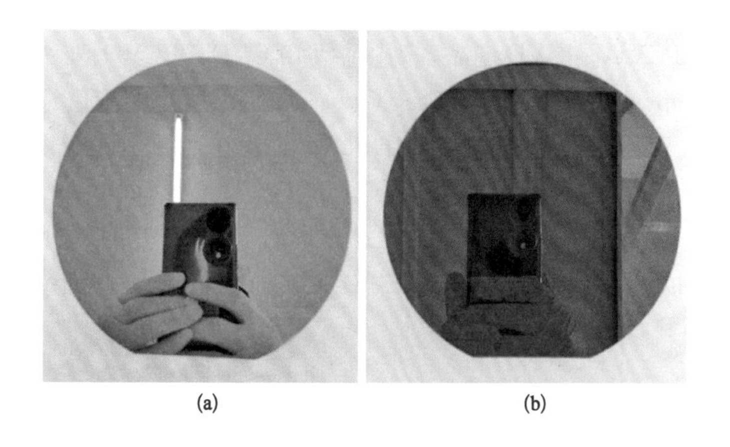

(a)　　(b)

图 3-19 沉积薄膜实物

(a) 500 nm SiO_2;(b) 300 nm Si_3N_4;(c) 2 000 nm 多晶硅;
(d) 320 nm 掺杂多晶硅;(e) 2 000 nm 磷硅玻璃。

3.4.7 低压化学气相沉积设备的国际市场

半导体领域的 LPCVD 设备是用于制造集成电路和半导体器件的传统但关键设备之一。LPCVD 技术已经非常成熟,在半导体制造中有着广泛的应用,包括逻辑芯片、存储芯片、微处理器、传感器等。

国外的 LPCVD 厂商主要有应用材料和泛林半导体。应用材料的 LPCVD 设备搭载 Producer 平台,有 150 mm、200 mm 和 300 mm 晶圆迭代产品。自 1998 年推出以来,已经跨越了 10 个关键技术节点,其采用陶瓷加热器和腔室组件以及用于腔室清洁的远程等离子体源,能够降低薄膜的缺陷率,在半导体制造领域具有重要地位。泛林半导体作为全球领先的半导体设备供应商之一,其 LPCVD 是 CVD 产品系列[包括 LPCVD、PECVD、亚大气压化学气相沉积(sub-atmospheric chemical vapor deposition, SACVD)等]的一部分,其在 LPCVD 设备领域与应用材料几乎相当,在半导体制造领域具有重要地位。

中国的 LPCVD 设备的龙头企业是北方华创,其产品在集成电路领域有广泛应用,目前虽然国产替代率仅为 2%左右,但中微半导体和盛美半导体也在积极开发 LPCVD 设备。

3.5 等离子体增强与电感耦合等离子体化学气相沉积

3.5.1 两种技术的工作原理

1）等离子体增强化学气相沉积

等离子体增强化学气相沉积(PECVD)是一种先进的 CVD 技术，在真空环境下，它通过在腔体顶部施加混合频率的射频来增加气体活性而使气体发生电离，产生等离子体，导致粒子密度的增加，以及离子间碰撞频率的提高，促进气体的反应和薄膜沉积的发生。工作原理如图 3－20 所示。

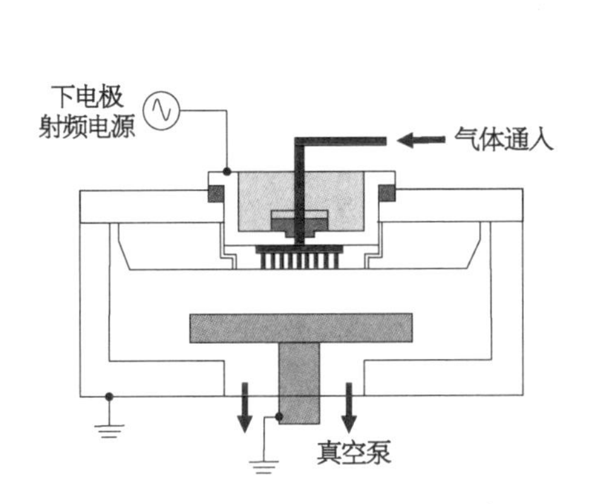

图 3－20 PECVD 的工作原理示意图
（来源：牛津仪器官网）

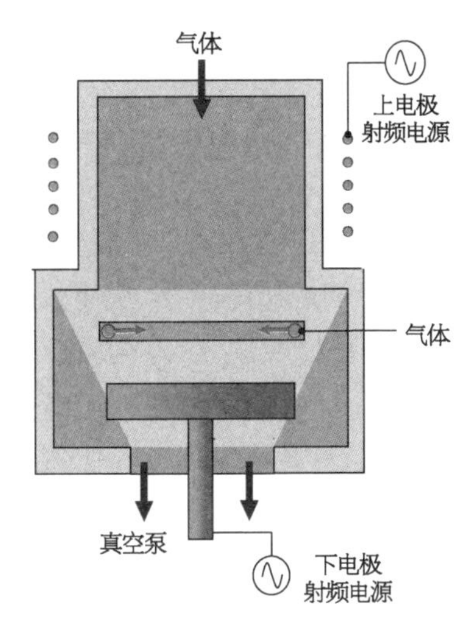

图 3－21 ICPCVD 的工作原理示意图
（来源：牛津仪器官网）

2）电感耦合等离子体化学气相沉积

电感耦合等离子体化学气相沉积(ICPCVD)是在顶部电感线圈上施加高频电流，线圈在电流驱动下激发变化的磁场，感生诱导电场。电子在诱导电场的加速下作回旋运动，碰撞反应源气体分子并将其离解，产生高密度的活性等离子基团，同时在底部射频的加速下被输运到衬底表面，通过表面反应形成薄膜。工作原理如图 3－21 所示。

3.5.2 两种技术比较

PECVD 和 ICPCVD 都是利用等离子体来促进 CVD 过程的技术，但它们在等离子体的生成方式、工作压力、沉积速度，以及可适用的材料类型等方面存在一些区别。下面详细对比这两种技术的主要差异。

1）等离子体生成方式

(1) PECVD：通常是通过射频或微波功率直接加到电极上生成等离子体。这种方法涉及带电电极的使用，在反应腔内形成等离子体。电极方式会受到电荷积累的影响，可能产生不均匀的等离子体分布。

(2) ICPCVD：使用感应耦合的方式产生等离子体，其中高频电流通过一个位于真空室外的线圈，产生变化的磁场，进而在真空室内部激发等离子体。这一方式不涉及带电电极的使用。感应耦合的方式能够在没有电极参与的情况下产生更高密度、更均匀的等离子体，并且可以在较高的气压下工作。

2）工作压力

(1) PECVD：通常在较低的压力（数百毫托到几托）下运行，这有助于降低气体分子间的碰撞频率，从而减少非理想的气相反应。

(2) ICPCVD：可以在较高压力（几托到十几托）下有效工作，较高的压力有助于增加等离子体的稳定性和均匀性，同时提升反应速率。

3）工艺温度和沉积速度

(1) PECVD：因为使用的等离子体密度较低，需要较高的衬底温度来促进薄膜的形成。沉积速度通常比 ICPCVD 慢。

(2) ICPCVD：高密度的等离子体使其可以在更低的衬底温度下进行，这对于温度敏感的材料尤为重要。另外，更高的等离子体密度也使得沉积速率更快。

4）应用领域

(1) PECVD：广泛应用于绝缘膜、防护膜、硅基和非硅基材料的沉积，如 SiO_2、Si_3N_4 等。

(2) ICPCVD：由于其可以在较低温度和较高压力下运行的特性，适用于更广泛的材料沉积，包括对温度较为敏感的衬底和薄膜材料。

总之，尽管 ICPCVD 和 PECVD 都用于生产功能性薄膜，但它们在技术实现和适用场景上有明显的差别，选择合适的技术需要根据具体的应用需求和材料特性来决定。

3.5.3　两种技术的相关设备

通常来讲，PECVD 和 ICPCVD 设备主要由预真空室（load lock，LL）、反应腔（process chamber，PC）、真空系统、温控系统、供气系统和射频系统等组成。图 3-22 为型号为 Plasma pro 100 PECVD/ICPCVD 180 的 PECVD/ICPCVD 设备，设备各部件原理图如图 3-23、3-24 所示。

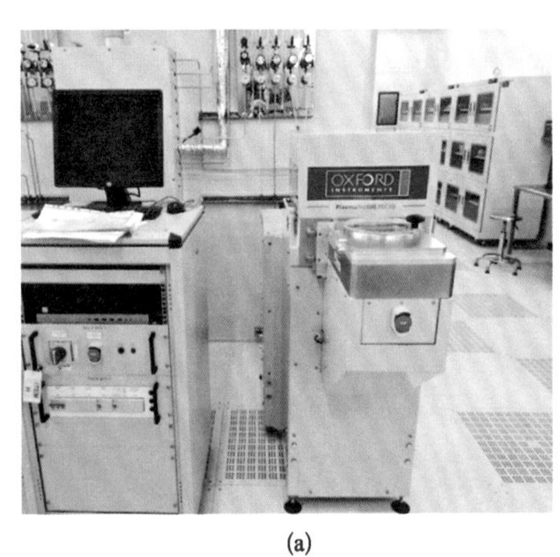

(a)

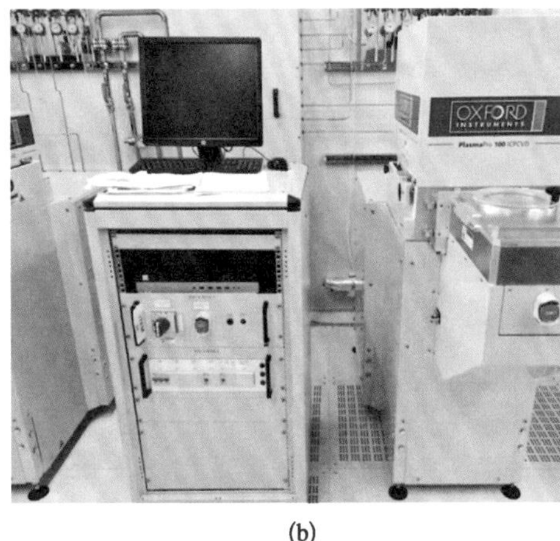

(b)

图 3-22　CVD 镀膜设备

(a)PECVD;(b) ICPCVD。

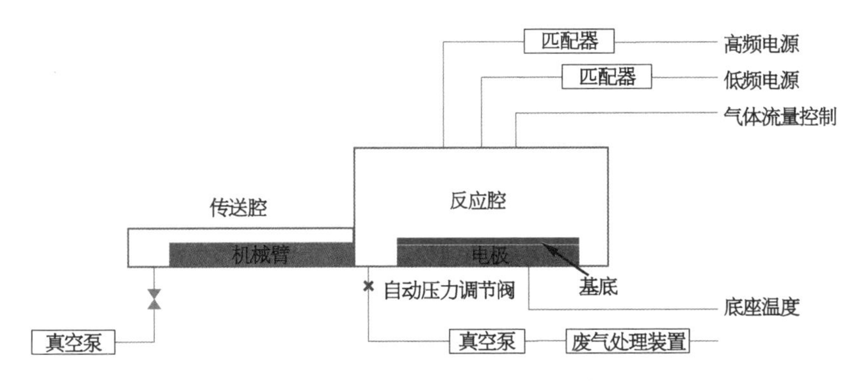

图 3-23　PECVD 的整体结构示意图

在 PECVD 及 ICPCVD 设备中，关键的技术参数有气压、气体种类、沉积材料类型、样品尺寸、电源功率、薄膜均匀性等。以型号为 Plasma pro 100 PECVD/ICPCVD 180 的 PECVD/ICPCVD 设备为例，其硬件参数如表 3-5 所示。

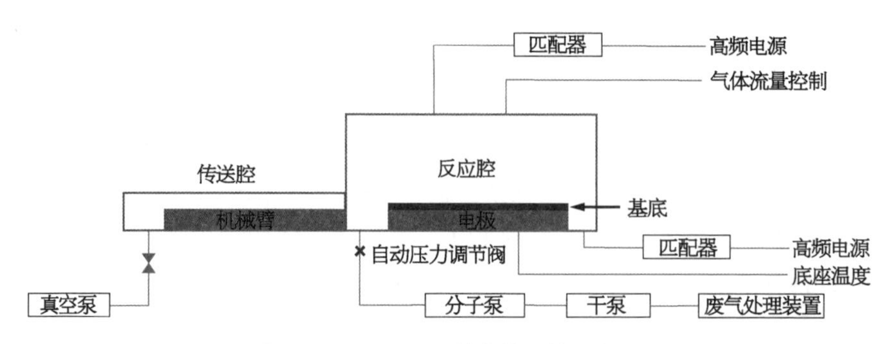

图 3-24　ICPCVD 的整体结构示意图

表 3-5　PECVD 及 ICPCVD 设备的硬件参数

参　数	PECVD	ICPCVD
型号	Plasma pro 100 PECVD 180(牛津仪器)	Plasma pro 100 ICPCVD 180(牛津仪器)
腔室 极限真空	LL：2×10^{-2} Torr PC：3×10^{-3} Torr	LL：2×10^{-2} Torr PC：3×10^{-6} Torr
真空系统	LL：15m^3/h 干泵 PC：620 m^3/h 干泵	LL：15 m^3/h 干泵 PC：100 m^3/h 干泵 PC：抽速 1 600 L/s(埃地沃兹)
温控系统	电阻丝加热和工艺冷却水配合控温	电阻丝加热和冷却下电极
供气系统	NH_3/SiH_4/N_2O(生长 Si_3N_4/SiO_2) N_2(稀释)、四氟化碳(CF_4,PC 清洁)	N_2/SiH_4/N_2O(生长 Si_3N_4/SiO_2) Ar(稀释)、六氟化硫(SF_6,PC 清洁)
射频系统	上电极配置高频和低频电源各一个 高频 13.56 MHz、低频 100 kHz	上下电极各配置一个高频射频电源 高频 13.56 MHz

3.5.4　厂务动力配套要求

要确保 PECVD 及 ICPCVD 设备能够稳定有效地运行，除了超净室必备的洁净度、温湿度、电力供应外，还需的配套厂务动力设施主要如下。

(1) 高纯气体供应系统：由于 PECVD 和 ICPCVD 过程中会用到多种特种气体，包括反应气和惰性气体，因此需要一个能够提供高纯度气体的供应系统，并且要有合适的储存和分配方案。

(2) 气体精确控制系统：这包括 MFC，用以精准控制各种气体的流量，以确保沉积过程的稳定性和重复性。

(3) 真空系统：PECVD 和 ICPCVD 过程需要在特定的低压环境下进行，所以需要高效的真空泵系统来维持和控制反应腔的压力。

(4) 排气和废气处理系统：处理和净化从反应腔排出的有害气体，确保操作的环境安全和符合环保要求。

(5) 温度控制系统：根据工艺需求，沉积过程可能需要严格控制反应腔或衬底的温度，所以需要具备精确的加热或冷却系统。

(6) 电源稳定系统：对于 ICPCVD，特别需要大功率的稳定电源来生成等离子体，因此必须保证电源稳定，避免电力波动影响沉积质量。

(7) 安全系统：因为使用到多种有害化学气体，需要有应对泄漏的安全预案，包括气体监测报警和紧急排气功能。

(8) 冷却水系统：部分设备在运行过程中会产生大量热能，需要冷却水系统来维持设备的正常工作温度。

(9) 精确控制和数据记录系统：为了确保过程的可重复性和优化，需要有能够精确控制所有参数的控制系统，以及对过程参数进行实时监控和数据记录的设备。

PECVD 和 ICPCVD 所需的厂务动力条件实物举例如图 3-25 所示。

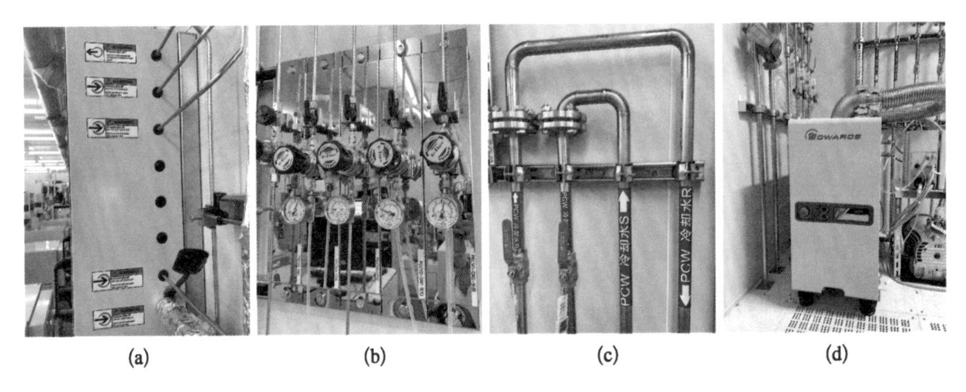

图 3-25　PECVD 和 ICPCVD 所需的厂务动力条件实物举例

(a) 特种气体供应系统；(b) 惰性气体供应系统；(c) 冷却水循环系统；(d) 机械泵。

3.5.5 设备操作规范及注意事项

PECVD和ICPCVD各有特点，但在操作时均需注意以下几个共同的关键事项。

(1) 保持设备和衬底的清洁。

(2) 真空系统性能：保证真空系统的正常运行，定期检查和维护真空泵及密封件，以确保能够达到所需的真空度。对于ICPCVD，由于其可以在相对较高的压力下工作，要特别注意压力控制和稳定性。

(3) 气体流量和成分控制：准确控制反应气体的流量、比例和输入时间，这对于薄膜的成分、均匀性和质量有直接影响。使用高纯度的反应气体，减少可能的杂质掺入。

(4) 功率和电磁场控制：对于ICPCVD，需要精确控制感应线圈的功率，以生成适当密度和能量的等离子体。对于PECVD，控制射频功率以适应不同的沉积需求，避免过高的功率引起衬底损伤。

(5) 温度管理：确保衬底温度在沉积过程中保持在适当范围内，过高或过低的温度均可能影响薄膜的成长和性质。对于某些特殊的薄膜材料，可能需要加热或冷却衬底以优化薄膜的性能。实验前将灰区尾气处理器由制冷模式切换为自动模式，并于实验后及时切回制冷模式。

(6) 若实验时设备出现红色警报，须立刻停止实验，并及时联系相关人员进行处理。

(7) 放样时尽量放置在预真空室载盘中心位置；取放样品时使用镊子，以防烫伤。

读者可通过扫描图3-22旁的二维码观看具体的操作流程视频。

3.5.6 两种技术的常用工艺

与PVD技术相比，PECVD及ICPCVD的工艺参数呈现多样性，在实际工程中，通常需要通过调控多个参数进行工艺研发，以SiO_2为例，其涉及的工艺参数有衬底温度、气压、气体种类(如SiH_4、N_2O等)及流量、电源功率等。以下首先分别介绍使用PECVD及ICPCVD沉积SiO_2及Si_3N_4的工艺，然后介绍两种工艺之间的区别。

1）利用 PECVD 沉积 SiO_2

主要反应：$SiH_4+2N_2O \rightarrow SiO_2+2H_2+2N_2$，气体参数举例如表 3－6。

表 3－6　利用 PECVD 沉积 SiO_2 的工艺参数示例

膜层	温度（℃）	样品尺寸	气压（mTorr）	SiH_4（sccm）	N_2（sccm）	N_2O（sccm）	高频功率（W）	沉积速率（nm/min）
SiO_2	300	≤4 in	900	5	500	1 000	30	60

2）利用 ICPCVD 沉积 SiO_2

主要反应：$SiH_4+N_2O \rightarrow SiO_2+2H_2+2N_2$，气体参数举例如表 3－7 所示。

表 3－7　ICPCVD 的 SiO_2 镀膜的工艺参数示例

膜层	温度（℃）	样品尺寸	气压（mTorr）	SiH_4（sccm）	N_2O（sccm）	Ar（sccm）	ICP（W）	射频功率（W）	沉积速率（nm/min）
SiO_2	140	≤4 in	3	4	13	25	1 000	60	12

3）利用 PECVD 沉积 Si_3N_4

主要反应：$SiH_4+NH_3 \rightarrow Si_3N_4+H_2$，气体参数举例如表 3－8 所示。

表 3－8　利用 PECVD 沉积 Si_3N_4 的工艺参数示例

膜层	温度（℃）	样品尺寸	气压（mTorr）	SiH_4（sccm）	N_2（sccm）	NH_3（sccm）	高频功率/时间（W/s）	低频功率/时间（W/s）	沉积速率（nm/min）
Si_3N_4	300	≤4 in	1 200	13	600	30	20/14	20/6	20

4）利用 ICPCVD 沉积 Si_3N_4

主要反应：$SiH_4+N_2 \rightarrow Si_3N_4+H_2$，气体参数举例如表 3－9 所示。

表 3－9　利用 ICPCVD 沉积 Si_3N_4 的工艺参数示例

膜层	温度（℃）	样品尺寸	气压（mTorr）	SiH_4（sccm）	N_2（sccm）	Ar（sccm）	ICP（W）	射频功率（W）	沉积速率（nm/min）
Si_3N_4	100	≤4 in	12	13.5	10	30	1 000	0	15

PECVD 与 ICPCVD 的区别如表 3－10 所示。

表 3－10 PECVD 与 ICPCVD 的区别

指　标	PECVD	ICPCVD
等离子体密度	较低	较高
反应温度	200～300℃	<150℃
射频	顶部射频，偏压射频	有顶部射频和偏压射频
生长方式	可高低频交替生长	固定射频频率生长
分子泵	无	有
配气	SiH_4、N_2O、N_2、CF_4、NH_3	SiH_4、Ar、O_2、N_2O、N_2、SF_6

3.5.7 等离子体增强化学气相沉积设备的国际市场

由于产业界多以 PECVD 为主（ICPCVD 多用于科研领域），以下主要介绍 PECVD 的国际市场。PECVD 技术是在传统的 CVD 基础上发展起来的，特别是在 28 nm 及以下先进制程中，PECVD 技术在绝缘介质薄膜、导电金属薄膜的材料种类和性能参数上不断提出新的要求，以下是一些 PECVD 设备厂商的发展情况。

应用材料的 PECVD 设备在全球市场上占有重要地位，其 CVD 设备在全球市场中占据龙头地位，尤其是技术节点发展到 90 nm 以下，PECVD 设备因其在较低反应温度下形成高致密度、高性能薄膜的能力而得到广泛应用。另外，应用材料的 PECVD 设备不仅应用于半导体领域，还扩展到了太阳能电池制造领域。例如，PECVD 5.7 系统能够制造出全世界最大的薄膜太阳能电池。

泛林半导体是全球领先的半导体设备供应商之一，其 PECVD 设备在半导体制造领域也具有重要地位。泛林半导体提供的 PECVD 设备包括板式和管式两种形态，板式 PECVD 设备以其规模化生产能力和膜层均匀性更优，而管式 PECVD 设备则以其膜层密度高和钝化效果更好而受到青睐。泛林半导体的 PECVD 设备凭借其技术优势和广泛的市场应用，在全球半导体设备市场中占据了重要位置。

尽管应用材料和泛林半导体在全球市场中占据重要地位，但随着中国对半导体产业的持续投入，中国半导体制造体系和产业生态得以建立和逐步完善，一些设备厂商，也在快速崛起，正在积极布局 PECVD 设备领域。拓荆科技是目前中国唯一一家面向产业化应用的 PECVD 设备厂商，打破了国际厂商对中国市场的垄断，与国际寡头直接竞争。拓荆科技已形成 16 种不同型号的 PECVD 设备，覆盖 180～14 nm 逻辑芯片、19/17 nm DRAM 及 64/128 层闪存制造工艺需求。拓荆科技的 PECVD 设备与国际同类设备相比，在性能和关键技术参数上已达到同等水平，具备国际竞争力。

3.6　原子层沉积技术

3.6.1　工作原理

原子层沉积（ALD）技术是基于表面自限制反应的薄膜沉积技术，将物质材料以单原子膜的形式一层一层地沉积在衬底表面。它通过将两种或多种分别包含被沉积材料的不同元素的前驱体，利用 N_2或 Ar 作为载气，交替引入反应室中，经过化学吸附和反应形成原子级别的薄膜。ALD 技术的每次反应都是自限制的，即每次化学吸附会饱和表面，不会发生过度反应，从而通过一定数量的原子层沉积循环，可以获得目标薄膜厚度，实现对薄膜厚度的精确控制。

ALD 技术一般分为热 ALD(T - ALD)技术和等离子增强 ALD(PE - ALD)技术。其中 PE - ALD 主要是指将其中一种或多种气相前驱体（如 H_2、NH_3或 O_2等），经过射频电源解离后参与吸附与分解反应，是对 ALD 技术的扩展。通过等离子体的激发，产生大量活性自由基，增强了前驱体物质的反应活性，从而拓展了 ALD 技术对前驱源的选择范围和应用要求，缩短了反应周期的时间，同时也降低了对样品沉积温度的要求，可以实现低温甚至常温沉积，适合于在温度敏感材料或柔性材料上的薄膜沉积。另外，等离子体的引入可以进一步去除薄膜中的杂质，从而获得更低的电阻率和更高的薄膜致密度等。

经典的 T - ALD 技术生长工艺过程如图 3 - 26 所示，可视作由两个（或多个，后以两个为例介绍）半反应重复循环组成，每个循环分为 4 步，包括向衬底表面通入第一种前驱体、惰性气体吹扫、通入第二种前驱体，以及惰性气体吹扫。首先向衬底表面通入第一种前驱体，前驱体与衬底表面发生吸附式化学反应，之后向反应室内通入惰性气体 N_2来吹扫走剩余的未反应前驱体和副产物，此为第一个半反应；然后通入第二种前驱体，与吸附在衬底表面的第一种前驱体发生化学反应形成薄膜，或与第一种前驱体和衬底反应的生成物继续反应生成薄膜，之后再次通入惰性气体 N_2将未参与反应的前驱体和生成物吹扫走，此为第二个半反应。每个半反应都是自限制的，确保每次反应只发生在单原子层上，从而逐层构建薄膜。以使用 T－ALD 技术沉积氧化铝(Al_2O_3)薄膜为例，使用三甲基铝(TMA)和水(H_2O)作为前驱体，一个完整的循环包含上述 4 个步骤即两个半反应，具体化学反应式如表 3－11 所示。

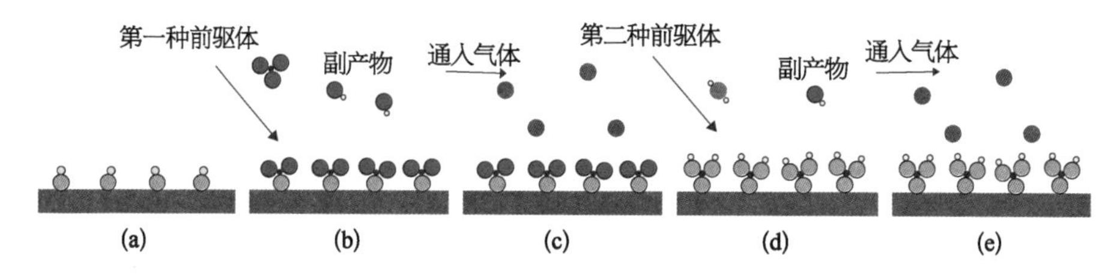

图 3－26　T－ALD 技术单循环过程示意图

(a) 富含-OH 基团的衬底表面；(b) 通入第一种前驱体；(c) 惰性气体吹扫；(d) 通入第二种前驱体；(e) 惰性气体吹扫。

表 3－11　T－ALD 技术沉积 Al_2O_3的化学反应式

阶　段	过　　程	反　应　式
半反应 1	TMA 通入和吹扫	$Al-OH^*(s)+Al(CH_3)_3(g) \rightarrow Al-O-Al(CH_3)_2^*(s)+CH_4(g)$
半反应 2	H_2O 通入和吹扫	$Al-O-Al(CH_3)_2^*(s)+H_2O(g) \rightarrow Al-O-Al(OH)_2^*(s)+CH_4(g)$
总反应	TMA 与 H_2O 反应	$2Al(CH_3)_3(g)+H_2O(g) \rightarrow Al_2O_3(s)+CH_4(g)$

前驱体的选择对利用 ALD 技术生长的涂层质量有着至关重要的作用，前驱体需要满足：在沉积温度下具有足够高的蒸气压，保证其能够充分覆盖填充材料表面；良好的热稳定性和化学稳定性，防止在反应最高温度限度内发生自分解；高反应活性，能迅速在材料表面进行吸附并达到饱和，或与材料表面基团快

速有效反应；无毒、无腐蚀性，且副产物呈惰性；避免阻碍自限制薄膜生长。

ALD 技术的前驱体主要可以分为两大类：无机物和金属有机物。其中无机物前驱体包括单质和卤化物等，金属有机物包括金属烷基、金属环戊二烯基、金属 β-2 酮、金属酰胺、金属醚基等化合物。

3.6.2　原子层沉积设备

ALD 设备的腔体通常为双腔体结构，反应腔体独立安装在真空腔体内，并有各自的密封盖，确保化学品不会泄漏到外界环境中。而且设备一般配置预真空室，样品可由预真空室手动传送至反应腔内。图 3-27 为 Picoson(芬兰)制造的型号为 R-200 Advanced 的 ALD 设备的整体结构简图。

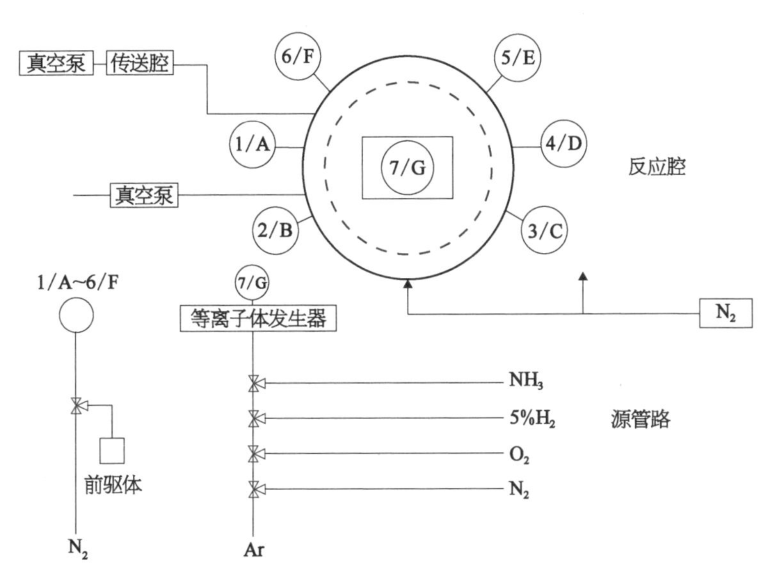

图 3-27　型号为 R-200 Advanced 的 ALD 设备的整体结构简图

其中 1/A～6/F 表示前驱体管路，数字是软件里前驱体管路的编号。

通常来讲，ALD 系统主要由反应室、前驱体输送管路、真空系统、气路系统、预真空室、控制系统与软件等组成。例如图 3-28 为型号为 R-200 Advanced 的 ALD 设备的实物图。

ALD 前驱体源有很多种，如铪源[四(二甲氨基)铪($C_8H_{24}HfN_4$，缩写 TDMAHf)]、硅源[二(二乙氨基)硅烷($C_8H_{22}N_2Si$，缩写 SAM-24)]、水源(H_2O)、铝源[三甲基铝($C_6H_{18}Al_2$，缩写 TMA)]、钛源[四氯化钛($TiCl_4$)]、

图 3-28　ALD 设备的整体外观

NH_3等。其中，铪源与硅源需要加热，故源瓶外部装有加热保温装置，如图 3-29 所示；而水源、铝源、钛源无须加热，源瓶如图 3-30 所示；NH_3无须加热，通常由厂务端直接通入反应腔中。ALD 前驱体源管路分别对应反应腔体上完全独立的前驱体源入口，从而避免交叉污染。前驱体气体进入到反应腔后使用喷洒淋浴模式到达衬底。

ALD 通常还配置射频电源，由厂务端供应的 NH_3、N_2、O_2、5% H_2被射频源解离后通入反应腔，从而提供工艺中需要的氮源、氧源和氢源。以优仪（Advanced Energy，美国）的型号为 LITMAS RPS 的射频发生器为例，其实物图如图 3-31 所示。

图 3-29　硅源(外)和铪源(内)源瓶

图 3-30　水源(左)、铝源(中)源和钛源(右)

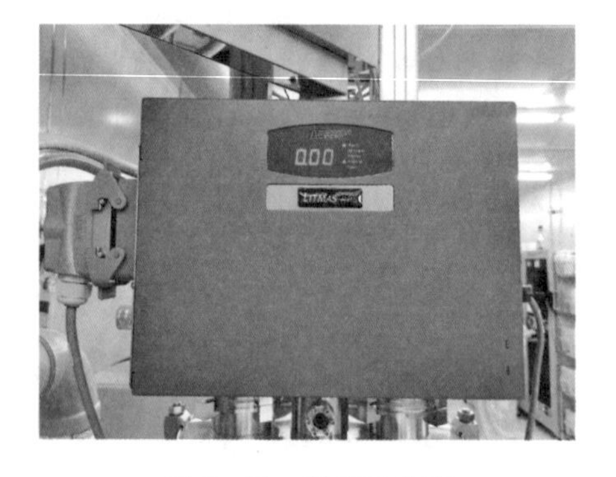

图 3-31　射频发生器

在 ALD 技术中，影响薄膜成分、厚度、均匀性和质量的关键参数有前驱体配置、真空漏率、射频功率、反应温度等。以型号为 R－200 Advanced 的 ALD 设备为例，其硬件能力如表 3－12 所示。

表 3－12　型号为 R－200 Advanced 的 ALD 设备的硬件参数

气体配置	NH_3、N_2、H_2、O_2、Ar
反应腔干泵	抽速 ＞ 600 m^3/h
预真空室机械泵	抽速 ＞ 20 m^3/h
反应腔真空漏率	＜ 2×10^{-4} 毫巴·立方米/秒(mbar·m^3/s，1 mbar=100 Pa)
ICP 最大射频功率	3 000 W
样品最大尺寸	8 in
源瓶接口数量	5(2 个加热口)
反应腔温度	25～450℃

3.6.3　厂务动力配套要求

要确保 ALD 设备能够稳定有效地运行，除了超净室必备的洁净度、温湿度、电力供应外，还需要配套的厂务动力设施主要如下。

(1) 高效真空系统：由于 ALD 过程中需要在近乎真空的环境下进行，因此一个高效且可靠的真空泵系统是必需的，以确保能够迅速并持续地达到所需的真空水平。

(2) 精确的气体流量控制系统：ALD 工艺依赖于精确的气体脉冲，需要用到的气体包括前驱体气体和反应气体等。通过 MFC 和阀门精确控制这些气体的流量和脉冲时间，是实现高质量薄膜生长的关键。

(3) 纯净气体供应系统：以确保原料气体的纯度，避免引入杂质影响 ALD 过程的结果。系统应包括气体纯化和储存设施，以及稳定安全的输送管线。

(4) 温控系统：ALD 反应过程中衬底和反应室的温度控制对沉积的均匀性和质量影响甚大。需要有能够精确控制和稳定维持特定温度的设备来支持这一需求。

(5) 废气处理系统：处理 ALD 过程中产生的废气和副产品，这对保护操作环境和符合环保要求非常重要。应包括过滤、中和及适当的排放系统。

(6) 安全监控系统：鉴于 ALD 过程中可能使用到的高活性化学物质，必须装备有用于监测泄漏和控制紧急情况的安全系统，如气体监测和自动安全关断系统。

(7) 电力稳定和备用系统：为防止电力波动或中断影响 ALD 过程，需要稳定的电源供应及紧急备用电源(如 UPS)。

ALD 所需的厂务动力条件实物举例如图 3－32 所示。

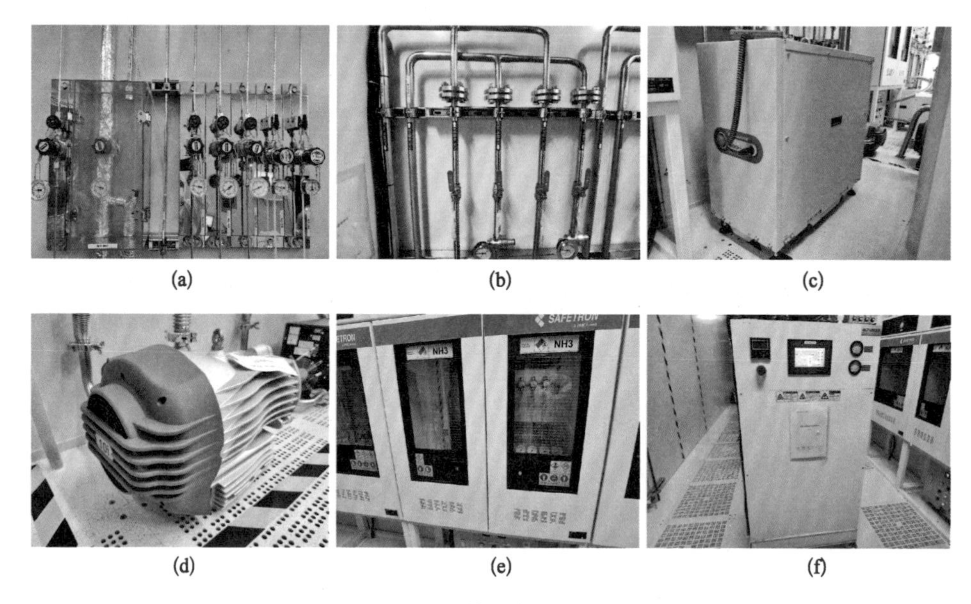

图 3－32　ALD 所需的厂务动力条件实物举例

(a) 特种气体控制系统；(b) 冷却水循环系统；(c) 反应腔干泵；
(d) 预真空室机械泵；(e) NH_3特气柜；(f) 尾气处理器。

3.6.4　原子层沉积设备的操作规范及注意事项

(1) 开机前检查

① 检查确保所需工艺气体阀门为开启状态。

② 检查确保冷却水阀门打开。

(2) 若程序执行过程中，软件界面没有出现脉冲，要尽快排除是否是前驱体源瓶内气体耗尽造成的。

(3) 注意定期清洗反应腔和传送腔，使用真空吸管或无尘布清洁腔室内附着的反应物，必要时须拆掉反应腔内的小部件进行清洁或更换。

读者可通过扫描图 3－28 旁的二维码观看具体的操作流程视频。

3.6.5　原子层沉积的工艺能力

ALD 技术能够在纳米尺度上控制薄膜的厚度，并实现单原子层的精确沉积，从而制备出极薄、均匀、超低缺陷密度的优质薄膜。其强大的工艺能力具体体现在以下方面。

(1) 单原子层控制：ALD 技术能够精确控制薄膜的厚度，常常在单原子层厚度范围内进行沉积。通过循环反应，每个循环周期内只沉积一层原子，从而实现单原子层的控制。

(2) 厚度均匀性：ALD 技术能够在整个衬底表面均匀地沉积薄膜，无论衬底的形状和结构如何，都能够获得高度均匀的薄膜。这是因为 ALD 技术的反应是以表面反应为基础的，并且每个循环周期只在衬底表面上沉积一层原子，保证了沉积的均匀性。

(3) 多元合金沉积：ALD 技术可以通过循环使用不同的前驱体和反应条件，实现多元合金薄膜的沉积。可以改变前驱体的组合、循环顺序和反应条件，实现对合金成分的精确控制。

(4) 垂直和连续沉积：ALD 技术可以实现垂直和连续的沉积。通过交替使用不同的前驱体和反应条件，可以沉积垂直堆叠的材料层，形成多层结构。这对于纳米器件和纳米结构的制备具有重要意义。

(5) 高质量薄膜：ALD 技术的工作原理和沉积机制，使得所得到的薄膜具有非常低的缺陷密度和良好的表面质量。利用 ALD 技术生长的薄膜在界面性能、电学性质和光学性能方面具有出色的特性。

(6) 温度控制：ALD 技术通常在较低的沉积温度下进行，这对于对温度敏感的材料和器件制备非常重要。

(7) 前驱体选择性：ALD 技术可以根据前驱体的选择和反应条件的调节，实现对特定材料的选择性沉积。通过选择合适的前驱体，可以限制沉积发生在特定的区域或表面，从而制备具有特殊功能的器件。

ALD 技术由于具有精准的沉积控制能力和多重选择性，成为一种强大的薄膜沉积技术。其主要应用领域包括以下方面：晶体管栅极的高介电常数介电质;刻蚀势垒层、离子扩散势垒层、电磁记录磁头的涂层;纳米结构和 MEMS 周围及内部的保形沉积、光学与光电子薄膜领域等。

由于不同设备的硬件配置和气路选择不同,具体的工艺能力具有很大差异。下面以型号为 R-200 Advanced 的 ALD 设备的工艺能力为例,可生长薄膜包括 Al_2O_3、氧化铪(HfO_2)、SiO_2、TiO_2、氮化铝(AlN)、氮化钛(TiN)、Al_2O_3,工艺示例及生长速度如表 3-13、3-14 所示。

表 3-13 型号为 R-200 Advanced 的 ALD 设备生长 Al_2O_3 的工艺配方

生长模式	温度(℃)	气体流量(sccm)		脉冲时间(s)		吹扫时间(s)	
		TMA	H_2O	TMA	H_2O	TMA	H_2O
加热	300	150	200	0.1	0.1	4	4

表 3-14 型号为 R-200 Advanced 的 ALD 设备的常见生长膜层及速率

材 料	速率(nm/循环)
Al_2O_3	0.13
HfO_2	1.11
TiO_2	0.04
SiO_2	0.15
AlN	0.13

3.6.6 原子层沉积的国际市场

在 ALD 供应商中,先晶半导体和泛林半导体在全球市场中占据主导地位。

先晶半导体是全球领先的 ALD 设备供应商之一,也是 ALD 技术的先驱之一,其提供的 ALD 设备具备 T-ALD 与 PE-ALD 两大产品线,包括 EmerALD XP、Pulsar XP、Synergis XP8,以及 Eagle XP8 等,覆盖了从逻辑芯片到存储芯片等多种应用,能够满足不同客户的需求。先晶半导体的 ALD 设备在台阶覆盖能力、界面控制能力、材料能力、表面平整度和低温能力五大方面处于领先位置,全球市占率达到 53%。

泛林半导体也是全球领先的半导体设备供应商之一，其 ALD 设备在行业内享有极高的声誉。泛林半导体的 ALD 设备支持多种先进应用，包括高介电常数电介质、金属栅、电容电极、金属互联、硅穿孔（through silicon via，TSV）和浅槽隔离等。泛林半导体的 ALD 设备以其精确的膜厚控制和优越的台阶覆盖率而著称，这使得它们非常适合用于制造越来越小的器件和具有 3D 立体结构的芯片。随着技术的发展和市场需求的增加，泛林半导体的 ALD 设备预计将在未来继续保持其市场领导地位。

中国也正在积极推动 ALD 设备的国产化，以减少对国外技术的依赖，并提高中国产业的竞争力。中国知名的 ALD 厂商有微导纳米、北方华创、拓荆科技等。

其中，微导纳米成立于 2015 年，专注于先进微米级、纳米级薄膜沉积设备的研发、生产与应用。其公司量产型高介电常数 ALD 设备已成功应用于 28 nm 节点生产线。

北方华创在 ALD 设备领域也有所布局，其产品体系较为丰富，包括半导体装备、真空装备等电子工艺装备和电子元器件。其高介电常数 ALD 拥有多项核心技术，包括高沉积速率、低温度密度、高均匀度、高台阶覆盖率和低缺陷密度。

除此之外，拓荆科技成立于 2010 年，主营业务为半导体薄膜沉积设备，其产品包括 PECVD、PE-ALD 和 SACVD。拓荆科技的 ALD 设备在中国处于领先地位，并已发往客户验证，在 14 nm 及以下制程的逻辑芯片、17 nm 及以下的 DRAM 芯片中有着广泛应用。

第4章 化学机械抛光技术

化学机械抛光(CMP),也称化学机械平坦化,是半导体制造中相对较新的工艺之一。与光刻、刻蚀或薄膜沉积技术相比,CMP 作为一种常用的平坦化手段,通常在 Si 晶圆制造流程的后期使用,旨在满足全局平整度和局部平整度的要求,同时改善 Si 晶圆表面质量并减少表面缺陷。在芯片制造过程中,CMP 通常与薄膜沉积工艺结合使用,作为层间平坦化的手段,对各种沉积材料进行平坦处理,从而为后续的刻蚀、光刻和沉积工序提供高质量、平整的表面。

4.1 工 作 原 理

CMP 的工作原理如下:在抛光液和抛光垫的共同作用下,使抛光表面经历化学反应和机械摩擦的综合作用。首先,抛光液中的氧化剂和催化剂等化学成分在 Si 晶圆表面发生反应,将硬度较高的材料转化为硬度较低的材料;随后,抛光液中的磨粒和由高分子材料制成的抛光垫通过机械作用去除这层较软的材料,从而实现“软磨硬”的效果。如果没有化学反应使表面层软化,Si 晶圆表面的硬层将难以去除;而缺少机械作用,材料去除速率将非常低。CMP 工艺依赖于化学反应和机械作用的协同效果,最终实现对待加工表面的有效抛光。具体的 CMP 设备的部件示意如图 4-1(a)所示,以华海清科制造的型号为 Universal-300 X 为例,其抛光模块实物如图 4-1(b)所示。

CMP 基本的作业流程如下:抛光头会吸住 Si 晶圆并将其压在覆盖有抛光垫的抛光盘上。此时,抛光头会自转并进行小幅度的摆动,而抛光盘也会自转,通常与抛光头的自转方向一致。抛光液通过抛光液摆臂流出,并在抛光盘自转的离心作用下逐步覆盖整个抛光垫。在抛光过程中,修整盘会对抛光垫进行打磨,以防止其表面釉化,保持必要的粗糙度,从而确保去除速率的稳定性。

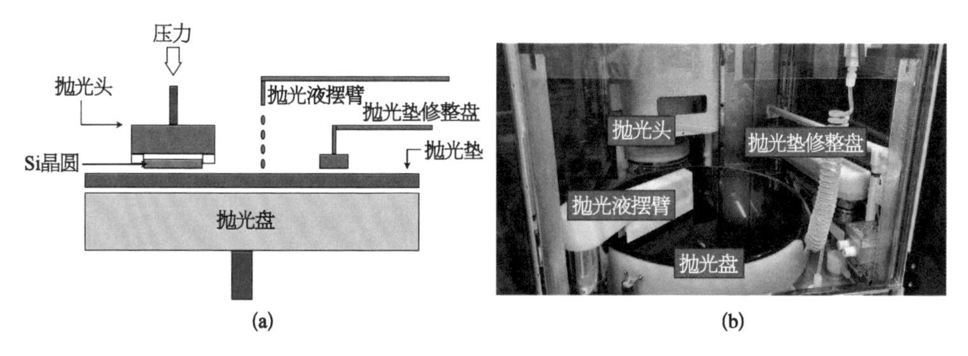

图 4-1　CMP 设备

(a) CMP 原理示意图;(b) 型号为 Universal 300-X 的 CMP 设备的抛光模块。

4.2　相关设备

4.2.1　单片单面式抛光设备

常见的单片单面抛光设备通常由传动模块、抛光模块和清洗模块构成,部分先进机型还配备检测模块。其中,最关键的组件是抛光模块,每个抛光模块配备一组抛光头、抛光盘及相应的抛光液供液系统(slurry delivery system, SDS)。一台抛光设备通常配有 3 个或更多的抛光模块。尽管每个抛光模块的硬件配置大致相同,但由于使用不同的抛光垫和抛光液,其具体工艺能力也有所区别。以常见的 Si 晶圆衬底制造中的 CMP 加工为例,通常采用粗抛→精抛→精抛的加工流程。完整流程如图 4-2 所示。

通常情况下,抛光过程可分为粗抛和精抛两个阶段。粗抛主要用于快速移除大量材料、减少表面微小损伤和降低表面粗糙度,去除量可以达到数百纳米甚至更多,但会对 Si 晶圆的整体平整度产生一定影响。相对来说,精抛采用较软的抛光垫和更细的磨粒,以进一步降低表面的颗粒数量和粗糙度。精抛的去除量相对较低,通常仅有数十纳米。对于某些工艺,精抛甚至可以代替清洗步骤,以提高良品率。通过延长精抛时间,可以获得更好的表面质量和更少的表面缺陷。

在芯片制造过程中,CMP 工艺通常包括粗抛和精抛两个阶段。粗抛采用高压,快速移除表面材料;而精抛则在低压下进行,逐步清理残留的材料。图 4-3

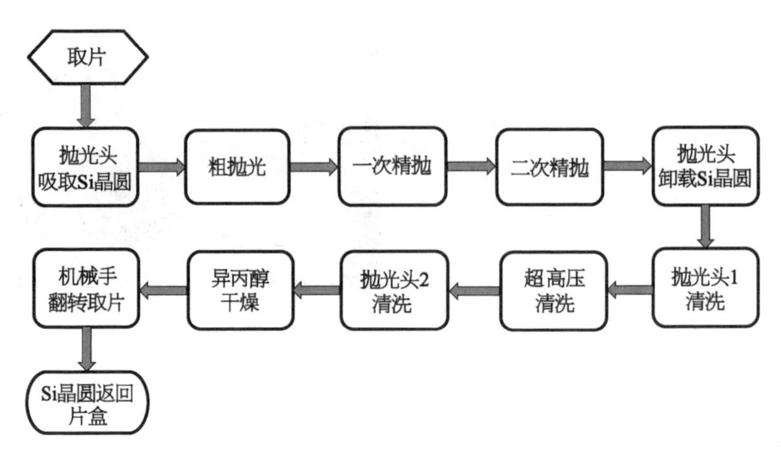

图 4-2　完整的 CMP 流程图

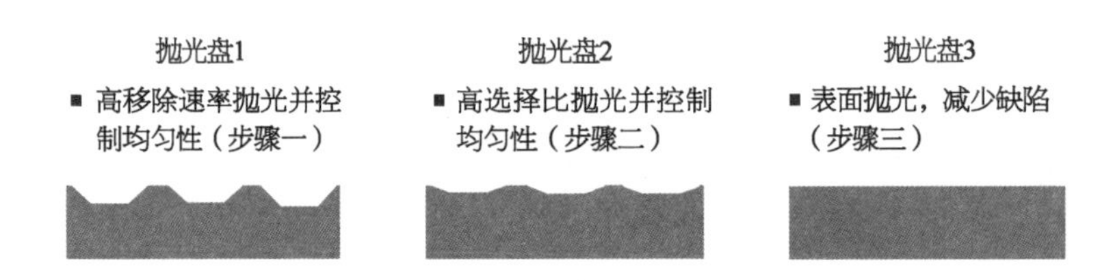

图 4-3　常见分步抛光工艺流程

是分步抛光流程的示意图。

在 CMP 中，关键的配置为抛光头、抛光液、抛光垫及修整盘。

1）抛光头

负责携带 Si 晶圆进行旋转、移动并施加压力。常见的抛光头配有分区压力控制系统，通常分为 5 区、7 区或更多，可以在 Si 晶圆的不同半径区域提供差异化的压力，是 CMP 设备中最核心的组件。为了确保工艺菜单中设置的压力数值能够精准地反映在晶圆上，抛光头需要定期进行维护、气密性测试和压力校准。以型号为 Universal 300-X 的 CMP 设备的抛光头为例，其实物如图 4-4。

图 4-4　型号为 Universal 300-X 的 CMP 设备的抛光头

2）抛光液

在 CMP 工艺中，需要根据工艺要求

混合与稀释抛光液。某些应用场景可能需要添加一定比例的双氧水(H_2O_2)或其他添加剂。图 4-5 为常见的抛光液供液系统。抛光液主要提供所需的化学反应成分,如氧化剂、螯合剂和 pH 调节剂,同时携带用于机械抛光的磨粒。常见的磨粒包括 SiO_2、氧化铈(CeO_2)和 Al_2O_3 等。SiO_2磨粒因其粒径、形状及表面特性可以通过制备技术精确控制,能够满足不同衬底材料及集成电路工艺流程的抛光需求;其特点是移除速率可调控,且在缺陷和金属污染控制方面表现出色。CeO_2磨粒由于其中 3 价 Ce 和 4 价 Ce 的高化学活性,以及对氮化层的自停止性抛光特性,常用于集成电路领域中的浅槽隔离(STI)和层间介质(inter layer dielectric, ILD)结构的抛光,具有优异的抛光选择性和移除速率;然而,CeO_2磨粒易发生团聚,抛光后清洗较为困难。Al_2O_3 磨粒相比 SiO_2和 CeO_2具有更高的硬度,通常用于硬度较高的材料如 SiC 和 W 的抛光;其移除速率较高,但较容易产生划痕,因此需要特别注意过程控制和后续清洗。

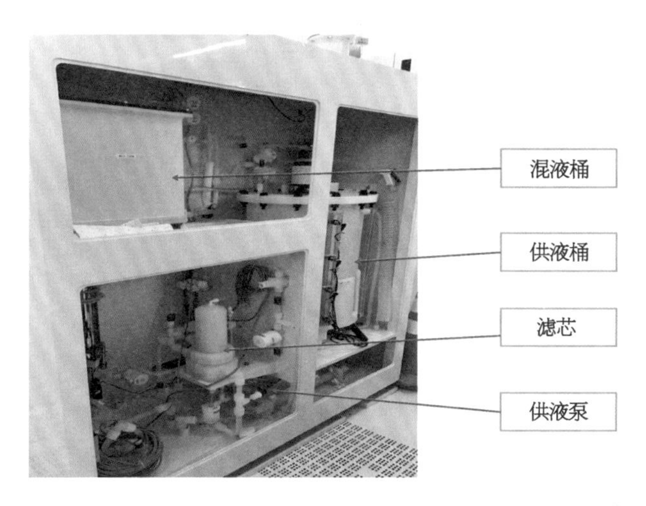

图 4-5　常见的抛光液供液系统及其结构

3）抛光垫

抛光垫紧贴在抛光盘上,随着抛光盘的旋转,并在抛光头施加的压力下,与 Si 晶圆表面发生摩擦。用于 12 in Si 晶圆的抛光垫一般尺寸为 30 in 左右,而用于 8 in Si 晶圆的抛光垫通常为 20 in。抛光垫大致可分为 3 种类型:无纺布类、聚氨酯硬垫和聚氨酯软垫。在抛光过程中,抛光垫主要起磨削(机械摩擦)、输送(分散抛光液)和排出(排除研磨副产物)的作用。抛光垫的硬度、厚度、弹性模量和表面粗糙度等物理参数对抛光效果有着重要影响,因此它是非常核心的抛光耗材。图 4 - 6 和表 4 - 1 从多个方面对 3 种常见抛光垫进行了对比。

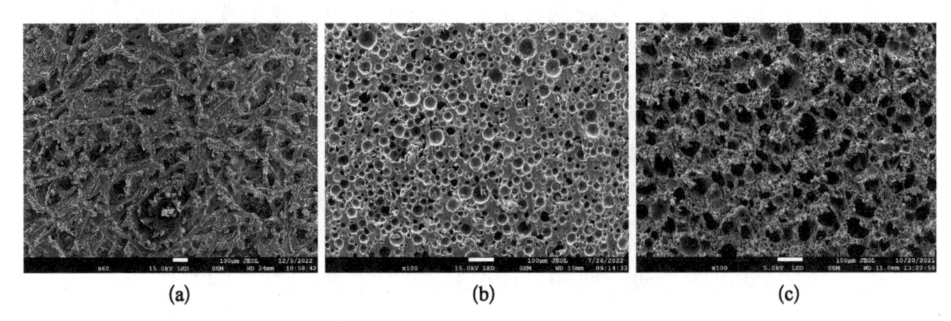

图 4 - 6　3 种不同类型的 CMP 抛光垫在扫描电子显微镜(scanning electron microscope, SEM)下的结构

(a)无纺布类抛光垫;(b) 聚氨酯硬抛光垫;(c) 聚氨酯软抛光垫。

表 4 - 1　常见的 3 种抛光垫的对比

主要情况	无纺布类抛光垫	聚氨酯硬抛光垫	聚氨酯软抛光垫
制造工艺	无纺布纤维浸渍于高分子溶液中,使高分子材料渗入无纺布纤维孔隙中,形成无纺布-高分子复合材料	在热固性聚氨酯材料中以特定方式引入孔隙、微球或气体	在热固性聚氨酯材料中以特定方式引入孔隙、微球或气体
硬度	中等	高	低
应用	硬垫缓冲层、Si 晶圆抛光、化合物半导体抛光等	集成电路抛光、化合物半导体抛光	精抛
优势	便宜、通用性强	平坦化效果好、效率高	缺陷表现优秀
劣势	抛光均匀性较差	价格相对较高、缺陷表现较差	抛光效率低

4) 修整盘

修整盘通过施加一定的压力和转速作用于抛光垫表面,起到修整和打磨的作用。其主要目的是防止抛光垫在使用过程中,因表面绒毛结构及微孔被阻塞和釉化而导致粗糙度下降,从而影响抛光性能。通过维持抛光垫的表面粗糙度,修整盘能够确保抛光液均匀分布,保证抛光速率的稳定。常见的修整盘主要有两种类型：一种是嵌有密布金刚石的金刚石修整盘，另一种是植入软毛的毛刷式修整盘。金刚石修整盘因其硬度高的特点，通常配合较硬的抛光垫使用，应用较为广泛。毛刷式修整盘则多用于配合较软的抛光垫，通常应用于精细抛光工艺中，使用场景相对较少。使用金刚石修整盘时，不同的金刚石颗粒大小和分布密度会影响其修整能力。此外，还需考虑与抛光垫硬度和弹性模量等参数的匹配。选择合适的修整盘可以大大延长抛光垫的使用寿命，提高抛光工艺的稳定性和效率。图 4 - 7 为常见的金刚石修整盘。

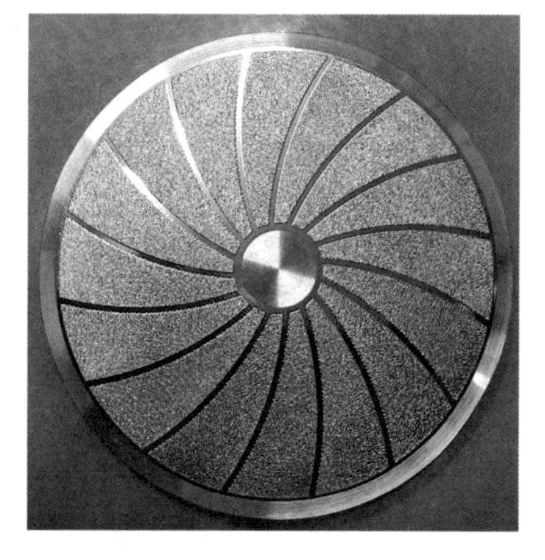

图 4 - 7　常见的金刚石修整盘

4.2.2　双面抛光设备

除去最常见的单面单片式抛光工艺，在 Si 晶圆衬底制造流程中还有一种双面抛光(double side polishing, DSP)工艺。以莱玛特(Lapmaster，美国)制造的型号为 AC 2000 - P4 的双面抛光设备为例，其实物如图 4 - 8 所示。该设备能够同时抛光 15 片 Si 晶圆，15 片 Si 晶圆对称地放置在 5 个游星轮中，游星轮由内外销齿轮带动旋转。此外，上下抛光盘沿相反方向旋转。Si 晶圆被夹在覆盖有抛光垫的上下抛光盘之间，抛光液通过上盘的多个孔洞均匀流入，从而使 Si 晶圆的上下表面同时受到抛光。

双面抛光的材料去除量一般为 10～20 μm，旨在去除前道工序的损伤层，并在确保表面质量的同时达到最佳的平整度。双面抛光与单面抛光的基本原理相同，主要耗材也与单面抛光一致。然而，双面抛光通常选择硬度更大的抛光垫，这些抛光垫的直径通常约为 2 m。为了更好地分散和导流抛光液，上盘所使用的抛光垫通常会开较为宽且深的槽。

目前，因双面抛光所需的抛光垫尺寸巨大，均匀性控制困难，并且需要专业设备进行大面积的表面开槽处理，主要依赖进口供应商，如杜邦(DuPont，美国)和富士纺(Fujibo，日本)等。在抛光液方面，双面抛光工艺所需的抛光液流量一般为 5～10 L/min，远高于单面抛光工艺中的 200～300 mL/min。此外，双面抛光工艺中的抛光液要求进行回收循环使用，因此对抛光液的稳定性要求较高。

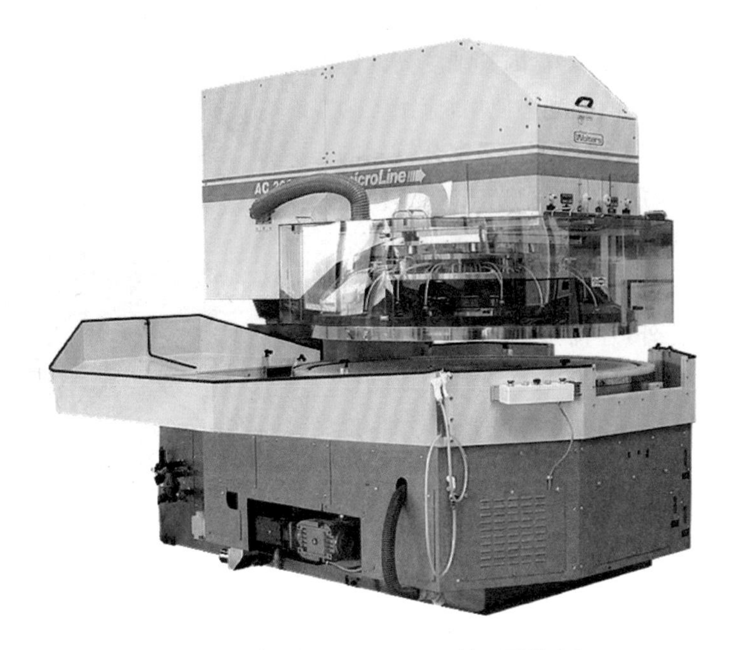

图 4-8　型号为 AC 2000-P4 的双面抛光机

（来源：莱玛特官网）

4.2.3　有蜡抛光及无蜡抛光设备

抛光按贴片方式还可分为有蜡抛光和无蜡抛光。在 8 in 及以下的晶圆制造中，有蜡贴片工艺占比较多。以不二越(Nachi-Fujikoshi，日本)制造的型号为 SPM-23 的有蜡贴片设备为例(图 4-9)，其一般加工流程如图 4-10 所示。所有的工序都在一条由多台设备组合的流水线上完成。在抛光过程中，使用陶瓷盘作为载体，通过在 Si 晶圆背面滴加液态蜡，使其贴附在陶瓷盘表面，然后通过蜡的固化将 Si 晶圆固定，以完成抛光操作。由于每个陶瓷盘上会同时加工多片 Si 晶圆，因此在进行抛光之前，会额外增加一个 Si 晶圆厚度分类的步骤，以确保每盘加工的 Si 晶圆在厚度上保持一致，减少因厚度偏差较大而导致的偏盘异常问题，提高抛光后的平整度。一般来说，每个类别所容纳的厚度偏差在 0.3～0.5 mm。

图 4-9　型号为 SPM-23 的有蜡贴片的抛光设备

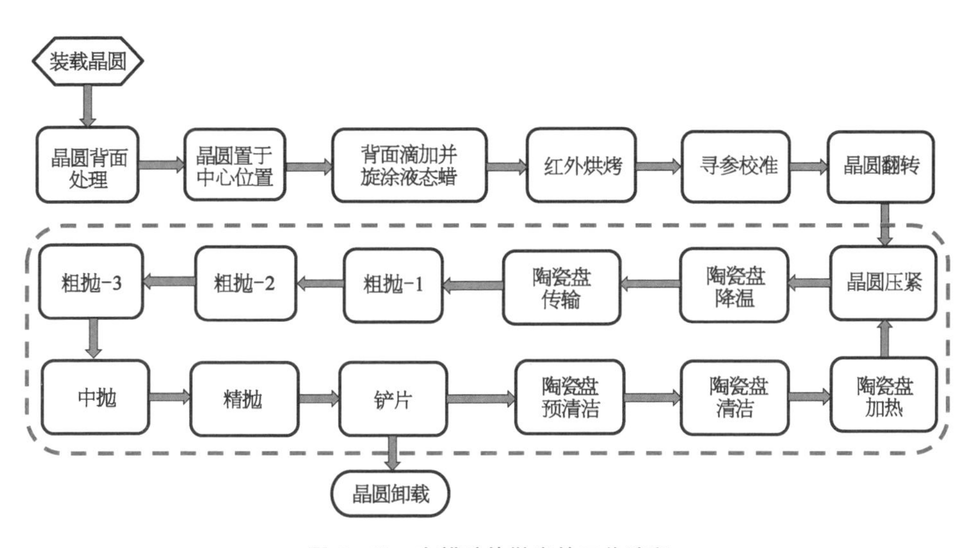

图 4-10　有蜡贴片抛光的工作流程

4.2.4　几种不同的化学机械抛光设备之间的异同点

在 Si 晶圆衬底制造过程中，抛光不仅需要形成高光洁度的表面，还要实现足够的抛光移除量。这不仅是为了满足 Si 晶圆衬底的高平整度要求，也是为了完全去除前道工序遗留下来的表面损伤层。以 12 in Si 晶圆衬底的常见加工流程为例，首先采用直拉法或区熔法生长单晶硅棒，常见单晶硅棒长度超过 1 m，然后将硅棒直径滚磨到标准直径并做分段切割，再使用线切割工艺将分割后的单晶短硅棒切割成合适厚度的 Si 晶圆。在这个阶段，Si 晶圆表面存在例如线痕、裂纹等切割痕迹，而且由于高载荷的机械切割作用，表面存在较深的晶格损伤层。为了得到无损的单晶 Si 晶圆，需要继续进行研磨、化学刻蚀等工艺步骤，逐步减少损伤层，最后通过 CMP 彻底消除表面的机械损伤层，从而获得完美的单晶 Si 晶圆衬底。

在抛光阶段，不同工艺流程中 Si 晶圆的厚度大约从 790 mm 减少到 775 mm，这相对于较大的移除量而言是一个挑战。如果采用单面单片的 CMP 设备，产率和成本将难以接受。在传统的小尺寸 Si 晶圆生产中，对平整度要求不高，通常只进行单面抛光，使得 Si 晶圆正面为光滑的抛光面。因此，多机台联动的单面多片抛光机组设备应运而生。随着对平整度要求的提升，单面抛光已无法满足高平整度的需求。相比之下，双面抛光可以同时实现更佳的平行度和平整度，并且具有更高的生产效率。因此，双面抛光设备成为先进 Si 晶圆生产中的关键工艺，而单面单片抛光则作为切磨抛工艺的最后一步，只承担约 1 mm 的移除量。

在芯片制程中，由于来料更为复杂，产品规格更加多样，抛光常以少量多次的形式进行，这就需要更加灵活的抛光设备。在这种情况下，单面单片的抛光设备更符合实际需求。无论是 2×3 还是 1×4 的抛光头与抛光盘配置，都是为了在工艺灵活度与生产效率之间取得平衡，尽可能兼容更多抛光耗材的组合，减少更换抛光垫、抛光液所需的机台维护时间，从而提高设备的有效利用率。

4.3 技术特点

自 20 世纪 90 年代以来，CMP 已成为集成电路制造中最主要的平坦化技术，几乎涵盖了芯片制造的各个环节。与传统平坦化技术（如热流法和回蚀法）相比，CMP 在全局和局部平整度控制上具有显著优势，其优缺点如下。

(1) 优点

① 高表面质量：在 Si 晶圆衬底制造中，经 CMP 加工后的 Si 晶圆表面粗糙度可达到约 0.2 nm，表面颗粒数（粒径 26 nm 以上）少于 20 个，表面金属元素污染控制在 1×10^8 个原子/cm^2 水平。对于缺陷数量超标的产品，尤其是在清洗效

果不佳时，返抛是常见的解决办法。

② 高兼容性：通过更换不同的抛光垫和抛光液配方，CMP 可实现对 Si 衬底、氧化层、氮化层、金属层和多晶层等多种介质的抛光。通过控制抛光液的配比，还可以实现对不同材料的选择性抛光，达到自停止自修饰的工艺效果。

③ 速率控制：通过调整抛光液成分（如磨粒尺寸）和抛光垫的物理性质（如硬度），可显著改变 CMP 过程中的材料移除速率。即使不改变耗材搭配，仅通过调整 CMP 设备中的压力控制，也能快速便捷地实现速率控制。

④ 形貌控制：CMP 设备具备分区压力控制系统，可针对 Si 晶圆不同半径区域进行差异化的移除速率控制，即使在有限的材料移除量中也能获得更大的平整度修正能力。

(2) 缺点

① 工艺精准度：CMP 是一个较为复杂的过程，化学与机械作用同时进行并相互影响，使得纳米级的精准控制较为困难。

② 工艺稳定性：抛光垫是 CMP 中的关键耗材之一，它受使用寿命的影响，需要定期使用修整盘进行修整打磨以减小其不稳定性。此外，抛光过程中由于化学反应和机械摩擦产生的热量会导致温度波动，从而影响抛光速率的稳定性。

③ 污染控制：由于抛光设备在非真空环境下工作，且 Si 晶圆在抛光过程中会接触到具有腐蚀性的抛光液，如果不能很好地保持设备的洁净度，并及时对抛光后的 Si 晶圆进行全面清洗，Si 晶圆容易受到颗粒污染和表面腐蚀。

④ 配套系统复杂：抛光设备的正常运行需要大量附属设备的协作，包括供给抛光单元的抛光液混合供液系统，以及供给抛光后清洗的清洗液供液系统，因此占地面积较大。

4.4　厂务动力配套要求

为确保 CMP 设备能够稳定有效地运行，除了超净室必备的洁净度、温湿度及电力供应外，还需要以下配套的厂务动力设施。

(1) 腔体排风系统：CMP 设备所用的抛光液多具有腐蚀性，且设备腔体内的湿度较高，容易发生设备腐蚀，因此需要稳定的排风系统以确保设备的长期运转。

(2) 精确的液体流量控制系统：CMP 工艺依赖于精确且稳定的抛光液流量供给。在抛光后的清洗过程中，用到的氨水($NH_3 \cdot H_2O$)、H_2O_2 和 HF 等多种化学液体也需要精准的配比。通过流量计可以精准稳定地保证 CMP 设备在抛光过程及抛光后清洗过程中的药液使用精度。

(3) 温控系统：抛光设备根据工艺要求需要足够的冷却水循环流量，以保证抛光盘的旋转电机运作稳定。

(4) 废液处理系统：CMP 设备一般设有含硅废液排放、含氟废液排放和酸碱废液排放，需要配备对应的排放系统进行处理。

(5) 安全监控系统：鉴于抛光过程中可能使用高活性化学物质，必须装备监测泄漏和控制紧急情况的安全系统，例如液体泄漏检测和自动安全关断系统。

(6) 电力稳定和备用系统：为防止电力波动或中断影响抛光过程，需要稳定的电源供应及紧急备用电源(如 UPS)。

图 4-11 为 CMP 设备所需的厂务动力条件实物举例。

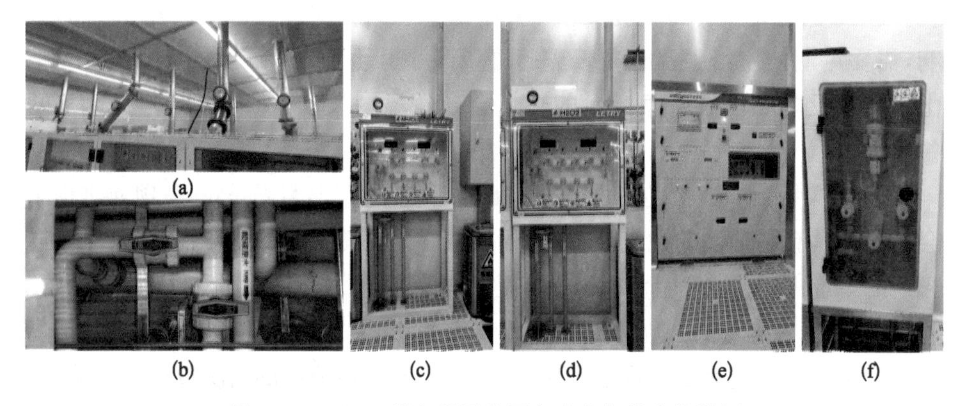

图 4-11　CMP 设备所需的厂务动力条件实物举例

(a) 排风系统；(b) 排液系统；(c) 清洗槽的 $NH_3 \cdot H_2O$ 化学液供液阀门箱；(d) 清洗槽的 H_2O_2 化学液供液阀门箱；(e) 抛光液供液系统；(f) 抛光液过滤系统的阀门箱。

4.5　自动化在设备中的应用

大规模量产中，对设备的自动化有着较高要求，不仅需要完善的人机交互界面，设备运行可视化方便日常生产运行，还需要设备安全性互锁、人工操作防呆设计保证设备可以安全生产。设备常见的自动化配置要求如下。

(1) 设备具有可提供高质量和完整性的自动化交互功能，例如半导体设备通信标准Ⅰ(SECS－Ⅰ)、半导体设备通信标准Ⅱ(SECS－Ⅱ)、通用设备模型(GEM)和高速半导体设备通信标准消息服务(HSMS)。

(2) 设备和前开式晶圆传送盒(front opening unified pod, FOUP)之间需要具有互锁，防止 FOUP 在上料(loading)和下料(unloading)时发生撞片。

(3) 设备具有在线检测系统(例如 Nova i550)的安装接口，以及自动处理控制(auto process control)功能。

(4) 设备具有至少多个可操作界面，以便可在设备的不同位置进行操作。

(5) 设备具有至少四色蜂鸣信号灯，状态和颜色可由用户定义。可定义的状态有空闲(idle)、报警(alarm)、工艺进行中(processing)等；四色分别为红、黄、蓝、绿。

(6) 设备晶圆装卸机(loadport)具有识别、读取晶圆盒身份(ID)的功能。必须安装有可选配的 4 个针(pin)，保证可与 FOUP 信息端模块匹配。

(7) 设备供应商需提供 E84 通信电缆和传感器，以供设备和工厂内天车系统(overhead hoist transport, OHT)进行连接。

(8) 针对设备自动化编程(equipment automation programming, EAP)给的指令，设备能够自我诊断。

(9) 设备可以通过标准的 SECS 通信协议向自动化生产系统主机发送多种警报及所有必要的工艺和硬件运行数据。

(10) 设备可以与工厂的自动化生产系统进行自动通信，根据自动化生产系统下达的指令自动开始和结束制品作业。

(11) 设备的软件具备将工艺温度、压力、气体流量等参数处理成平均值、最大值/最小值；设备软件具有统计过程控制(statistical process control, SPC)功能，同时支持先进过程控制(advanced process control, APC)。

其中在线检测系统与 APC 联动是 CMP 自动化控制的前沿技术，常见的应用场景为：根据上一片的抛光移除量测试，调整下一片的抛光时间，使得抛后 Si 晶圆的厚度更接近目标设定值。这项技术在介质层抛光中已有广泛应用，而在 Si 晶圆衬底抛光中由于测试模块的局限性，尚未得到广泛应用。另一方面，除了抛光时间之外，APC 也在逐步将分区压力等更多抛光参数加入自动化控制中，形成更强的平整度控制能力，实现对每一片 Si 晶圆定制化工艺控制，在对平整度要求高的应用场景中，有着广泛的应用前景。

4.6 关键工艺参数

优化平整度是CMP工艺的主要目标之一，而在抛光过程中不平整度的产生，主要由于不同位置的去除速率不同所致。以下是几项关键的工艺参数。

1) 压力

通常情况下，局部压力与对应区域的移除速率成正比关系。压力的增减直接影响抛光过程中的机械移除效果，是工艺调试中常见且高效的平整度调控手段。在双面抛光中，有一个总压力参数，以及上盘自适应控制（upper platen adaptive control，UPAC）和下盘自适应控制（lower platen adaptive control，LPAC），用于全局和局部的压力控制。而在单面单片CMP中，通过抛光头的分区控制也可以实现对Si晶圆特定区域的压力调控，这些压力控制区域一般以Si晶圆半径为划分依据的环状区域(图4-12)。

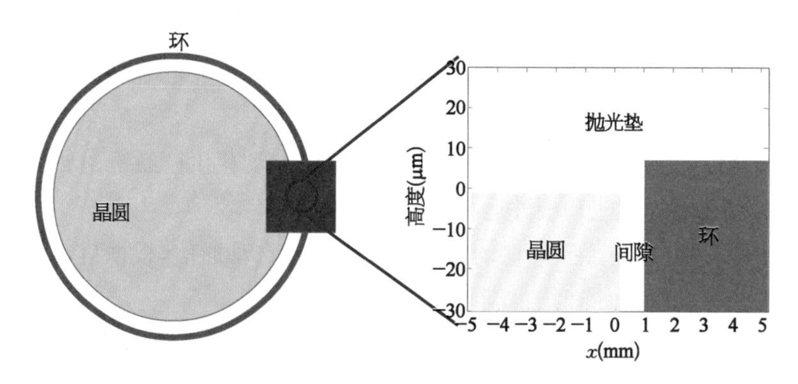

图4-12 边缘区域结构示意图[14]

2) 转速

转速通过影响Si晶圆与抛光盘之间的相对移动速率，从而影响材料的移除速率。在相同的工艺时间内，平均相对速度越大，总移动路径越长，移除量也越大。抛光过程中，抛光头的自转、摆动，以及抛光盘的旋转构成了复杂的运动模型。在理想情况下，当抛光头的转速与抛光盘的转速相同时，Si晶圆各区域相对于抛光盘的总移动距离相同，从而各区域的移除量相等，这被认为是工艺条件的最优解。然而，在实际应用中，这种配置会导致抛光头的移动路径固定分布在抛光盘的恒定区域，极大地降低了抛光垫的利用率，增加了作业成本，不利于量产。因此，抛光头通常会增加摆动，并且抛光头和抛光盘的转速比接近但不等于1，常见的转速配置有50/52 rpm、87/90 rpm、119/121 rpm。此外，转速选择还需与压力匹配，过低的转速不利于抛光液在抛光垫上的均匀分散。

3）温度

温度变化会影响抛光过程中化学反应的速率，从而使抛光速率不稳定。抛光过程中伴随着机械摩擦和化学反应放热，长时间旋转的抛光设备也可能出现热量溢出。一般情况下，在一个完整的抛光过程中，温度会变化大约10℃。因此，对抛光盘和抛光液的温度管理是必须的。通常，抛光盘下会布置冷却水管道以保证温度稳定，并在每批次抛光结束后，通过高压水冲洗来及时降温，减少热量积累。同时，抛光液供液系统也配有控温系统。然而，温度并不是越低越好，例如在某些介质层CMP中，约40℃的抛光温度可以加快化学反应，保证较高的抛光速率。在其他制程中，保持稳定的高温环境或设计良好的变温抛光流程也是新工艺开发的一个重要方向。

4.7 关键检测参数

Si晶圆在空间中呈现出3D分布的特性。水平放置Si晶圆，从俯视图来看，其形状为直径300 mm的圆盘。在这个圆盘的不同位置上，厚度和波动有所不同，从而形成Si晶圆的3D形貌。为了有效表征Si晶圆的几何形貌，可以根据空间波长的大小对其空间分布进行分类。

如图4-13所示，其中形状(shape)代表较长的空间波长部分，Si晶圆的形状与厚度变化无关，主要反映Si晶圆的弯曲程度。通常用参数翘曲(warp)和弯曲(bow)来表示Si晶圆形状变化的幅度，通过翘曲和弯曲的大小可以反映Si晶圆在加工中的应力大小和变形程度。

平整度(flatness)定义在空间波长为几毫米到几十毫米的范围内，通常分为全局平整度和局部平整度，分别反映Si晶圆整体的厚度变化和局部的厚度变化。全局平整度中常用的指标有GBIR(global flatness back-surface ideal range)，其含义是以理想背面作为基准面时的全局厚度极差，也称为总厚度变化(total thickness variation, TTV)，表示Si晶圆内的最大厚度差，通常用于反映Si晶圆的整体平整度。

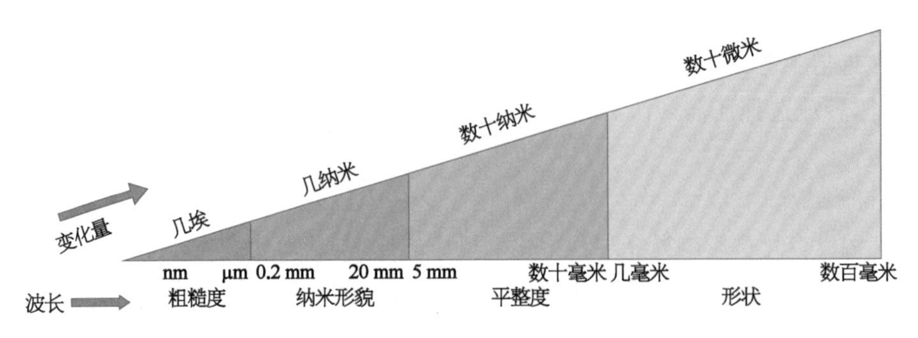

图 4-13 Si 晶圆几何参数按不同空间波长的分类[15]

局部平整度中常用的指标有 SFQR[site frontside front-surface least-squares fit (site) range]其含义为局部区域内相对于上参考面的最大与最小偏差的范围，参考面由局部区域上表面的最小二乘法确定，常见的区域划分有 26 mm×8 mm 和 25 mm×25 mm，是主要的局部平整度评价指标。根据基准面的不同，常见的还有 SBIR(site flatness back-surface ideal range)，其含义为局部区域相对于理想背面的最大距离与最小距离的差。由于边缘的平整度与中间区域平整度常有明显差异，为了更直接反映边缘平整度的恶化程度，一般采用近边缘扇形区域平整度指标 ESFQR[edge site flatness front-surface least-squares fit (site) range]进行评价，其计算方法与 SFQR 相同，但专注于 Si 晶圆边缘的平整度，计算区域一般为 Si 晶圆边缘 30 mm、5°的扇形区域。

在平整度的计算过程中，通常会对 Si 晶圆边缘进行特殊处理，排除最外围 13 mm 的边缘区域。这样的处理手法旨在确保产生的数据更准确地反映 Si 晶圆中心用于芯片加工的区域的平坦情况，避免受到边缘通常不使用区域的影响。纳米形貌(nanotopography)，其定义的空间波长为 0.2～20 mm。主要用于描绘 Si 晶圆前后表面在较短波长范围内的高度变化。这一参数是近年应对先进制程需求而制定的新标准，其对于评估抛光后介电层的厚度一致性及最终影响器件良率具有重要作用。在评估时，Si 晶圆会被细分成多个正方形小区域，如 2 mm×2 mm 或是 10 mm×10 mm 等不同尺寸的格子。而 Si 晶圆表面的粗糙度(roughness)，其空间波长一般不超过 100 μm，关注的是表面微观层面的几何特性。相关的参数情况如图 4-13 所示。

形状、平整度和纳米形貌的测量通常采用光学手段，例如可通过科天公司制造的 WaferSight 系列光学干涉仪设备来完成，而粗糙度的测量则主要依赖 AFM，具体细节见第 7 章。

4.8　常见异常

常见的抛光异常包括平整度偏差、表面颗粒超标、腐蚀坑与抛光雾、表面划伤、碎片等。当出现平整度偏差时，需要及时进行工艺确认，通过测试片来区分异常来源。常见原因如下。

(1) 冷却水流量异常引发的抛光温度失控、抛光垫超出使用寿命、抛光头漏气导致压力失准等。

(2) 表面颗粒超标问题一般出现在抛后清洗阶段，可以进行返洗及返抛处理，并对比处理前后的颗粒分布图以确认颗粒来源是否为外来污染或原生缺陷。

(3) 如果是外来污染，则需检查化学液滤芯与抛光液滤芯是否正常，以及清洗槽刷子是否需要更换。

(4) 腐蚀坑与抛光雾的出现通常与抛光液的化学腐蚀有关。如果抛光后 Si 晶圆未能及时进行抛后清洗，表面残留的抛光液会腐蚀 Si 晶圆表面。

(5) 不合理的抛光液稀释比和流量，以及过高的抛光温度均会导致机械作用不足、化学反应过度，从而出现表面腐蚀。

(6) 表面划伤一般是由抛光垫上出现异物引起的，金刚石修整盘上的金刚石脱落也常常导致这种异常。需要及时清洗抛光垫，甚至更换抛光垫与修整盘。

(7) 碎片问题一般分为内应力集中碎片和压力设置异常碎片。内应力碎片通常沿 Si 晶圆晶相裂解，形成较为规整的几部分且残渣较少、处理相对简单、影响较小。压力设置异常碎片一般出现在分区间压力设置不平衡或超过分区压力安全系数时。每次尝试新压力组时，需根据设备厂家提供的压力安全计算表进行风险确认。碎片发生后需进行整体设备预防性维护(preventive maintenance，PM)，及时清理抛光盘上的碎片残渣并进行拼图以确保所有碎片均被清除。同时，还需检查抛光垫的完整性与抛光头背膜的完整性，并进行抛光头的气密性检查。

4.9　化学机械抛光设备的国际市场

市面上的主流抛光设备包括应用材料的 LK 系列、荏原的 FREX300X 系列及冈本(Okamoto，日本)的 PNX 系列。值得注意的是，冈本的 CMP 设备采用干进湿出的模式，其设备本身不具备抛后清洗功能，因此通常需要配备水车将抛后 Si 晶圆迅速转运至湿进干出的清洗机中，或者与芝浦(Shibaura，日本)的单片清洗机联用，以确保抛光后的 Si 晶圆不会受到二次污染。

在国产设备中，华海清科和晶盛机电表现出色。华海清科的单片单面式 CMP 设备在中国市场占有率较高，适用于 14 nm 及以下制程的先进半导体制造领域。晶盛机电的双面抛光设备性能优异且设备适用范围广泛，目前已基本能够满足中国大部分应用需求。

第5章　离子注入技术

集成电路中的掺杂工艺是半导体制造过程中一个关键的工艺步骤。它通过将杂质(掺杂剂)原子引入半导体基片(通常是Si晶圆)中,以改变其电导率,从而使其转变为一种有效的半导体。引入掺杂物的方式包括热扩散工艺及离子注入。由于在先进技术节点中,离子注入技术已经取代了尺寸等不易控制的热扩散工艺,因此本章将重点介绍离子注入技术。

5.1　工作原理及特点

离子注入是一个精确的物理过程,可以通过火枪射击靶子的类比来形象化理解。在离子注入过程中,“火枪”代表加速器,它为带电粒子(离子)提供动能;“子弹”对应于被加速的离子,它们在加速后以高速向目标材料(靶材)射击;而“火药”则类似于离子加速过程中的能量来源,使离子获得足够的速度和动量穿透靶材。

在这个过程中,掺杂的离子像子弹一样被“射入”半导体材料(靶材)内部。离子的能量(即“火药”提供的能量),决定了离子可以穿透材料的深度,即掺杂深度。不同于子弹射击,离子注入过程中离子与靶材之间的相互作用并不依赖于化学反应,而是基于物理过程(物理碰撞和能量转移)。离子在穿透靶材的过程中,会与材料中的原子发生碰撞,将能量转移给这些原子,从而实现在材料内部精确控制的掺杂。如图5-1所示。

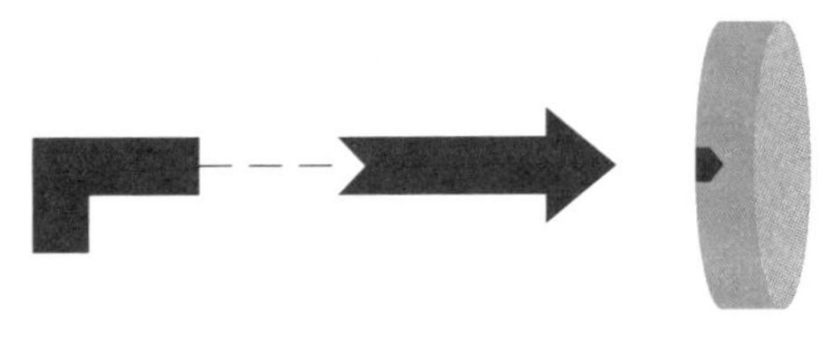

图5-1　离子注入示意图

离子注入的工艺过程如下。

(1) 离子化和加速:首先,使掺杂剂材料(如P、B、As等)气化并离子化,形成带电的离子。然后,这些离子通过一个高电压的电场,获得高速的动能。加速后的离子束沿直线方向射向目标晶圆。

(2) 注入过程：高速离子束撞击晶圆表面，掺杂剂离子穿透晶圆的表层。这些离子在材料中逐渐减速，最终停留在表面以下的某个深度。离子的能量和注入时间可以精确控制，从而决定注入的深度和掺杂剂在半导体中的浓度分布。

(3) 掺杂浓度控制：通过调节加速电压和注入时间，可以非常精确地控制掺杂剂的浓度和注入深度，实现对器件性能的精细把控。

(4) 后处理（活化和修复）：离子注入有可能会对半导体晶格结构造成损伤，因此通常需要进行后续的热处理（退火）操作。退火过程通过高温加热修复晶格损伤，并使掺杂剂原子在晶格中占据正确的位置，成为电活性的掺杂剂。

离子注入的特点如下。

(1) 高精度：离子注入的剂量和深度可以精确控制，适用于高密度、小尺寸的集成电路制造。

(2) 低温工艺：与热扩散相比，离子注入主要不依赖高温工艺，可以避免高温下可能引起的扩散和不均匀问题。

(3) 多适用性：适用于各种掺杂剂和多种半导体材料。

5.2 沟道效应

沟道效应是指在低能量离子注入的过程中，一些高速离子能够在未与 Si 晶格中的原子发生直接碰撞的情况下，沿着晶格的特定方向（如[110]晶向）直接穿行。这是因为 Si 晶格的有序阵列形成了类似通道的结构，当离子沿这些特定方向运动时，它们就可能不会与 Si 原子发生直接碰撞，从而深入到 Si 晶圆中远离预期区域的位置（图 5-2）。这种沿晶格通道的直线路径传播增加了离子的穿透深度，但降低了注入的局部掺杂精确度。

为了防止或减少沟道效应的发生，主要采用以下方法。

1) 掩蔽氧化层

在 Si 晶圆表面生长一层氧化层可以有效地增加离子进入 Si 晶圆时的方向随机性，从而减少沟道效应。这种方法普遍用于减缓沟道效应，但氧化层的均匀性是关键，不均匀的氧化层可能导致掺杂不均（图 5-3）。

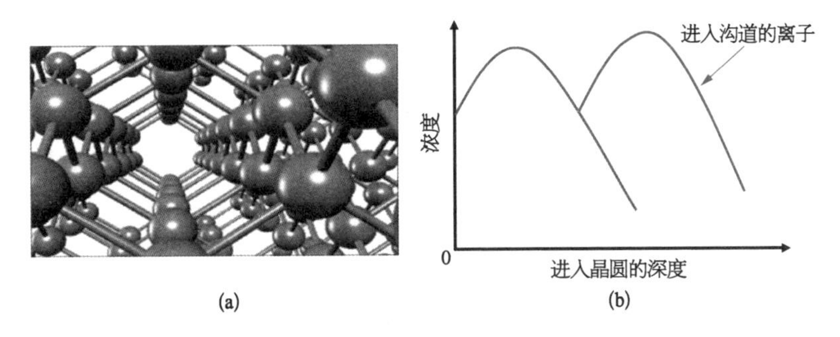

图 5-2　沟道效应

(a) Si 的[110]晶向；(b) 沟道效应增加离子穿透深度[17]。

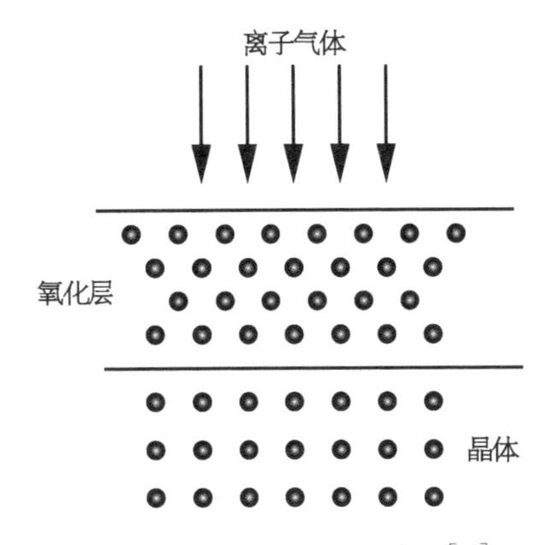

图 5-3　掩蔽氧化层示意图[17]

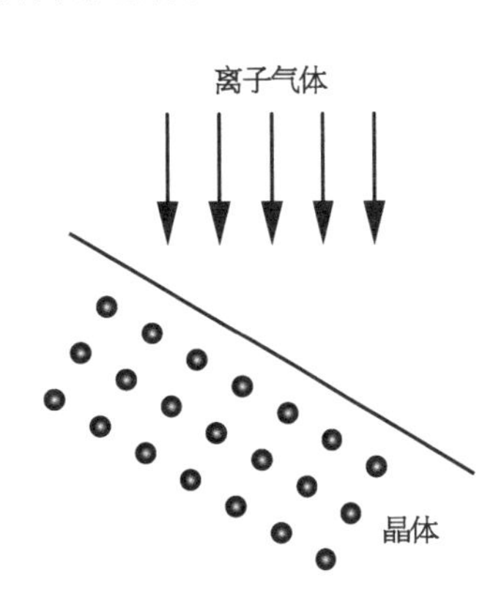

图 5-4　倾斜 Si 晶圆示意图[17]

2) 倾斜 Si 晶圆

通过给 Si 晶圆施加一个大约 3°～7°的倾斜角度，可以降低离子直接沿晶格通道前进的可能性，让离子在进入 Si 晶圆时更容易与 Si 原子碰撞。这种方法虽然可以有效减少沟道效应，但同时也可能增加阴影效应，从而影响材质的均匀性和器件的对称性(图 5-4)。

3) Si 晶圆非晶化

其原理是利用重离子在 Si 晶圆表面预产生损伤，从而形成非定向层。在注入过程中，这层非定向层能够引导离子改变方向(如图 5-5 所示)。虽然这种方法可以减少沟道效应，但需要额外的注入步骤，不仅增加了成本，也延长了处理时间，因此是一种较少使用的方法。

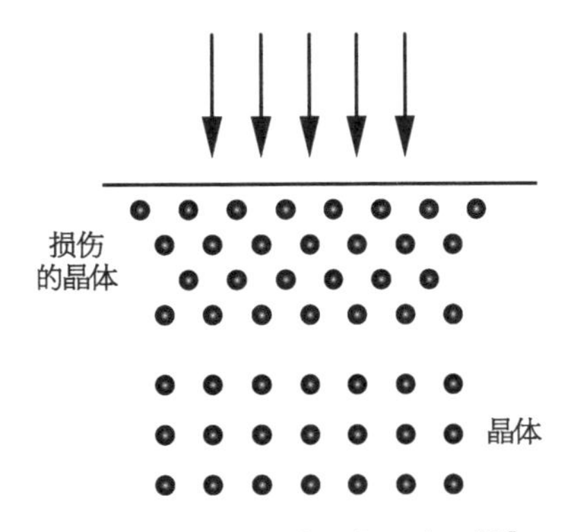

图 5-5　Si 晶圆非晶化示意图[17]

5.3 退　　火

离子注入过程中，Si 晶圆的晶格结构会因为撞击而受到破坏，导致原子排列的混乱。注入的离子大多数不会直接占据晶格点而是停留在间隙位置，造成晶格的进一步混乱。为了修复这种晶格损伤并激活离子的电活性，需要进行高温退火处理。退火过程通常涉及两个阶段：一是在大约 500℃的条件下修复晶格损伤，二是在约 950℃的高温下激活注入的杂质离子。温度和处理时间对杂质的激活效果有显著影响，通常较高的温度和较长的时间有助于更充分的激活。退火方法主要包括高温管炉退火和快速热退火两种，各有其适用场景和优势。

(1) 高温炉管退火：该方法涉及较长的升温和降温时间，通常在 700～1 000℃之间保温 15～30 min。由于这种长时间的热处理过程，会导致注入的杂质发生扩散。

(2) 快速热退火：该技术以极快的速度进行升温和降温，在达到目标温度后保持短时间热处理。这样做可以防止衬底温度达到促使杂质扩散的水平，因此是控制浅结深度的理想方法。

图 5－6 为退火前后的晶格对比，从图中可以看出，退火后，损伤的晶格结构得到修复。

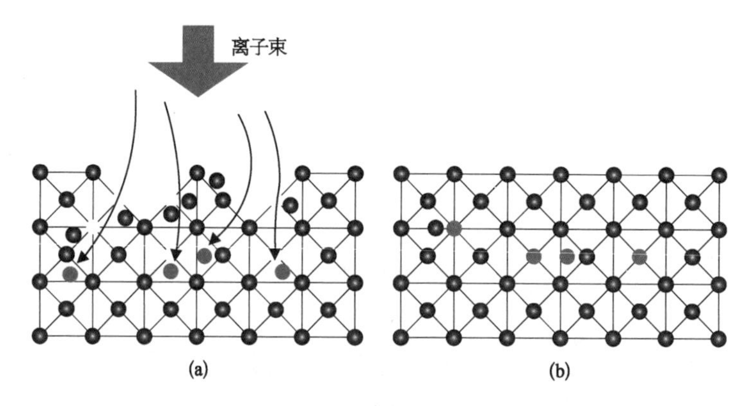

图 5－6　退火前后的晶格对比示意图

(a) 离子注入过程中损伤的 Si 晶格；(b) 退火后的 Si 晶格缺陷消失[16]。

注入元素种类和退火方式都会对结深产生影响。图 5－7 为使用应用材料的型号为 Centura 的离子注入机进行离子注入及快速退火后的结深变化。可以

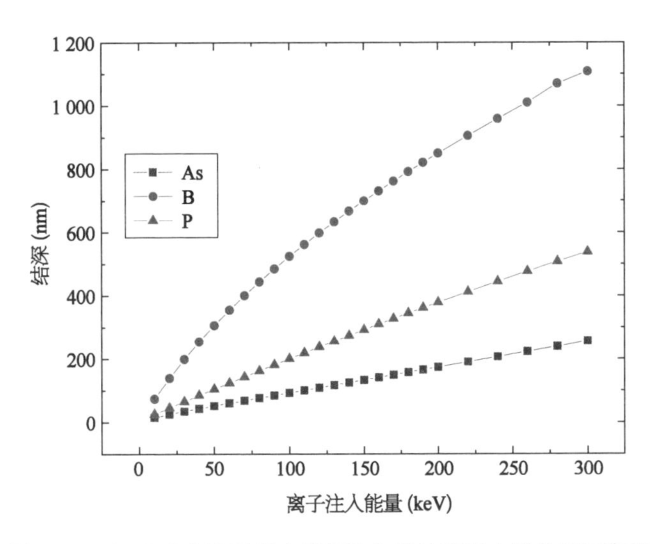

图 5-7　As、B、P 3 种元素在离子注入及快速退火后的结深变化

快速退火工艺均为 1 100℃下退火 20 s。

看出，随着离子注入能量的增加，结深逐渐变深。

5.4　离子注入机

离子注入机主要包括离子源、束线部分、靶室终端。图 5-8 为亚舍立制造的型号为 GSD 200E 的离子注入机。

图 5-8　型号为 GSD 200E 的离子注入机

5.4.1 离子源

离子源是离子注入机的核心组件之一，它直接影响到离子注入的质量、精度和一致性，并进而影响到半导体器件的性能和良率。离子源包括气体箱、离子源、高压吸极等，其中气体箱储存并提供用于产生离子的气体，离子源通过电离储存在气体箱中的气体生成等离子体，离子源中生成的离子通过高压吸极被提取并加速。

1）气体箱

气体箱俗称红箱，是一个具有较高危险性的区域，主要存放各种源气体的气瓶和气体管路，以及 MFC 和用于放置及加压的高压设备。高压和有毒气体的控制源头位于此处。气体箱及匹配的阀门如图 5-9 所示。

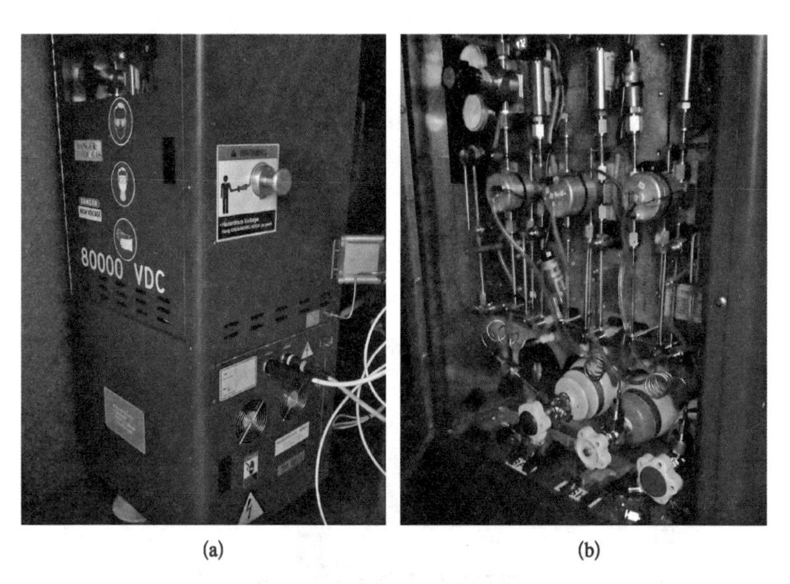

(a)　　(b)

图 5-9　离子源的气体箱

(a) 气体箱的实物图；(b) 与气体箱匹配的阀门箱。

2）离子源

离子源的主要组成部分包括电弧室(arc chamber)、灯丝(filament)、反射极(repeller)和阴极(cathode)。其工作原理基于以下过程：首先，通过加热灯丝产生热辐射，此热辐射使得灯丝附近的阴极材料被激发，从而发射电子。阴极被设计为具有较大的表面积，这意味着它不但能够发射出更多、分布更均匀的电子，而且也能够提供更长的使用寿命。这些电子带有负电荷，并在电弧室内由阳极（即反射极）所吸引。在电子从阴极向阳极的移动过程中，它们会与气体中的杂质源分子碰撞，这些碰撞导致杂质源分子电离，进而产生大量的相应元素的正离子。图 5-10 为离子源的工作原理示意图及离子源的实物图。

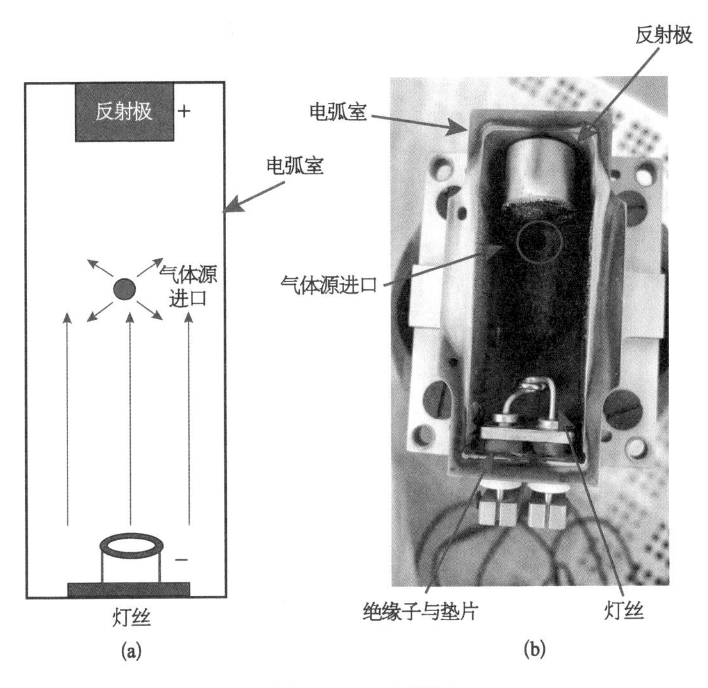

图 5-10　离子源

(a) 离子源的工作示意图；(b) 型号为 GSD 200E 的离子注入机的离子源实物图。

3）高压吸极

高压吸极主要由吸极部件和运动机构组成。吸极部件包括抑制电极、高压吸极及绝缘子等。其运动机构则由一个直流电机及其支架构成。其工作原理是在电弧室前方安装一块极板，并对其施加 5～80 kV 的直流电压，其中高压正端连接电弧室，负端连接高压吸极，从而实现吸取正离子并加速的功能。为了输出不同能量，需要通过调节电弧室与高压吸极之间的直流高压和距离来实现聚焦作用。由于正离子之间会相互排斥，通过在离子束中加入适量的电子可以减少这种排斥现象。当离子束穿过高压吸极缝隙时，会撞击周围的石墨，从而产生二次电子，这些电子随后被注入束流中以减少排斥。图 5-11 是高压吸极工作原理示意图及实物图。

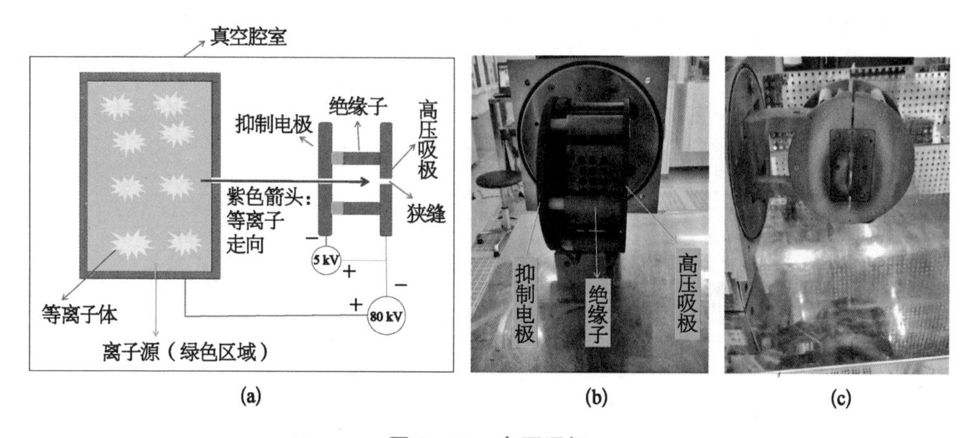

图 5 - 11　高压吸极

(a) 高压吸极的结构示意图(为使读者能更清楚地理解其工作原理，该图也对离子源与吸极的位置关系进行了简单表示)；(b) 型号为 GSD 200E 的离子注入机的高压吸极实物图的侧视图；(c) 正视图。

5.4.2　束线部分

束线部分是整个工艺过程中最关键的组成之一，对晶圆的影响极为显著。它包括离子种类的选择、离子的后加速、离子束的聚焦、对离子束过高的正电势进行中性化处理以及测量束流大小等环节。主要的组件包括磁分析器、后加速器、磁聚焦透镜、束流侦测器和电子浴发生器。其中，磁聚焦透镜、束流侦测器和电子浴发生器都安装在靶盘附近的解析室(resolving chamber)。

1) *磁分析器*

磁分析器一种利用磁场作用于带电粒子(如离子束流)来实现粒子分选的装置。该装置内部装配有一对永磁铁，当施加电压时，这对磁铁会产生磁场。带电粒子通过磁场时，会因洛伦兹力(Lorentz force)的作用而发生径向偏转。依据离子的质荷比(即离子的质量与电荷量的比值)，磁场会使它们沿着不同的轨迹偏转。通过调整磁场强度或磁分析器的结构，可以准确地控制特定质荷比的离子通过磁分析器的特定夹缝，而与所需质荷比不匹配的离子则会继续沿着偏离的轨迹运动，最终撞击到装置内部的石墨板上。使用石墨而非金属材料作为撞击板的主要目的是防止束流直接撞击腔壁可能引起的金属污染问题。石墨具有高温稳定性和化学惰性的特点，可以有效吸收能量并减少离子撞击时可能产生的金属飞溅，确保了实验的纯净度和稳定性。磁分析器的结构如图 5 - 12 所示。

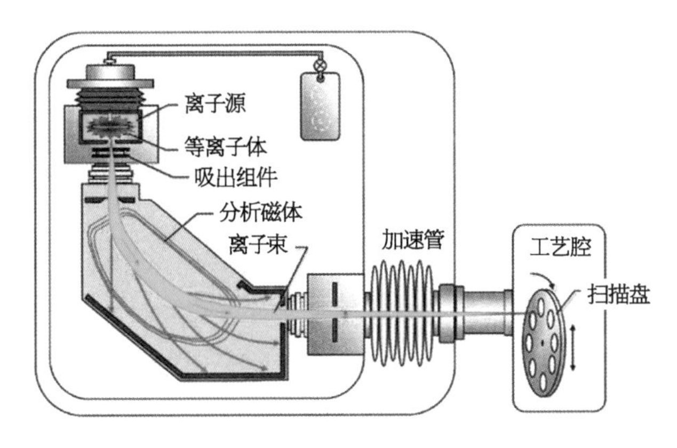

图 5－12　磁分析器的示意图

（来源：盖泽华矽半导体官网）

2）后加速器

后加速器的作用是通过进一步加速，赋予粒子更高的动能。这一过程依据的基本原理是利用电位差来增加粒子的能量。具体而言，气体箱与终端(terminal)之间的电位差为 90 kV，同时，终端与接地(ground)之间的电位差也为 90 kV。由于这两个电位差的叠加，气体箱与接地之间的最大电位差可达 180 kV。这意味着，粒子在从气体箱移动到接地过程中，理论上可以获得最高 180 kV 的加速电势，从而实现更高级别的加速。图 5－13 为后加速器的工作原理示意图。

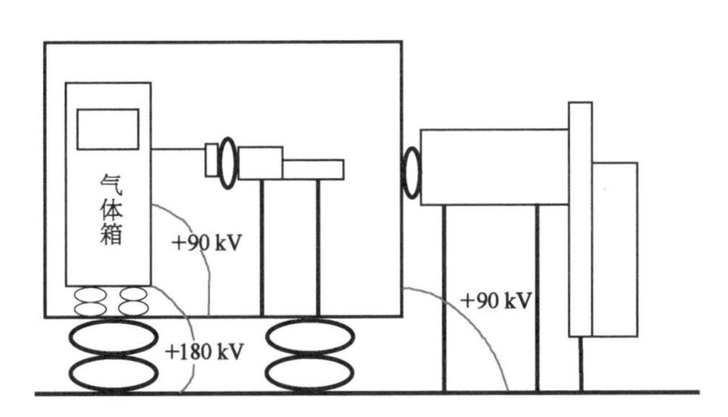

图 5－13　后加速器的工作原理示意图

（来源：型号为 GSD 200E 的离子注入机的操作手册）

3）磁聚焦透镜

磁聚焦透镜由成对的电磁线圈构成，以产生一个特定梯度的磁场。这个磁场迫使通过的带电离子束在横向上聚集，类似于光学透镜聚焦光线一样。当离子束进入这些电磁线圈产生的磁场时，由于洛伦兹力的作用，电磁铁之间的相反磁场方向产生收敛效应，使带电粒子在一定轴向平面内靠拢，从而实现离子束的聚焦，确保离子束能够精确地注入晶圆上预定的位置。

4）束流侦测器

束流侦测器用于测量束流的大小，根据设定程序及手动操作来切断束流注入通道。侦测器是一个带有6块石墨的金属杯形物体，杯子后部有气缸控制侦测器的开合。其原理是在金属杯上装有两块永磁铁，当离子进入后，永磁铁受磁场的作用向石墨偏移，根据连接至计量控制器的石墨来测量离子数量。图5-14为束流侦测器的工作原理示意及实物图。

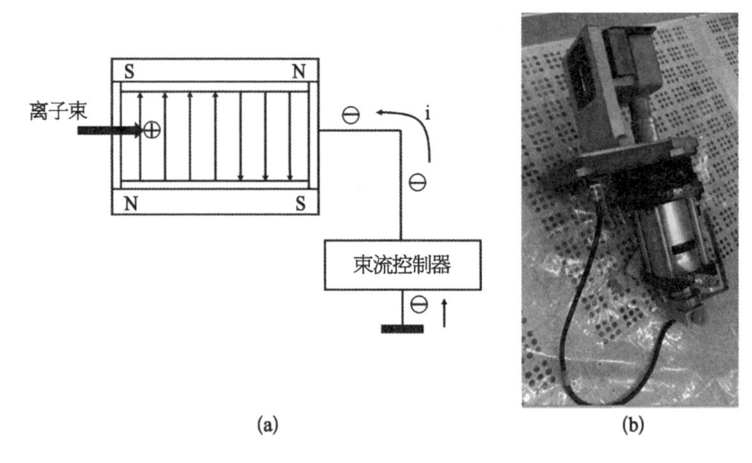

图5-14 束流侦测器

(a) 工作原理示意图；(b) 实物图。（来源：型号为GSD 200E的离子注入机的操作手册）

5）电子浴发生器

电子浴发生器可防止因大量正离子注入Si晶圆而导致的Si晶圆正电势过高的问题，进而规避可能出现的Si晶圆内部电路击穿问题，减少产品废片的概率。在离子注入过程中，正离子之间的相互排斥力可能引发所谓的“束流膨胀”现象，电子浴发生器通过向束流中注入电子，有效降低了这种排斥效应。它的工作原理主要包括利用加热灯丝发射电子，以及气体分子在上方气管碰撞过程中产生的额外电子，这些电子与束流中的正离子相结合，从而帮助实现离子的中性化。为了确保离子束的中性化效果，需要根据注入的离子量适当调整电子的数量。图5-15为电子浴发生器的工作原理示意及实物图。

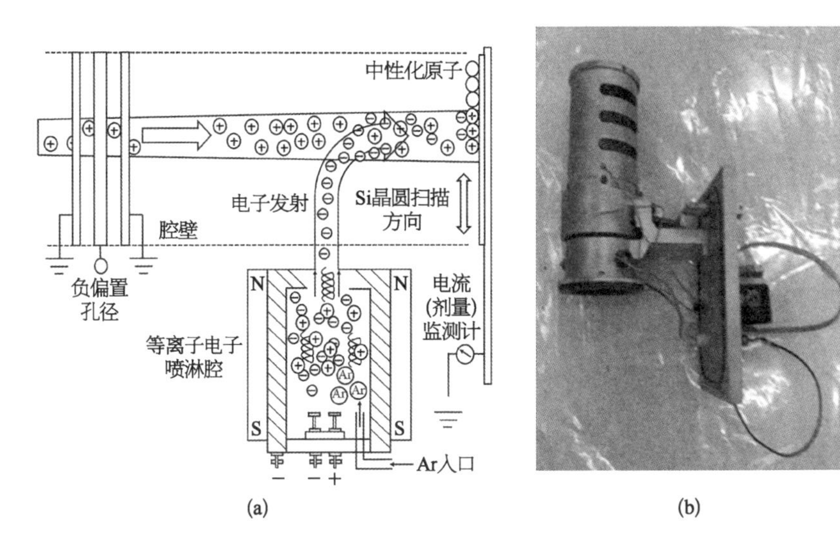

图 5-15　电子浴发生器

(a) 电子浴发生器的工作原理示意图[16]；(b) 型号为 GSD 200E 的离子注入机的电子浴发生器的实物图。

5.4.3　扫描方式和靶室终端

离子注入过程可以采用不同的扫描和传送方法，主要分为静电扫描、平行扫描、机械扫描和混合扫描 4 种类型。一般来说，中低电流注入使用固定 Si 晶圆的方式，而高电流注入采用固定束流斑点的方法。在实际操作中，静电扫描和机械扫描是两种最常应用的方法。

1) 静电扫描

静电扫描是一种用于单片式离子注入的方法，通过电动偏转器改变束流的方向，将离子均匀注入固定不动的 Si 晶圆上。这种方式能有效降低颗粒污染，因为 Si 晶圆保持静态，仅束流进行动态扫描。图 5-16 为静态扫描的工作原理示意图。

2) 平行扫描

平行扫描用于定向调整束流方向，使其以垂直角度均匀地扫描并击打静止的 Si 晶圆表面，从而达到在整个 Si 晶圆上均匀注入离子的目的。在这个过程中，束流动态移动而 Si 晶圆保持静态，保证了注入的准确性和均匀性。

3) 机械扫描

机械扫描是一种针对大电流、高产能离子注入器的方案，能够同时处理多个

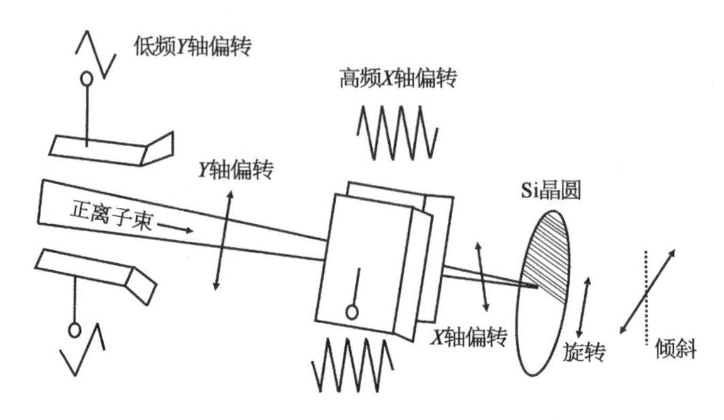

图 5-16　静态扫描的工作原理示意图[16]

晶圆。在此过程中，晶圆被设置为以 1 000～1 500 rpm 的速度旋转，同时进行上下移动以实现均匀的离子注入。在整个过程中，束流保持静止，而 Si 晶圆则在移动。图 5-17 为机械扫描的工作原理示意及实物图。然而，这种方法中较大的腔体设计和晶圆的机械运动可能导致颗粒污染的增加。

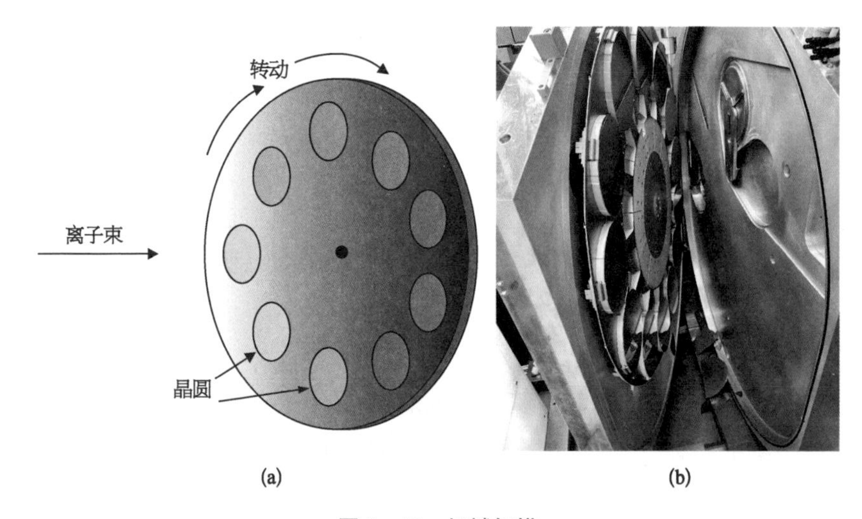

图 5-17　机械扫描

(a) 机械扫描的工作原理示意图[17]；(b) 型号为 GSD 200E 的离子注入机的机械扫描对应的靶盘。

4）混合扫描

混合扫描是一种单片式离子注入技术，其中 Si 晶圆在旋转的同时沿 Y 轴进行移动，而束流则沿 X 轴移动。通过这种方式，可以实现动态束流和动态 Si 晶圆的协同工作，以确保离子的均匀注入。

在任何注入方式中，对 Si 晶圆的冷却管理都极为重要。由于注入过程中束流与 Si 晶圆的接触会产生热量，随着注入剂量的增加和时间的延长，热量会逐渐累积。特别是在重掺杂注入时，如果温度超过 100℃，阻挡层的光刻胶可能会破裂或碳化，使得去胶清洗变得异常困难。温度超过 300℃可能会改变器件的电学性质。为了管理这一问题，每个靶盘（无论是单片还是多片）都会采用冷却装置单独进行循环冷却，靶盘上也覆盖有专门的导热涂层。

5.4.4　厂务端配置

由于离子注入机在操作过程中可能会产生有毒有害气体、辐射等潜在危险，因此，机台配备了多种安全措施，包括铅板、除害桶及各种报警系统，以确保操作人员的安全。

(1) 铅板：安装在机台各个区域的门内部，主要是为了防御操作时产生的辐射，避免对操作人员造成伤害。此外，每周还会定时使用便携式辐射探测器对机台及其周边区域进行辐射水平检测。

(2) 烟感报警系统：针对生产过程中使用的特殊杂质源。由于长时间的操作可能会在机器内部积累一层固化物，如磷(P)，这些物质在进行预防性维护拆卸时可能会自燃，因此需要适当的安全措施。

(3) 气体泄漏报警系统：常见于使用 As、P、三氟化硼(BF_3)等易泄漏气体的设备。一般会在气体源存放的气体箱内安装一个气体泄漏报警器，并在机台外部环境点也配置同样的装置，并接通厂务总报警端口。

(4) 漏水检测报警系统：由于离子注入机需大量使用冷却水且机台功耗高，设备底部铺设了较大面积的漏水检测带，以便在水管因老化或维护安装不当导致泄漏时及时发现并处理。

(5) 除害桶：用来处理和过滤在注入过程中排放的含有剧毒杂质源的废气。机台端还装有冷冻泵以吸附和减少对环境及人员的潜在危害。

(6) 注入机常用的气体源包括固态源及气态源。由于固态源存在储存风险，并且其加热气化过程中流量控制效果不佳，此方法正在逐渐被淘汰。气态源使用高压钢瓶及低压钢瓶存储，由于高压钢瓶存在安全风险，当前趋势是向使用低压钢瓶转变，低压钢瓶也因具备更高的安全性而被广泛采用。最常见的注入气体包括砷烷(AsH_3)、PH_3、BF_3 和 Ar。此外，还常使用二氟化硅(SiF_2)、四氟化锗(GeF_4)、Sb 和 H_2等。

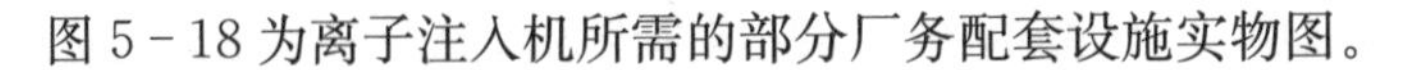

图 5 - 18 为离子注入机所需的部分厂务配套设施实物图。

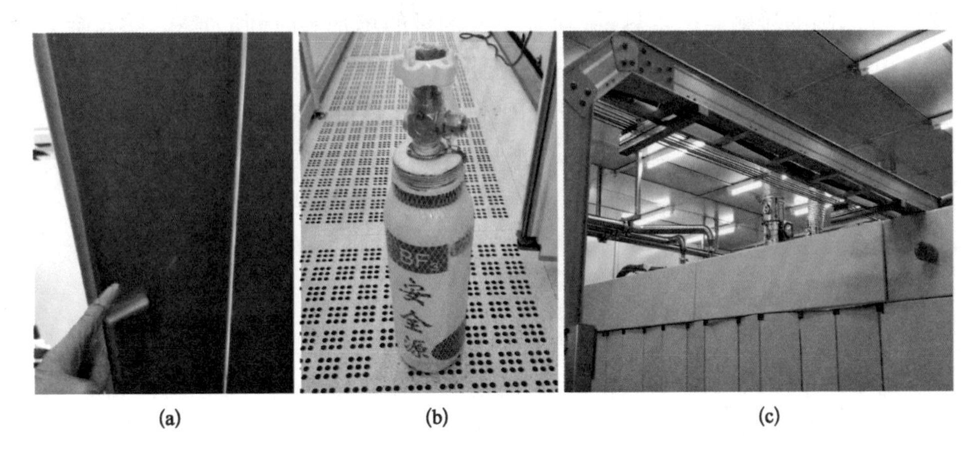

图 5 - 18　离子注入机所需的部分厂务配套设施

(a) 铅板;(b) 特种气体低压钢瓶;(c) 特种气体报警器。

5.5　离子注入机的国际市场

全球离子注入机的领先企业主要分布在美国、日本和中国,美国供应商有应用材料、亚舍立、因特瓦克(Intevac)等;日本供应商包括日新离子机械(Nissin Ion Equipment)、日本真空(ULVAC)、住友重机械工业(Sumitomo Heavy Industries)等;中国供应商包括凯世通、北京烁科中科信等。整体来看,国外供应商仍然处于领先地位,尤其是在高能离子注入机领域,亚舍立几乎垄断了市场。中国供应商虽然在低能大束流和中低束流离子注入机领域有所突破,但仍然存在一定的技术差距。近几年,中国供应商也在不断加大研发投入和创新力度,借鉴国外先进技术和经验,结合中国用户的需求和特点,开发出符合市场需求的离子注入机产品。尤其是在高能离子注入机领域,北京烁科中科信已经实现了重大突破,有望打破国外厂商的垄断。

第6章 刻蚀技术

刻蚀过程主要涉及去除材料的方法，以形成电路图案、器件结构或通过衬底制造微细特征。刻蚀可以是湿法刻蚀(使用化学溶液)，也可以是干法刻蚀，主要通过等离子体反应进行。本章主要介绍刻蚀的基础理论、相关刻蚀机的工作原理以及实际操作方法。

6.1 湿法刻蚀

湿法刻蚀主要依赖于化学反应来溶解材料。刻蚀过程中，刻蚀溶液中的化学试剂与晶圆表面材料发生反应，并形成可溶性的化合物或离子。这些可溶性物质会从晶圆表面溶解或扩散到溶液中，从而去除不需要的材料。湿法刻蚀的物理化学机制直接取决于刻蚀液的成分和材料之间的反应。其主要特点如下。

(1) 选择性刻蚀：通过选择性的化学反应，湿法刻蚀可以只去除目标材料而不损伤其他部分，这对于多层结构的微电子器件尤为重要。

(2) 成本效益：与干法刻蚀相比，湿法刻蚀通常成本较低，设备和运行成本也较低，刻蚀速率快，适合大面积加工。

(3) 难以控制刻蚀形状和精度，尤其是各向同性刻蚀。

湿法刻蚀包括使用湿法试剂刻蚀材料，还可使用气态试剂刻蚀材料，如氟化氙(XeF_2)、HF等，以下分别讲述。

6.1.1 湿法刻蚀的常用试剂

1) 酸性试剂

酸性试剂常用于刻蚀碱性材料，如Al_2O_3、氧化镁(MgO)和Si_3N_4等。常用的酸性试剂如下。

(1) HF：常用于刻蚀 Si 和 SiO_2，具有高选择性。

(2) 硝酸(HNO_3)：常用于刻蚀 Al 和 W 等金属。

(3) 盐酸(HCl)：常用于刻蚀 Al 和 Cu 等。

(4) 磷酸(H_3PO_4)：常用于刻蚀 Al 和磷化铝(AlP)等。

2) 碱性试剂

碱性试剂常用于刻蚀酸性材料，如金属等。常用的碱性试剂如下。

(1) 氢氧化钾(KOH)：常用于 Si 的各向异性刻蚀。

(2) 氢氧化钠(NaOH)：常用于刻蚀 Al 等金属等。

(3) $NH_3 \cdot H_2O$：常用于刻蚀 Si 和 Si_3N_4等。

3) 氧化剂

氧化剂常用于刻蚀还原性材料，如金属。常用的氧化剂是 HNO_3，其作为氧化剂时，可以与还原性材料发生反应并去除其表面。

4) 其他试剂

除了上述常用的酸性、碱性和氧化剂试剂外，还有一些其他常用的湿法刻蚀试剂，如高氯酸($HClO_4$)，常用于刻蚀 Cr 和铬酸铜($CuCrO_4$)等。

需要根据具体的应用需求、目标材料及刻蚀过程中可能的副反应和危险性来选择合适的刻蚀试剂。

6.1.2 常见湿法刻蚀工艺

1) SiO_2湿法刻蚀

(1) 采用 HF 腐蚀：$SiO_2+4HF \rightarrow SiF_4+2H_2O$。HF 对 Si 的刻蚀速率低，选择性好。可根据工艺需要对 HF 进行稀释，以达到不同的刻蚀速率。HF 对 Si_3N_4、SiO_2等 Si 基介质材料均可腐蚀。

(2) 采用缓冲氧化物腐蚀剂(buffered oxide etchant, BOE)刻蚀：BOE 是一种常用的湿法刻蚀 SiO_2的溶液，由 HF 和氟化铵(NH_4F)组成。与 BOE 溶液中的 HF 发生反应的化学方程式为 $SiO_2+6HF \rightarrow H_2SiF_6+2H_2O$。BOE 溶液中的 NH_4F 具有缓冲作用，可以影响 HF 的电离平衡，达到稳定反应速率的作用。同时，和 HF 相比，BOE 溶液和光刻胶的兼容性更好，进行带光刻胶刻蚀时，工艺窗口更大，不容易产生光刻胶剥离现象。

2) Si_3N_4的湿法刻蚀

利用高温 H_3PO_4 刻蚀 Si_3N_4 的反应方程式为 $Si_3N_4+6H_2O \rightarrow 3SiO_2+$

$4NH_3$（H_3PO_4 作为催化剂）。常用 120～165℃的 H_3PO_4溶液来刻蚀 Si_3N_4，此溶液对 SiO_2的刻蚀速率较低，选择性好。由于 Si_3N_4表面一般有些自然氧化层，用 H_3PO_4刻蚀 Si_3N_4前，常用 HF 进行少量的氧化物刻蚀。

3）Si 的湿法刻蚀

（1）四甲基氢氧化铵（TMAH）刻蚀：碱性溶液可以起到刻蚀 Si 的作用，并且对 Si 的不同晶面刻蚀速率差异很大，呈现各向异性，其中[111]面刻蚀速率很低，接近零。半导体工艺中，除 TMAH 外，NH_4OH 也是刻蚀 Si 的常用溶液。对金属污染不是关注的工艺，也可使用 KOH、NaOH 等碱性溶液。

（2）HF、HNO_3混合液刻蚀：使用 HF、HNO_3混酸对 Si 进行刻蚀时，主要刻蚀机理为 HNO_3对 Si 进行氧化，HF 对 SiO_2进行刻蚀，过程反复进行达到刻蚀效果。此混酸的刻蚀速率可达微米级别，比碱性溶液速度快，常用于 Si 的减薄工艺。

6.1.3　厂务动力配套要求

确保湿法刻蚀机稳定有效运行，需要考虑与处理化学物质和维护制程控制相关的特殊要求，配套的厂务动力设施主要如下。

（1）化学品管理系统：由于湿法刻蚀需要用到各种腐蚀性液体，如酸、碱和溶剂，所以需要一个安全可靠的化学品分配、储存和管理系统。

（2）排气和通风系统：刻蚀过程可能会产生有害气体，因此必须有高效的排气系统和化学气体过滤装置，以保证操作员的安全和工作环境的洁净。

（3）废液处理系统：湿法刻蚀产生的废液必须按照环保规定进行处理。这包括中和、沉淀、过滤等环节，以确保不污染环境。

（4）纯水供应系统：维持超净室清洁度及用于刻蚀后的冲洗过程中，需要大量的去离子水或超纯水供应。

（5）温控系统：某些刻蚀解决方案要求稳定的温度以保持刻蚀速率和均匀性，需要配备精确的温控装置，如恒温槽或加热板。

（6）安全监控系统：监测有毒气体泄漏、火灾及其他潜在的安全风险，并具备应急响应机制。

（7）抗静电系统：安全操控化学品和保护敏感设备和器件，需要有效的抗静电措施。

（8）精确流量和压力控制系统：确保化学刻蚀剂流动速率和压力的正确，需要精确的流量计和压力调节阀。

(9) PPE 和安全设施：包括安全淋浴和洗眼站，以及用于操作员在处理有害化学物质时必要的 PPE。

湿法刻蚀通风橱所需的厂务动力条件实物举例如图 6-1 所示。

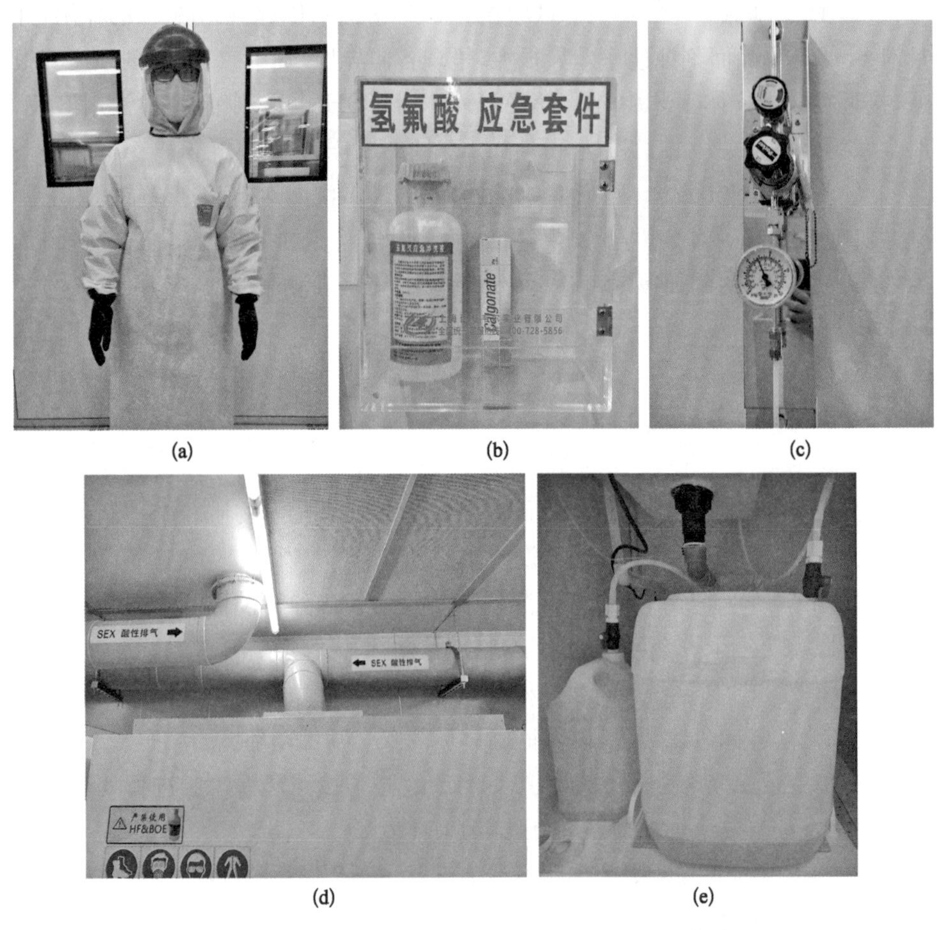

图 6-1　湿法刻蚀通风橱所需的厂务动力条件实物举例

(a) PPE；(b) 安全应急装备；(c) 气路系统；(d) 排风系统；(e) 废液回收桶。

6.1.4　设备操作规范及注意事项

由于湿法腐蚀试剂通常是强酸、强碱或有毒气体，因此所有操作需在特定通风橱内进行。如图 6-2 是常用的湿法刻蚀通风橱。

其相关安全操作事项如下。

(1) 个人安全：湿法刻蚀试剂通常是强酸、强碱或有毒气体，所以在操作过程中必须穿戴适当的PPE，如实验室外套、耐酸碱手套、护目镜和面罩等(图 6-3)。

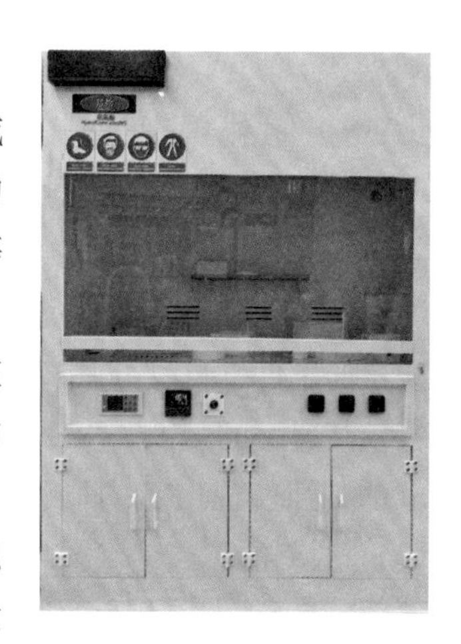

图 6-2　湿法刻蚀通风橱

(2) 良好的通风条件：湿法刻蚀剂的操作应在良好通风的实验室或设备中进行，以确保有足够的气体排出和新鲜空气流动。

(3) 充足的防护措施：在操作和管理湿法刻蚀试剂时，需要使用专门的化学容器和设备，以避免泄漏等安全事故。

(4) 正确的试剂和浓度：严格按照操作手册或规程中规定的试剂类型和浓度进行操作，以避免使用错误试剂或浓度，造成意外的化学反应，危及设备和操作人员。

(5) 恰当的操作顺序：遵循正确的操作顺序，按照规定将试剂添加到溶液中，不要逆序操作或混乱试剂的顺序，以免发生危险反应。

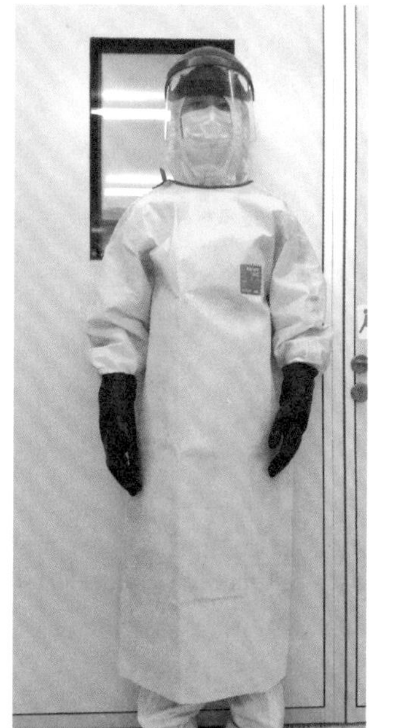

图 6-3　酸碱通风橱所需的防护装备

(6) 小心稀释试剂：当需要稀释试剂时，要小心添加试剂到溶液中，以防剧烈的放热反应或泡沫溅出，应缓慢搅拌和稀释。

(7) 合适的温度和时间控制：根据试剂和材料的要求，遵守合理的温度和时间控制，以确保刻蚀过程的有效性和安全性。

(8) 认真观察并紧急处理事故：在操作过程中，要随时观察试剂反应的情况，如有异常情况或事故应立即采取相应的应急措施，并报告相关人员。

(9) 妥善处置废液和废料：湿法刻蚀产生的废液和废料都应按照规定的环保标准妥善处理，确保不对环境造成污染或危害。

注意事项和操作规程可能因试剂和具体操作环境而有所不同，因此在进行湿法刻蚀操作之前，应详细研究和遵守相关的安全标准和操作指南。

6.1.5 氟化氙刻蚀

1. 基本原理

氟化氙(XeF_2)刻蚀是利用 XeF_2 可吸附在 Si 晶圆表面的特性，在没有外加能量的条件下自发分解产生氙气(Xe)和氟气(F_2)，而 F_2 可以在室温下对 Si 进行较高速率的刻蚀。由于 XeF_2 是通过自由扩散的方式与 Si 表面接触，因此对 Si 的刻蚀表现出各向同性的干法刻蚀特征。同时 XeF_2 也可以用于 Ge 和钼(Mo)的刻蚀。

XeF_2 刻蚀 Si 相比溶液刻蚀具有高选择比，并且无粘连及腐蚀现象；可实现牺牲层 Si 的窄开口、长底切的刻蚀，并具有低成本等优势。图 6-4 为利用 XeF_2 刻蚀 Si 的反应过程，反应式为：$2XeF_2 + Si \rightarrow 2Xe(g)\uparrow + SiF_4(g)\uparrow$，其中 SiF_4 是主要的反应产物，但是也有少量的其他反应副产物，包括 SiF_3、SiF_2、SiF 及 Si_2F_6。

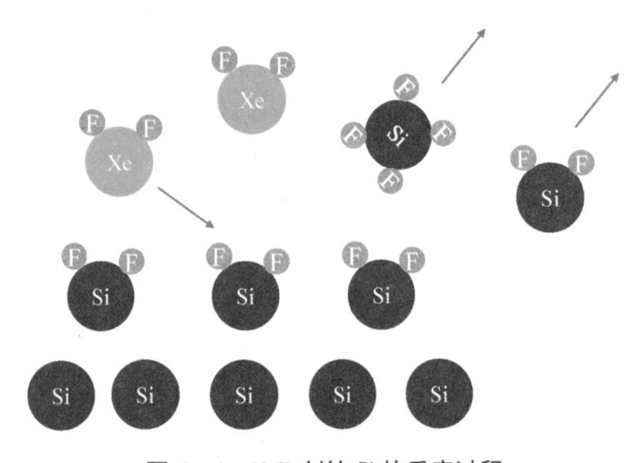

图 6-4 XeF_2 刻蚀 Si 的反应过程

2. 相关设备

常见的 XeF_2 刻蚀机主要由反应室、膨胀室、XeF_2 源瓶组成。以 SPTS(美国)制造的型号为 e2 的 XeF_2 刻蚀机为例，实物如图 6-5 所示，整体结构如图 6-6 所示。

XeF_2 刻蚀机采用循环脉冲的方式刻蚀，具体反应过程如下。

(1) V1、V5 阀打开，将 XeF_2 和 N_2 通入膨胀腔使其达到设置压力。

(2) V1、V5 阀关闭，V2 阀打开，将 XeF_2 和高纯 N_2(PN_2)通入刻蚀腔开始刻蚀。

图 6－5　型号为 e2 的 XeF_2 刻蚀机整体外观

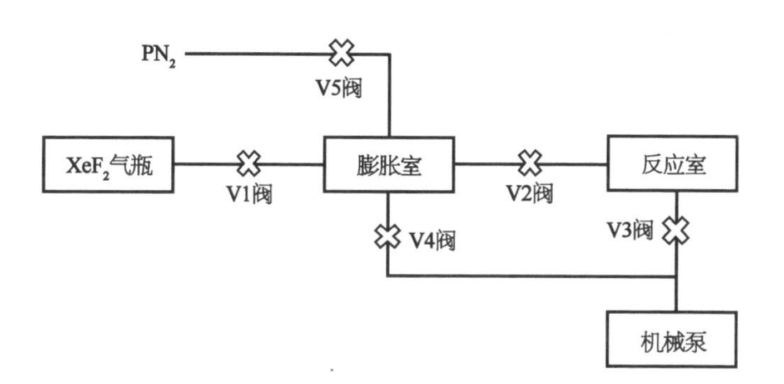

图 6－6　XeF_2 刻蚀机整体结构简图

（3）在达到设定的刻蚀时间后，V2 阀关闭，V3、V4 阀打开，将反应室和膨胀室抽真空，此为一个循环。

以型号为 e2 的 XeF_2 刻蚀机为例，设备硬件能力如表 6－1 所示。

表 6－1　型号为 e2 的 XeF_2 刻蚀机的硬件参数

气体配置	XeF_2、PN_2、O_2、H_2O
反应腔干泵	nXDS6i(埃地沃兹)

（续表）

反应腔极限真空	$<$ 6Pa
样品最大尺寸	6 in
源瓶接口数量	1
反应腔温度	室温

除了表 6－1 中的配置以外，XeF_2刻蚀机还可配置水蒸气存储罐和膨胀室，如图 6－7 和 6－8 所示。水蒸气存储罐在必要时可将水蒸气与XeF_2混合以提高 Si 与Si_3N_4的刻蚀选择比。膨胀室用于临时储存所设定气压量的XeF_2，实现XeF_2的脉冲刻蚀和利用率。

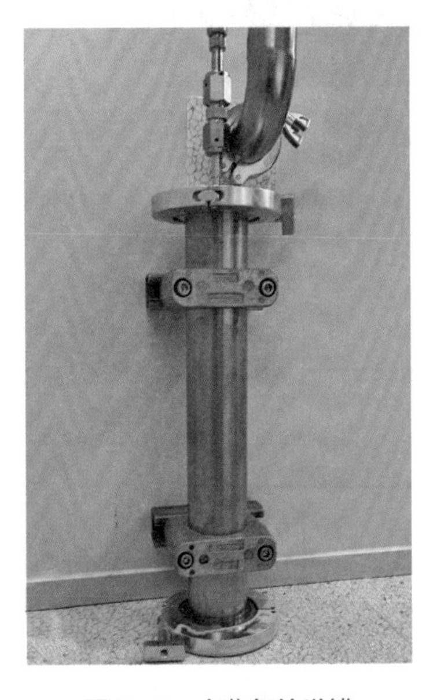

图 6－7　水蒸气输送罐

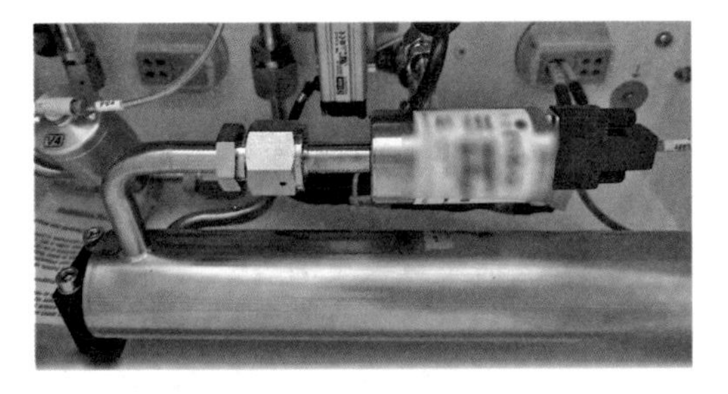

图 6－8　膨胀室

3. 厂务动力配套要求

要确保XeF_2刻蚀机能够稳定有效地运行，除了超净室必备的洁净度、温湿度、电力供应外，还需要配套的厂务动力设施主要如下。

（1）精密控温系统：XeF_2刻蚀反应可能对温度较为敏感，需要通过精确的温度控制系统来保障过程的稳定性和效率。

（2）特种气体供应系统：XeF_2作为一种特种气体，需要安全且稳定的供气系统。这包括气体的安全储存、输送和精确流量控制系统。

(3) 高效排气和通风系统：由于 XeF_2 在使用过程中可能生成有害气体，需要有高效的排气系统和适当的化学过滤装置以确保工作环境的安全。

(4) 废气处理和环保系统：处理 XeF_2 刻蚀过程中产生的废气，安装适当的废气处理设施以符合环保标准和法规要求。

(5) 电源稳定系统：XeF_2 刻蚀机可能需要稳定且具有调节能力的电源供应，以保障设备正常运作。

(6) 安全系统：因为 XeF_2 具有潜在的危险性，所以设备需配备气体泄漏探测器及相关的安全措施，如紧急关闭系统。

XeF_2 刻蚀机所需的厂务动力条件实物举例如图 6-9 所示。

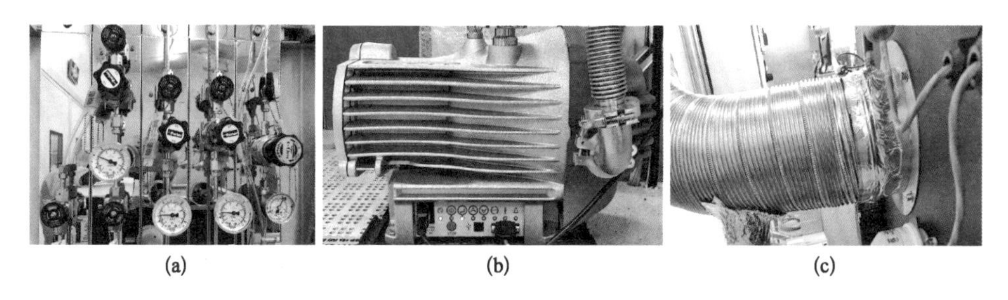

(a)　(b)　(c)

图 6-9　XeF_2 刻蚀机所需的厂务动力条件实物举例

(a) 特种气体供应系统；(b) 排气系统；(c) 机械泵。

4. 设备工艺能力

XeF_2 是一种气态的硅刻蚀剂，这种技术的主要优点在于它能够实现各种复杂的 3D 硅结构制作。因此，XeF_2 刻蚀工艺常用于制作微电子器件，特别是在 MEMS 器件的制造中被广泛使用。以型号为 e2 的 XeF_2 刻蚀机为例，其刻蚀 SiO_2 的工艺配方示例如表 6-2 所示。

表 6-2　XeF_2 刻蚀机的工艺配方示例

XeF_2 气压(Torr)	刻蚀选择比	刻蚀速率(μm/min)
3.5	Si/Si_3N_4 >1 000	1～10

5. 设备操作规范及注意事项

由于 XeF_2 有毒，且有刺激性气味，容易对人体造成伤害，因此在使用 XeF_2

刻蚀机时注意必须保护好眼睛和皮肤，佩戴适当的防护设备，如防护眼镜和防护手套等；并且在使用后及时关闭 XeF_2 气瓶手阀，避免对环境和人体健康造成危害。

设备的操作流程涵盖了启动前的检查、样品装载、刻蚀配方选择及编辑、刻蚀过程监控、样品卸载和设备清洁关闭等步骤。读者可通过扫描图 6-5 旁的二维码观看具体的操作流程视频。

6. XeF_2 刻蚀机的国际市场

XeF_2 刻蚀机广泛应用于 Si、硅化物和某些金属的选择性刻蚀。国际市场主要被 SPTS、莎姆克(Samco，日本)等供应商垄断。

其中，SPTS 的 XeF_2 刻蚀机有 e2、X4、CVE 机型，其中 e2 机型是成本低、占地空间小的桌面型刻蚀机，非常适合高校及其他实验室；X4 机型是更加高效地采用 XeF_2 释放 MEMS 器件的刻蚀系统，其高刻蚀速率和高选择比使其适用于密集的研发室；CVE 机型是高效的腔室设计系统，用于提高刻蚀速率、均匀性和刻蚀效率。

莎姆克的 VPE-4F 机型采用脉冲式的刻蚀方式，Si/SiO_2(热氧化)的刻蚀选择比可高达 300∶1；对于高深宽比的硅材料也能实现各向同性刻蚀；设备可兼容 4 in 晶圆刻蚀，刻蚀速率达 30 nm/min，均匀性在±10%以内。

6.1.6 氟化氢刻蚀

1. 基本原理

氟化氢(HF)刻蚀是以气态乙醇(EtOH)作为载气与 HF 混合后，对牺牲层 SiO_2 介质进行选择性刻蚀来释放结构的工艺手段。

HF 刻蚀 SiO_2 相比溶液刻蚀 SiO_2 具有粘连少、成本低等优势。HF 刻蚀 SiO_2 主要包括以下 4 个步骤。

(1) HF 与 SiO_2 反应生成挥发性 SiF_4，完成牺牲层腐蚀。

(2) 气相刻蚀时，氧化层表面吸附 EtOH 分子，HF 在 EtOH 中发生电离生成 HF^{2-}。

(3) 界面反应发生。

(4) 界面反应生成的部分 H_2O 参与 HF 的电离反应，促进反应速率，另一部分水蒸气被 EtOH 及时带走。每步的化学反应式如表 6-3 所示。

表 6－3　HF 刻蚀 SiO_2 反应式

步　　骤	反　应　式
①	$HF+SiO_2 \rightarrow SiF_4+H_2O$
②	$2HF+EtOH \rightarrow HF_2^-+EtH^+$
③	$SiO_2+2HF_2^-+2EtH^+ \rightarrow SiF_4+2H_2O+2EtOH$
④	$2HF+H_2O \rightarrow HF_2^-+H_3O^+$

2. 相关设备

HF 刻蚀机主要由主机台、EtOH 输送装置、HF 输送装置组成，以 SPTS 制造的型号为 uEtch 的 HF 刻蚀机为例，其实物如图 6－10 所示，整体结构简图如图 6－11 所示。

图 6－10　HF 刻蚀机的整体外观

该设备的硬件能力如表 6－4 所示。

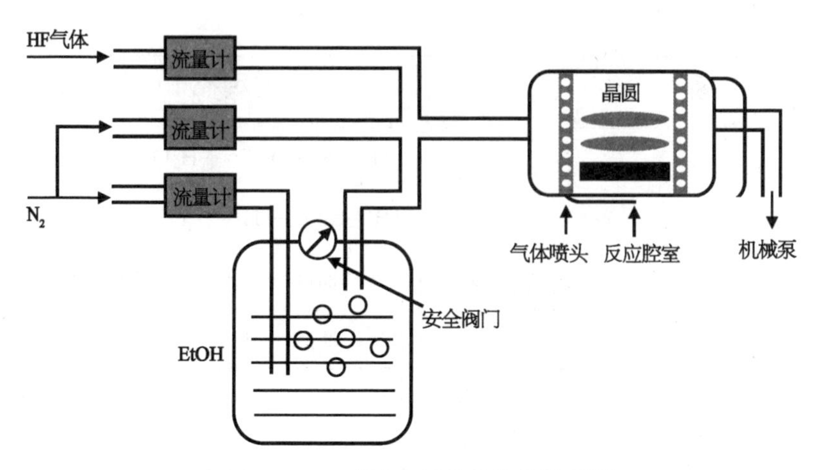

图 6-11 HF 刻蚀机的整体结构简图[18]

表 6-4 型号为 uEtch 的 HF 刻蚀机的硬件参数

气体配置	HF、EtOH、N_2、CDA
反应腔干泵	EV-S20N(荏原)
反应腔极限真空	<5 Pa
样品最大尺寸	4 in
源瓶接口数量	2
反应腔温度	45℃

通常，该类型设备的进气系统包含一路 HF 和两路 N_2，其中一路 N_2 和 HF 直接进入刻蚀腔，另一路 N_2 进入 EtOH 存储瓶，以鼓泡的方式携带 EtOH 进入刻蚀腔。前述混合气体进入刻蚀腔体时需通过一个匀气盘，使反应气氛分布尽可能均匀，刻蚀完成后通过干泵将残余气体抽走。除此之外，该类型设备还配置 HF 钢瓶和 EtOH 存储瓶，图 6-12 为刻蚀 SiO_2 所需的 HF 和 EtOH。

3. 厂务动力配套要求

要确保 HF 刻蚀机能够稳定有效地运行，除了超净室必备的洁净度、温湿度、电力供应外，还需要配套的厂务动力设施主要如下。

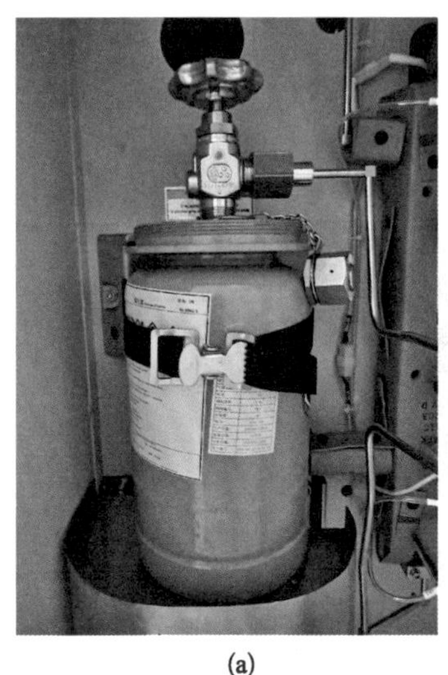

(a)

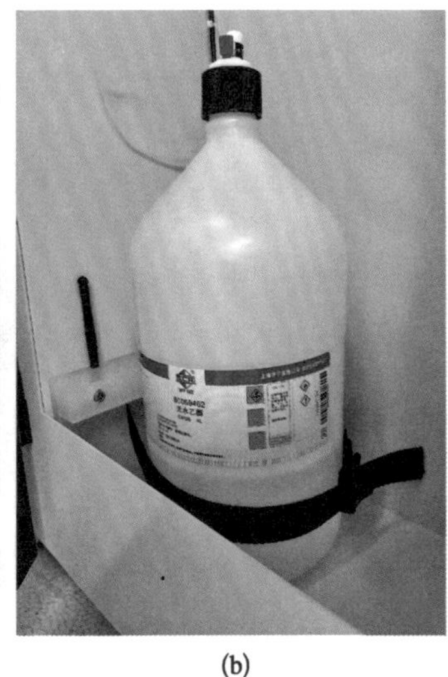

(b)

图 6-12　HF 刻蚀机存储装置

(a) HF 钢瓶；(b) EtOH 存储瓶。

(1) 特种气体供应系统：HF 作为一种高危险性气体，需要一个安全可靠的气体供应系统，包括钢瓶的安全存储、自动控制气体阀门和泄漏监测系统。

(2) 有效的排气和通风系统：由于 HF 具有高度腐蚀性和毒性，必须有一个高效的排气系统来处理气体刻蚀过程中排放的气体，确保操作环境的安全。

(3) 废气处理系统：除了排气系统之外，还需要有废气处理装置进行气体的中和、吸附或其他处理，以减少对环境的影响，并符合环保法规。

(4) 安全监控系统：包括气体泄漏探测器、火灾报警系统和应急响应设备。由于 HF 的危险性，这些安全系统对于保护操作人员和设备安全至关重要。

(5) PPE：必须为操作人员提供必要的防护措施，如防化学品泄漏的服装、防毒面具、眼睛保护和应急洗眼设施。

(6) 稳定电力供应系统：不仅要保证设备的连续供电，可能还需要安装 UPS 以在主电源中断时提供电力，保证安全系统和控制系统的正常运行。

HF 刻蚀机所需的厂务动力条件实物举例如图 6-13 所示。

4. 设备操作规范及注意事项

由于 HF 有强烈的毒性，处理不当会对人体造成伤害，特别是其蒸气和液体都会对皮肤、眼睛、呼吸系统等造成不可逆伤害。因此，在使用 HF 相关设备时，须严格遵守操作手册和安全预防措施。在操作该类型设备时，具体应注意以下几点。

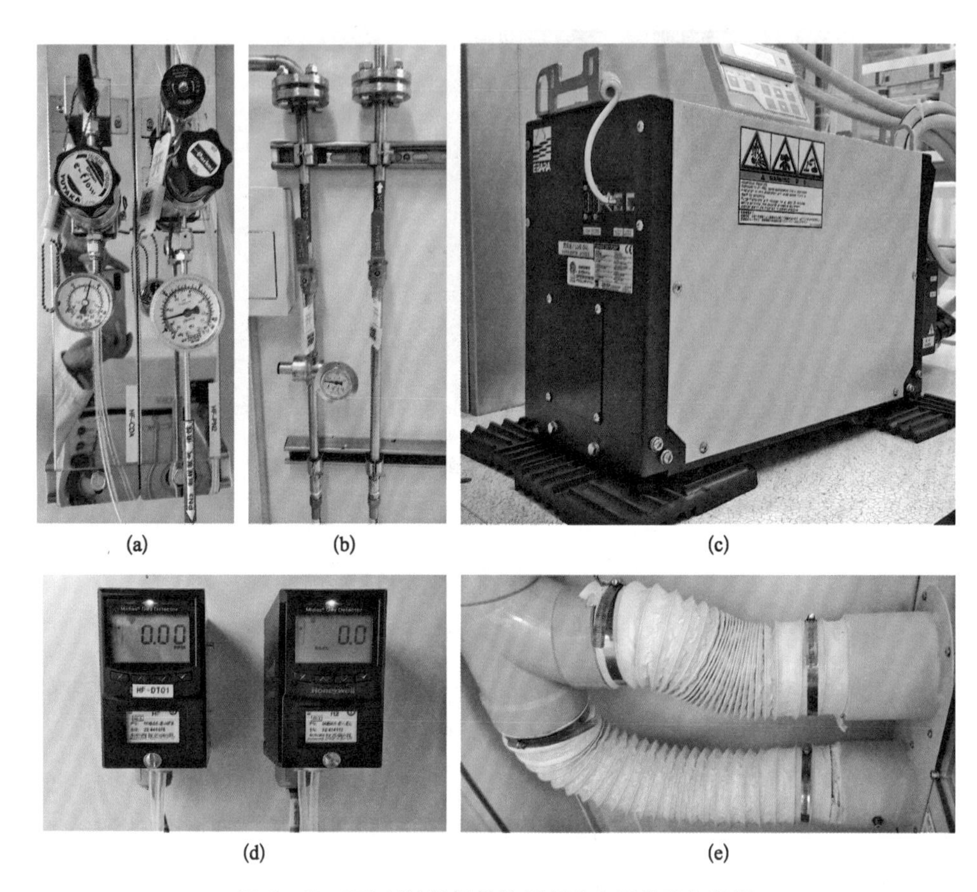

(a) (b) (c) (d) (e)

图 6-13　HF 刻蚀机提供的厂务动力条件实物举例

(a) 特种气体供应系统；(b) 冷却水系统；(c) 干泵；(d) 气体侦测器；(e) 排气系统。

(1) 使用设备进行刻蚀前后均需对样品进行 200℃左右的烘干处理，以挥发掉样品表面可能存在的 HF 和水分。

(2) 机台后侧有 HF 和 EtOH 监测警报器，如发现 HF 或 EtOH 泄漏警报应立即停止实验，保证人身安全。

(3) 实验后及时关闭 HF 气瓶手阀。

(4) 实验后切勿用手直接取出样品，以免腐蚀皮肤。

(5) 确保每次使用后对 HF 管路进行清洗，若设备长期不使用，应定期进行清洗。

5. 设备工艺能力

HF 作为强酸和强氧化剂，能与许多金属和非金属化合物反应，是强烈的腐蚀剂。在微纳加工制造过程中，HF常对Si和SiO_2有极好的刻蚀能力，特别是对于玻璃纤维和其他玻璃基材有很好的刻蚀效果。

以型号为uEtch的HF刻蚀机为例，其工艺示例如表6-5所示。

表6-5　HF刻蚀机的工艺配方示例

压强(Torr)	HF(sccm)	EtOH(sccm)	N_2(sccm)	刻蚀速率(Å/min)	均匀性(%)
125	190	210	1 425	223	7.46
125	310	350	1 250	791	3.98

6. HF刻蚀机的国际市场

HF刻蚀机是一种用于半导体制造过程中，通过化学方式去除Si、SiO_2以及其他材料的设备。国际领先企业在HF刻蚀机领域拥有成熟的产品线和丰富的应用经验。

ldonus Sari(瑞士)是世界领先的MEMS工艺设备供应商，其推出的HF刻蚀系统是具有无黏结刻蚀工艺的半导体加工装置，通过对晶圆衬底加热，可以有效控制晶圆表面的水分。由于晶圆完全不与液体接触，可以进行无黏附MEMS释放。其推出的VPE系列适用于4 in、6 in和8 in晶圆的刻蚀处理。

SPTS是一家领先的半导体设备供应商，其制造的HF刻蚀系统采用高频气相刻蚀工艺，并推出了Primaxx® Monarch300系列，包括300、25、3、uEtch等，支持多种晶圆尺寸(4 in、6 in、8 in)及25片数量的晶圆的刻蚀工艺，刻蚀的片内与片间均一度高。

随着中国半导体产业的快速发展，中国设备供应商不断崛起，并投入资源研发高性能的HF刻蚀机。苏州赛美达(型号：SMDVHF-200)等公司已经在该领域取得了显著进展。

6.2　干法刻蚀

干法刻蚀是一种常见的刻蚀工艺方法，通过使用气态刻蚀剂和等离子体来去除材料。等离子体由高能电子、正离子、自由基、中性分子和光子组成，它们利用有效的重离子轰击或化学反应以去除材料。在真空环境下，向刻蚀腔内注入气体，并应用射频或微波能量，从而将气体电离为等离子体。等离子体中的离子和自由基与样品表面的材料相互作用，通过离子的物理轰击与化学反应相结合，从而去除材料。在干法刻蚀过程中，通过调整等离子体的参数和使用不同的刻蚀气体，能够实现更高程度的各向异性刻蚀和较为理想的剖面控制。干法刻蚀的几种常见形式如下。

(1) 反应离子刻蚀(reactive ion etching，RIE)：结合物理轰击和化学反应，可以实现高程度各向异性的刻蚀。

(2) 离子束刻蚀(ion beam etching，IBE)：使用定向离子束进行主要的物理轰击。

(3) 等离子体刻蚀(plasma etching，PE)：主要依靠等离子体中的化学自由基反应，而非物理轰击。

以下是关于干法刻蚀的一些关键点。

(1) 等离子体生成：在干法刻蚀中，通过在真空或低压环境下引入气体，然后通过加热、电离或其他方法产生等离子体。等离子体使气体离子化并充满整个刻蚀腔室。

(2) 物理轰击：干法刻蚀中，由于等离子体中存在大量的离子，这些离子通过物理碰撞来移除材料表面的原子或分子，称为物理轰击。物理轰击是干法刻蚀的一个重要机制。

(3) 化学反应：除了物理轰击外，干法刻蚀还包括气体离子和原子与材料表面发生化学反应的过程。这些化学反应可以溶解和氧化材料，从而去除不需要的部分。

(4) 各向异性控制：干法刻蚀通常能够实现较高的各向异性。通过调整等离子体参数、刻蚀气体和刻蚀功率等，可以控制刻蚀深度和剖面形状，从而实现所需的各向异性刻蚀。

(5) 设备和操作注意事项：干法刻蚀需要比湿法刻蚀更复杂的设备，并且对真空环境有严格的要求。操作时需要注意设备的安全性和适用条件，并遵守相关的操作规程和安全措施。

干法刻蚀在集成电路制造和微纳米加工中具有重要的应用价值。它能够实现更高的分辨率、各向异性和剖面控制，但也存在成本高和设备复杂等问题。因此，在选择干法刻蚀作为制程工艺时，需要综合考虑特定材料、工艺要求和设备条件等因素。

6.2.1　反应离子刻蚀技术

1. 基本原理

RIE是一种常见的干法刻蚀方法，它结合了物理轰击和化学反应，可以实现高度各向异性的刻蚀，设计原理如图6－14所示。其基本原理如下。

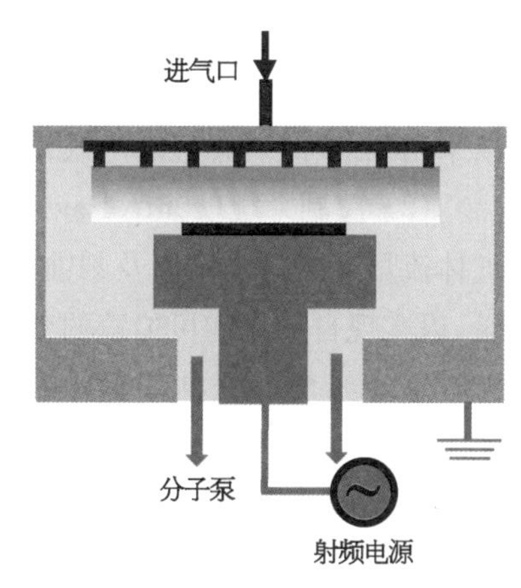

图6－14　RIE的设计原理图

(1) 气体离子生成：在RIE中，首先需要在刻蚀腔中产生等离子体。通常在电场(射频)的作用下，将刻蚀气体注入真空腔室中，并通过电极(例如带有网格的电极)电离气体。这样就会产生丰富的离子。

(2) 物理轰击：离子被带有高电势的电极加速，并以高速撞击到晶圆表面上的原子或分子。这些离子的动能能够将目标材料直接剥离，从而实现物理轰击，即将原子或分子从表面移除。

(3) 化学反应：刻蚀气体中的离子、自由基和中性物质与目标材料表面的原子或分子发生化学反应。这些化学反应可以溶解或氧化材料，并产生可挥发的物质，或形成无溶解性的产物。这样可以通过化学反应从底部削减材料。

在等离子体的化学反应和物理轰击的作用下，RIE可以实现高度各向异性的刻蚀。等离子体的方向性使得刻蚀主要集中在垂直于晶圆表面的方向，而化学反应可以在表面形成保护层，限制侧壁削减。这样就实现了陡峭的侧壁和较小的底部侵蚀。

需要注意的是，RIE的基本原理会因刻蚀气体的不同而有所改变。刻蚀气体的选择将取决于目标材料的硬度、构成和刻蚀需求。因此，在进行RIE时，需要仔细选择刻蚀气体和相关参数，以实现所需的刻蚀效果。

2. 相关设备

RIE设备通常由以下几个基本组成部分组成。

(1) 反应室(reaction chamber)：是刻蚀过程发生的主要空间，提供了一个封闭的环境。通常由超高真空室制成，以确保等离子体的稳定和杂质的最小化。

(2) 气体供给系统(gas delivery system)：用于提供刻蚀过程所需的工作气体，其中包括刻蚀气体、辅助气体和净化气体，可以通过 MFC 精确控制气体流量。

(3) 电源和射频发生器(power supply and radio frequency generator)：用于产生气体放电所需的功率和频率。直流电源(direct current power supply)和射频发生器(radio frequency generator)供应能量以激发等离子体。

(4) 加热系统(heating system)：用于控制待刻蚀样品的温度。加热系统可以采用辐射加热、感应加热或传导加热等方法。

(5) 控制系统(control system)：用于监控和控制刻蚀过程的各个参数，如气体流量、功率、温度以及刻蚀时间等。控制系统可以采用计算机控制和数据记录，以实现自动化和可追踪的刻蚀过程。

这些组成部分共同工作，实现反应离子刻蚀，并提供精确的刻蚀控制和高度各向异性的刻蚀效果。根据具体的应用需求，RIE 设备的构造和功能也可能有所不同。以牛津仪器(Oxford Instrument，英国)制造的型号为 PlasmaPro 100 RIE 的 RIE 设备为例，其设备照片如图 6-15 所示。

图 6-15 型号为 PlasmaPro 100 RIE 的 RIE 设备

反映设备能力的通常有电源、气体种类、晶圆尺寸、刻蚀材料等，表 6-6 为型号为 PlasmaPro 100 RIE 的 RIE 设备的硬件参数。

表 6-6 RIE 设备的硬件参数

型号	PlasmaPro 100 RIE
腔室极限真空	进样室 LL：2×10^{-2} Torr 反应室 PC：3×10^{-6} Torr
真空系统	LL：15 m^3/h 抽速的干泵 PC：100 m^3/h 抽速的干泵 PC：1 600 L/s 抽速的分子泵
温控系统	电阻丝加热和冷却下电极

（续表）

供气系统	SF_6/三氟甲烷(CHF_3)/Ar/O_2(刻蚀 Si_3N_4/SiO_2) Ar(稀释)
射频系统	下电极配置一个高频射频电源(600 W)

3. 厂务动力配套要求

要确保 RIE 设备能够稳定有效地运行，除了超净室必备的洁净度、温湿度、电力供应外，还需要配套的厂务动力设施主要如下。

(1) 高效真空系统：RIE 工艺需要在低压环境中进行，因此必须有能够迅速且持续提供足够低压的真空泵系统。

(2) 精确的气体配送系统：需要能够稳定且精确地供应和控制刻蚀气体(如 SF_6、CF_4等)和辅助气体(如 O_2和 Ar)，包括 MFC，用于调节气体流量。

(3) 排气和废气处理系统：RIE 过程中产生的有害气体需要通过专业的排气系统安全排出，并通过废气处理系统处理以符合环保要求，如使用洗涤塔或干式过滤系统。

(4) 温度控制系统：有些刻蚀过程对温度敏感，可能需要加热或冷却系统来控制反应腔或衬底的温度。

(5) 电力稳定系统：提供稳定可靠的电力供应，对于驱动射频功率源尤为重要。可能需要具备电力调节和过载保护功能的系统。

(6) 安全监控系统：包括气体泄漏报警器、火灾报警系统和紧急停机开关等，以保障工作人员和设备的安全。

(7) 控制和数据采集系统：现代 RIE 设备通常配有先进的控制系统和数据采集系统，以优化刻蚀过程，实现精确控制和过程监控。

(8) 防静电系统：在处理带电的 Si 晶圆或其他半导体材料时，控制和消除静电是重要的安全措施。

RIE 设备所需的厂务动力条件实物举例如图 6-16 所示。

4. 设备操作规范及注意事项

在操作该类型设备时，具体需注意以下几点。

(1) 熟悉设备操作手册：在操作 RIE 设备之前，熟悉设备的操作手册和使用说明，确保了解设备的功能、参数设置和操作程序。

(2) 真空操作：RIE 设备是在真空或低压环境下工作的，因此需要确保设备处于良好的真空状态。在操作之前，检查真空泵和阀门的工作情况，并确保设备

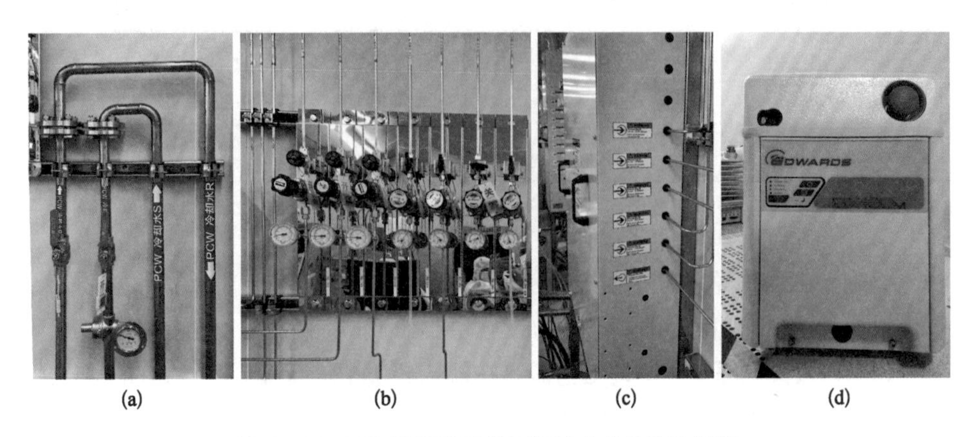

图 6－16　RIE 设备所需的厂务动力条件实物举例

(a) 冷却水系统；(b) 高纯气体系统；(c) 特气柜；(d) 干泵。

正常运行。

(3) 气体供应和控制：正确选择和供应刻蚀气体，根据所需的刻蚀选择正确的刻蚀气体比例和流量。确保气体管道和阀门正常工作，并在操作之前预先净化刻蚀气体。

(4) 温度和功率设置：根据刻蚀材料和刻蚀要求，设置适当的温度和功率参数。温度和功率的选择会影响刻蚀速率、各向异性和表面质量等。

(5) 样品夹持和定位：将样品正确夹持在样品台上，并使用适当的装置或夹具将其稳固固定。确保样品的定位准确，并确保样品与刻蚀电极之间的距离合理。

(6) 时间控制和监测：根据刻蚀深度的要求，设置合适的刻蚀时间，并在刻蚀过程中监测刻蚀深度和表面形貌的变化，以确保达到所需的效果。

读者可通过扫描图 6－15 旁的二维码观看具体的操作流程视频。

5. 常用刻蚀工艺

RIE 设备刻蚀 SiO_2 和 Si_3N_4 的工艺反应过程如下所示。

(1) 刻蚀 SiO_2 的反应过程(CHF_3/Ar 混合气体刻蚀)

$$CHF_3 \rightarrow CF_x + F + HF$$

$$SiO_2 + 4F \rightarrow SiF_4 + O_2$$

(2) 刻蚀 Si_3N_4 的反应过程(CHF_3/O_2 混合气体刻蚀)

$$CHF_3 \rightarrow CF_x + F + HF$$

$$CF + O_2 \rightarrow F + CO_x$$

$$Si_3N_4 + F \rightarrow SiF_x + N_2$$

常见的利用 RIE 设备刻蚀 SiO_2 及 Si_3N_4 的工艺参数如表 6－7。

表 6－7　RIE 中常见的 SiO_2 及 Si_3N_4 刻蚀工艺参数

刻蚀材料	温度(℃)	气压(mT)	CHF_3(sccm)	O_2(sccm)	Ar(sccm)	射频功率(W)	He(Torr)
SiO_2	20	30	25	/	25	150	5
Si_3N_4	20	50	25	5	/	50	5

6. 工艺案例

刻蚀工艺对于实现高精度的器件结构至关重要。Si_3N_4 和 SiO_2 因其独特的物理和化学特性,在刻蚀过程中提供了所需的选择性和稳定性,成为制造先进半导体器件不可或缺的材料。Si_3N_4 和 SiO_2 广泛用作绝缘层、钝化层和阻挡层,此外,其良好的化学稳定性和抗刻蚀性,在刻蚀过程中也常被用作硬掩模。下面以采用 RIE 刻蚀 SiO_2 为例,介绍标准的刻蚀工艺案例。

目的: 利用 RIE 设备,实现高精度的 SiO_2 膜刻蚀,适用于 SiO_2 硬掩模的制备等应用。

准备材料: SiO_2 晶圆、光刻胶。

操作流程如下。

(1) 表面清洁: 确保 SiO_2 晶圆清洁干净。使用标准清洗工艺,如 RCA 清洗(见第 9.4 节)和 N_2 吹干。

(2) 表面处理: 使用 HMDS 烘箱处理,参数为 120℃、5 min。

(3) 光刻制备: 使用匀胶机将光刻胶覆盖在整个 SiO_2 晶圆上;软烘以去除溶剂;依照设计的图案进行曝光、显影,形成所需图案。

(4) 刻蚀

① 清理腔体: 为去除刻蚀机内壁、电极等积累的沉积物、污染物,刻蚀前需清理腔体,以确保刻蚀的一致性、可重复性。配方参数举例: SF_6 流量 10 sccm,O_2 流量 40 sccm,压强 70 mTorr,射频功率 200 W,时间 30 min。

② 预刻蚀: 给预真空室充气到 760 Torr,打开预真空室,放置样品。选择刻蚀配方,配方参数举例: CHF_3 流量 25 sccm,O_2 流量 5 sccm,压强 40 mTorr,氦

背冷流量 4 sccm,射频功率 150 W,电极温度 20℃,时间约 10 min。

③ 运行配方:运行完成后,给预真空室充气到 760 Torr,打开预真空室,取出样品。

④ 正样刻蚀:放置样品,进行刻蚀,应根据刻蚀深度及刻蚀速率计算刻蚀时间。刻蚀工艺与②一致。

⑤ 运行完成后,给预真空室充气到 760 Torr,打开预真空室,放置样品。

(5) 去胶

① 等离子清洗(又叫灰化):去除顶层被刻蚀工艺固化的光刻胶,配方举例:O_2流量 50 sccm,射频功率 500 W,刻蚀时间 1～3 min。

② 使用丙酮、NMP 等试剂去除剩余光刻胶。

(6) 检验与评估

① 使用显微镜或扫描电镜检查刻蚀的质量和精度。

② 利用台阶仪等评估刻蚀是否达到预定目的和质量标准。

7. RIE 设备的国际市场

RIE 设备是一种重要的半导体制造设备,广泛应用于 MEMS 器件的加工。

国际上,RIE 技术的领先厂商有泛林半导体、应用材料、东京电子、牛津仪器等,这些公司在 RIE 设备市场占据主导地位。随着技术的不断创新,提供高性能、高精度的 RIE 设备,适用于先进的半导体节点制造(如 7 nm、5 nm 及更小)成为 RIE 技术的趋势。

中国企业近年来在 RIE 技术上也取得了一些突破,如中微半导体在高深宽比刻蚀和先进制程刻蚀工艺方面有显著进展。

6.2.2 电感耦合反应离子刻蚀技术

1. 基本原理

电感耦合反应离子刻蚀(inductively coupled plasma reactive ion etching, ICP - RIE)技术是一种高性能的干法刻蚀技术,常用于半导体器件制造和微纳加工等领域。ICP - RIE 作为 RIE 模式的进阶分支,采用双电极设计,高频电极以线圈的方式放置在腔体顶部,线圈排布有两种,以穹顶状排布的为 ICP - RIE,以平面排布的为变压器耦合等离子体(transformer coupled plasma, TCP)。利用线圈产生的磁场对气体进行解离,形成密度量级为 10^{11} 个/cm^3 的等离子体能量团。低频电极作为偏压,在电场作用下控制牵引离子和自由基到达晶圆表面进行刻蚀。这很好地解决了等离子体密度和电荷损伤以及面内均匀性的矛盾。因此，ICP－RIE 具有更高的选择性、更好的剖面控制和更高的刻蚀速率。

图 6－17 清楚地展示了 ICP－RIE 的工作原理，当螺线管线圈中电流 I 以角频率 ω 振荡时，Z 轴方向产生磁场的磁通量 Φ 随时间变化，从而产生感应电场。气体中的电子在这个电场的作用下被加速，产生高密度的等离子体。这种等离子体在刻蚀过程中发挥着重要作用，其参与的反应过程具体可分为以下 3 步。

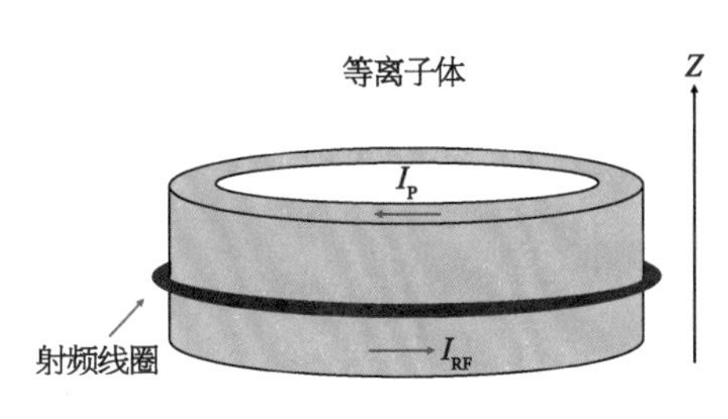

图 6－17　ICP－RIE 的工作原理示意图

(1) 离子化，如图 6－18 所示。

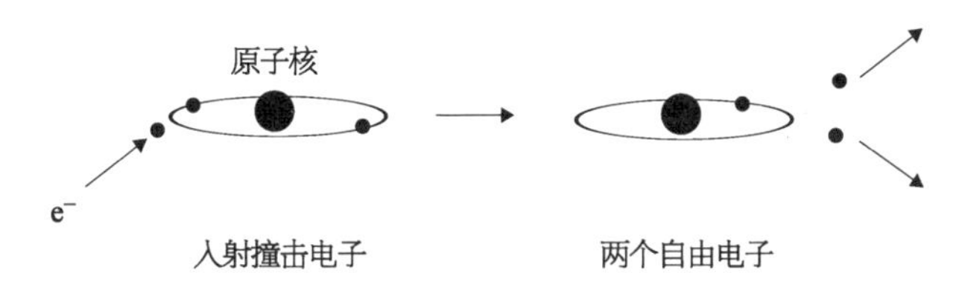

图 6－18　等离子体中存在离子化

(2) 分解碰撞：如果因撞击而产生的分子的能量比分子的键合能量更高时，就会打破化学键并产生自由基，如图 6－19 所示。

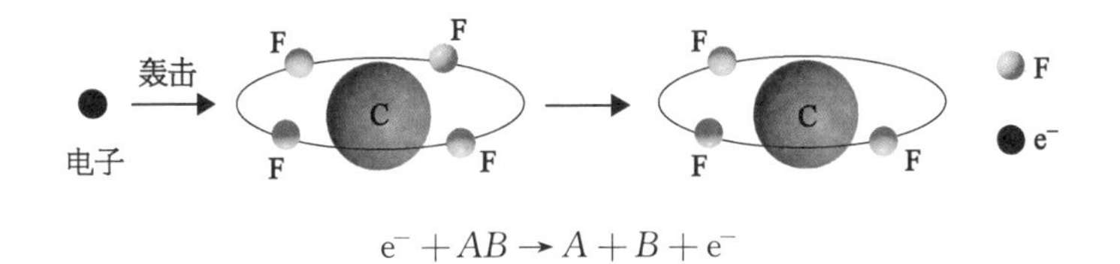

$$e^- + AB \rightarrow A + B + e^-$$

图 6－19　等离子体中的分解碰撞

(3) 辉光(激发-弛豫)：激发轨道上的电子会迅速掉到最低的能级或基态，并以光子的形式把它从电子碰撞中得到的能量释放出来，产生辉光。

2. 刻蚀工艺关键点

在理解 ICP－RIE 工艺的基本原理后，需要把握以下多个工艺关键点，才能实现最终需要的刻蚀效果。

(1) 功率和磁场：ICP－RIE 使用射频供电的电磁场来产生等离子体。通过调整射频功率、频率和磁场强度，可以控制等离子体的强度和密度。

(2) 选择性和剖面控制：ICP 可以通过调整刻蚀气体的组成、功率和磁场等参数来实现高选择性的刻蚀。磁场可以提高离子的激发和运动，从而增加刻蚀速率和各向异性。控制刻蚀气体和反应气体的比例，可以实现所需的剖面形状。

(3) 功率密度和刻蚀速率：通过调整射频功率，可以控制 ICP－RIE 的功率密度和刻蚀速率。高功率密度会增加刻蚀速率，但也可能增加侧壁侵蚀。因此，需要根据材料和刻蚀目标来优化功率密度。

ICP－RIE 作为研究和工业领域中常用的刻蚀技术，可用于制备高质量的微纳米器件和集成电路等。它具有更高的选择性、各向异性控制和刻蚀速率，但也需要适当的设备和参数调整，才能满足特定的刻蚀需求。

3. 相关设备

ICP－RIE 设备与 RIE 设备的区别在于增加了 ICP 源，其他部分都一致，此处不再赘述。图 6－20 所示为鲁汶仪器制造的型号为 HAASRODE－E200A 的 ICP－RIE 设备的实物照片。

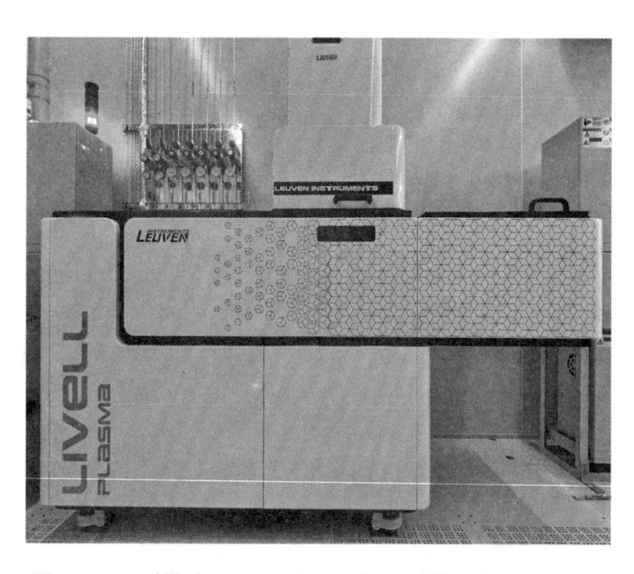

图 6－20　型号为 HAASRODE－E200A 的 ICP－RIE 设备

4. 厂务动力配套要求

要确保 ICP－RIE 设备能够稳定有效地运行，除了超净室必备的洁净度、温湿度、电力供应外，还需要配套的厂务动力设施主要如下。

(1) 高效真空系统：ICP－RIE 过程需要在严格控制的低压环境中进行，因此一个高效稳定的真空泵系统(包括干泵和涡轮分子泵)对于快速且持续提供所需真空环境的需求是必不可少的。

(2) 精确的气体供应和控制系统：这种设备依赖于精确控制和供应多种刻蚀及助刻蚀气体(如 SF_6、CF_4、O_2、Ar 等)。需要安装 MFC，确保气体混合和流量按预定程序精确控制。

(3) 高效排气和废气处理系统：由于刻蚀过程中会使用到各种腐蚀性和有毒气体，因此需要专业的排气系统和废气处理设备(如燃烧器或洗涤器)，以确保这些气体被安全地处理和排放，符合环保要求。

(4) 温度控制系统：对于反应腔和衬底的温度控制是影响刻蚀均匀性和速率的重要因素。温度控制单元(如冷却/加热平台)保证了过程中的温度稳定性。

(5) 电源稳定系统：ICP - RIE 设备需要高功率的射频电源来维持等离子体，因此必须确保电源的稳定性和可靠性，避免电压波动影响刻蚀过程。

(6) 安全监控系统：包括气体泄漏监测器、火灾报警系统和紧急停机装置，以保障设备操作的安全性。

(7) 控制和数据采集系统：现代 ICP - RIE 设备配备有高级的控制系统和数据采集系统，这些系统能够实时监控和调整参数，优化刻蚀过程，确保刻蚀结果的重复性和可靠性。

ICP - RIE 设备所需的厂务动力条件实物举例如图 6 - 21 所示。

5. 设备操作规范及注意事项

由于 ICP - RIE 设备原理及构成与 RIE 设备具有很多相似性，因此通用注意事项可相互参考。读者可通过扫描图 6 - 20 旁的二维码观看具体的操作流程视频。

6. ICP - RIE 设备的国际市场

ICP - RIE 设备作为关键的半导体制造设备，是微器件和逻辑芯片制造的刻蚀主力机型，广泛应用于微电子、光电子等领域的材料加工。业内领先企业为泛林半导体、应用材料和东京电子等。其中，泛林半导体的 Kiyo 机型用于 65～40 nm 节点，Kiyo Ex 机型用于 28 nm 节点，这些机型及更高端的机型占据了 ICP - RIE 市场的绝大部分份额。

中国的 ICP - RIE 市场在近年来逐渐崛起，中国企业如中微半导体、北方华创等在国产化进程中取得了显著进展。北方华创近些年已经在 28 nm 以上节点的 ICP - RIE 设备方面逐步实现量产能力。

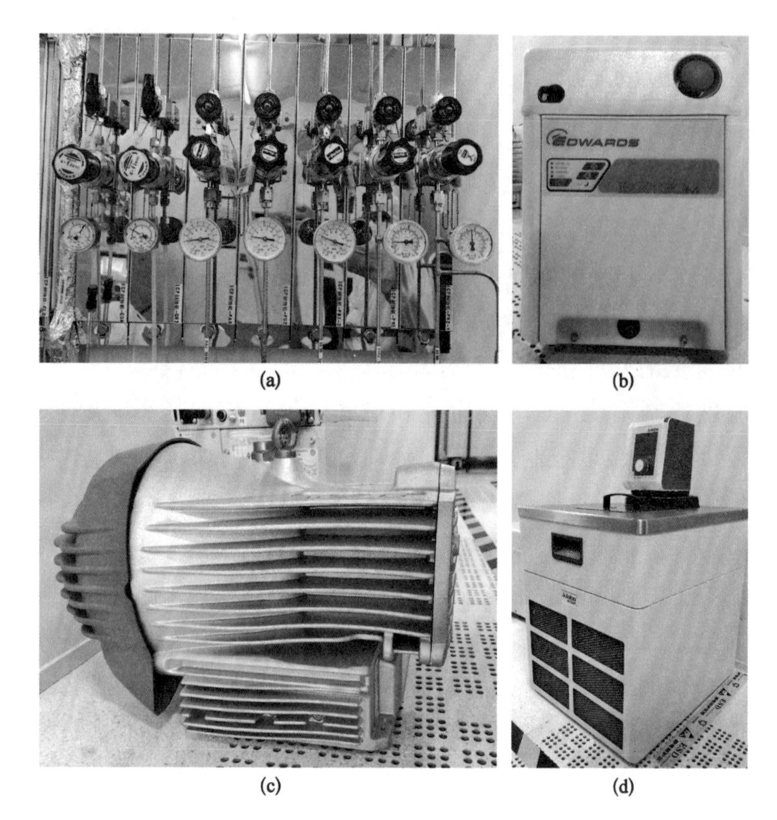

图 6-21　ICP-RIE 设备所需的厂务动力条件实物举例

(a) 高纯气体系统;(b) 工艺腔体干泵;(c) 预真空室干泵;(d) 水冷机。

7. RIE 与 ICP 的对比

通过上面的内容可知,RIE 和 ICP-RIE 作为两种常见的干法刻蚀技术具有很多相似性,但仍然存在不少差异,需要根据刻蚀材料和目标要求,选择合适的刻蚀工艺。因此,读者需要对两者的异同点有深刻了解。

(1) 基本原理: RIE 使用高能离子轰击材料表面,并通过化学反应去除材料。ICP-RIE 利用电感耦合等离子体来生成高密度的离子,通过物理轰击和化学反应去除材料。

(2) 气体反应控制: 在 RIE 中,刻蚀气体与等离子体区域中的离子在刻蚀过程中相遇。而在 ICP-RIE 中,等离子体中的自由基主要参与化学反应,而离子在刻蚀过程中主要参与物理轰击。

(3) 选择性: 由于 ICP-RIE 中上下电极共同作用控制等离子体的鞘层形状,从而控制离子和自由基的速度及角度,使得到达晶圆表面的反应物更均匀,相对于RIE具有更高的选择性。ICP－RIE能够更好地控制各向异性和剖面形状。

（4）干扰消除：ICP－RIE采用电感耦合等离子体，使离子的能量和稳定性更高。因此，相对于RIE，ICP－RIE对于外界干扰更加稳定，如射频辐射和离子隧穿效应。

（5）刻蚀速率和功率效率：由于ICP－RIE的离子密度较高，因此与RIE相比，ICP－RIE具有更高的刻蚀速率和功率效率。

（6）设备成本：相对于RIE设备，ICP－RIE设备通常更昂贵，因为ICP－RIE需要更多的设备和复杂的系统。

在选择RIE或ICP－RIE时，需要根据具体的刻蚀需求、材料属性和设备可用性进行综合考虑。RIE适用于一般的刻蚀工艺，而ICP－RIE则更符合要求更高的刻蚀需求，如高选择性、各向异性和剖面控制的应用。

表6－8为RIE和ICP－RIE的工艺条件对比：刻蚀气压、离子浓度和直流偏压等都会对刻蚀速率和最终刻蚀的剖面结果产生影响。

表6－8　RIE与ICP－RIE的工艺条件

参　数	RIE	ICP－RIE
刻蚀气压	约100 mTorr	约3～15 mTorr
离子浓度	10^9～10^{10}个/cm^3	10^{11}～10^{12}个/cm^3
直流偏压	＞100 V	＜20 V
刻蚀速率	低	高

（1）刻蚀气压对刻蚀结果的影响，简单按照低气压、高气压划分，呈现出以下效果。具体影响如表6－9所示，效果如图6－22所示。而在实际生产中，往往不同功率区间的气压变化与最终结果并不严格按照同一个趋势发展。

（2）离子浓度是刻蚀过程中的一个重要参数。离子浓度的增加通常会导致刻蚀速率的增加，提高刻蚀的温度效应。刻蚀过程中，离子与表面发生碰撞并释放能量，从而使样品表面升温。通过增加离子浓度，可以增加与样品碰撞的离子数量，从而提高样品表面的温度。刻蚀温度的升高可以改变刻蚀反应的速率选择性，影响表面材料的生成和去除。

表 6-9 刻蚀气压对刻蚀结果的影响

参数	低气压	高气压
刻蚀方向	各向异性,垂直	各向同性,存在底切(undercut)
尺寸精度	高精度	低精度
刻蚀速率	低	高
选择比	低	高

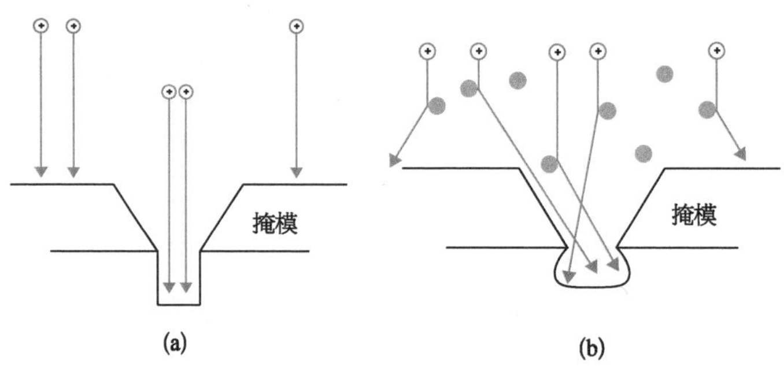

图 6-22 不同气压的刻蚀效果

(a) 低刻蚀气压;(b) 高刻蚀气压。

(3) 直流偏压的增加通常会导致刻蚀速率的增加,但较低的直流偏压往往有利于刻蚀阴极材料,而较高的直流偏压可能导致阳极材料开始刻蚀。除此之外,直流偏压的变化也会影响样品表面的质量,较低的直流偏压往往会产生较平坦且光滑的表面,而较高的直流偏压可能导致更粗糙和多孔的表面。

6.2.3 深反应离子刻蚀技术

1. 基本原理

深反应离子刻蚀(deep reactive ion etching, DRIE)是一种采用博世(Bosch,德国)工艺进行深硅刻蚀(deep silicon etch)的技术,是 RIE 在深硅刻蚀领域的分支。博世工艺采用氟基活性基团进行 Si 的刻蚀,采用钝化气体进行侧壁钝化保护,刻蚀和保护两步工艺交替。工艺刻蚀气体为 SF_6,钝化气体为八氟环丁烷(C_4F_8),两种气体通过阀门进行快速切换,实现刻蚀与钝化交替进行的时分复用工艺，并最终实现具有高深宽比的深硅刻蚀工艺。DRIE 工艺在集成电路的制造、MEMS 设计、微纳光子学的研究以及 3D 集成电路堆叠等领域具有广泛的应用，例如硅柱、沟槽、光栅、硅微柱阵列、硅通孔、菲涅耳透镜、声滤波器、陀螺仪等器件的制备中都可用到深硅刻蚀工艺。

基于博世工艺的深硅刻蚀过程如图 6－23 所示，由一系列的循环步骤组成，每个循环分为 3 步，分别为钝化、钝化层去除、刻蚀 Si。首先钝化的过程中，通入 C_4F_8 的钝化气体，C_4F_8 经过电子的碰撞解离会形成离子态的 CF_x，CF_x 进一步形成高分子态聚合物 $(CF_2)_n$，它沉积在 Si 表面能够阻止下一步刻蚀过程中 F^- 与侧壁 Si 的反应，从而起到钝化和保护侧壁的作用；第二步钝化层去除是通过施加刻蚀方向的偏压，使得离子轰击刻蚀底部的聚合物，露出待刻蚀的 Si 区域；第三步是通入刻蚀气体 SF_6，增加 ICP 功率，从而增加氟离子的浓度，进而刻蚀露出来 Si 的区域，这一步为化学刻蚀，具有各向同性，对侧壁也会刻蚀，因此在刻蚀过程中，侧壁会形成周期性的扇贝结构。在下一轮的钝化后，这个形状也会被保留下来，形成类似扇贝的波浪形结构。具体化学过程如表 6－10 所示。

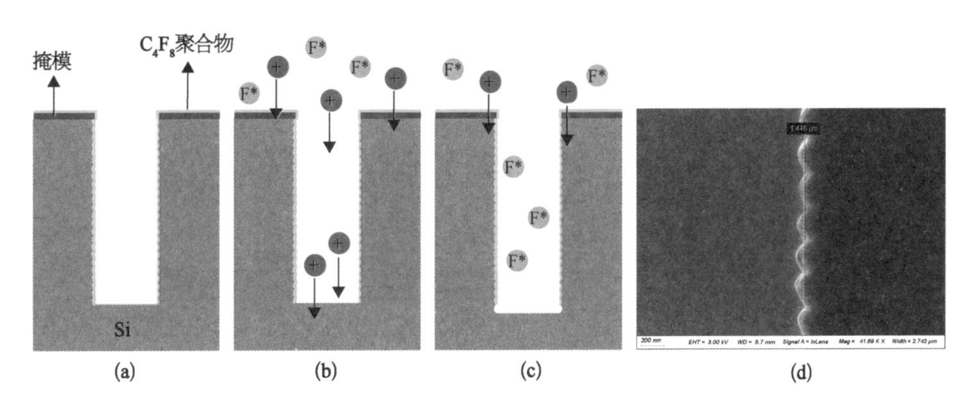

图 6－23　博世工艺深硅刻蚀过程示意图[19]

(a) 钝化；(b) 钝化层去除；(c) 刻蚀 Si；(d) 扇贝结构。

表 6－10　深硅刻蚀工艺气相反应过程[19]

阶　段	过　程	
C_4F_8 沉积过程	电子碰撞解离 钝化层形成	$e+CF_4 \rightarrow CF_x^{+}+CF_x^{*}+F^{*}+e$ $nCF_x^{*} \rightarrow nCF_2(ads) \rightarrow nCF_2(f)$
钝化层去除过程	离子轰击	$nCF_2(f)+F^{*} \rightarrow CF_x(ads) \rightarrow CF_x(g)$

（续表）

阶段	过程	
SF_6化学刻蚀 Si 的过程	电子碰撞解离	$e + SF_6 \rightarrow S_xF_y + S_xF_y^* + F^* + e$
	F^* 与 Si 反应	$Si + F^* \rightarrow Si - nF$
	离子轰击	$Si - nF \rightarrow SiF_x(ads)$ $SiF_x(ads) \rightarrow SiF_x(g)$

2. 工艺表征术语

表征博世工艺的深硅刻蚀有许多术语，有些对其他刻蚀工艺具有普适性，如刻蚀特征尺寸、特征尺寸损失、深宽比、底切等。有的术语是深硅刻蚀中所特有的，如黑硅(black silicon 或 grass)、扇贝结构等。

(1) 特征尺寸(critical dimension, CD)：指刻蚀的开口尺寸，是由掩模设计决定的，如图 6-24(a)所示。

(2) 特征尺寸损失：指刻蚀结束后，顶部尺寸和底部尺寸的差别，如图 6-24(b)所示。

(3) 深宽比：指刻蚀的深度与宽度之比，如图 6-24(c)所示。

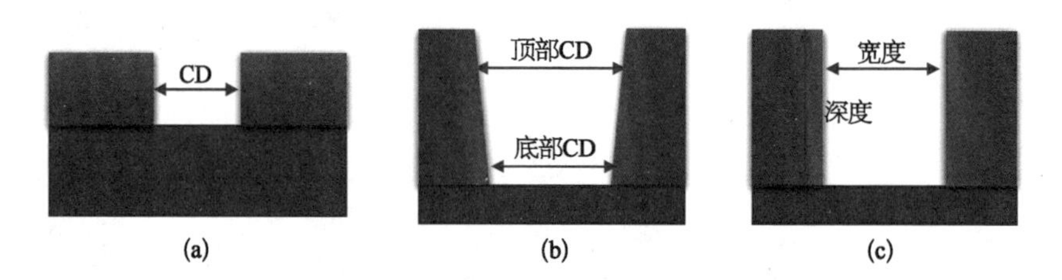

图 6-24　深硅工艺表征术语

(a) 特征尺寸；(b) 特征尺寸损失；(c) 深宽比。

(4) 扇贝结构尺寸：一般会量测其宽度和高度，如图 6-25(a)所示。高度可以反映出每个循环的刻蚀速率，宽度可用于评估侧壁粗糙度，进一步可用于评估钝化和刻蚀的平衡性。

(5) 黑硅：不完全硅刻蚀区域，是由于钝化刻蚀平衡不当、表面污染或掩模残留而导致钝化去除不足，如图 6-25(b)所示。

(6) 深宽比依赖的刻蚀(aspect ratio dependent etching, ARDE)：同一个刻蚀工艺，不同的开口大小，刻蚀速率是不同的，如图 6-25(c)所示。Si 的刻蚀速率随着深宽比的增加而下降。该现象不仅存在于深硅刻蚀中，在常规的干法刻蚀中也是存在的。这主要与反应物、生成物输运受阻有关系。更大的深宽比会影响气流的通畅度，导致离子在到达反应表面时功率减小，从而刻蚀速率降低。同时侧壁也会吸附更多的离子，使到达反应表面的反应离子变少。如上所述的多种原因导致了刻蚀速率随着深宽比的增加而降低。一般用以下公式评估：ARDE=(depth@max width)/(depth@min width)，其中 depth 为刻蚀深度，max width 为最大宽度，min width 为最小宽度。

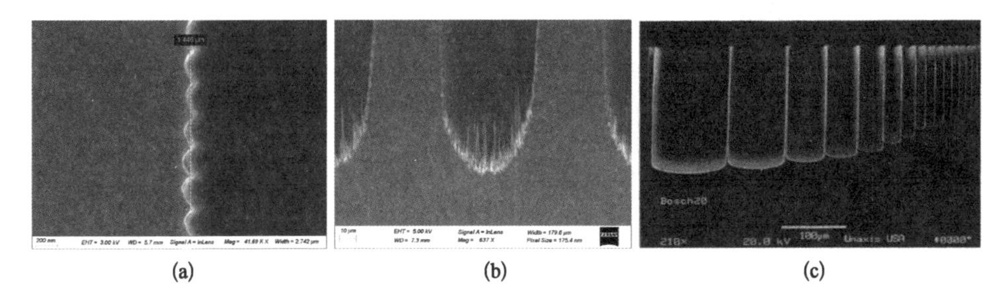

图 6-25　深硅工艺表征术语

(a)扇贝结构尺寸；(b)黑硅；(c) ARDE[20]。

(7) 底切：指掩模下面向硅侧壁的刻蚀，如图 6-26(a)所示，从图中可以看出，光刻胶约为 1 mm，底切约为 2 mm。底切主要与非充分的钝化保护有关系。

(8) 侧壁角度(side wall angle, SWA)：指侧壁的轮廓，可以用角度来评估，侧壁的形貌反映了刻蚀和钝化平衡的结果。如果刻蚀形貌顶部的宽度大于底部的宽度，为正向形貌，说明整体工艺钝化能力较强；反之，为负向形貌，说明整体工艺刻蚀能力较强，如图 6-26(b)所示。

(9) 弯曲效应：刻蚀过程中因局部加宽导致的轮廓失真，用 Wmax 来表示，如图 6-26(c)所示。引起局部展宽的原因可能是离子方向性差或结构底部的二次离子刻蚀。

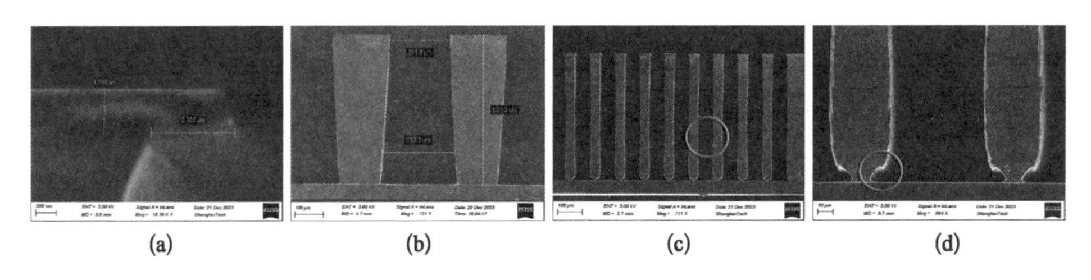

图 6-26　深硅工艺表征术语

(a) 底切；(b) 刻蚀形貌；(c) 弯曲效应；(d) notch 效应。

图 6-27　型号为 VERSALINE DSE III 的 DRIE 设备

(10) 槽口(notch)：刻蚀到截止层以后向侧向的刻蚀，如图 6-26(d)所示。这种主要发生在带有截止层的衬底中，如 SOI 衬底，刻蚀到 Si 的底部以后，由于 SiO_2 的刻蚀速率很慢，这时会向侧向进行刻蚀，导致 notch 的发生。

3. 相关设备

DRIE 设备主要由反应腔、射频源、真空系统、气路系统、预真空室、控制系统与软件等组成，为更好截止在刻蚀层，通常设备还配置终点监测功能，可实现更加精准的刻蚀过程控制。如图 6-27 为 Plasma-Therm 制造的型号为 VERSALINE DSE III 的 DRIE 设备实物图。

DRIE 设备的反应腔结构如图 6-28 所示。气体由反应腔顶部输入，利用上电极产生高密度等离子体，上电极配置了 ICP 射频发生器(频率为 2 MHz 或 13.56 MHz)，下电极配置偏置射频发生器(频率为 100 kHz 或 2 MHz 或13.56 MHz 等。由于知识产权的问题，不同供应商会选择不同的频率)。上下电极单独控制，可以实现等离体密度和能量的独立控制。

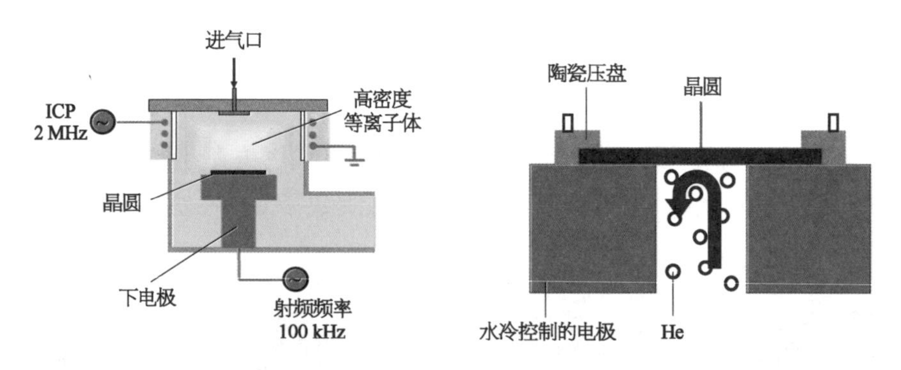

图 6-28　DRIE 深硅刻蚀机反应腔结构示意图　　图 6-29　反应腔样品台示意图

刻蚀过程中采用陶瓷压盘对样品进行夹持固定，或采用静电吸盘(electrostatic chuck)进行电吸附，背面采用氦背冷的方式进行控温。He 为惰性气体，导热性能好，刻蚀过程中可通过不断运动的 He 分子将热量从衬底转移到水冷的电极壁上。反应腔样品台如图 6-29 所示。

反映设备能力的因素通常有电源、气体种类、晶圆尺寸、刻蚀材料等，表 6 - 11 为型号为 VERSALINE DSE III 的 DRIE 设备的硬件参数：

表 6 - 11　型号为 VERSALINE DSE III 的 DRIE 设备的硬件参数

气体配置	SF_6、C_4F_8、O_2、Ar
反应腔本底真空	$\leqslant 7.5\times10^{-3}$ Torr
预真空室本底真空	$\leqslant$0.1 mbar
反应腔真空漏率	$\leqslant$5 mTorr/min
上电极频率	2 MHz
上电极功率	3 500 W
下电极频率	100 kHz
下电极功率	10 W
下电极温度	−40～40℃
终点监测波长	670 nm
终点监测光斑	<80 μm
终点监测视场	1.5 mm×1.5 mm

图 6 - 30 为 DRIE 工艺结果图，其中特征尺寸为 5 μm，深度为 50 μm，侧壁陡直度可达 90°±0.5°，均匀性达 2.5%以内。

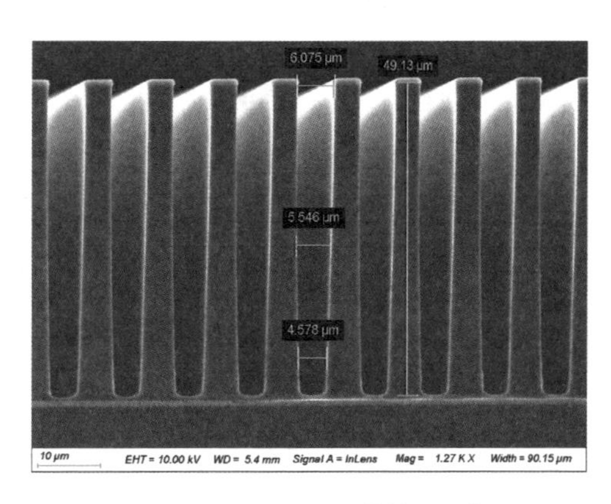

图 6 - 30　DRIE 工艺结果示例

4. 厂务动力配套要求

要确保 DRIE 设备能够稳定有效地运行，除了超净室必备的洁净度、温湿度、电力供应外，还需要配套的厂务动力设施主要如下。

(1) 高效率真空系统：DRIE 过

程在高真空环境中进行，需要高效的真空抽吸系统以维持所需的压力水平，通常用到干泵、涡轮分子泵等来实现低压环境。

（2）精确的气体供应系统：需要能够精确控制和供应刻蚀所需的特种气体（如 SF_6、C_4F_8等），包括 MFC 来确保气体流量的精确调节。

（3）稳定的电源供应系统：DRIE 设备需要稳定的射频电源来维持等离子体的生成，对电源的稳定性和可靠性要求非常高。

（4）废气处理系统：刻蚀过程中会产生有害的废气，需要有效的废气处理系统（如燃烧炉或洗涤塔）来处理这些气体，以确保环境和操作人员的安全。

（5）冷却系统：为维持设备和反应腔的适宜温度，防止过热，需要冷却系统（如水冷或气冷系统）以保护设备并确保加工过程的稳定性。

（6）安全监控系统：包含气体泄漏监测器、火灾报警器和紧急停止按钮等安全配置，确保工作环境的安全，及时响应可能的危险情况。

（7）控制和数据采集系统：先进的控制系统用于调节操作参数，数据采集系统用于监测整个刻蚀过程，保证加工精度和可重复性。

DRIE 设备所需的厂务动力条件实物举例如图 6－31 所示。

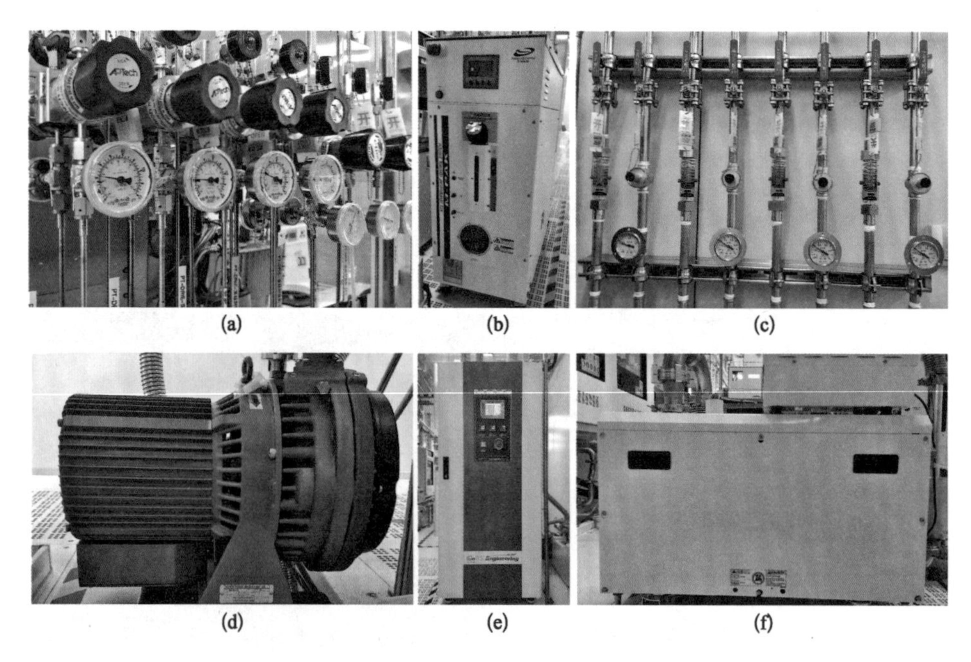

图 6－31　DRIE 设备所需的厂务动力配套

(a) 高纯气体系统；(b) 水冷机；(c) 冷却水系统；(d) 预真空室干泵；(e) 尾气处理器；(f) 反应腔干泵。

5. 设备操作规范及注意事项

在操作 DRIE 设备时，需注意以下注意事项。

(1) 若出现晶圆粘连在卡盘上，需要开腔取出。

(2) 湿法清腔：设备运行一段时间需要进行湿法清腔，用 300 目砂纸清洁体内表面，用吸尘器除去颗粒物并用 IPA 无尘布擦洗。如要清洁下电极夹缝空间，将中间一层铝合金(连同陶瓷压盘一体)拆下，铝合金较重，需要 2～3 人操作，如图 6 - 32 所示。

图 6 - 32　清腔示意图

6. 工艺案例

目的：本案例旨在利用博世工艺在 Si 晶圆上制造深度为几十微米到几百微米，深宽比达 10∶1 的微结构，以应用于 MEMS 传感器、射频元件、微流体系统和光通信部件的制造。

准备材料：Si 晶圆、光刻胶。

使用光刻胶作为掩模的操作流程如下。

(1) 表面清洁：确保 Si 晶圆清洁干净。使用标准清洗工艺，如 RCA 清洗和 N_2 吹干。

(2) 表面处理：采用 HMDS 烘箱旋涂 HMDS 黏附剂，参数为 120℃、5 min。

(3) 光刻制备

① 使用匀胶机将光刻胶覆盖整个 Si 晶圆。

② 软烘以去除溶剂。

③ 曝光与显影：依照设计的图案进行曝光、显影，形成保护图案。

(4) 刻蚀

① 清理腔体：为去除刻蚀机内壁、电极等积累的沉积物、污染物，刻蚀前应

清理腔体，以确保刻蚀的一致性、可重复性。配方参数举例：O_2流量 40 sccm，压强 30 mTorr，ICP 功率 800 W，偏压 300 V，时间 30 min。

② 设备热机：为保证工艺的一致性和设备的正常运行，刻蚀开始前都需要对设备进行充分热机。

(a) 给预真空室充气到 760 Torr，打开预真空室，放置样品。

(b) 热机：选择刻蚀配方，配方设置参数举例：C_4F_8流量 50～150 sccm，SF_6流量 100～200 sccm，压强 10～20 mTorr，射频功率 600～800 W，电极温度 10～20℃，设置循环数使得预刻蚀总体时间约为 30 min。

(c) 运行配方。

(d) 运行完成后，将预真空室充气到 760 Torr，打开预真空室，取出样品。

③ 正样刻蚀

(a) 将预真空室充气到 760 Torr，打开预真空室，放置样品。

(b) 选择刻蚀配方，配方设置参数与热机刻蚀配方一致，根据所需深度和纵横比，合理设置循环的次数。

(c) 运行配方。

(d) 运行完成后，将预真空室充气到 760 Torr，打开预真空室，取出样品。

(5) 后处理

① 等离子清洗：去除顶层被刻蚀工艺固化的光刻胶，配方举例：O_2流量 50 sccm，射频功率 500 W，刻蚀时间 1～3 min。

② 使用丙酮或 NMP 等试剂去除 Si 晶圆上的光刻胶。

(6) 检验与评估

① 使用光学显微镜或 SEM 检查刻蚀表面的质量和精度。

② 利用台阶仪或 SEM 等评估刻蚀深度及侧壁等是否达到预定目的和质量标准。

由于深硅刻蚀的时间长，功率高，通常会使用 SiO_2作为掩模，具体操作流程如下。

(1) 沉积 SiO_2薄膜：利用 LPCVD 或 PECVD 沉积 SiO_2薄膜。

(2) 表面处理及光刻：HMDS 旋涂、匀胶、曝光、显影。

① 表面处理，采用 HMDS 烘箱旋涂 HMDS 黏附剂，参数为 120℃、5 min。

② 使用匀胶机使光刻胶覆盖整个 Si 晶圆。

③ 软烘以去除溶剂。

④ 曝光与显影：依照设计的图案进行曝光、显影，形成保护图案。

(3) 刻蚀 SiO_2：利用 RIE 设备刻蚀 SiO_2，根据刻蚀深度选择合理的配方及刻蚀时间。

(4) 清洗去除光刻胶：使用等离子体、丙酮、NMP 等去除晶圆上的光刻胶。

(5) 深硅刻蚀：参考上面用光刻胶作为掩模的刻蚀工艺，工艺步骤及参数设置是一致的。

(6) 去除 SiO_2：利用 HF 刻蚀机或 HF 溶液去除 SiO_2 硬掩模。

(7) 检验与评估

① 使用显微镜或 SEM 检查刻蚀表面的质量和精度。

② 利用台阶仪或 SEM 等评估刻蚀深度及侧壁等是否达到预定目的和质量标准。

读者可通过扫描图 6-27 旁的二维码观看具体的操作流程视频。

7. DRIE 设备的国际市场

DRIE 是一种用于深硅刻蚀加工的设备，广泛应用于制造 MEMS、集成电路芯片等高科技领域。DRIE 的设备高深宽比工艺决定了其在多层存储器、多片晶圆堆叠中的广泛应用。业内占主导地位的依旧是泛林半导体，此外应用材料、SPTS、牛津仪器、Plasma-Therm 等供应商也在 DRIE 设备领域有很强的技术实力，而中国北方华创和中微半导体齐头并进，共同填补了该领域的空白。

6.2.4　离子束刻蚀技术

1. 基本原理

离子束刻蚀(IBE)技术又称为离子溅射刻蚀、离子磨削等，其工艺原理如图 6-33 所示，主要是利用辉光放电原理将惰性气体 Ar 分解为 Ar^+，Ar^+ 经过阳极电场的加速，对样品表面进行物理轰击，撞击时将动能传递给被碰撞原子，实现入射离子和原子的能量交换，当材料表面原子获得的能量大于其结合能时，材料原子会发生溅射，从而达到刻蚀的效果。IBE 的刻

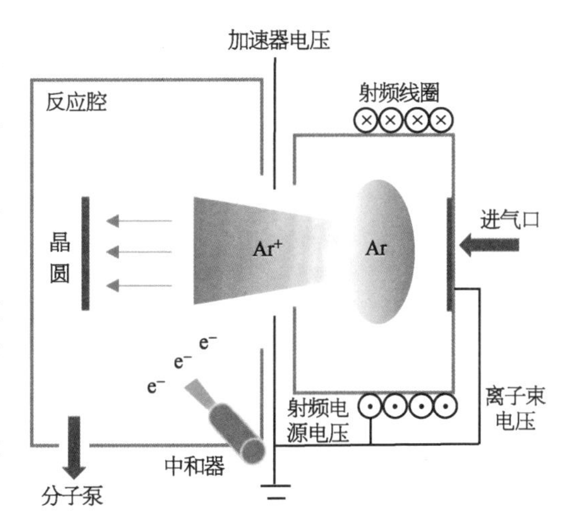

图 6-33　IBE 刻蚀工艺原理示意图

蚀精度高，属于原子级分辨率的刻蚀，同时也属于纯物理刻蚀。当晶圆表面有所需制备图案的掩模材料时，经过刻蚀后，裸露的部分就会被刻蚀掉，而掩模部分则被保留，最终形成所需要的刻蚀图案。

离子刻蚀中，最关键的工艺参数为溅射率，其定义为每个入射离子轰击溅射出的靶材原子数。溅射率的大小与靶材原子种类有关，不同的靶材原子结合能不同，溅射率也会不同。溅射率越大，相应的刻蚀速率越快。刻蚀速率的大小与刻蚀离子能量也有关系。由于 Ar 溅射率大、易获得、电离效率高，一般选择 Ar 作为刻蚀气体。Ar^+ 能量越大，溅射率也会越大，当电子能量小于 300 电子伏（eV，1 eV＝$1.602\ 177\times10^{-19}$ J）时，溅射率小于 1，所以一般能量会大于 300 eV。过高的能量也会给材料表面带来损伤或发生离子注入，在进行刻蚀的时候需要权衡。

2. 相关设备

离子束刻蚀机包括真空反应腔、离子束源，预真空室及配套的真空系统、控制系统等。以思锐奇系统（Scia Systems，德国）制造的型号为 Mill 150 的设备为例，实物如图 6－34 所示。

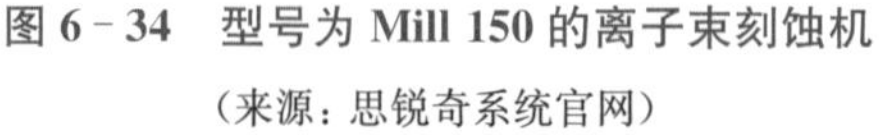

图 6－34　型号为 Mill 150 的离子束刻蚀机

（来源：思锐奇系统官网）

该离子束源及中和器的实物如图 6－35 所示。离子束源的出射口有栅网结构，栅网用于引出和控制离子束流，使得出射离子的分布更加均匀。带电离子轰击晶圆表面会形成电荷堆积，排斥后续离子束。中和器的作用为中和离子束电流，防止束流分散。同时还可以防止束流的散射和反溅射效应，延长离子束和栅网的寿命。

图 6－35　离子束源及中和器

图 6－36　载片台

载片台的实物如图 6－36 所示。载物台采用氦背冷进行控温，同时角度和转速都可以调节。样品表面采用光刻胶作为掩模层，刻蚀期间富有能量的离子流会使得晶圆和光刻胶过热。为了便于后面光刻胶的剥离清洗，一般需要对样品台进行冷却处理，使整个刻蚀过程中温度控制在一个比较好的范围。载片台的倾斜结构可以改变离子束的撞击方向，从而实现一定倾斜结构的样品制备。

离子束刻蚀的硬件配置使得具有高方向性的中性离子束在刻蚀过程中，能够精确控制侧壁轮廓，优化纳米图案的径向均匀性和结构形貌，从而实现更加精准的刻蚀。

反映设备能力的通常有电源、气体种类、晶圆尺寸、刻蚀材料、电源等，表6－12为型号为 Mill 150 的设备的硬件参数。

表 6－12　型号为 Mill 150 的设备的硬件参数

工艺气体	Ar
反应腔本底真空	$\leqslant 5\times10^{-7}$ mbar

（续表）

预真空室本底真空	$\leqslant 1\times10^{-6}$ mbar
宽离子束直径	$\geqslant$218 mm
离子束最大束压	$\geqslant$1 500 eV
离子束电流	$\leqslant$300 mA
离子束电流密度	可达 1 mA/cm^2
载片台转速	5～20 rmp
载片台角度	$-60°\sim90°$
刻蚀监测控制	二次离子质谱(SIMS)截止点监测

3. 厂务动力配套要求

要确保离子束刻蚀机能够稳定有效地运行，除了超净室必备的洁净度、温湿度、电力供应外，还需要配套的厂务动力设施主要如下。

(1) 高效率的真空系统：离子束刻蚀需要在高真空环境中进行，因此有必要配置高效的真空泵系统，包括前级和高真空泵，以迅速达到并维持所需的真空水平。

(2) 精确的气体供应系统：由于离子刻蚀过程中需要特定的气体(如 Ar)来生成刻蚀所用的离子束，因此需要有一个精确控制气体流量和压力的供应系统。

(3) 冷却系统：离子束刻蚀机在运行时会产生大量热能，需要有效的冷却系统(通常是水冷系统)，以保护设备的电子元件和维持操作温度。

(4) 废气处理系统：处理刻蚀过程中产生的有害气体和挥发性有机化合物，确保满足环保要求，通常包括化学洗涤装置和过滤系统。

(5) 电源稳定和备用系统：离子束刻蚀机需要稳定且强大的电源来支持其高能消耗，任何电源的波动都可能影响刻蚀的准确性和效率，因此电源稳定性非常关键，同时备用电源系统(如 UPS)也是必需的，以防意外停电。

(6) 安全监控系统：包括气体泄漏监测、火灾报警和紧急停机设施，以确保操作过程的安全。

(7) 控制系统和数据采集系统：用于监控设备运行状态及过程参数，保证刻蚀过程的精确控制，并对数据进行记录，便于后续分析和质量控制。

离子束刻蚀机所需的厂务动力条件实物举例如图 6-37 所示。

图 6-37　离子束刻蚀机所需的厂务动力条件实物举例

(a) 高纯气体和冷却水系统；(b) 分子泵；(c) 反应腔干泵。

设备为例，常见的刻蚀工艺及工艺能力如表 6-13 和表 6-14 所示。

表 6-13　型号为 Mill 150 的 IBE 设备的工艺示例

编号	微波功率(W)	离子束电压(V)	加速电压(V)	中和器电流(mA)	Ar 束流(sccm)	角度(°)
1	260	400	120	250	17	90
2	350	400	200	250	17	90

表 6-14　型号为 Mill 150 的 IBE 设备的刻蚀工艺能力示例

材　　料	刻蚀速率(nm/min)
SiO_2	14
SPR3612	10
Si	11
Mo	12
Nb	12

4. 设备操作流程及注意事项

操作 IBE 设备时，应注意以下注意事项。

(1) 打开预真空室进行取放样品时，应尽量迅速，避免腔体长时间暴露在大气中。

(2) 若放置小样品时，需用 Si 晶圆做载片，首先将涂硅脂涂在小样品背面，然后放置在载片中间位置。

读者可通过扫描图 6－34 旁的二维码观看具体的操作流程视频。

5. IBE 设备的国际市场

IBE 设备主要应用于那些在 RIE 设备刻蚀过程中反应物难以去除的工艺，其中一个典型的应用领域为磁存储。在此领域占据业界主流的还是泛林半导体，此外 Veeco(美国)、Scia Systems 等供应商，其设备以高精度、高均匀性和高重复度为特点，广泛应用于科研机构和工业制造，在技术和市场占有率上均有不错的表现。

中国厂商中，脱胎于比利时微电子研究中心(IMEC，比利时)的鲁汶仪器在 IBE 领域已有一定的量产应用。虽然北方华创、中微半导体的主要产品集中于等离子体刻蚀或薄膜沉积设备，但也在积极拓展 IBE 设备市场，以提升整体技术水平。

6.2.5 等离子清洗

1. 基本原理

等离子清洗是一种去除材料表面光刻胶和杂质的高效、环保、无损的清洗技术。这种清洗技术通过在真空容器中施加射频或微波电磁场，使填充的气体电离产生等离子体。等离子体由大量带电粒子，如电子、离子和带电气体分子等构成，具有很高的能量，可以与晶圆表面的污染物发生化学或物理反应，从而达到清洗表面的目的。

2. 相关设备

等离子清洗设备主要由等离子体发生器、清洗室、微波功率源、控制系统、气体供应系统、抽气系统、冷却系统组成。这些部件一起工作，确保等离子清洗设备能够正常运行，完成清洗任务。设备的具体配置和性能可能会根据需要清洗的物体类型和清洗质量要求有所不同。

以莎姆克制造的型号为 PC－1100 的平行板等离子系统为例，系统配有触摸屏用户界面，操作更方便；电极配有手柄，可手动安装和拆卸，还可以作为用户样品盘使用。实物如图 6－38 所示。

3. 厂务动力配套要求

要确保等离子清洗设备能够稳定有效地运行，除了超净室必备的洁净度、温

图 6-38　型号为 PC-1100 等离子清洗设备

（来源：莎姆克官网）

湿度、电力供应外，还需要配套的厂务动力设施主要如下。

（1）高效的真空系统：等离子清洗过程通常在低压或真空环境下进行，因此需要高效的真空泵系统来快速达到并维持所需的真空水平。

（2）气体供应系统：等离子清洗依赖于特定气体（如 Ar、O_2）来产生等离子状态。因此，需要一个稳定且可靠的供气系统，包括气体瓶的存储、管道供应，以及精确的 MFC，以调节气体流量。

（3）冷却系统：由于等离子过程可能产生高温，系统中的关键部件（如天线、反应腔壁）需要有效冷却以防过热，通常通过水冷或气冷系统实现。

（4）废气处理系统：等离子清洗过程可能产生有害副产物或废气，需要配备废气处理系统（如湿式洗涤塔或干式过滤器）来清洁排放气体，确保环保和人员安全。

（5）电源稳定系统：等离子清洗设备需要高功率的电源来激发等离子体，因此对电源的稳定性有高要求。可能包括 UPS 和电源调节装置，以保护设备免受突然电力波动的影响。

（6）安全监控系统：为了保障操作人员和设备的安全，应配备相应的安全设施，如气体泄漏监测、消防设施及紧急停机按钮等。

（7）控制和数据采集系统：高级的控制系统用于监控整个清洗过程，数据采集系统则用于记录过程参数，这对于保证过程可靠性和提升清洗效果非常重要。

等离子清洗设备所需的厂务动力条件实物举例如图 6-39 所示。

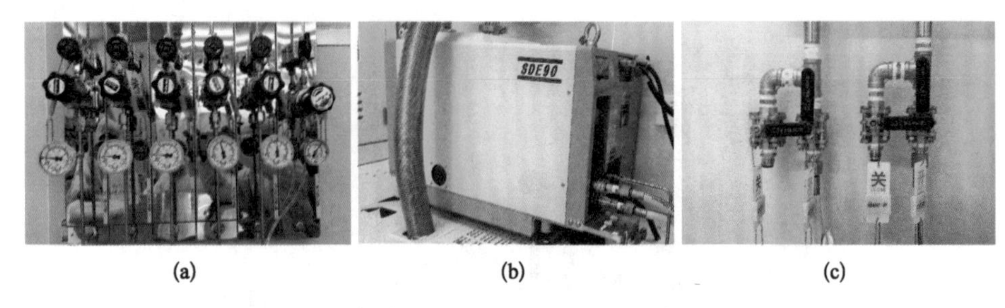

(a) (b) (c)

图 6-39 等离子清洗设备所需厂务动力条件实物举例

(a) 高纯气体系统;(b) 干泵;(c) 冷却水系统。

4. 设备操作规范及注意事项

在操作等离子清洗设备之前,务必阅读并严格遵守设备的操作规范,并格外注意以下几点。

(1) 观察腔内情况时,需要佩戴护目镜,防止等离子束直接照射到眼睛。

(2) 开机前需要确认各路气体是否在合适的压力范围内。

(3) 确认干泵冷却水是否开启。

5. 设备工艺能力

等离子清洗作为一种非接触式、化学和物理相结合的清洗方式,不仅可以去除表面的微小污染和化学残留,而且损伤很小,所以在半导体和微电子领域得到了广泛应用。这种清洗技术的主要工艺能力分为以下几个方面。

(1) 精密清洗:清除表面的纳米级污染物,包括灰尘、油脂、氧化物、残留的光刻胶等。

(2) 去除化学残留:去除表面化学残留,包括胶体、黏合剂、涂料、保护膜等。

(3) 表面改性:进行表面改性,包括添加功能性团,以及表面交联、表面硬化等。

(4) 工艺残留去除:在半导体制程中,等离子清洗可以去除光刻过程中的光刻胶残留,清洗刻蚀过程中的刻蚀残留,提高元件的性能和产量。

以型号为 PC-1100 的等离子清洗设备为例,其具体工艺指标如下。

(1) 最大加工尺寸为 400 mm × 400 mm。

(2) 灵活的架式电极使其可以在 RIE 或 PE 模式下处理各种样品。

(3) 工艺室可配置多个大型加工架,以满足大批量生产的要求。

(4) 全自动"一键式"操作。

(5) 带有触摸屏的可编程逻辑控制器可提供直观的图形界面。

(6) 干式泵和硬件布局更加紧凑,便于设备的保养和维护。

6. 等离子清洗设备的国际市场

等离子清洗设备作为刻蚀工艺后的去胶设备,单看设备数量在刻蚀机中居高不下,也是截至目前唯一国产设备市场占有率超出国外的工艺设备。主力供应商为国产的屹唐半导体,其以收购 MTI(美国)为起点,从研发 Aspen 系列开始,到研发出 Suprema 系列,正逐渐超越泛林半导体的 Gamma 机型(Gamma 机型源自泛林半导体收购的 Novellus Systems)。

6.3　湿法刻蚀和干法刻蚀的对比

湿法刻蚀和干法刻蚀是常见的两种刻蚀工艺方法,它们各自具有一些优点和缺点。下面对二者优缺点进行对比。

(1) 湿法刻蚀的优点

① 简单和经济: 湿法刻蚀过程相对简单,不需要复杂的设备和高能耗,成本较低。

② 高选择性: 湿法刻蚀可以实现很高的选择性,即只刻蚀目标材料,而对掩模材料或下层材料等有很小的影响。

③ 各向同性刻蚀: 湿法刻蚀通常是各向同性的,即在各个方向上刻蚀速率基本相同,有利于形成光滑的表面和周边。

(2) 湿法刻蚀的缺点

① 不适用于纳米级加工: 湿法刻蚀由于化学反应的特性,常常无法实现足够的分辨率和尺寸控制,适用于微米级尺寸的加工,而在纳米级加工中受到限制。

② 侵蚀和副反应: 湿法刻蚀过程中可能发生侵蚀和副反应,造成刻蚀涂层下的损伤或不良影响。

③ 难以控制剖面形状: 由于湿法刻蚀是各向同性的,难以实现所需的特定剖面形状,如陡峭的垂直侧壁。

(3) 干法刻蚀的优点

① 高分辨率和尺寸控制: 干法刻蚀具有更高的分辨率和尺寸控制能力,适用于微纳加工。

② 高各向异性: 干法刻蚀可以实现较高的各向异性,即实现更陡峭的垂直

侧壁,不会过度侵蚀。

③ 更准确的剖面控制：干法刻蚀通常可以更精确地控制剖面形状,并可以实现更精细的纳米级结构。

(4) 干法刻蚀的缺点

① 复杂和昂贵的设备：干法刻蚀需要复杂的设备和气体供应系统,成本较高。

② 选择性较差：干法刻蚀的选择性较湿法刻蚀稍差,容易对掩模材料造成影响。

③ 环境污染和安全风险：干法刻蚀过程中会产生有害气体和废料,对环境和操作人员可能造成潜在风险。

在实际应用中,需要根据具体工艺要求和目标材料的特性来选择合适的刻蚀方法,或者根据需要合理地结合湿法和干法刻蚀来实现更好的工艺效果,常见的不同刻蚀工艺方向性的剖面示意图如图 6-40 所示。

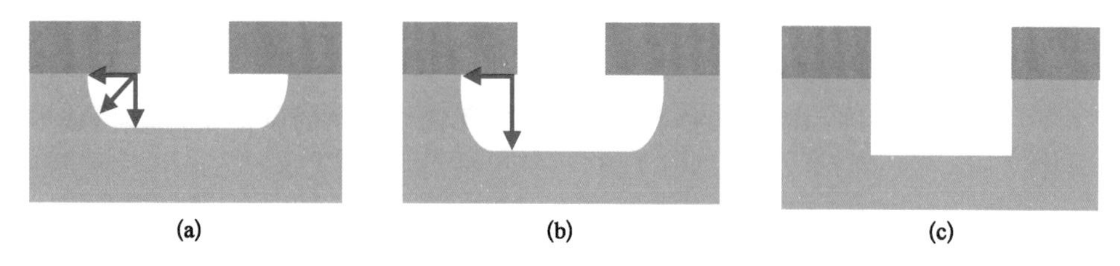

图 6-40　不同刻蚀工艺方向性的剖面示意图

(a) 完全各向同性刻蚀;(b) 常见情形;(c) 理想定向刻蚀。

6.4　刻蚀技术总结

6.4.1　影响刻蚀工艺的因素

刻蚀工艺的效果受到多种因素的影响。以下是一些可能影响刻蚀工艺效果的关键因素。

(1) 刻蚀目标材料：不同的材料在刻蚀时具有不同的化学和物理特性,对应不同的刻蚀条件。例如,Si、Si_3N_4、金属等材料需要使用不同的刻蚀气体和刻蚀条件来实现最佳效果。

(2) 刻蚀气体组成：刻蚀气体组成对于刻蚀速率、选择性和剖面形状等性能至关重要。通过调整刻蚀气体的组成，可以控制刻蚀速率和选择性。此外，刻蚀气体的稳定性和纯度也会影响刻蚀效果。

(3) 刻蚀能量和功率密度：刻蚀过程中施加的能量和功率密度会直接影响刻蚀速率和各向异性。通过调整刻蚀能量和功率密度，可以控制刻蚀速率和侧壁形状。

(4) 刻蚀温度和压力：刻蚀温度对于刻蚀速率和选择性有一定影响。提高刻蚀温度可以加速刻蚀速率，但也可能导致选择性下降。刻蚀压力可以影响刻蚀速率和侧壁形状。较高的刻蚀压力通常会增加刻蚀速率，但也可能导致侧壁被侵蚀。

(5) 刻蚀时间：刻蚀时间决定了刻蚀的深度，但需要注意刻蚀时间过长可能导致过刻或副反应的发生。因此，刻蚀时间需要根据具体工艺要求来确定。

(6) 刻蚀机和工艺参数：不同的刻蚀机具有不同的工艺参数和操作限制。这些参数包括气体流量、加热功率、真空度、电极和刻蚀腔的设计等。根据设备的特性和工艺要求，调整和优化这些参数可以实现更好的刻蚀效果。

除了上述因素外，还有其他可能对刻蚀工艺效果产生影响的因素，例如衬底的表面特性、光刻胶的性能和图案设计等。因此，在实际应用中，需要综合考虑这些因素，并进行合理的优化和调整，以达到所需的刻蚀效果。

6.4.2 刻蚀性能要求与演变

随着半导体工业的不断发展和集成电路特征尺寸的不断缩小，刻蚀工艺的性能要求也在不断提高和演变。这些要求不仅包含了刻蚀的选择性、各向异性、均匀性等传统指标，还包括对设备产能、环境影响和芯片性能的更高要求。以下是一些关键的刻蚀性能要求与演变。

(1) 高选择性：随着特征尺寸的减小，要求对保护层、衬底和不同材料之间的刻蚀过程拥有更高的选择性。这是为了保证在刻蚀目标材料时，不会过度刻蚀或损害其他部分，从而影响电路的性能。

(2) 高各向异性：更加各向异性的刻蚀过程能够实现垂直或接近垂直的侧壁，这对于多层结构的制造和紧凑的布局非常关键。随着技术的发展，如 DRIE 技术，已经可以实现非常高的各向异性比例。

(3) 更高的均匀性和重复性：为了确保晶圆上每个芯片的一致性和功能，刻蚀过程需要在整个晶圆表面上有着极高的均匀性和良好的重复性。这对于提高芯片产量和降低成本至关重要。

(4) 更低的损伤：随着特征尺寸的缩小，即便是微小的表面或亚表面损伤也可能对电路性能产生重大影响。因此，开发出低损伤的刻蚀工艺成为一大挑战。

(5) 产能与成本效益：随着市场对集成电路需求的增加，提高刻蚀机的产能和成本效益成为厂商竞争的关键。如何在保持高质量刻蚀的同时提高产量，减少耗电和材料成本是重点考量因素。

(6) 环境友好：随着对环境保护意识的提高，刻蚀工艺需要越来越多地考虑到环保问题。这包括降低有害气体和废液的产生、提高化学品的利用率、减少能耗等。

随着技术的不断进步，刻蚀工艺也在不断地优化和发展，以应对这些挑战。例如，从微米级刻蚀到纳米级刻蚀，从湿法刻蚀到干法刻蚀的演变，再到如今的超高密度等离子体源技术和原子层刻蚀(atomic layer etching, ALE)技术，不断提高刻蚀工艺的精度和效率。

6.4.3 刻蚀结果的表征

如何判定刻蚀结果是否满足特定工艺需求，通常需要表征以下 3 个方面的关键参数。

(1) 刻蚀速率：单位时间内去除材料的厚度的计算方式如下所示

$$刻蚀速率 = \frac{(d - d_1)}{t}(\text{Å/min}) \tag{6-1}$$

其中 d 和 d_1 对应的物理意义如图 6-41 所示。

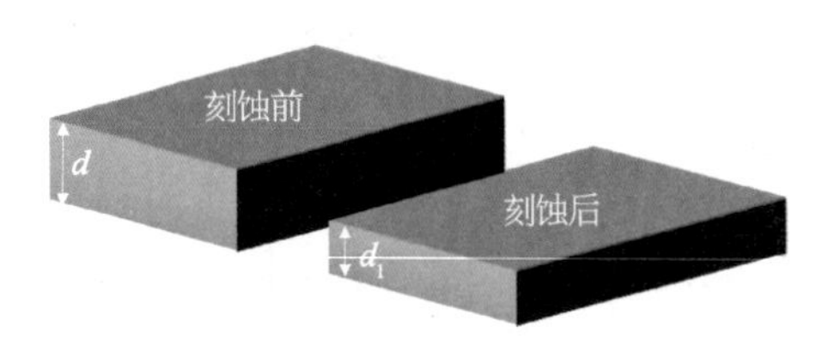

图 6-41 计算刻蚀速率的示意图

刻蚀速率由工艺和设备变量决定，如被刻蚀材料类型、刻蚀机的结构配置、使用的刻蚀气体和工艺参数设置。

(2) 选择比：同一刻蚀条件下，被刻蚀材料的刻蚀速率与另一种材料的刻蚀速率的比(S=材料的刻蚀速率/光刻胶的刻蚀速率)。

(3) 均匀性：衡量刻蚀工艺在整个晶圆上，或者整个一批或批与批之间的尺寸变化。均匀性(uniformity)=(最大值－最小值)/2 倍的平均值×100%。

第7章　量测技术

量测在工艺制造中扮演着至关重要的角色，它不仅关系到产品质量的控制，还直接影响到生产效率和成本管理。量测技术主要包括形貌、元素分析、高度/厚度、应力、方阻、介电常数及颗粒度检测等，本章介绍几种主要的量测技术及相关量测设备（如显微镜、光谱反射膜厚测量仪、台阶仪、应力测试仪、四探针测试仪、颗粒度检测仪等）的工作原理及实际操作方法。

7.1　形貌检测

在集成电路制造中，形貌测试至关重要。它用于研发并确保产品质量，通过检测表面缺陷和材料特性，及时发现并修复问题，提升产品稳定性和可靠性。同时，测试结果指导制造工艺的优化与监控，减少缺陷，提高成品率。在失效性分析中，形貌测试提供关键信息，帮助确定失效原因，促进技术改进。此外，测试还助力提升产品性能，如通过优化形貌增强导电性和散热性，确保芯片高效稳定运行。综上所述，形貌检测是集成电路制备中不可或缺的一环，对提升产品整体质量和技术水平具有重要意义。

显微镜是微纳器件制造工艺技术中不可或缺的基础量测仪器，为加工工艺中的每一步提供最直接、最简便的测试手段。根据不同原理可分为多种类型，常见的显微镜包括光学、电子、离子束显微镜等（表7-1）。

表7-1　不同类型的显微镜原理及特点

设备类型	原　　理	特　　点
光学显微镜	使用可见光和一系列透镜（物镜和目镜）来放大样品的图像	操作简单和成本较低；放大倍数通常可达1 000倍，分辨率最高约为200 nm，主要用于观察生物组织、细菌、细胞结构等

（续表）

设备类型	原　理	特　点
透射电子显微镜（transmission electron microscope, TEM）	使用电子束穿透超薄的样品，然后通过电磁透镜聚焦并形成图像	可以实现亚纳米级别的分辨率，适合观察样品的内部结构，如细胞器、病毒和材料的微观结构
扫描电子显微镜（SEM）	通过扫描电子束来轰击样品表面，利用背散射或二次电子形成图像	主要用于观察样品的表面结构，其分辨率可以达到纳米级别，适用于材料科学、地质学和生物样品的表面观察
原子力显微镜（AFM）	通过一个非常尖锐的探针在样品表面扫描，探针与样品表面之间的作用力会影响探针的位置变化，进而被一个激光束感应并转换为电信号	能够提供原子级别的表面形貌，不需要真空环境也能操作，广泛应用于材料科学、纳米技术和表面化学等领域
激光扫描共聚焦显微镜（laser scanning confocal microscope）	通过激光光源聚焦在样品的一个小点上，并使用光阑仅收集焦点处的光信号，从而得到非常清晰的图像。通过逐层扫描，共聚焦显微镜可以重建样品的3D结构	常用于生物医学和材料科学领域，如细胞结构的3D成像
离子束显微镜（focused ion beam microscope, FIB）	利用聚焦的离子束（常用Ga离子）照射样品，可以进行局部的材料切割和沉积	不仅可以成像还可以进行样品的精细加工，广泛应用于半导体行业、纳米技术和材料修改等领域

以上只是常见的几种显微镜类型，实际上还有许多其他类型的显微镜，例如荧光显微镜、红外显微镜等。不同型号的显微镜在应用领域和观察效果等方面有所不同，根据具体需求选择不同的显微镜，才能够更好地满足研究需要。

7.1.1　光学显微镜

1. 基本原理

光学显微镜作为最基础、最便捷的显微镜，几乎是每个实验室不可或缺的。

其利用凸透镜的放大成像原理，将人眼不能分辨的微小物体放大到人眼能分辨的尺寸，通常用来反映和表征微米级图案的形貌、大小、分布、取向、缺陷状态等。显微镜由两个会聚透镜组成，即物镜和目镜，物体 AB 经物镜成放大倒立的实像后，再经目镜放大成虚像 $A'B'$，光学显微镜放大原理如图 7 - 1 所示。

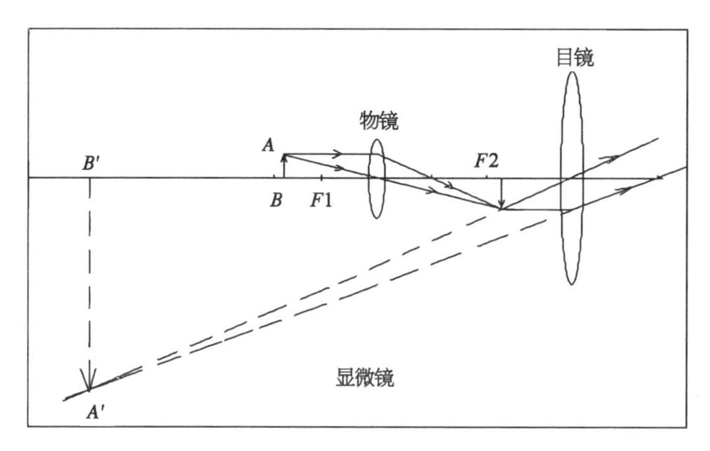

图 7 - 1　光学显微镜的工作原理

2. 相关设备

不同的光学显微镜具有不同的放大倍率、适合不同的样品，读者需要根据具体需求做选择。以徕卡（Leica，德国）制造的型号为 DM2700 M、DM4 M、M205 C 的显微镜为例，其设备照片如图 7 - 2 所示，放大倍率、适用样品尺寸见表 7 - 2。

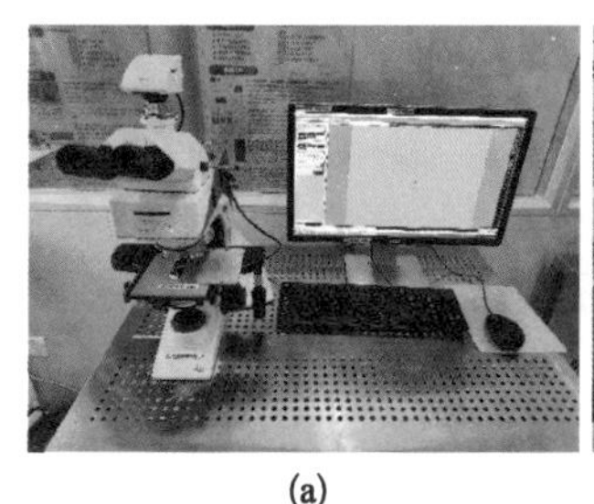

(a)

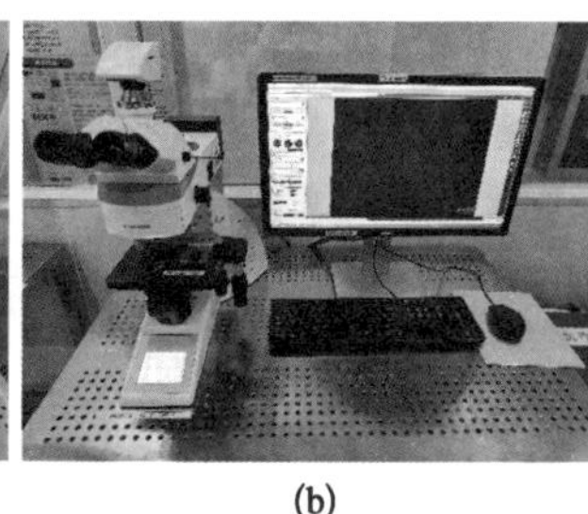

(b)

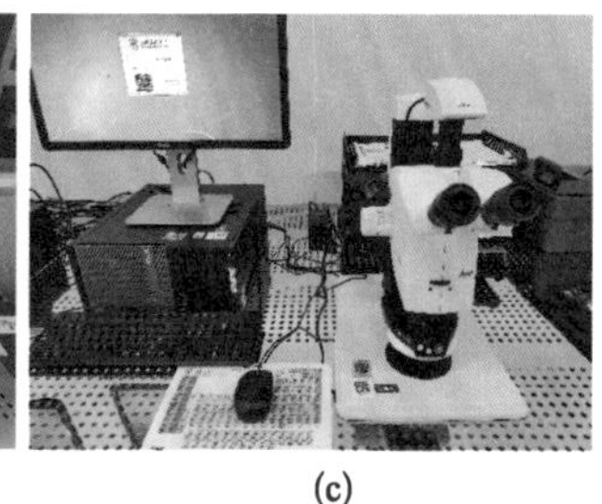

(c)

图 7 - 2　不同型号的显微镜

(a) DM2700 M；(b) DM4 M；(c) M205 C。

要确保光学显微镜能够稳定有效地运行，其厂务动力设施需求主要为超净室必备的洁净度、温湿度、电力供应，此处不再赘述。

表 7-2　各型号显微镜的放大倍率

显微镜型号	最小放大倍率	最大放大倍率	适用样品尺寸
DM2700 M	50	1 000	≤5 in 方形样品
DM4 M	50	1 000	≤4 in 方形样品
M205 C	7.5	160	≤6 in 方形样品

3. 设备操作规范及注意事项

在使用显微镜之前，详细阅读并熟悉设备操作手册和安全指南、了解设备的功能、操作步骤和注意事项是至关重要的。显微镜作为实验室最初级的量测设备，虽然操作简单、易学，但是仍然有以下一系列的操作规范需要注意。

(1) 为防止样品撞到并损坏物镜，禁止大幅度上升载物台。

(2) 使用前建议先降低样品载台，在最低的 5X 物镜下旋转凸轮找到聚焦高度，再由低到高转换物镜。

(3) 使用高倍物镜时，禁止使用粗调焦手轮调节焦距，以免移动距离过大，损伤物镜。

(4) 使用细调焦手轮时，用力要轻，转动要慢，转不动时不要硬转。

(5) 为避免污染或损伤透镜，禁止用手指或硬物触碰透镜。

(6) 设备为精密仪器，除腰部、底部以外其他地方不可受力，因此禁止随意移动设备。

读者可通过扫描图 7-2 旁的二维码观看具体的操作流程视频。

4. 光学显微镜的国际市场

光学显微镜的国际市场主要由德国与日本垄断，包括尼康与奥林巴斯(Olympus，日本)，德国的徕卡与蔡司等。中国光学显微镜的供应商不多，主要有永新光学、舜宇光学等。

7.1.2　扫描电子显微镜

1. 基本原理

当需要检测的器件尺寸在纳米级别时，普通的光学显微镜则不能满足量测的需要。此时，需要进入精度更高的电子显微镜，本章主要介绍最基本的扫描电子显微镜(SEM)。其是在高真空的镜筒中,由电子枪产生的电子束经电子会聚透镜聚焦成细束后,在样品表面逐点进行扫描轰击,产生一系列电子信号(二次电子、背散射电子、透射电子、吸收电子等),探测器接收的各种电子信号经电子放大器放大,输入由显像管栅极控制的显像管。

聚焦电子束对样品表面扫描时,由于样品不同部位表面的物理和化学性质、表面电位、所含元素成分及凹凸形貌不同,致使电子束激发出的电子信号各不相同,导致显像管的电子束强度也随之不断变化,最终在显像管荧光屏上可以获得一幅与样品表面结构相对应的图像。根据探测器接收的电子信号的不同,可分别获得样品的二次电子图像、背散射电子图像、吸收电子图像等。工作原理如图7-3所示。

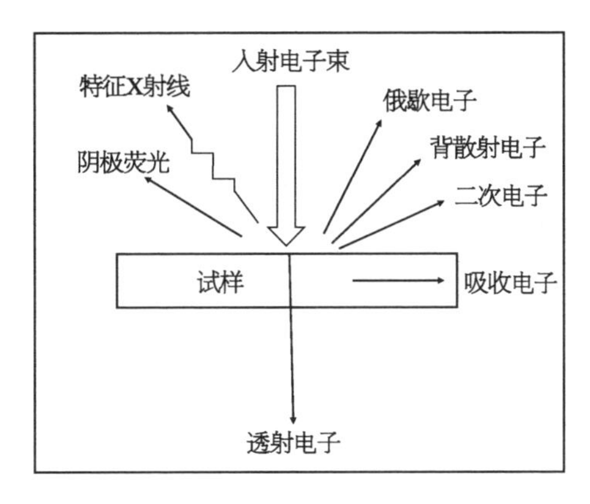

图7-3 SEM原理示意图

2. 相关设备

SEM主要由以下几个组成部分构成。

(1) 电子枪:SEM的核心部件,负责产生和发射电子束。通常由一个热阴极和一系列透镜组成。

(2) 透镜系统(lens system):由一系列磁透镜、电透镜和偏转线圈组成。其作用是控制电子束的聚焦和偏转,使其能够聚焦在样品表面。

(3) 扫描线圈(scan coil):用于控制电子束在样品表面上的扫描。通过改变扫描线圈的电流和方向,可以实现电子束在样品上的移动和扫描。

(4) 样品台:样品放置和定位的平台。通常具有多个自由度的调整机构,可以控制样品在 X、Y、Z 轴方向上的移动和旋转、倾斜,以实现对样品的精确定位。

(5) 探测器：SEM配备了多种不同类型的探测器，用于检测样品表面与扫描电子束之间相互作用产生的信号。常见的探测器包括二次电子探测器(secondary electron detector)和背散射电子探测器(backscattered electron detector)等。

(6) 显示设备和操作控制系统：SEM通常还配备有显示设备，用于显示样品的图像。操作控制系统用于控制SEM的各个部件，调整参数和采集图像等。

图7-4展示了蔡司制造的型号为Gemini 300的SEM的设备图。

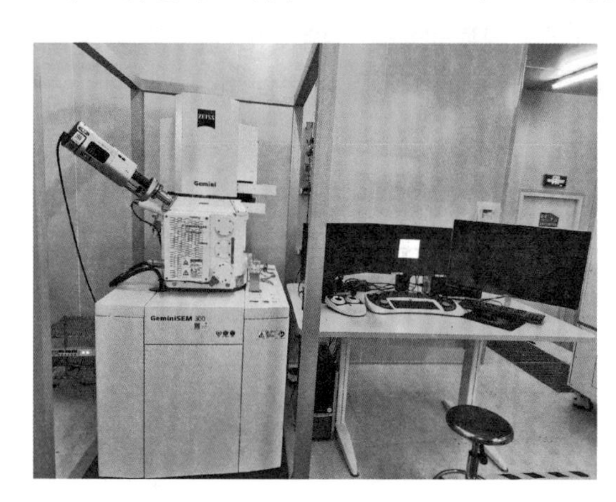

图7-4 型号为Gemini 300的SEM

为适应更多功能，SEM通常会配置有单孔样品台、九孔样品台、多功能样品台、倾斜样品台等，可以满足样品正面测量、截面测量的需求。具体结构如图7-5所示。

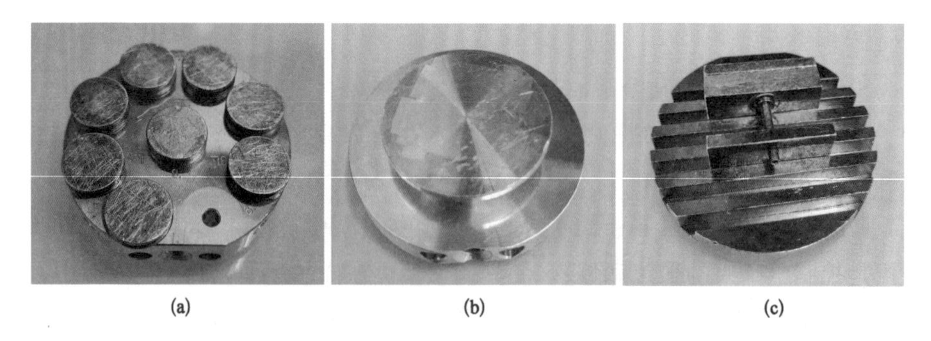

(a) (b) (c)

图7-5 多种SEM样品台实物图

(a) 9孔10 mm旋转台；(b) 30 mm单片台；(c) 多功能可变台。

SEM的硬件参数通常包含加速电压、分辨率、放大倍数、探针电流等，以型号为Gemini 300的SEM为例，其具体硬件参数如表7-3所示。

表 7-3　SEM 的硬件参数

加速电压	0.02～30 kV
分辨率	≤0.7 nm@15 kV(二次电子) ≤1.2 nm@1 kV(二次电子)
放大倍率	$12\sim2\times10^{6}$
探针电流	最大电流不小于 20 nA

3. 厂务动力配套要求

要确保 SEM 能够稳定有效地运行，除了超净室必备的洁净度、温湿度、电力供应外，还需要配套的厂务动力设施主要如下。

(1) 高质量的电源：需要一个稳定的电源来供应 SEM 的能量，这可能意味着使用稳压和去噪声的电源，或者专门的电力线路来减少电磁干扰。

(2) 震动控制：SEM 对于震动非常敏感，这可能需要地震隔离装置或减震平台来最小化环境和建筑活动带来的震动。

(3) 压缩空气：用于运行 SEM 的一些部件，如机械泵和其他自动化组件。压缩空气需要是干燥且干净的，以避免样品污染和设备损坏。

(4) 冷却系统：为了排除运行中产生的热量，SEM 可能需要水冷或气冷系统。冷却系统需要可靠，以保持设备在稳定的运行温度范围内。

(5) 气体供应：特定的 SEM 操作可能需要特种气体(例如 N_2、Ar)，用于样品制备或冷却。气体的供应需要保证纯净和稳定。

(6) 超高真空系统：为了在观察样品时提供足够的真空环境，SEM 通常配备强大的真空泵，包括旋片泵、涡轮分子泵或扩散泵。其有效性和维护都很关键。

(7) 废气处理设施：处理和过滤从真空泵排出的有害气体，确保排放符合环境标准。

(8) 安全系统：包括消防、报警、气体监测和紧急切断设备，保障操作人员和设备安全。

(9) 维护和清洁设施：SEM 操作需要常规的清洁和维护，以保持高效能和长寿命，这可能需要专用工具和清洁剂。

SEM 所需的厂务动力条件实物举例如图 7-6 所示。

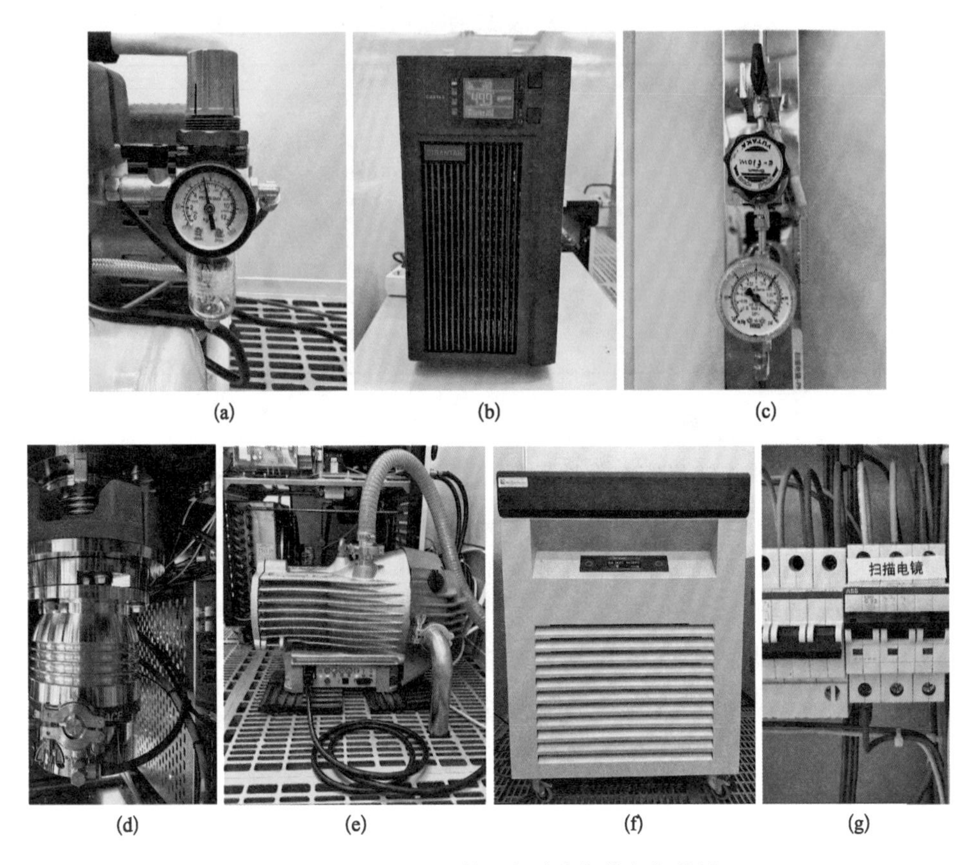

图 7-6　SEM 所需的厂务动力条件实物举例

(a) 空气压缩机;(b) UPS;(c) N_2供应系统;(d) 分子泵;(e) 机械泵;(f) 冷水机;(g) 总电源空气开关。

4. 设备操作规范及注意事项

在操作 SEM 之前，详细阅读并熟悉设备操作手册和安全指南，了解设备的功能、操作步骤和注意事项是至关重要的。操作 SEM 时必须严格遵循一定的操作规程，以保障设备的正常运作和人员的安全。以下是一些基本的操作规范。

(1) 避免直接接触高压电源：SEM 操作过程中涉及高电压，操作前应确保设备电源已关断。

(2) 使用适当的工具和器具搬动和装载样品，避免手直接接触样品室或其他机械部件。

(3) SEM 为超高真空设备，在真空度差的条件下，不要打开电子枪，以免降低电子枪的寿命。

(4) 样品距离电子枪的距离很近时，需时刻注意、小心操作，防止样品或样品台撞到电子枪。

读者可通过扫描图 7-4 旁的二维码观看具体的操作流程视频。

5. SEM 的国际市场

SEM 的国际市场十分活跃，但主要由美、日、德几个国家垄断，全球领先的制造商有日立、赛默飞(Thermo Fisher，美国)、蔡司、日本电子(JEOL，日本)等。目前，中国 SEM 的供应商不多，其主要有中科科仪、聚束科技、国仪量子、泽攸科技等，且成立时间都相对较晚，产品种类较少。

7.1.3　原子力显微镜

1. 基本原理

原子力显微镜(AFM)是一种基于原子尺度相互作用力的显微镜技术，可以高分辨率观察和测量样品的表面形貌、力学性质和化学信息。AFM 的使用原理可以总结为以下几个步骤。

(1) 探针接近样品：AFM 使用一根纳米尺寸的探针(常见的是尖端为金属或 Si 的探针)与样品表面相互作用。探针通过精细的控制系统，控制其接近样品并与之保持接触。

(2) 探针受力和弯曲：当探针与样品表面接触后，两者之间开始产生相互作用力，可以是吸附力、电荷力、静电力等，这将导致探针的微小弯曲或震动。

(3) 探针位置变化检测：AFM 使用一种反馈机制来检测探针的位置变化。通常会在探针和样品之间加上一个细微的震动，使探针的位置保持稳定。当探针受到样品表面的作用力时，探针的位置会发生偏移，通过探测和调整探针的位置，使其保持稳定，从而获得样品表面形貌的测量数据。

(4) 生成表面拓扑图像：通过调整探针位置的反馈机制，AFM 可以在样品表面进行扫描，收集大量的位置偏移数据，并根据这些数据生成表面形貌的拓扑图像。

AFM 可以在多种环境下操作，包括空气、真空以及液体中，这使得它能够用于生物样品的成像而不破坏样品。AFM 的操作模式主要分为 3 类(图 7-7)。

(1) 接触模式：探针与样品表面保持物理接触，通过探针在样品表面的移动来检测表面形貌。这种模式对样品的破坏性较大。

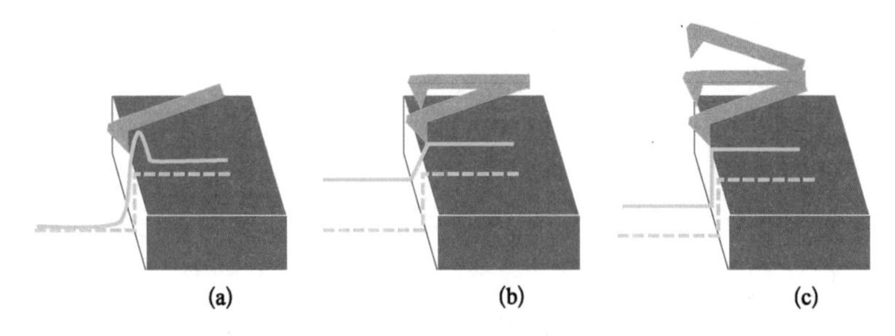

图 7－7　AFM 3 种不同的工作模式示意图

(a) 接触模式;(b) 非接触模式;(c) 敲击模式。

(2) 非接触模式：探针并不直接接触碰样品表面，而是在样品表面上方几纳米至几十纳米的位置振荡。通过探针振荡频率的变化来探测样品表面的性质。这种模式对样品的破坏性较小。

(3) 敲击(tapping)模式：也称为间歇接触模式，探针以一定频率振荡，每次振荡只在最低点轻触样品表面。这种模式结合了接触模式和非接触模式的优点，可以减少对样品的损伤，适用于对软样品或生物样品的观察。

AFM 的应用非常广泛，包括物理、化学、材料科学、生物医学等领域。具体应用包括：① 表面粗糙度分析；② 单分子间作用力测量；③ 生物大分子如蛋白质、DNA 的成像；④ 纳米材料和纳米器件的检测；⑤ 半导体行业中的材料缺陷和污染物分析等。

2. 相关设备

AFM 的基本组成部分如下。

(1) 探针悬臂(cantilever with probe tip)：是 AFM 中最重要的部分。探针非常尖锐，通常由 Si 或硅化物制成，其尖端的半径可以小到几纳米，以确保在原子级别的接触和扫描。探针固定在一端的悬臂上，悬臂可以由于响应样品表面的力而弯曲或震动。

(2) 激光和光电探测器(laser and photodetector)：AFM 使用一束激光照射在悬臂上，激光从悬臂反射回到光电探测器。当悬臂因为与样品的相互作用而发生弯曲时，激光的反射角会改变，通过检测这种变化，光电探测器可以非常精确地测量悬臂的位移。

(3) 样品台：用于安置待测样品，确保其稳固并能精确移动。样品台可以在 X、Y、Z 方向上移动，从而使得样品在探针下方被精确定位和扫描。

(4) 反馈机制(feedback mechanism)：是 AFM 中核心部分之一，它根据光电探测器接收到的数据调节悬臂的位置及其与样品表面的距离。通过实时调整，反馈机制确保探针以一定的力与样品表面接触或保持一定距离。

(5) 扫描控制系统(scan controller)：负责控制样品台的移动，使探针以设定的模式和速度扫描样品。扫描路径的控制是实现高质量图像的关键。

(6) 电子系统：包括用于激光、光电探测器和样品台驱动的电源，以及用于数据采集和处理的电路。这些系统保证了 AFM 操作的精确性和稳定性。

(7) 数据处理和显示软件(data processing and display software)：数据处理软件用于分析探针收集的数据，并将其转化为 3D 表面形貌图。显示软件通常具有多种功能，可以分析表面粗糙度、粒度分布等多种参数。

(8) 机械结构和外壳(mechanical structure and casing)：机械结构提供了保持所有组件稳定的框架，并有助于抵抗外界震动和温度变化的影响。外壳则提供了一个封闭的环境，避免灰尘和其他污染物影响测量的准确性。

图 7-8 展示了布鲁克(Bruker，美国)制造的型号为 Dimension Icon 的 AFM 设备。

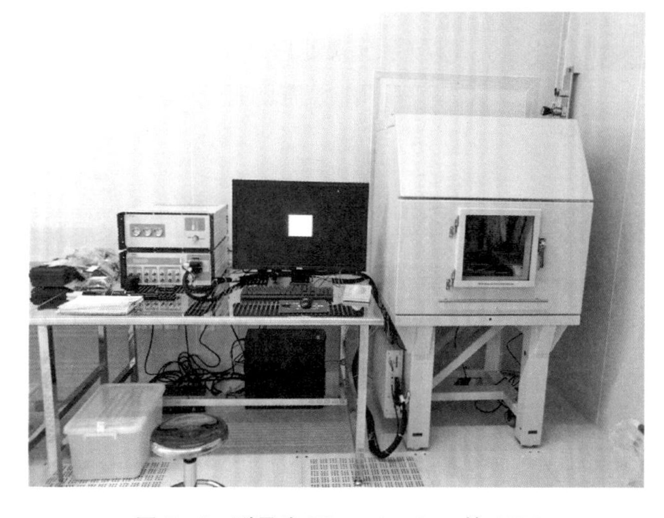

图 7-8　型号为 Dimension Icon 的 AFM

3. 厂务动力配套要求

要确保 AFM 能够稳定有效地运行，除了保持超净室内的洁净度、适宜的温湿度，以及稳定的电力供应外，还需要以下一些重要的配套厂务动力设施。

(1) 高稳定性电源：提供纯净、恒定电压的电源系统是关键，以防电源波动影响显微镜的精确度。

(2) 高级震动隔离系统：AFM 对震动非常敏感，因此需要使用高效能的震动隔离技术，通常包括气浮平台和减震平台等。

(3) 特定气体供应系统：在某些实验中，可能需要纯净的特定气体环境如 N_2，来创建更适合特定样品的观察环境。

(4) 超高真空系统：某些 AFM 实验可能需要在超高真空环境下进行，以此减少空气分子对样品表面的影响。

图 7－9　CDA 压力表

(5) 高效率的噪声控制系统：实验中应注意减少各种声波干扰，如使用隔声材料和声音管理系统。

(6) UPS 供应：为了防止突发的电力中断对实验数据造成影响，应配置 UPS。

(7) 数据处理与存储设施：需要高性能计算机和足够的数据存储设备，以确保复杂数据处理和大量数据的安全存储。

(8) 废气处理系统：如果样品清洁或制备的操作中涉及有害化学物质，需要有适当的通风和废气清洁系统来处理可能产生的有毒气体。

AFM 所需的厂务动力配套举例如图 7－9 所示。

4. 设备操作规范及注意事项

操作 AFM 时必须遵循一系列严格的操作规程，以确保实验的顺利进行和设备及人员的安全。以下是一些基本的操作规范。

(1) 测试前，清洁样品台，避免样品受到污染；测试后清理样品台，避免样品污染样品台。

(2) 在装载探针时小心操作，防止损坏探针或悬臂。

(3) 扫描头易损坏，需轻拿轻放。

(4) 在开始扫描前，先使用低倍率观察确认样品位置，然后使用高倍率扫描，防止探针因受到撞击而损坏。

(5) 卸载探针时需小心谨慎，防止探针被损坏。

(6) 清洁并维护设备，确保工作区域整洁。

读者可通过扫描图 7－8 旁的二维码观看具体的操作流程视频。

5. 原子力显微镜的国际市场

在全球范围内，AFM 技术已经发展了几十年，各大半导体设备制造商均在这一领域投入了大量的资源。目前，国外著名的AFM供应商包括布鲁克、帕克（Park，韩国）和牛津仪器、日立等公司，这些公司在AFM技术的研发上具有深厚的积累，并且在性能、分辨率和自动化程度上处于领先地位。例如，布鲁克推出的Dimension系列AFM不仅具备高分辨率的成像能力，还整合了多种高级功能模块，如高温和电场下的材料表征等。而在中国，随着半导体产业的迅速发展，中国企业也逐步在AFM技术上取得突破，如中科院微电子所开发的AFM在精度和速度上取得了显著进展。此外，一些新兴企业也逐步进入AFM市场，试图通过自主创新打破国外技术垄断，推出了具有竞争力的产品。尽管中国设备在某些高端领域仍与国际领先水平存在差距，但在某些专用场景下，如材料表面分析和纳米加工，国产AFM已表现出较强的竞争力，并逐步被中国半导体制造商所采用。

7.1.4　激光扫描共聚焦显微镜

1. 基本原理

激光扫描共聚焦显微镜是一种高级显微镜系统，能够提供高分辨率的3D图像。其主要优点是能够精准控制焦深，有效地排除了图像中非焦点平面的光信号，因此在生物学、材料科学、半导体检验等多个领域中都有广泛应用。激光扫描共聚焦显微镜的基本原理可以总结为以下几个步骤。

(1) 激光聚焦：激光扫描共聚焦显微镜使用激光光源，常见的是激光器。激光通过光学系统被聚焦到一个非常小的光斑上，通常可达到亚微米或纳米级别的直径。

(2) 共聚焦探测：激光光斑以可控的扫描方式在样品上进行移动。样品表面的荧光信号、反射信号或透射信号被共聚焦的光路收集到探测器中。

(3) 光的分离和探测：共聚焦显微镜配备了多个探测器，如光电二极管。每个探测器收集到的信号与扫描位置相对应。这些信号被转化为电信号并进行放大和处理。

(4) 生成图像：将每个位置的信号通过数据采集和处理，可以生成样品的2D或3D共聚焦图像。这些图像提供了样品的相关信息，如形貌、荧光强度等。

2. 相关设备

激光扫描共聚焦显微镜通常包括激光器、光学系统、扫描和控制系统、探测器、样品台以及数据采集和处理系统，可测量透明体的膜表面，观察膜的内部或背面，测量薄膜厚度、形状。以下是激光扫描共聚焦显微镜的主要组件。

(1) 激光器：激光作为光源在共聚焦显微镜中扮演关键角色，用于提供单色且相干的光线照明样品。根据应用的不同，可能会使用不同波长的激光器来激发样品中的特定荧光标记或观察反射和透射光。

(2) 光学系统：包括物镜、扫描镜、光阑和其他光学元件。物镜用于收集样品发出或反射的光，扫描镜则用于 2D 平面的精确扫描。光阑的作用是只允许焦点层面的光进入探测器，从而实现 3D 成像。

(3) 扫描和控制系统：负责控制激光束沿样品表面的精确移动。这通常是通过电脑控制实现的，可以设置扫描的速度、模式和区域。控制系统也同步调整焦距，以实现从不同深度获取图像的功能。

(4) 探测器：探测器负责接收从样品反射或发射出的光，并将其转化为电信号。常见的探测器有光电倍增管(photomultiplier tube, PMT)和雪崩光电二极管(avalanche photodiode, APD)，这些器件对光的灵敏度非常高，适用于低光水平的检测。

(5) 样品台：允许在 3 个维度上精确地移动和定位样品，因此可以从多个角度和深度获取图像。

(6) 数据采集和处理系统：用于接收探测器的信号，并将其转换为数字形式，以便进行图像重建和分析。这通常涉及复杂的算法来组合来自不同焦平面的信息，生成 3D 图像或进行量化分析。

激光扫描共聚焦显微镜的应用如下。

(1) 全焦点图像：通过整合各个焦平面的清晰图像，生成整体清晰的 2D 图像。

(2) 3D 形状测量：通过逐层扫描，可以精确测量样品的 3D 结构。

(3) 高精细彩色 CMOS 图像：利用高分辨率 CMOS 相机捕获彩色图像。

(4) 16 比特(bit)激光彩色共焦点图像：提供高动态范围和深度的图像，适用于细节丰富的生物或材料样本。

(5) 共焦点及中性密度滤波器光学系统：使用中性密度滤波器调控光强，保护样品和探测系统。

(6) 激光微分干涉图像：使用差分干涉对比技术增强样品表面或透明样品的形貌对比。

以基恩士(Keyence，日本)制造的型号为 VK－X1000 的激光扫描共聚焦显微镜为例,其设备照片如图 7 - 10 所示,软件分析界面如图 7 - 11 所示。

图 7 - 10　激光扫描共聚焦显微镜设备

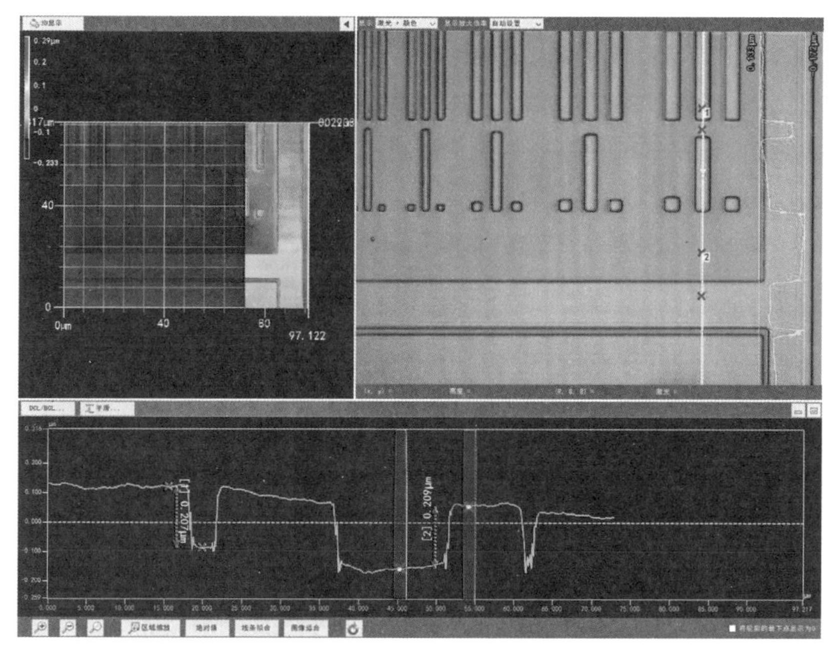

图 7 - 11　激光扫描共聚焦显微镜的软件分析界面

激光扫描共聚焦显微镜的硬件能力通常包含激光光源波长、共焦准确性、激光输出功率、分辨率等,以型号为 VK - X1000 的激光扫描共聚焦显微镜为例,其具体硬件参数如表 7 - 4 所示。

表 7－4　型号为 VK－X1000 的激光扫描共聚焦显微镜的设备硬件参数

激光光源波长	紫激光 404 nm
激光共焦准确性	10 倍，1.0＋L/100 μm 或更小 20～150 倍，0.2＋L/100 μm 或更小 [L＝测量长度(μm)]
激光输出功率	1.0 mW
高度显示分辨率	0.5 nm
宽度显示分辨率	1 nm

3. 厂务动力配套要求

要确保激光扫描共聚焦显微镜能够稳定有效地运行，除了超净室必备的洁净度、温湿度、电力供应外，还需要配套的厂务动力设施主要如下。

(1) 稳定且纯净的电源：激光扫描共聚焦显微镜对电源的稳定性和纯净度要求极高。应设立专用的电源线路和稳压设施，必要时还需配备 UPS 以应对突发的电力中断，避免实验数据的丢失。

(2) 先进的震动控制系统：由于激光扫描共聚焦显微镜对震动极为敏感，所有源自环境和建筑的震动都可能会对成像质量造成不良影响。因此，需要通过先进的减震平台或气浮平台来隔绝外部震动。

(3) 冷却系统：高性能的激光装置和电子设备在运行过程中会产生大量热量，需要通过水冷或空气冷却系统及时排出，以保持设备的正常工作温度。

(4) 噪声控制：除震动外，噪声也可能对显微镜的成像质量造成影响。在设计和布置实验室时，应采取必要的隔声措施。

(5) 维护和清洁设施：此外，还需要有一套完善的系统来保障光学元件和激光发射装置的清洁和维护，以延长设备寿命并保证成像质量。

激光扫描共聚焦显微镜所需的厂务动力条件实物举例如图 7－12 所示。

4. 设备操作规范及注意事项

操作激光扫描共聚焦显微镜时，遵循一套标准的操作规范是非常重要的，以确保实验的顺利进行、保护显微镜设备不受损伤，并保障操作者的安全。以下是一些基本的操作规范。

图 7-12　激光扫描共聚焦显微镜的防震动系统(气浮平台)

(1) 了解使用的激光的类型和光功率，以及相关的安全措施，如佩戴适当的防护眼镜。在任何时候，都不应直视激光源，即便在激光功率较低时。

(2) 实验前，确保样品是干净的，防止污染设备；实验后，清理显微镜的工作区域，防止显微镜被污染。

(3) 将样品小心放置在样品台上，确保稳固，防止运动过程中样品被损坏。

(4) 使用低功率开始观察，逐步调整到理想的观察条件，以避免对样品造成损伤。

读者可通过扫描图 7-10 旁的二维码观看具体的操作流程视频。

5. 激光扫描共聚焦显微镜的国际市场

激光扫描共聚焦显微镜在国际市场上具有广泛应用和大量需求，尤其在生命科学、材料科学、医学和工业检测领域。全球市场被几家领先的供应商主导，其中主要包括蔡司、徕卡、尼康、奥林巴斯等，它们占全球 90%以上的市场份额。目前，中国激光扫描共聚焦显微镜没有成熟的供应商。

7.2　材料高度检测

在芯片制备过程中，当需要确保芯片表面或内部结构的精确高度时，会进行材料高度检测。这通常发生在需要控制薄膜厚度、层间距离或特定结构高度的情况下。解决方案是采用高精度的测量设备，如台阶仪、膜厚测量仪、激光干涉仪、AFM 等。这些设备能够精确测量芯片表面的起伏高度、薄膜厚度等关键参数，确保芯片结构的精确性和性能稳定性。通过及时检测和调整材料高度，可以有效提升芯片的生产良率和质量。本节分别介绍这几种材料高度检测的设备。

7.2.1 台阶仪

1. 基本原理

台阶仪属于接触式测量仪器，当探针与台阶边缘接触时，会产生一个力信号，探针以一定的速度移动，同时力传感器测量接触力信号的大小，根据探针运动的距离和力信号的变化，可以计算出台阶的高度。接触式台阶仪的测量结果可用于表征物体表面的形貌和平整度。它在工程、制造、材料研究等领域具有重要的应用，用于质量控制、工艺评估和产品开发等方面。台阶仪的测试实例如图 7－13 所示。

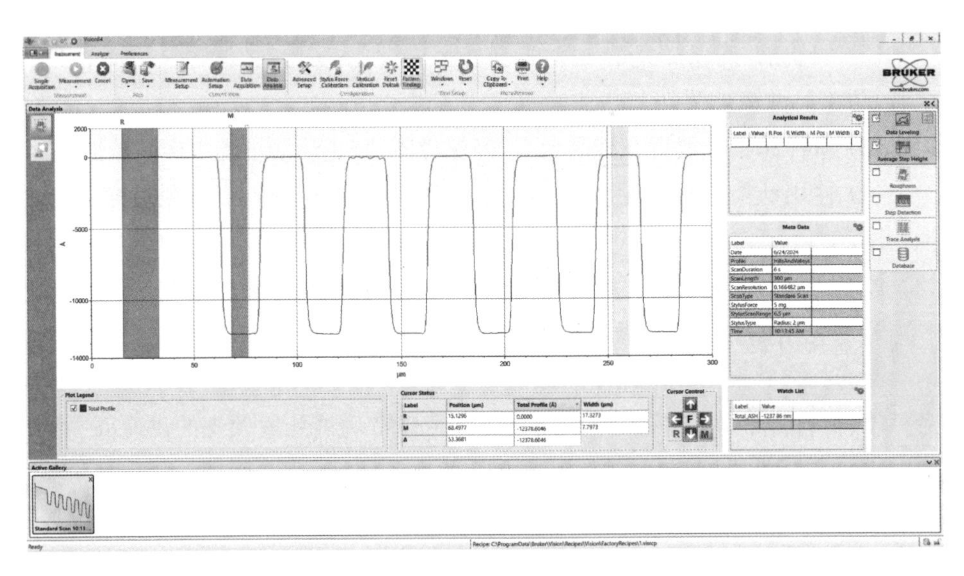

图 7－13　台阶仪测试结果图

2. 相关设备

台阶仪通常由探针/探头、运动控制系统、力传感器、测量系统、显示器/控制界面以及机械支架等部分构成。以布鲁克制造的型号为 Dektak XT 的台阶仪为例，其设备照片如图 7－14 所示，内部构造如图 7－15 所示。

图 7-14　型号为 Dektak XT 的台阶仪

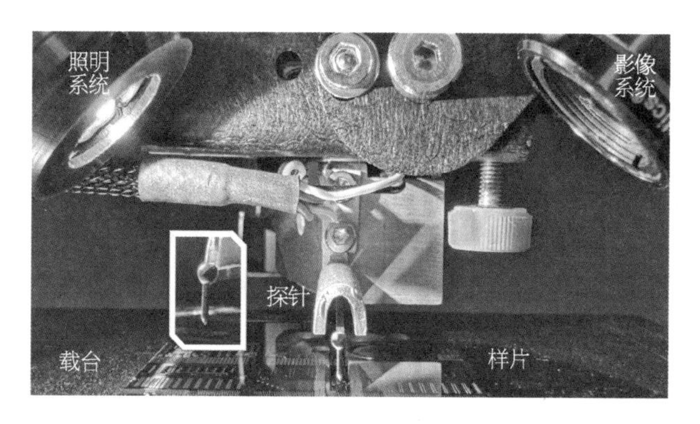

图 7-15　型号为 Dektak XT 的台阶仪内部构造

台阶仪的硬件能力通常包含台阶高度重复性、扫描长度范围、分辨率等，以型号为 Dektak XT 的台阶仪为例，其具体硬件参数如表 7-5 所示。

表 7-5　台阶仪的硬件参数

台阶高度重复性	0.5 nm
扫描长度范围	55 mm
垂直方向分辨率	最高可达 1 Å (在 6.55 μm 测量范围内)
垂直方向扫描范围	1 mm(0.039 in)
适用晶圆尺寸	6 in

3. 厂务动力配套要求

要确保台阶仪能够稳定有效地运行，除了超净室必备的洁净度、温湿度、电力供应外，还需要配套的厂务动力设施主要如下。

(1) 震动隔离系统：为减少外部环境和建筑震动对设备精度的影响，应使用先进的震动隔离平台或台阶仪。这可能包括气浮平台或其他先进的减震技术。

(2) 静电控制系统：静电会影响测量结果的精确度，为了减少静电干扰，需要有效的静电消除设施。

(3) 噪声控制系统：深化隔声措施，减少外界噪声对设备操作及数据采集的潜在干扰。

(4) 干净、干燥的压缩空气供应系统：用于辅助完成设备特殊部件的机械动作，压缩空气需保证纯净和干燥，避免将潮湿空气和油脂引入设备内部。

图 7-16　台阶仪所需的减震台
图中包含设备主机，主机下方为减震台。

(5) 电磁干扰防护：对于电子敏感设备，需要特别注意减少电磁干扰的影响，如采用屏蔽电缆和滤波器等。

(6) 电供应稳定性与备用电源：为了防止电源不稳定引起的设备重启或数据丢失，需要有稳定的电供应系统，并配备 UPS 作为备用。

台阶仪所需的厂务动力条件实物举例如图 7-16 所示。

4. 设备操作规范及注意事项

台阶仪是一种用于测量材料表面粗糙度、台阶高度和其他表面特征的精密仪器。它常用于半导体、材料科学和工程领域。正确地使用和维护台阶仪是获得准确、可靠数据的关键。以下是使用台阶仪的一些基本操作规范和注意事项。

(1) 台阶仪为有损测量，可能会在样品表面留下划痕，因此需要确认探针的走向和位置，以免对重要区域造成损伤，如图 7-17 所示。

图 7-17　样品表面的探针划痕示意图

(2) 根据样品的特征选择扫描长度，一般不大于 1 mm，设备内部成像系统仅 40 倍，无法定位过小的图形，如图 7－18 所示。

(3) 探针尖端半径为 2 μm，很难测量 5 μm 以下的线条，如图 7－19 所示。

(4) 禁止测量不合适尺寸的晶圆样品，以免探针接触样品台，造成损坏。

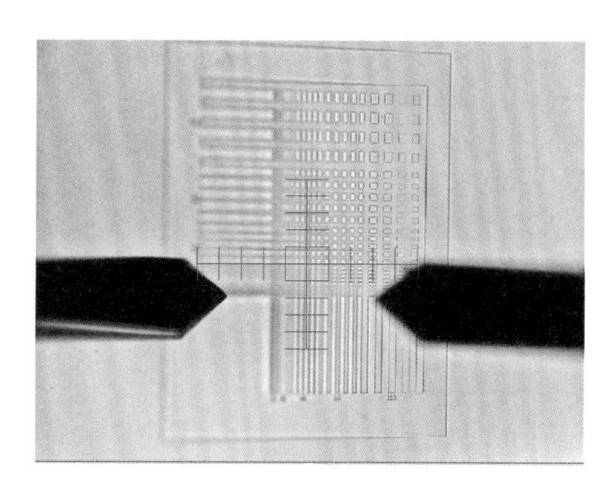

图 7－18　台阶仪显微镜下的样品

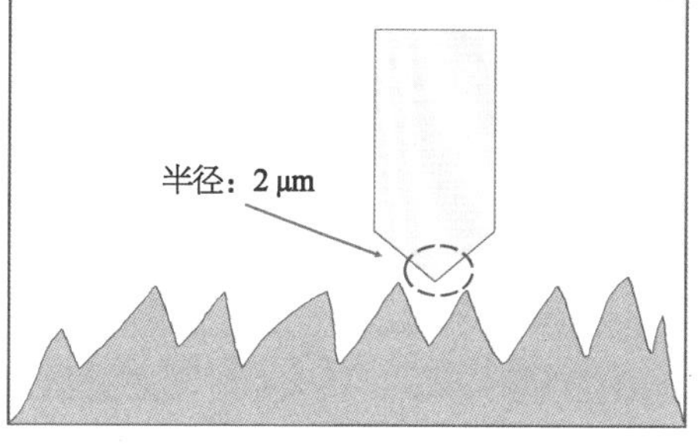

图 7－19　台阶仪探针的尖端半径示意图

5. 台阶仪的国际市场

全球台阶仪头部厂商主要包括科天、基恩士、Veeco、布鲁克等，其中前 3 家占据全球大多数市场。中国的供应商主要包括泽攸科技、上海纳星及常州乐康等。

7.2.2　光谱反射膜厚测量仪

1. 基本原理

在微纳加工工艺中的镀膜或匀胶工艺完成后，通常需要膜厚测量仪测量薄膜或光刻胶的厚度和光学特性，从而验证其厚度的一致性和均匀性是否达到实验预期。光学膜厚测量仪的测量原理是基于菲涅耳反射定律和衍射定律，即通过测量反射光的波长和相位差来计算膜厚值。通过物镜向测量对象垂直射入光线，其反射光线将被分散为各种波长。采集各波长的数据以建立数据库，形成测量模型。每次测量时，将测量结果的光谱与数据库的光谱进行对比，拟合出最近似的数据作为结果输出(曲线拟合法)，具体工作原理如图 7－20 所示。

当一束光入射到薄膜表面时，薄膜上表面和下表面的反射光发生干涉，经过一个光学系统后形成干涉图像，可以由此拟合出薄膜厚度。干涉的发生与薄膜厚度及光学常数有关，不同厚度的薄膜会产生不同的干涉图像。然而，不同厚度与不同

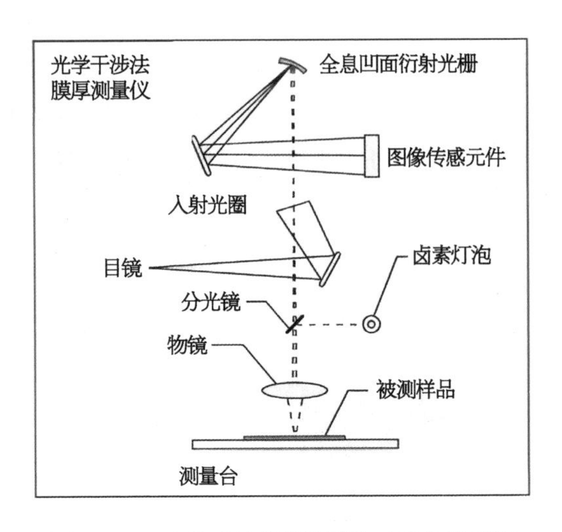

图 7－20　光谱反射膜厚测量仪的工作原理图

材料的膜层的反射曲线是可以确定的。膜层越厚，出现的干涉曲线周期越多，材料的折射率（n 值）越大，反射的整体强度越高。具体示例如图 7－21 所示。

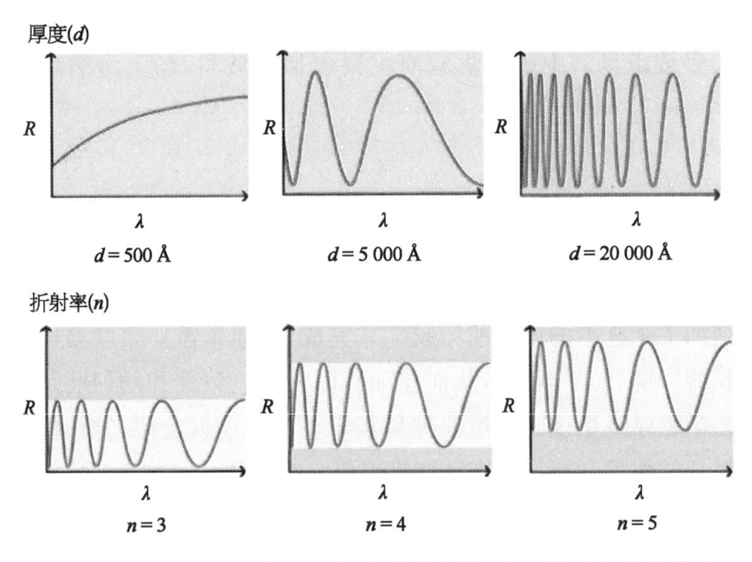

图 7－21　具有不同厚度、折射率的薄膜的反射光强变化的规律图

2. 相关设备

通常来讲，膜厚测量仪作为测量薄膜厚度和光学薄膜特性的仪器，主要由光源、波长选择系统、光谱仪、探测器、数据采集和处理系统和控制系统组成。

膜厚测量仪可在非接触(即不破坏样品)的条件下分析多层薄膜厚度、折射率和消光系数;光源范围越大,越适用于多种材料的测量;多数设备具备多点面分布扫描(mapping)测试功能,该功能适用于晶圆级的测试,便于计算材料的均匀性。以Filmetrics(美国,科天的子公司)制造的型号为 F50 的膜厚测量仪为例,其实物如图 7-22 所示。

图 7-22　型号为 F50 的光谱反射膜厚测量仪

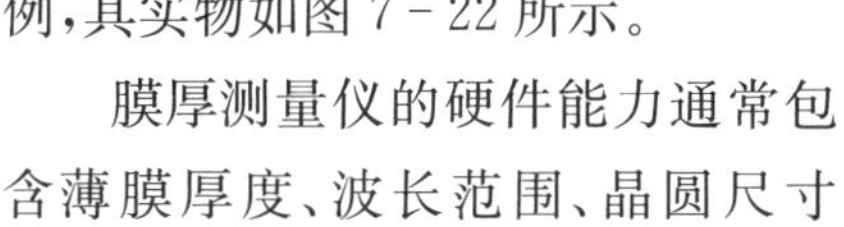

膜厚测量仪的硬件能力通常包含薄膜厚度、波长范围、晶圆尺寸等,以型号为 F50 的膜厚测量仪为例,其具体硬件参数如表 7-6 所示。

表 7-6　型号为 F50 膜厚测量仪的硬件参数

光源波长范围	200～1 100 nm
透明介质的厚度范围及准确度	5 nm～40 μm,准确度达 0.05 nm
适用薄膜	几乎所有的非金属薄膜,包括氧化物、氮化物、光刻胶、多晶硅和非晶硅等
适用晶圆尺寸	8 in

3. 厂务动力配套要求

要确保膜厚测量仪能够稳定有效地运行,除了超净室必备的洁净度、温湿度、电力供应外,还需要配套的厂务动力设施主要如下。

(1) 稳定的电源:除了基本的电力供应外,可能还需要有条件的电源比如UPS,以确保在电力波动或中断时,设备能够继续稳定运行,保护设备不受损害。

(2) 震动控制系统:为了减少外部震动对膜厚测量仪精度的影响,需要安装特殊的抗震或减震平台或装置,确保设备稳定,提高测量精度。

(3) 防静电设备:为了减少静电对测量设备或样品的影响,可能需要使用防静电地板、防静电工作服或防静电喷雾等设备和物资。

图 7-23　膜厚测量仪的真空装置：机械泵

膜厚测量仪提供的厂务动力条件实物举例如图 7-23 所示。

4. 设备操作规范及注意事项

在使用膜厚测量仪时，除了需要严格遵守操作手册中的指导外，还需要格外注意以下安全防护。

(1) 烫伤危险：光源会产生热量，因此光源罩子温度高，注意防止烫伤。

(2) 强光危险：光源的光强较大，请勿肉眼直视光源。

(3) 紫外光危险：使用紫外模式时，应佩戴防紫外眼镜。

(4) 在测量过程中避免仪器或操作台发生震动，以防影响读数的准确性。

(5) 实验前，确保样品表面干净，无任何尘埃、指纹或油污，以免污染设备；实验后，清洁样品台和仪器外部，确保没有残余的尘埃或污染物。

(6) 小心地将样品放置在样品台上，确保其位置稳定并正确对准，必要时打开机械泵。

读者可通过扫描图 7-22 旁的二维码观看具体的操作流程视频。

5. 光谱反射膜厚测量仪的国际市场

全球市场的主要光谱反射厚膜仪生产商包括 Filmetrics、Semiconsoft（美国）、Sentech（德国）、Otsuka Electronics（日本）和 Ellipso（韩国）等，中国的供应商主要包括苏州瑞格谱、广州景颐等。

7.3　应 力 检 测

在集成电路制备过程中，应力测试是确保芯片可靠性的关键步骤。它贯穿于晶圆加工、封装等各阶段，通过使用专业设备（如薄膜应力测试仪等），全面评估芯片在不同应力条件下的性能表现。晶圆加工后应测试结构稳定性，封装前后应确保封装结构完整。这些测试不仅帮助发现潜在缺陷，还可优化工艺参数，提高生产良率和质量。通过应力测试，芯片在复杂多变环境中的可靠性得到显著提升，降低了产品在实际应用中的失效风险。这一过程对于提升集成电路产品的整体质量和市场竞争力至关重要。

7.3.1　工作原理

因为衬底和薄膜的膨胀系数、晶格结构等有差异，导致应力产生，进而引起形变。因此，在微纳器件加工工艺流程中，通常需要利用应力测试设备对衬底上薄膜的力学性能(如拉伸、压缩、弯曲等)进行表征。

根据衬底镀膜前后的表面曲率变化，可以精确地测量出薄膜应力的细微变化。具体工作原理如图 7-24 所示。应力计算公式见式(7-1)，测试实例数据如图 7-25 所示。

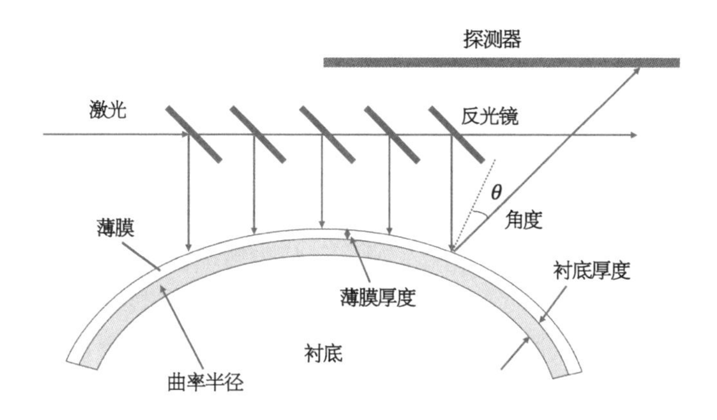

图 7-24　应力测试仪的工作原理示意图

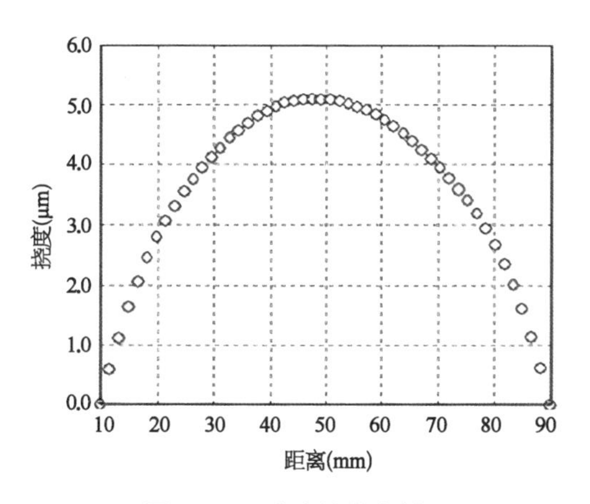

图 7-25　应力计算实例图

$$\sigma=\frac{E}{6(1-\nu)}\cdot\frac{h^2}{t}\cdot\left(\frac{1}{R_2}-\frac{1}{R_1}\right) \tag{7-1}$$

其中,E 为杨氏模量,h 为衬底厚度,ν 为泊松系数,R_1 与 R_2 分别为镀膜前后两次测试的衬底的曲率半径,t 为薄膜厚度。

7.3.2 应力测试仪

应力测试仪含有自动扫描系统、激光和测量分析软件等,可实现工艺程序编辑、保存及调用等操作,具有 2D、3D mapping 功能 3001 图表及数据输出功能等,可广泛用于 Si、SiO_2、Si_3N_4 以及其他化合物半导体等多种材料的应力测试,是半导体研究中重要的工具。

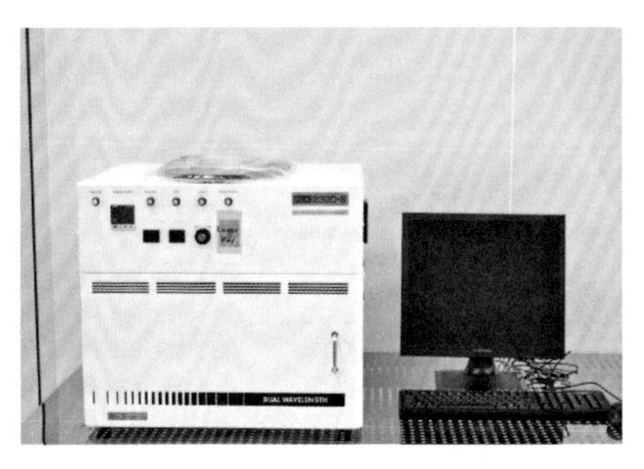

图 7-26 型号为 FLX 2320-R 的应力测试仪

图 7-26 为东邦电子(Toho,日本)制造的型号为 FLX 2320-R 的应力测试仪实物图。

应力测试仪的硬件能力通常包括扫描尺寸、测量范围、测量精度、测量重复性、测量速度、最大扫描点数、曲率半径最小量测、激光光源波长及功率、适用晶圆尺寸等,以型号为 FLX 2320-R 的应力测试仪为例,其硬件参数如表 7-7 所示。

表 7-7 应力测试仪的硬件参数

扫描尺寸	200 mm
测量范围	1～4 000 MPa
测量精度	<2.5%或 1 MPa
测量重复性	0.5 MPa(1σ)
测量速度	每次测试扫描<25 s
最大扫描点数	1 250 点/单程扫描

（续表）

曲率半径最小量程	2.0 m
激光光源	激光波长 670 nm、780 nm 功率最大 4 mW
适用晶圆	2～8 in

7.3.3　厂务动力配套要求

要确保应力测试仪能够稳定有效地运行，除了超净室必备的洁净度、温湿度、电力供应外，还需要配套的厂务动力设施主要如下。

（1）稳定的电源与电压调节：确保电源稳定不受外部波动影响，防止设备受损，影响测试精度。使用电压调节器或 UPS 可以防止测试过程中因电力中断而导致的数据丢失。

（2）震动控制系统：由于高精度的应力测试对环境震动极其敏感，需要使用专业的防震平台或地基隔震系统来隔绝外界的震动，确保测试结果的精准。

应力测试仪所需的厂务动力条件实物举例如图 7－27 所示。

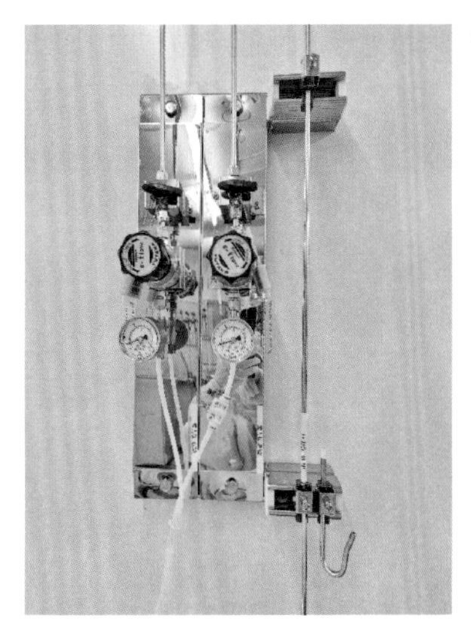

图 7－27　应力测试仪的 CDA 和 N_2 气体控制系统

7.3.4　应力测试仪的操作规范及注意事项

在操作应力测试仪之前，详细阅读并熟悉设备操作手册和安全指南、了解设备的功能、操作步骤和注意事项是至关重要的。此外，还需要遵循以下操作规范及注意事项。

（1）样品准备：确保待测样品符合相关要求。准备样品时，应确保其表面平整、清洁,并没有明显的损伤或污垢。如果需要,可以使用适当的方法和工具对样品进行处理。

(2) 前后两次测试时,晶圆放置方向及角度需一致。

(3) 不同尺寸的晶圆需更换不同的样品卡盘。

(4) 晶圆需放置在样品卡盘中间,防止出现一侧受力,导致实验结果错误。

7.3.5 应力测试仪的国际市场

在应力测试仪的国际市场上,折原(Orihara,日本)以其 FSM - 6000 系列等产品享有盛誉,而达高特(DAKOTA,美国)、兹韦克罗睿(ZwickRoell,德国)等品牌也有高性能产品。中国供应商如深圳东仪精工、聚航科技、兰博等,凭借本土优势和技术实力占据一定市场份额。

此外,在产业界上,通常会将应力测试仪与椭偏仪的功能合并在同一台设备上,且其市场主要由椭偏仪决定,其国际市场详见第 7.5.5 节。

7.4 方 阻 检 测

在集成电路制备过程中,方阻(sheet resistance,又叫方块电阻或薄层电阻)是反映半导体材料导电性能的重要参数,能够评估材料的导电性和电阻率,对于监控和优化薄膜沉积工艺、评估半导体器件性能至关重要。方阻测试主要通过四探针法实现,该方法通过测量探针之间的电流和电压关系($I-V$ 曲线),计算出材料的方阻值,具有简单、快速和准确等优点,广泛应用于半导体制造和测试领域。

7.4.1 工作原理

四探针法利用 4 个探针来测试材料的电阻特性,具体方法为:两个探针(图 7 - 28 中的 1 号和 4 号)通电流 I,另外两个探针(图 7 - 28 中的 2 号跟 3 号)测试电压 V,通过 $R=V/I$ 可以计算出电阻值。当知道材料的厚度及材料尺寸后,可以计算出材料的电阻率、方阻等。

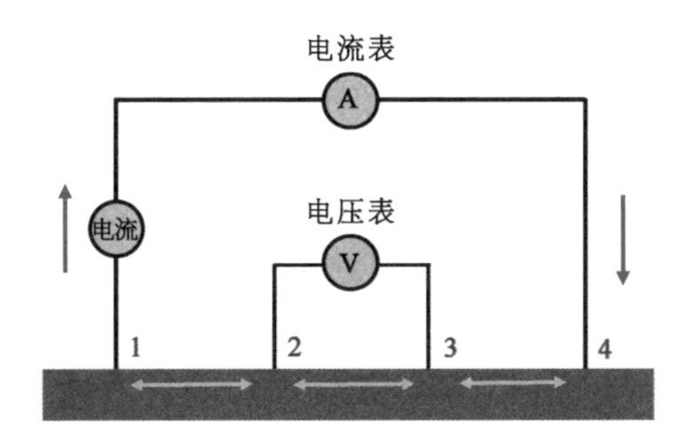

图 7－28　四探针法的工作原理示意图

四探针法可以避免接触电阻对测试结果的影响，提高测量的准确性，因此该方法适用于各种材料，包括金属、半导体和绝缘体。

7.4.2　四探针测试系统

四探针测试系统主要由以下几个关键部分组成。

（1）探针：通常有 4 个金属探针，安排成一定的几何形状（如直线或方形）以保证测量的精确性。探针通常微小且尖锐，用于精确接触样品表面。

（2）样品台：用来放置被测试的材料样品。台面设计要能容纳不同大小和形状的样品，并能进行精确的位置调整以适应四探针的放置。

（3）电流源和电压源：用于在探针和样品之间生成电流并测量由此产生的电压差。该系统保证了电流的稳定性和电压测量的准确性。

（4）数据处理系统：通常包括连接到测试仪的计算机和软件，用于控制测试过程、采集数据以及处理测量结果，如计算电阻率和电导率等。

（5）机械和电子控制系统：包括移动探针、调整参数以及维持测试环境稳定等功能的各种机械和电子部件。

以森美协尔制造的型号为 M4 的手动探针测试系统为例，其实物如图 7－29 所示。

7.4.3　厂务动力配套要求

要确保四探针测试系统能够稳定有效地运行，除了超净室必备的洁净度、温湿度、电力供应外，还需要配套的厂务动力设施主要如下。

图 7-29　型号为 M4 的探针台

（1）高效的震动隔离系统：微小的震动都可导致探针测量误差。因此，安装专业的抗震或隔震系统是必要的，这可能包括气浮平台或高级减震台。

（2）电磁干扰抑制装置：探针台对外部电磁干扰极为敏感，需要采取措施减少或隔离电磁干扰，如使用屏蔽装置和滤波器。

（3）洁净空气供应系统：空气中的尘埃和杂质可以影响探针的性能和精确度，因此需要高效的空气过滤和净化系统。

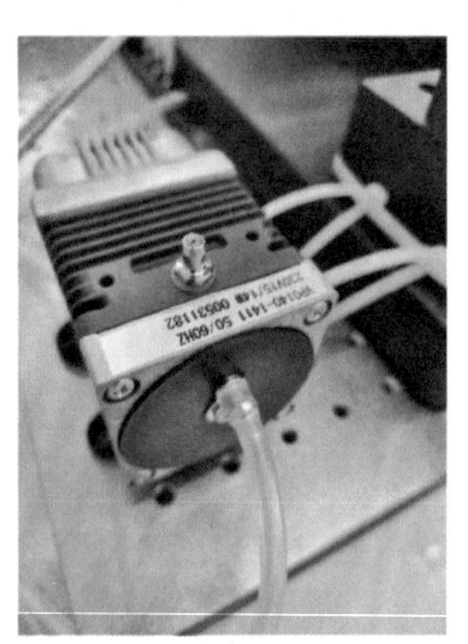

图 7-30　探针台的机械泵

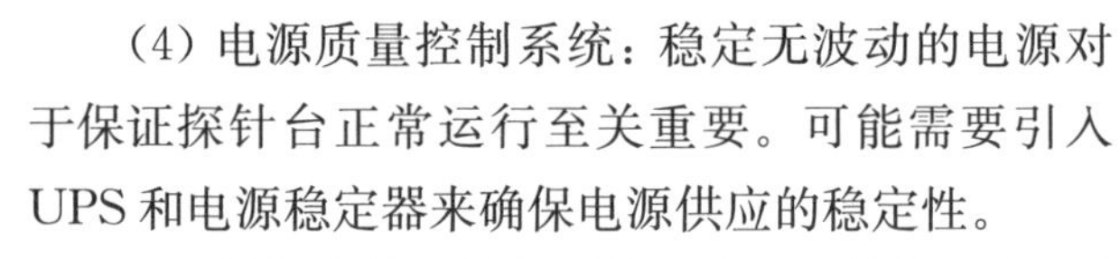

（4）电源质量控制系统：稳定无波动的电源对于保证探针台正常运行至关重要。可能需要引入 UPS 和电源稳定器来确保电源供应的稳定性。

（5）数据备份和恢复系统：为防止数据丢失，需要有有效的数据管理系统，包括定期备份和快速恢复功能。

（6）真空辅助系统：保证晶圆能够紧密吸附在样品台上。

探针台所需的厂务动力条件实物举例如图 7-30 所示。

7.4.4　四探针测试系统的操作规范及注意事项

在操作四探针测试系统之前，详细阅读并熟悉设备操作手册和安全指南、了解设备的功能、操作步骤和注意事项是至关重要的。此外，还需要遵循以下操作规范及注意事项。

（1）将探针轻轻贴附到待测样品上，并确保与表面保持良好接触。注意避免施加过大的力，以免影响测量结果。

（2）在样品上选择进行测量的位置。对于均匀性测量，应在不同位置进行重复测量以获得更可靠的结果。

（3）需要在相同的位置进行多次测量，并计算出平均值，以提高测量结果的可靠性。

（4）使用后，及时清洁仪器和探针，注意保持设备的干净和良好状态。定期对仪器进行校准和维护，确保其正常工作。

读者可通过扫描图 7－29 旁的二维码观看具体的操作流程视频。

7.4.5　四探针测试系统的国际市场

四探针测试系统的主要供应商包括 Signatone（美国）、Jandel（英国）、Cascade（美国）等国际知名企业，这些公司凭借先进技术占据市场领先地位。同时，中国供应商如英铂及森美协尔等已有十多年的研发经验，在手动四探针测试系统方面占据较大市场份额，在自动化测试方面仍在继续努力。

7.5　介电常数检测

在集成电路制造过程中，介电常数的测试至关重要。它在材料选择与评估、工艺过程控制与优化，以及产品验证和可靠性分析等方面发挥着关键作用。选用低介电常数材料可以有效减少寄生电容，从而提高高频电路的运行速度。通过测量介电常数，可以确保制造过程中材料的质量，避免引入缺陷，并保证绝缘层的一致性。此外，在研发新材料或新工艺时，介电常数的测量对于评估其稳定性和可靠性具有重要意义。介电常数通常通过椭圆偏振光谱技术进行测试，即采用椭偏仪。椭偏仪在半导体、光学镀膜和材料科学领域应用广泛，用于精确测量薄膜和表面的光学特性，从而优化制造工艺并确保产品质量。

7.5.1　工作原理

椭偏仪（ellipsometer）是一种光学测量仪器，主要用于测量薄膜厚度、介电常数和光学常数(如折射率和消光系数)。其工作原理如图 7-31 所示。首先,单色光(通常是激光)通过偏振器,变成线性偏振光;其次,光通过补偿器(如 1/4 波片),调整其偏振态;然后,调整后的偏振光入射到待测样品上,部分光被反射或透射。由于样品的不同光学特性(包括厚度、折射率等),反射(或透射)光的偏振态发生变化。反射后的光通过分析器,以便分离偏振光的不同成分,最后到达探测器。探测器测量反射光的振幅比(Ψ)和相位差(Δ)。通过这些参数,利用菲涅耳公式和专用软件,可以反算出材料的光学常数、介电常数和薄膜厚度。

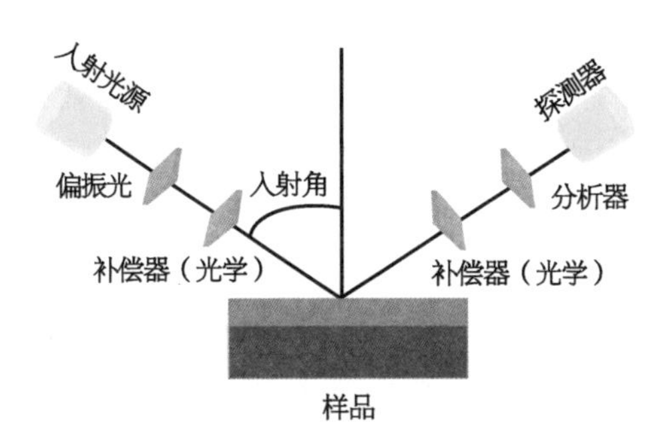

图 7-31 椭偏仪的工作原理示意图

7.5.2 椭偏仪

椭偏仪作为一种精密的光学测量仪器,通常由以下主要组件构成。

(1) 光源与滤光器:常用的光源包括激光、氙灯或卤素灯。激光提供高强度和高方向性的单色光,而氙灯和卤素灯则用于宽光谱测量。滤光器用于选择所需波长的光,保证入射光的单色性。

(2) 偏振器:用于将自然光转换为线偏振光。常用的偏振器类型包括格子型偏振器和薄膜偏振器。

(3) 补偿器:如 1/4 波片或可调相位延迟器,用于改变偏振光的相位,使其成为圆偏振光或椭圆偏振光。

(4) 样品台:用于放置待测样品,并能够精确调整其位置和角度。高级椭偏仪可能具有电动平移和旋转机制,以实现自动化测量。

(5) 分析器:分析器与偏振器类似,通常为另一个偏振器,用于分析反射光或透射光的偏振态。

(6) 检测器：负责接收透过分析器后的光信号。常用的检测器包括光电二极管、CCD 摄像头或光谱仪。

(7) 数据处理系统：包含计算机和专用软件，用于控制仪器、采集和分析数据。利用菲涅耳公式和复杂的算法，软件从测得的 Ψ 和 Δ 参数计算出薄膜厚度和光学常数(折射率和消光系数)。

以 J.A Woollam(美国)制造的型号为 M－2000 的椭偏仪为例，其实物如图 7－32 所示。

图 7－32　型号为 M－2000 的椭偏仪

7.5.3　厂务动力配套要求

要确保椭偏仪能够稳定有效地运行，除了超净室必备的洁净度、温湿度、电力供应外，还需要配套的厂务动力设施主要如下。

(1) 防震台：推荐安装在防震台或具有良好减震性能的平台上，以减少环境震动对测量精度的影响。

(2) 稳固的工作台：工作台应坚固且平稳，避免任何形式的晃动或倾斜。

(3) 防静电措施：应采取防静电措施，避免静电对敏感的光学元件和电子组件的损害。

(4) 电磁干扰抑制装置：探针台对外部电磁干扰极为敏感，需要采取措施减少或隔离电磁干扰，如使用屏蔽装置和滤波器。

(5) 光源维护：光源(如激光或卤素灯)的工作寿命和稳定性至关重要，应定期检查和更换。

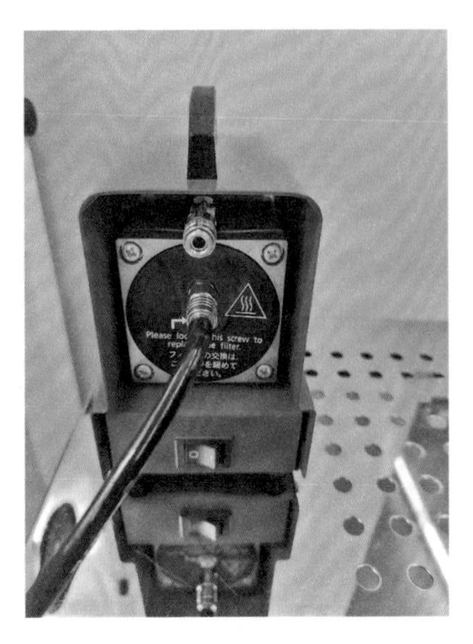

图 7-33　椭偏仪的真空泵

(6) 激光安全：若使用激光光源，应配备适当的激光安全措施，包括佩戴激光防护眼镜和设置激光警示标志。

(7) 电供应稳定性与备用电源：为了防止因电源不稳定引起的设备重启或数据丢失，需要有稳定的电供应系统，并配备 UPS 作为备用。

(8) 数据备份和恢复系统：为防止数据丢失，需要有效的数据管理系统，包括定期备份和快速恢复功能。

(9) 真空辅助系统：保证晶圆能够紧密吸附在样品台上。

椭偏仪所需的厂务动力条件实物举例如图 7-33 所示。

7.5.4　椭偏仪的操作规范及注意事项

在操作椭偏仪之前，详细阅读并熟悉设备操作手册和安全指南，了解设备的功能、操作步骤和注意事项是至关重要的。此外，还需要遵循以下操作规范及注意事项。

(1) 环境控制：确保测量环境的干净和稳定，避免灰尘和震动干扰测量结果。

(2) 样品处理：注意样品的清洁和完整性，避免表面污染或损伤影响测量结果。

(3) 安全措施：操作过程中注意激光安全，避免直接接触激光束。操作过程中尽量避免频繁触碰精密光学组件，减少震动和干扰。

(4) 清理设备：清理样品台，确保设备清洁。

读者可通过扫描图 7-32 旁的二维码观看具体的操作流程视频。

7.5.5　椭偏仪的国际市场

在集成电路制造领域，椭偏仪设备是应用范围最广泛的量测设备之一；国际市场上的主流生产商有科天、创新科技(Onto，美国)、新星测量仪器(Nova，以色列)。其中科天以绝对的技术优势占据了先进工艺节点大部分的市场份额,其主打的 Aleris 和 SpectraFilm 系列产品配有领先的光源系统[双旋转补偿器椭偏仪(dualrotating-compensator ellipsometer, DSE)及激光驱动光源系统(LDLS)]、高精度探测系统和高效的数据处理系统,可以满足先进技术节点对高介电常数金属栅极(high k metal gate,HKMG)等超薄膜的测试需求。

在中国市场上,国产椭偏仪设备商经过多年潜心研究和技术经验积累,并受益于中国半导体产业链快速发展,近年来涌现出一批优秀的设备企业;当前技术比较领先的有睿励科学仪器、上海精测、中科飞测等。其中,睿励科学仪器和上海精测研发的 TFX 和 EFILM 系列产品已经应用在 55/40/28 nm 生产线,并正在更先进的工艺平台进行验证。国产设备当前在设备稳定性和量测精度方面与进口设备仍有差距,但在技术能力上与进口设备的差距越来越小。

7.6　颗粒度检测

在半导体生产过程中,无图形工艺加工步骤,如清洗、抛光、退火等,是关键环节,目的是确保 Si 晶圆表面达到所需的物理和化学特性,以便后续流程的顺利进行。在这些步骤之后,必须对 Si 晶圆进行严格的检测,尤其是对抛光后的颗粒水平进行精确评估。这是因为微小颗粒的存在可能会在 Si 晶圆表面造成微小缺陷,这些缺陷会在后续的光刻、刻蚀、扩散等步骤中被放大,严重影响集成电路的性能和可靠性。

7.6.1　工作原理

颗粒度检测的基本原理是通过探测入射光在 Si 晶圆表面散射的 S 偏振光(垂直偏振分量)和 P 偏振光(平行偏振分量),结合光的特性(如入射角度、波长、偏振状态和功率)以及散射光的收集方向,能够精确判断 Si 晶圆表面颗粒的位置和大小。在测试过程中,随着 Si 晶圆在载台上进行平移和旋转,入射光束在 Si 晶圆表面进行螺旋式扫描,允许探测系统捕捉到每一个颗粒的具体位置。颗粒的尺寸则通过比较其散射信号和已标定的球形橡胶颗粒的散射信号来确定。工作原理如图 7 - 34 所示。

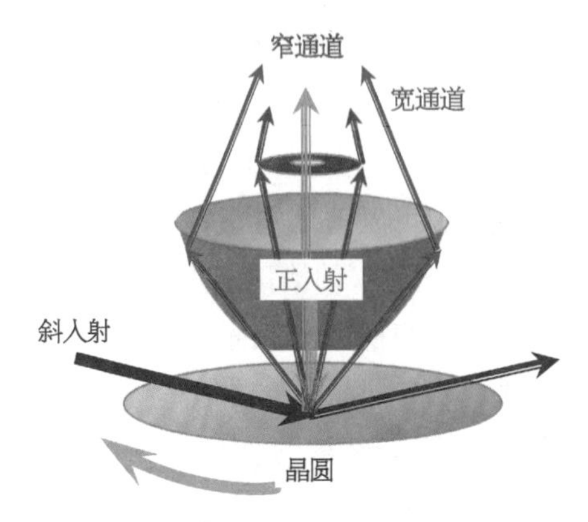

图 7-34　颗粒度检测的基本原理示意图

颗粒检测完成后，颗粒和缺陷的大小会根据它们的粒径被分类和计数，并生成相应的分布图。在 Si 晶圆衬底制造过程中，颗粒一般会被统计并分为几个常见的粒径等级，如 26 nm、45 nm、60 nm、90 nm 等。

此外，颗粒度检测设备还可以与 SEM、能量色散 X 射线光谱仪（energy dispersive X-ray spectroscopy，EDX）等缺陷复查设备及元素分析设备联动操作。首先，颗粒度检测设备负责进行颗粒统计和坐标收集，随后将这些坐标信息发送到相应的复查设备进行缺陷确认。这一过程使得工艺改进能够针对性地进行，是一种工业领域常用的污染溯源方案。

7.6.2　颗粒度检测仪及厂务动力配套要求

颗粒度检测仪主要包括扫描单元、搬运模组、晶圆载台、主计算机等。为确保其能够稳定有效地运行，除了超净室必备的洁净度、温湿度、电力供应外，还需要配套的厂务动力设施主要如下。

（1）电力供应：供电电压为 208～240 VAC，震动频率为 50/60 Hz±10%。

（2）防电磁干扰：由于该类设备需要检测极灵敏信号，降低电磁干扰特别关键。强烈不建议将其放置在具有电磁产生源的设备（如离子刻蚀设备、快速退火设备等）附近。

（3）震动控制：设备对于震动非常敏感，震动等级为 VC-A，这可能需要减震平台来最小化环境和建筑活动带来的震动。

以科天制造的型号为 Surfscan SP5 XP 的颗粒度检测仪为例，其设备及部分厂务动力条件实物举例如图 7-35 所示。

7.6.3　颗粒度检测仪的国际市场

目前，颗粒度检测主要为科天的 Surfscan SP 系列设备，包括 SP1、SP2、SP3、SP5、SP5 XP、SP7、SP7 XP、SP8 等型号。其中，SP5、SP5 XP 和 SP7 XP 是

图 7－35　型号为 Surfscan SP5 XP 的颗粒度检测仪及配套动力

12 in Si 晶圆制造中的关键机型，可进行 26 nm 的量产检测；SP7 XP 是目前较为先进的机型，能进行 19 nm 及 15 nm 的颗粒度检测；SP8 是最先进的机型，能进行 10.5 nm 极限颗粒度检测。需要注意的是，设备的检出限越低，单片检测所需的时间也会增长，相应地，其产率可能会降低。因此，在设定颗粒度检出要求时，还需要考虑到量产应用的实际情况。

第8章　键合技术

键合技术能使具有不同结构或功能的晶圆在加工过程中批量集成，从而满足复杂的产品需求，例如3D集成、临时键合和MEMS等。随着产品应用需求的不断发展，晶圆键合技术面临着新的挑战，并且不断涌现出新的解决方案。因此，存在多种晶圆键合技术以满足不同的应用需求，例如，混合键合技术在近年来的发展较为迅猛，它已经在存储芯片和先进封装领域广泛应用。对于那些利用硅通孔技术进行的集成电路晶圆的3D垂直集成，不仅需要晶圆间的物理连接，还需保障电气连接，这一需求常通过金属键合技术来实现。

8.1　键合分类

晶圆键合种类繁多，有些原理和工艺还有交叉，所以，晶圆键合可以有多种分类方式。比如，按照键合方式，可以把键合分为3大类，包括直接键合、阳极键合、中间层键合，具体分类如图8-1所示。

1）直接键合

该技术通常先对晶圆表面进行活化处理，然后将它们贴合在一起，这个初步阶段称为预键合。为了加强键合强度，需要将预键合的晶圆进行高温退火处理，这样可以在界面上形成牢固的共价键。例如，两个Si晶圆通过直接键合形成Si-Si共价键，而若两个表面是SiO_2的晶圆则在键合界面形成Si-O-Si共价键。为了降低键合温度，人们发展了表面活化键合技术（surface activated bonding，SAB）。在这项技术中，在极高真空条件下（$<10^{-6}$ Pa），使用高速的原子、离子或电子轰击晶圆表面，以清除表面的杂质并产生高活性的悬挂键。然后，将两个已经活化处理的晶圆在原位迅速对准并压合，使得表面悬挂键结合，达成键合。表面活化键合的主要优点是可以在无须加热的情况下实现强键合力，因此是一种室温下的直接键合方式。由于它允许在低温下进行键合，避免了

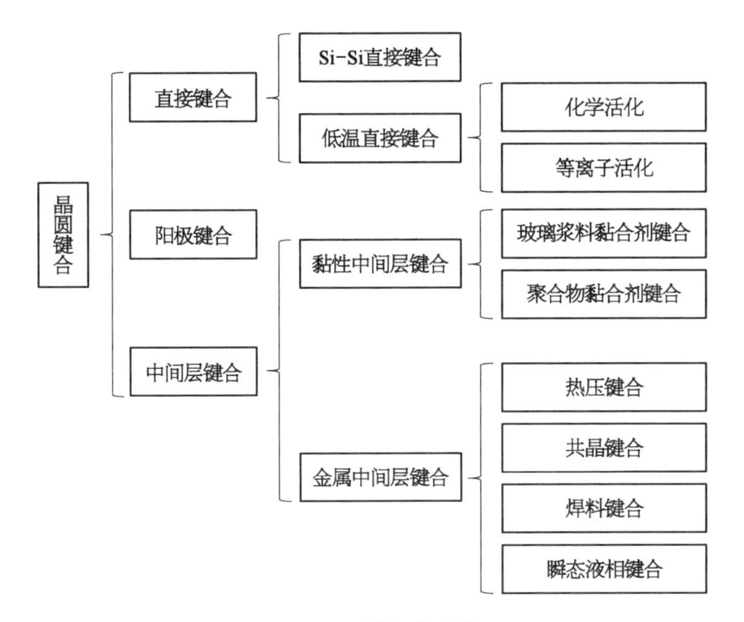

图 8－1　键合的分类

由于不同材料热膨胀系数差异引起的应力问题，使其成为异质材料键合的首选方法。此外，混合键合是一种特别的直接键合方法，其是在介电材料[如 SiO_2 或硅碳氮(SiCN)]间嵌入金属(主要是 Cu)接点。这个方法先是在较低的温度下进行介电材料之间的键合，然后稍微提高温度以促进金属的固态原子扩散，达到金属层间的键合。这不仅实现了机械上的集成，同时也确保了电学互连。在混合键合过程中，表面活化同样是必不可少的一步。

直接键合技术不仅适用于晶圆键合，还可应用到封装领域，实现芯片与晶圆之间的键合[比如集成式芯片和晶圆键合(collective die to wafer, Co－D2W)，直接放置芯片和晶圆键合(direct placement die to wafer, DP－D2W)]。

2) 阳极键合

该技术广泛应用于将 Si 晶圆与玻璃晶圆组合的场合，包括敏感型逻辑 Si 晶圆和微流体系统等领域。这种技术因其良好的键合强度和稳定性而受到青睐，并能提供优异的真空密封性。阳极键合不仅适用于 Si 与玻璃的结合，也适用于非硅材料与 Si 的键合，以及玻璃、金属半导体和陶瓷之间的相互键合，特别是在包含金属离子的 Si 晶圆与玻璃之间的应用。

3) 中间层键合

该技术在 MEMS 和封装领域常见，根据中间层的材料不同，可分为非金属的中间层键合(如聚合物、玻璃浆料键合)和金属中间层键合[如共晶、热压、焊料、瞬态液相(TLP)金属扩散键合等]。其中,聚合物材料在高温、紫外线或化学作用下可能影响粘接强度,因此被广泛用于后期需要剥离的临时键合。金属中间层键合通常指在晶圆表面均匀地溅射或蒸镀金属薄层(如 Al、Au),这些金属在高温高压下通过扩散或互溶反应达成键合,广泛应用于微型传感器以及光通信器件等产品。

8.2 键合的对准方式

晶圆键合技术中的一个关键参数是对准精度。在键合多层晶圆时,必须保证各层晶圆之间的精确位置关系,这通常是通过键合对准机制来实现的。精确的对准不仅可以防止键合失败,还能有效节约芯片面积。由于待键合的晶圆通常是不透明的,其待键合表面彼此不可见,传统的光刻技术不能用于对准这些层。因此,各键合装备供应商根据特定需求开发适合的对准方法以满足客户的产品要求。

对准过程可以在键合机内部进行,或者在机台外部完成后,使用夹具将已对准的晶圆叠层传输到键合机内部进行键合。当前主流的键合机通常采用分离对准和键合的方案,该策略有助于减少键合过程中因温度变化或 Si 晶圆翘曲等因素对对准精度的干扰。通常情况下,键合对准过程相较于键合过程本身所需时间较短,因此将对准和键合分开进行可以显著提高键合机的工作效率。

在这种模式下,主流键合设备使用夹持装置将需要键合的晶圆固定好,并确保传输到键合室的过程中保持精确的对位。例如,EVG 和苏斯微的键合设备就采用了此类型的传输夹具,如图 8-2 所示。

键合精度受多种因素影响,包括键合设备的工艺能力、采用的键合技术、对准方法、键合材料,以及被键合晶圆的翘曲和表面状态等。对于直接键合类型,量产的半导体制造企业通常采用常温常压的键合过程,其中晶圆在对准平台上完成对位后,机台对上面的晶圆中心位置施加一个微小的压力,晶圆中心位置受到作用力发生轻微形变,和下面的晶圆发生局部接触,继而键合区域像波纹一样向四周扩散,使整个晶圆的全部区域贴合在一起。此类型的键合方式滑移幅度非常小或几乎不存在,从而确保了较高的键合精度。而对于使用黏合剂或共晶技术的键合,由于键合过程中材料的软化或液化互溶现象,晶圆在贴合过程中可

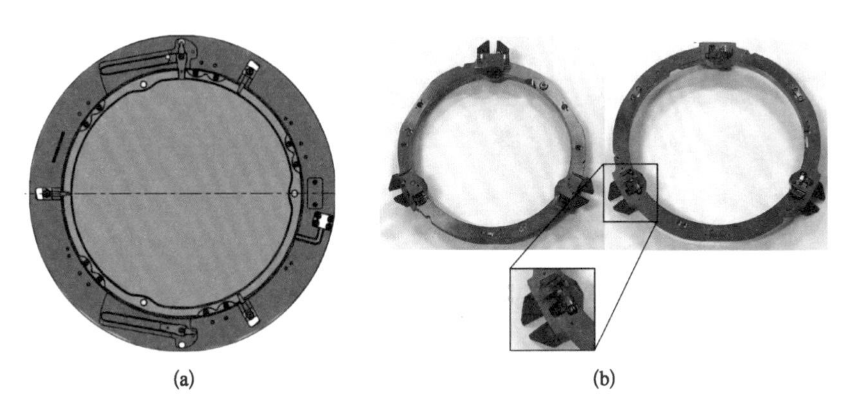

图 8 - 2　传输夹具

(a) EVG 键合设备的传输夹具结构示意图；(b) 苏斯微键合设备的传输夹具实物图，显示了垫片、晶圆夹持机构、晶圆缺口位置及真空吸附位置。

能出现热滑移。此外，热膨胀系数差异和晶圆受热不均匀导致的翘曲也是影响对准精度的重要因素。接下来，我们将重点介绍几种常见的键合对准方法。

8.2.1　背面对准

背面对准是苏斯微开发的一种专利技术，是 MEMS 领域双面光刻的主要对准方法，同时也是最初开发的键合技术中的光学对准技术之一。特别地，苏斯微的 MA8 型设备采用了背面对准的模式，能够实现两个晶圆的高精度对准。之后，通过特殊机制将它们转移到键合腔体内进行键合操作。

具体的操作过程如下。

(1) 操作者将顶部晶圆放置在夹具上，然后利用真空吸附方式将晶圆固定。

(2) 通过底部的摄像镜头对晶圆上的标记进行拍照，以此进行定位。

(3) 将底部晶圆放置进机台，并通过光学镜头观察底部晶圆的标记，进一步调整其位置，确保其与顶部晶圆的图形精确对齐。

(4) 两个晶圆被固定在一起，并整体移至键合机内以完成键合作业。

图 8 - 3 展示了型号为 MA8 的背面对准设备的外观以及键合对准的过程。

8.2.2　片间对准

片间对准(intersubstrate alignment，ISA)技术是由苏斯微开发的一种高精

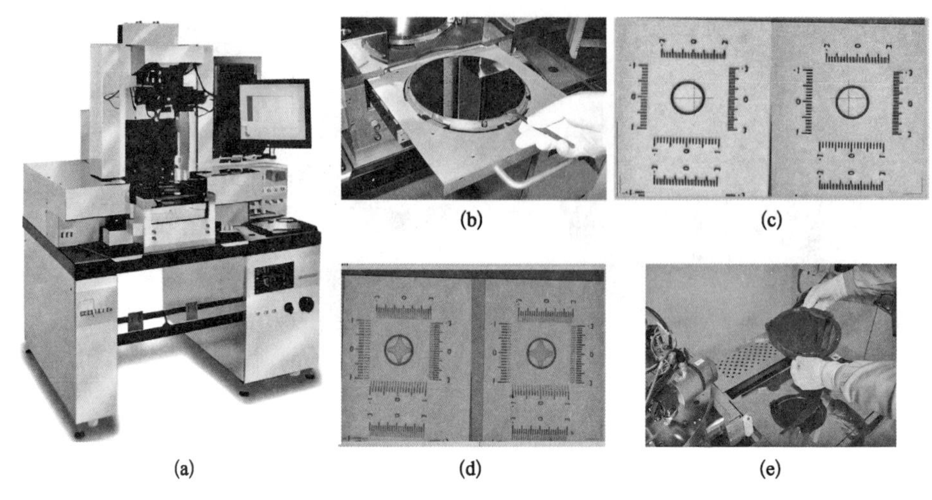

图 8-3　背面对准键合

(a) 型号为 MA8 的背面对准设备示意图;(b) 放置晶圆并固定;(c) 定位标记;
(d) 对准标记;(e) 完成键合并取出。

度对准方法。这种技术的核心是利用一个精确的光学系统,该系统深入到两个待对准晶圆之间。通过光学镜头,可以同时观察上层晶圆的下表面和下层晶圆的上表面,通过这种视觉信息来调整晶圆的位置,从而实现上下晶圆的精确对准。

如图 8-4 为苏斯微制造的 XBA200 型对准系统的示意图。该设备主要包括显微镜平台、上下卡盘、高精度无接触电机驱动系统、高精度 Z 轴无接触气浮轴承、自动校准和优化对准自动补偿等关键模块。这些组件共同作用,使得设备能够达到小于 500 μm 的对准精度。

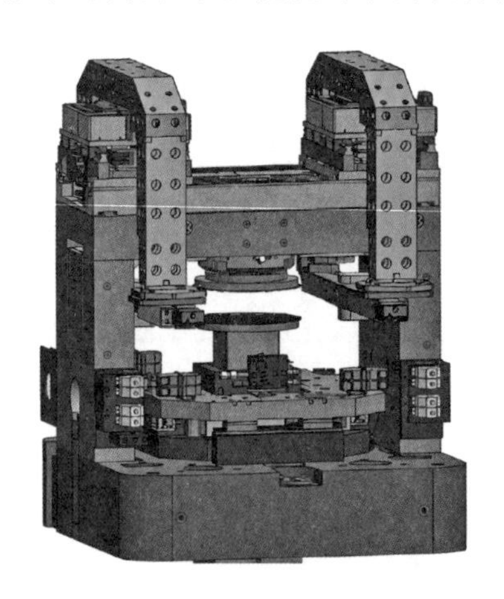

图 8-4　型号为 XBA200 的对准系统

至于对准的过程,可以分为 3 个主要步骤(图 8-5)。

(1) 将上下晶圆固定并传送到上下吸附平台,且晶圆对准标记面对面放置,并保持一个相对较大的距离,之后该平台会自动补偿水平度来保证键合质量。

(2) 将光学对准系统水平地插入两个晶圆之间,同时捕捉上下晶圆的对准标记,系统随后记录这些标记的位置,并融合成一个图像,之后通过调整下晶圆的位置,使对准

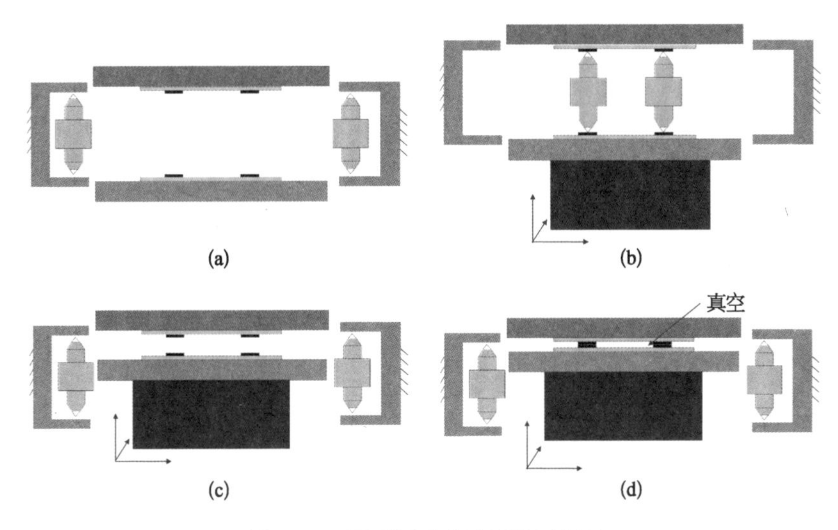

图 8-5　面对面对准过程的示意图

标记完全重合。

(3) 光学系统退出卡盘中间，电机驱动卡盘使两个晶圆逐渐靠近，下晶圆位置随之向上移动来匹配上晶圆的对准标记，并通过夹具进行固定，完成预键合。

(4) 完成这一系列动作后，XBA200 型对准系统将通过机械手把预键合后的晶圆传送至键合腔内部进行最终的键合。

这种对准方式的特点是对准标记面对面，光学系统可直接观察到标记，有利于简化逻辑过程、提高对准精度和实现高精度键合。

面对面对准的精度依赖于对准平台的运动精度，以及上下晶圆在接触过程中位置保持的精度。特别是在晶圆接触的瞬间，晶圆的相对位置保持能力非常关键。此外，系统的精度补偿功能对于保证键合精度的稳定性也起到了决定性的作用。由于晶圆接触时的阻尼很大，可能导致位置滑移，进而影响对准精度。虽然在真空环境中减少晶圆间的滑移很有效，但抽真空的过程可能会大幅降低键合机的作业效率，不利于快速生产。因此，苏斯微的 BA300UHP 型超高精度键合对准模块能够在接触后保持 0.35 μm 的对准精度，结合径向压力传播方式，可将熔融键合的对准精度提高至 0.15 μm。

8.2.3　红外对准模式

采用红外对准技术进行 Si 晶圆键合是一种较早发明且已广泛应用的技术。

我们知道，对于禁带宽度超过 1.1 eV 的材料来说，在红外波段下是透明的。其中，Si 作为一种材料，禁带宽度在 1.1～1.3 eV 之间，因而对于红外光几乎是完全透明的。因此，当使用红外光源照射 Si 晶圆时，Si 近乎透明，但 Si 表面上的金属材料则是不透明的，利用这种特性，可选择使用金属作为一种常用的红外不透明对准标记。为了提升对准精度，通常会选用波长为 1.2 μm 的近红外光。

图 8－6 展示了红外透射和红外反射两种对准方法的示意图，它们的主要区别在于光源的位置不同，对准标记的观测则需要依赖 CCD 红外成像系统或红外显微镜进行图像放大和显示。

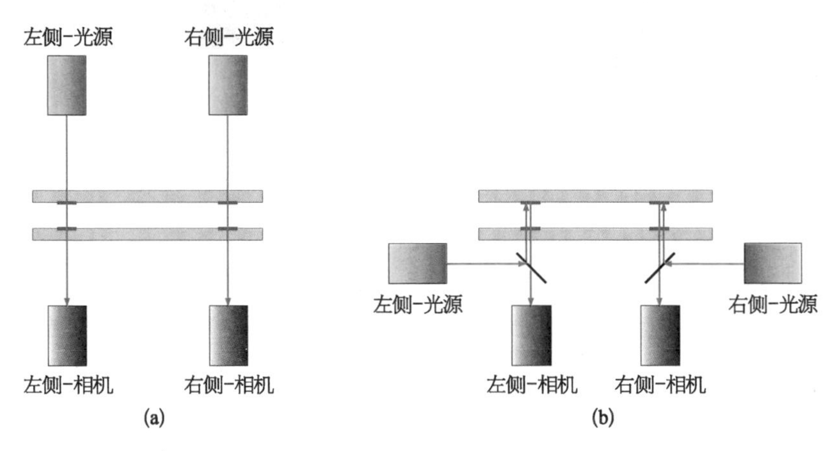

图 8－6　两种对准方式示意图

(a) 红外透射；(b) 红外反射。

使用红外光源进行对准的过程与常规的可见光对准过程在原理上类似，以三菱重工(Mitsubishi Heavy Industries，日本)的 MWB－08－AX 型键合设备为例，其红外对准过程如下(图 8－7)。

(1) 设备进行粗略对准以确保两个晶圆的对准标记均处于 CCD 摄像机的视野内。

(2) 利用静电吸盘抓取上方晶圆并固定其位置，同时将下方晶圆放置在不锈钢托盘上，使之位于静电吸盘和上方晶圆的下面。

(3) 静电吸盘连同上方晶圆垂直下移，达到设定位置后停止，此时上下晶圆保持固定距离。

(4) 底部的红外光源开始照射，当识别到上方晶圆的对准标记后，系统会确定并记录标记的中心坐标。

(5) 采取与第(4)步相同的方法记录下方晶圆的对准标记之后，设备便会根

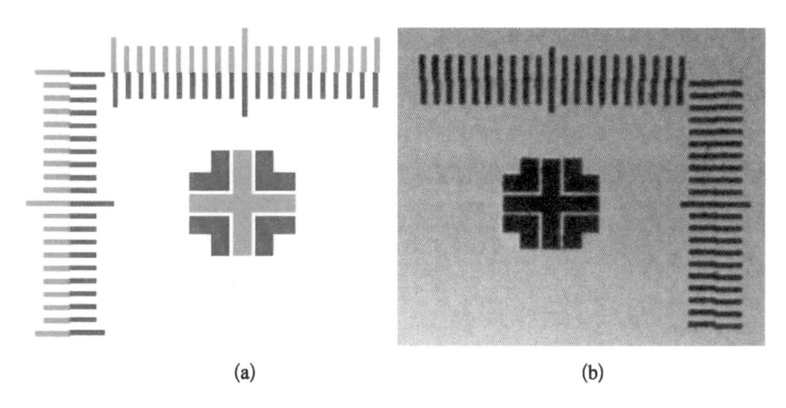

图 8-7　红外键合时上下晶圆的对准精度示意图

(a) 理论示意图;(b) 实验侧视图。

据两晶圆的标记坐标,对下晶圆进行位置调整,确保图案完美重合。

(6) 键合机施加适度压力完成晶圆键合。

整个对准及键合过程由设备自动完成,可有效实现快速量产,具备显著的经济效益。

红外对准技术的优势在于它能够清晰地显示所有图层的状况,设备操作简便,调整位置方便,且允许在设备内部直接进行原位键合。由于在整个过程中不需要使用夹具进行晶圆的传递和定位,因此避免了这些环节可能带来的精度影响风险。然而,相同的红外对准技术受到晶圆材料和金属互联层的影响也不可忽视。例如,SiO_2 和 Si_3N_4 是知名的红外光吸收材料,它们的红外吸收率会随着材料厚度的增加而升高。在材料厚度达到 1 μm 时,吸收率可能超过 70%。基于此,对于采用红外对准方法的键合过程,金属的选择、所用材料的种类,以及晶圆表面的粗糙度都将显著影响对准精度。因此,在工业量产过程中,企业会充分考虑到这些因素,在设计待键合晶圆时尽量避开金属涂层和高吸收率红外材料的区域,确保键合精度。图 8-8 展示了使用 MWB-08-AX 型键合设备进行红外对准方法键合后,上下晶圆的精度可控制在±2 μm 内。

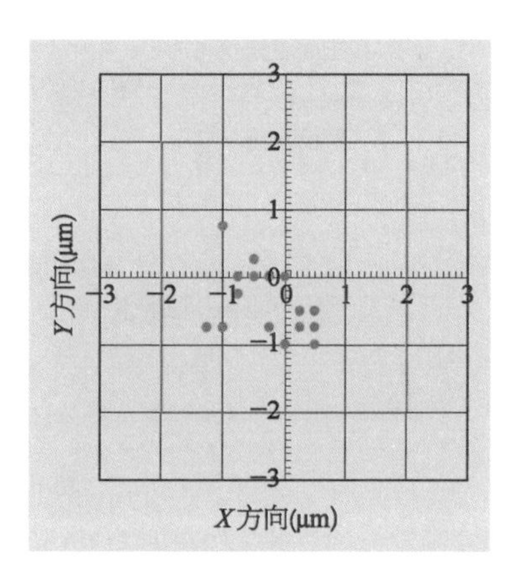

图 8-8　红外模式下键合后的精度图片

红外对准技术已在商业级键合设备中得到广泛应用。例如,AML(英国)制造的 AWB 系列和 FAB 系列键合设备均采用原位红外对准技术，其对准精度能够达到 1～2 μm 范围。三菱重工也研发了一系列键合设备，例如全自动键合机 MWB－04/06/08－AX 以及专为 12 in 晶圆设计的 MWB－12－ST 型号，这些设备均应用了红外原位对准技术，最高对准精度可达 2 μm，这些技术和产品在商业市场上取得了显著的成功。

8.2.4 SmartView 对准方式

SmartView 对准技术，是由 EVG 研发的一种面对面的晶圆级对准技术，以其独特的对准方式在行业内受到广泛应用。该技术的主要特征是利用两个吸附平台分别吸附上下两个晶圆，并将它们面对面放置。通过先进的图像识别系统和 CCD 显微镜成像系统进行精确的双向对准，随后可以直接进行键合，也可以使用夹具将对准后的晶圆转移到真空腔体，然后再进行键合作业。具体的操作流程如下(图 8－9)。

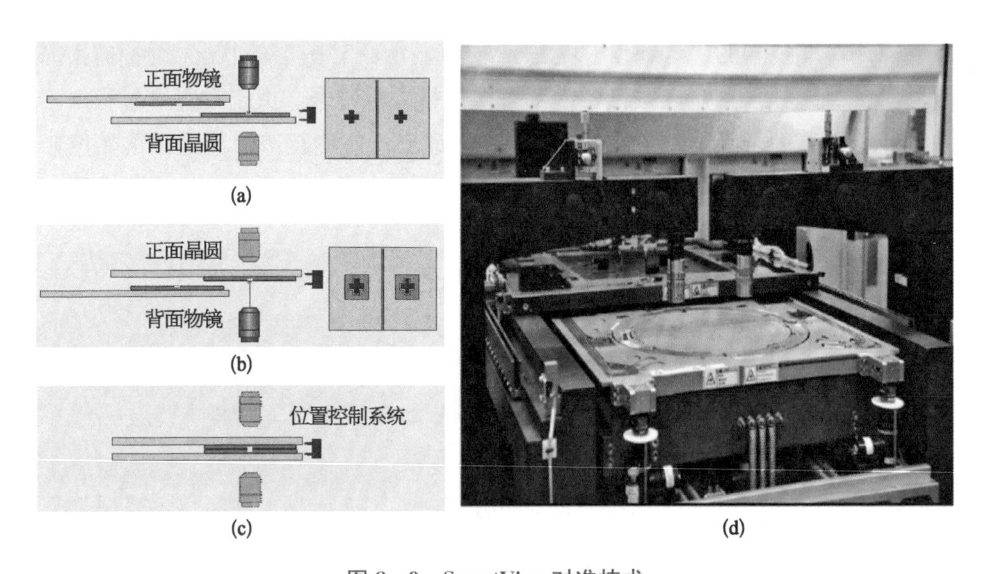

图 8－9　SmartView 对准技术

(a)～(c) SmartView 对准技术的对准过程示意图；(d) 对准平台实物图。

(1) 下吸附平台将下晶圆传输至 CCD 镜头下的识别区域，上部镜头对准标记识别，并将位置信息保存为数字文件，如图 8－9(a)所示。

(2) 载着下晶圆的下吸附平台撤离，键合对准平台[图 8－9(d)]带着上晶圆移到下镜头视野内，进行相同的标记识别和信息文件生成[图8-9(b)]。

(3) 下吸附平台返回，并将下晶圆置回原位，此时SmartView系统根据两组位置信息进行补偿调整，从而实现上下晶圆的精确对准和键合[图8-9(c)]。

SmartView对准技术之所以优越，源自其摄像头位于待对准晶圆的外侧，摄像头能在Z轴上进行有限移动，且对准过程中晶圆间距较小，从而极大提升了对准精度。目前最新的SmartView NT3对准模块精度能够达到50 nm，这一突破性的精度水平已经在晶圆级3D封装市场获得广泛应用并取得了显著成功。

SmartView对准技术在200 mm及300 mm晶圆的量产键合设备中已得到广泛应用，典型代表如EVG制造的GEMINI系列，其对准精度最高可达50 nm。SmartView对准和键合组件可以是独立的单元(分离模式)，亦可为一体化设计(图8-10)。

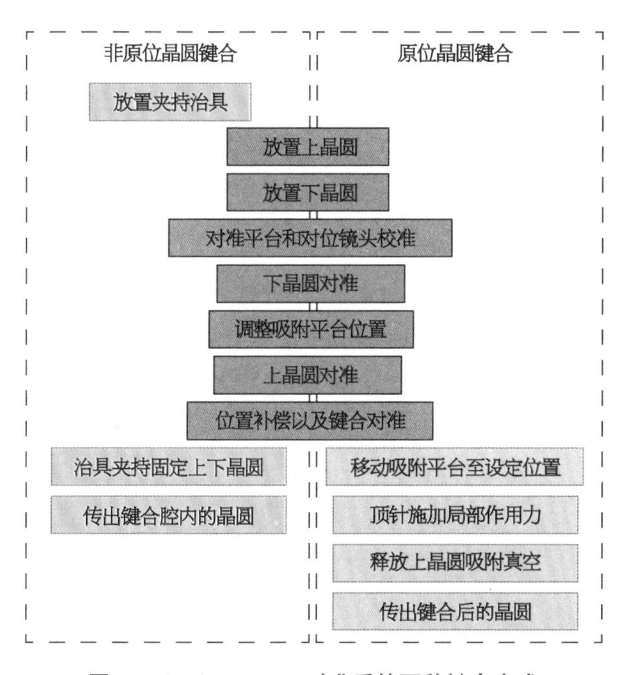

图8-10　SmartView对准后的两种键合方式

分离模式是指将对准后的上下晶圆通过夹持工具传输至键合腔进行加工。键合腔内有施加电压装置、升降温装置、真空抽气装置，以及施加高压力装置，以适应金属键合、阳极键合、聚合物键合等众多键合类型。

一体化模式则是在SmartView对准平台完成上下晶圆的对位后，键合机顶部对上晶圆中心施加一个局部作用力，诱发上晶圆微小的物理形变以实现与下晶圆的部分接触，随后形成一个从中心向外扩散的键合波，逐步实现预键合。此方法特别适用于无需高温或高压电场的 Si 晶圆熔融键合，对于那些对精度要求极高且追求高生产效率的半导体制造企业尤其具有吸引力。

8.3 直接键合

8.3.1 Si-Si 直接键合

1) 亲水性的 Si-Si 直接键合

亲水性表面的 Si-Si 直接键合是一种常用的方式，经常采用氧化层覆盖的 Si 晶圆进行键合。当 Si 晶圆的表面有氧化层存在时，直接键合后的界面处将有一层氧化膜存在。如图 8-11 是 Si-Si 直接键合并经过退火处理后的高分辨 TEM 图像，可以清晰地观察到界面处氧化层的变化和膜层的细节。

图 8-11 Si-Si 键合后高分辨率 TEM 图像[21]

通常，为确保结合力，亲水性键合需要经高温退火，确保羟基脱水的反应；为确保结合力良好，退火温度需超过 800℃。图 8-12 阐述了 Si-Si 直接键合、退火过程中界面处的反应机制，此过程可分为 4 个阶段。

阶段 1：温度低于 110℃时，界面上的水分子将重新排列。

阶段 2：110℃<温度<150℃，界面硅烷醇基团端将聚合。

阶段 3：温度在 150～800℃时，表面氧化层逐渐软化，键合能力逐步增强。

阶段 4：温度超过 800℃时，表面氧化物的黏流性明显提高，大幅增加晶圆间的接触面积，使氧化物完全键合。此时，键合界面形成的键合强度超过 2.5 J/m^2。

对于亲水性的 Si-Si 直接键合，有两种常见方式：常温常压下的 Si 直接键合(silicon direct bonding, SDB)及低压键合。针对 SDB 键合，主要包括室温下的预键合及高温下的退火；退火前，可以利用机台内部的红外镜头观察预键合后

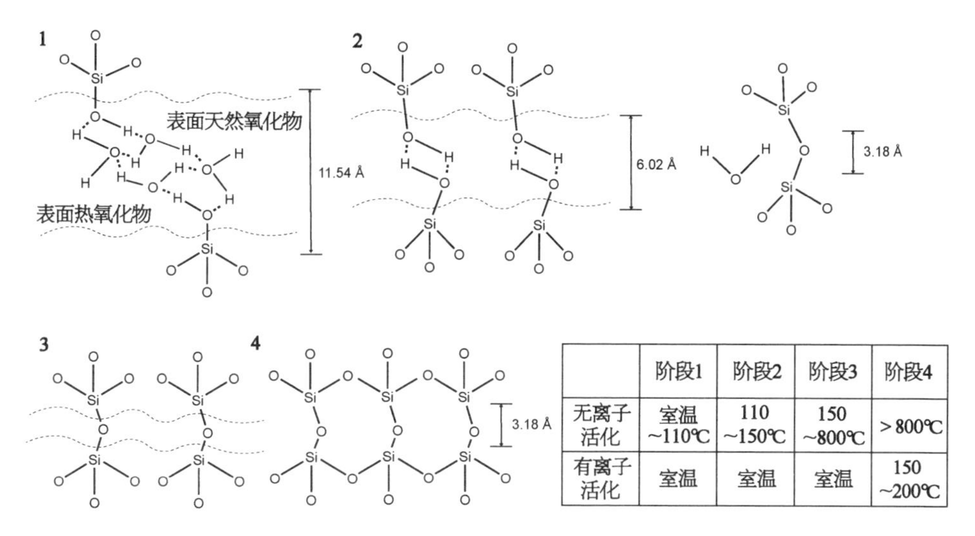

	阶段1	阶段2	阶段3	阶段4
无离子活化	室温~110℃	110~150℃	150~800℃	>800℃
有离子活化	室温	室温	室温	150~200℃

图 8-12 Si-Si 直接键合、退火过程的界面处反应[22]

的晶圆叠层，检查键合精度和是否存在空洞等问题，必要时，可将预键合的晶圆分开，重新清洗后再次键合。与其他3D集成键合方法相比，SDB键合的优势在于其预键合过程是在室温对准平台上完成的，键合过程无须升温或使用夹具进行传送，且预键合力较小，不会引起晶圆的位置偏移或膜层形变过大，因此是首选的高精度3D集成键合方式。然而，SDB键合的缺点是，在键合边缘区域通常会出现一些小的空洞，这些空洞均匀分布在晶圆的边缘，这是由于键合过程能推动气体从中央向边缘逃逸，形成高压气体。当气体到达晶圆边缘时，沿晶圆切线方向逃逸，压力骤降，导致原有的水蒸气结晶形成空洞。为了克服这一问题，可以采用低压键合方式进行键合，并通过优化键合速率及膜层边缘厚度来改善边缘区域的空洞现象。

由于Si的热膨胀系数为3.2 ppm/℃(ppm表示百万分之一)。因此，为确保热适配，从而不影响晶圆的精度，需要满足：① 上下晶圆必须具有相同的热膨胀系数；② 上下晶圆必须以相同的速率加热至相同温度；③ 上下晶圆沿径向的热均匀性必须保持一致。

2）疏水性的Si-Si直接键合

使用HF清除Si晶圆表面的氧化层后，可以创造出具有特殊性能的疏水性表面。这是由于清除后的Si晶圆表面富含Si-H和Si-F化学键，从而赋予表面疏水性。疏水性表面更易受到碳氢化合物的污染，并且在键合过程中对表面粗糙度的敏感度增加，原因在于缺乏水分子的保护覆盖。因此，此类疏水性键合过程需要在一定时间内完成,以避免表面暴露于空气中被污染。

键合过程分为几个阶段:首先,Si 晶圆表面之间的 HF 分子形成初步连接;当退火温度处于 150～300℃时,HF 分子会重新排列,促进晶圆接触;随着温度提升至 300～700℃,晶圆表面吸收 H 原子,开始形成 Si - Si 化学键;当温度进一步提高并超过 700℃时,Si 晶圆表面发生扩散作用,消除表面间的微小缝隙,实现晶圆的完全键合。其化学反应方程式为:Si - H+Si - H=Si - Si+H_2。由该方程式可知,此过程会产出 H_2,因此,如果这些 H_2 未能适时排出,键合过程中的退火阶段将可能形成空洞。

8.3.2 Si - SiO_2 直接键合

低温直接键合主要分为两种方式:湿法化学活化和等离子活化。

1) 湿法化学活化

低温直接键合通常需要对晶圆表面进行亲水化处理,以使两个晶圆在接触时能够相互吸引。当两个亲水性晶圆靠近到足够距离时,便会在范德华力的作用下接触并结合。传统的湿法活化常在 $NH_3 \cdot H_2O : H_2O_2 : H_2O = 1 : 1 : 10$ 溶液中,于 55℃下浸泡 5 min;此外,还有另一种方法,即利用键合机内的清洗模块,在室温下使用 1%～4%的 $NH_3 \cdot H_2O$ 溶液清洗后进行高速甩干。如果仅采用湿法化学活化进行键合,则退火温度必须达到 900℃以上才能达到最高键合强度。对于 CMOS 器件来说,此温度明显超出其能承受的范围。而等离子活化的方式可将键合温度降低到 400℃以下,实现低温键合,对 CMOS 器件没有损害。

2) 等离子活化

等离子活化技术源自 SOI 制造技术,其能显著降低直接键合所需的退火温度。具体操作是在低压环境中使用还原性气体(如 N_2、Ar)或反应性气体(如 O_2 或混合气体)轰击晶圆表面,处理时间一般在 10～45 s 之间。这个过程能提高晶圆表面的洁净度并增加表面悬挂键的数量,从而增加硅烷醇基团的个数,提升预键合的能力;同时,等离子活化处理过的晶圆能有效提高界面处水和气体的扩散能力,是增强结合力的另一个关键因素。等离子活化的优点是成本较低,且对晶圆表面其他材料没有影响。图 8 - 13 为等离子活化后的键合过程示意图,图 8 - 14 是等离子活化设备的活化单元的外观示意图。

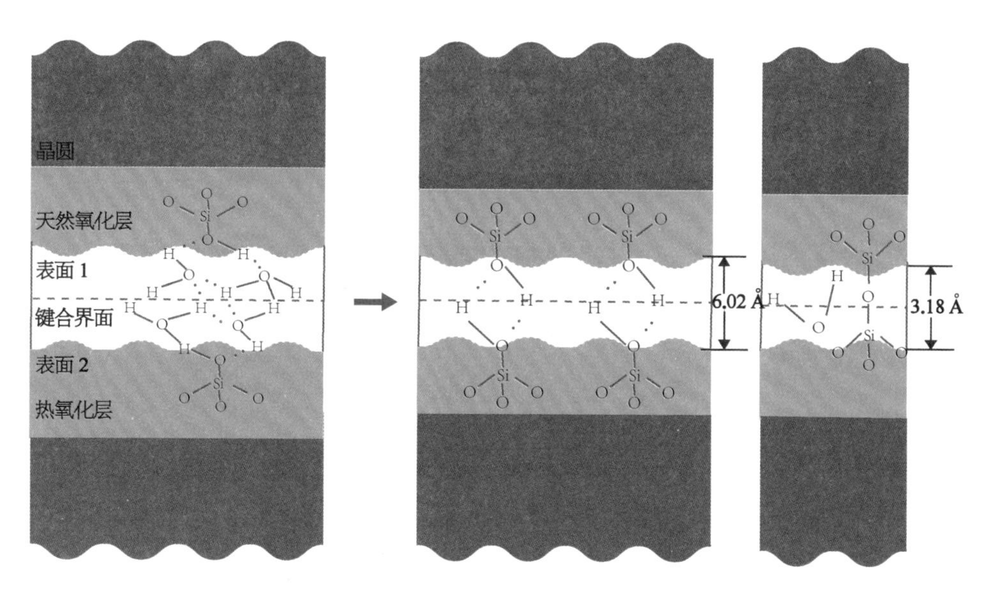

图 8 - 13　等离子活化后的键合过程示意图[23]

图 8 - 14　等离子活化设备的活化单元的外观示意图

（来源：EVG 官网）

8.3.3　混合键合

在讨论键合分类时，我们提到混合键合是一种特别的直接键合方法。随着 3D 集成技术需求的增强，混合键合越来越重要。所以，在这里详细介绍混合键合技术。混合键合分为 3 步：① 需要用 CMP 工艺对晶圆表面进行平坦化加工，获得平坦的介质膜表面和比其略低几纳米的金属表面，然后对晶圆表面进行活化处理[图 8-15(a)];② 将需要键合的两个晶圆对准、并贴合到一起,实现预键合[图 8-15(b)];③ 进行先低温、后略高温的两步退火处理,使介质图形和金属接点先后达到足够的键合强度[图 8-15(c)]。

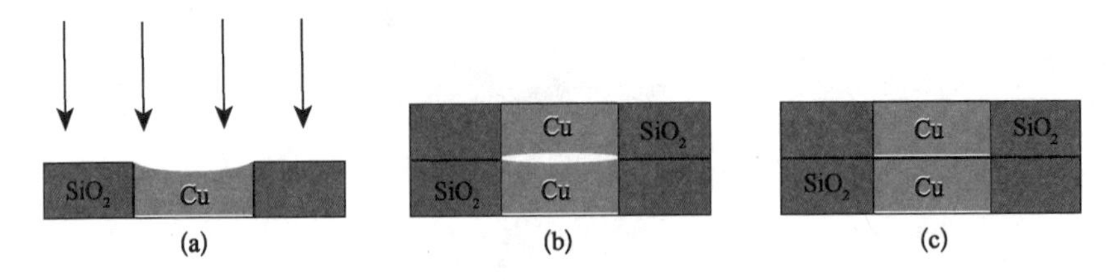

图 8-15　混合键合过程示意图

(a) 未对准前;(b) 预键合后;(c) 退火后。

由于集成电路的高密度化不断推进,金属接点之间的距离已经低于亚微米,键合时对图形对准的精度要求也就越来越高,这对键合设备和工艺都提出了高要求。当前,人们正在不断挑战更小铜接点的更小周期的高精度混合键合。图 8-16 展示的是 IMEC 开发的最新结果,其 TEM 图像显示,IMEC 实现了 400 nm 周期的混合键合,对准误差达到 150 nm 以下,介质材料是 SiCN,金属接点材料是 Cu。为了达到好的键合效果,IMEC 团队进行了多方面的改良:① 对键合图形进行了优化,采用六边形网格和圆形铜接点,以补偿尺寸缩小和对准极限;② 精准地控制了键合界面的表面形貌,在表面平台化的 CMP 过程中,将铜接点的表面高度控制在低于 SiCN 几个纳米的范围;③ 用 SiCN 替代 SiO_2,得到了更好的键合强度和可扩展性。该团队确认,即使键合周期小到 400 nm,电导通特性仍然得到了保障。

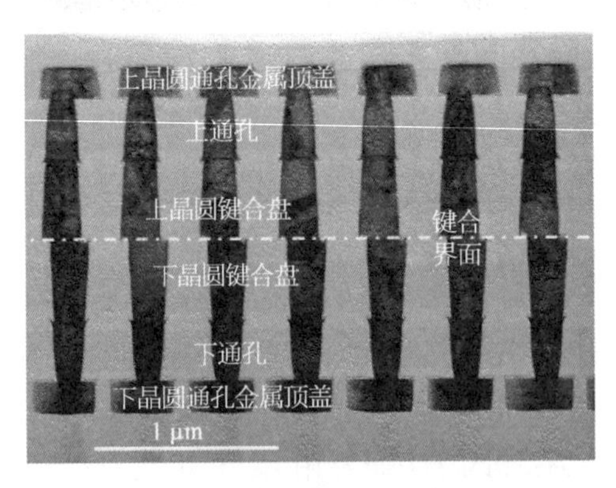

图 8-16　IMEC 展示的周期为 400 nm 的混合键合的 TEM 图像[24]

8.4　阳 极 键 合

直接键合的对准精度较高，键合强度较大，但对晶圆的表面要求极其苛刻，这就对半导体工厂的工艺制造以及产品设计等各个环节提出很高的要求。在很多封装环节中，往往可以考虑对晶圆要求较低的 Si 晶圆和玻璃晶圆键合，即阳极键合。

8.4.1　阳极键合原理

阳极键合，也称为场助键合，是在 200～500℃的温度范围内，通过对玻璃晶圆和 Si 晶圆施加高压电场(通常在 600～1 000 V 范围内)，实现两者间的键合。这种键合技术的原理通常如图 8－17(a)所示，即采用富含 Na^+ 或 K^+ 的玻璃，这些离子在高压电场下会向阴极移动，在玻璃接触面附近形成一个固定的空间电荷区，同时在 Si 的一侧生成对应的镜像电荷区。这样的布置导致大部分电压集中于此区域，从而在界面处产生极高的电场强度，大幅度降低了 Si 和玻璃的接触距离。高温条件下，两个接触面发生类共价键的界面键合，最终实现阳极键合。

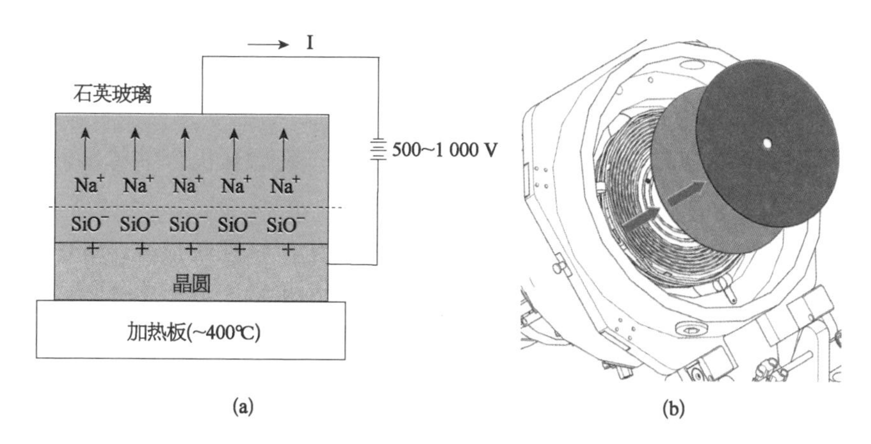

图 8－17　阳极键合原理和 EVG 键合机石墨压板的构造示意图

(a) 阳极键合原理示意图[25]；(b) EVG 键合机石墨压板的构造示意图(来源：EVG 官网)。

在阳极键合的过程中，阴极作为非阻塞电极，允许 Na^+ 从玻璃中逸出。这些 Na^+ 与表面的水蒸气及空气中的湿气反应，生成 NaOH，这种白色物质会聚集在玻璃表面及阴极周围，引发玻璃表面的腐蚀现象。因此，在进行键合操作时，苏斯微建议在玻璃晶圆与键合机压板之间加入石墨片，以阻隔由离子析出引起的污染。与此同时，EVG 的键合机直接将石墨板固定于压板下方，以保证其与玻璃晶圆接触。图 8－17(b)展示了 EVG 的键合机石墨压板的构造示意图。

8.4.2 阳极键合的工艺参数

在阳极键合工艺中，关键的工艺参数包括键合温度、键合时间、键合压力和腔体真空度等。根据这些参数，我们可以将阳极键合流程分解为 4 个主要阶段。

(1) 准备阶段：此阶段包括使用治具将玻璃晶圆和 Si 晶圆送入键合机的运输和定位过程。其间会进行腔体的真空抽取，同时移除位于玻璃晶圆和 Si 晶圆之间的间隔物，确保它们能紧密地接触。

(2) 加热阶段：在此阶段，键合机加热至预定温度，对上下夹板进行温度控制。在加热过程中，同时对玻璃晶圆和 Si 晶圆施加适当的压力，以防由于温度梯度而产生的位移或滑移现象。

(3) 电压施加阶段：当温度达到所需水平后，键合机开始施加电压。此时，与电源连接的玻璃晶圆中的 Na^{+} 由于电场作用向阴极迁移，形成耗尽层。耗尽层中的 O^{2-} 在强电场的推动下向 Si 界面移动，并和 Si 发生反应，形成界面处的复合氧化层。随着阳极键合反应的进行，电流逐渐减小。当达到预设时间且电流降至某一界限值后，移除外加电场，此时阳极键合过程可以认为已经完成。

(4) 冷却阶段：最后，根据参数菜单设置，键合机的上下夹板开始采用冷水降温，将键合后的玻璃晶圆和 Si 晶圆温度降下来。随后从机台中传出，这标志着整个键合过程的结束。

通常，阳极键合的电化学反应可以通过电压-电流特性来描述，图 8－18 展示了一个典型的电流随时间变化的特性曲线。在阳极键合过程中，较高的温度和电压会导致更大的放电电流，从而增强电子迁移率，缩短完成键合所需的时间。此外，电流的大小也与玻璃晶圆的厚度有关，较厚的玻璃晶圆通常意味着更高的电阻，这会减少 Si－玻璃表面的有效电压，从而弱化电子跃迁的效果。

为了提升键合质量，一种方法是使用较薄的玻璃晶圆作为键合材料。然而，这样做也带来了一些挑战，尤其是在玻璃晶圆与 Si 晶圆贴合的过程中，由于玻璃晶圆较薄，其本身的重力效应可能导致在玻璃与 Si 之间夹带气体，这在阳极键合过程中可能导致破裂风险，因为夹带的气体可能会在电场的作用下发生放电。为此，半导体制造厂通常对玻璃的厚度提出具体要求，以降低这种风险。此

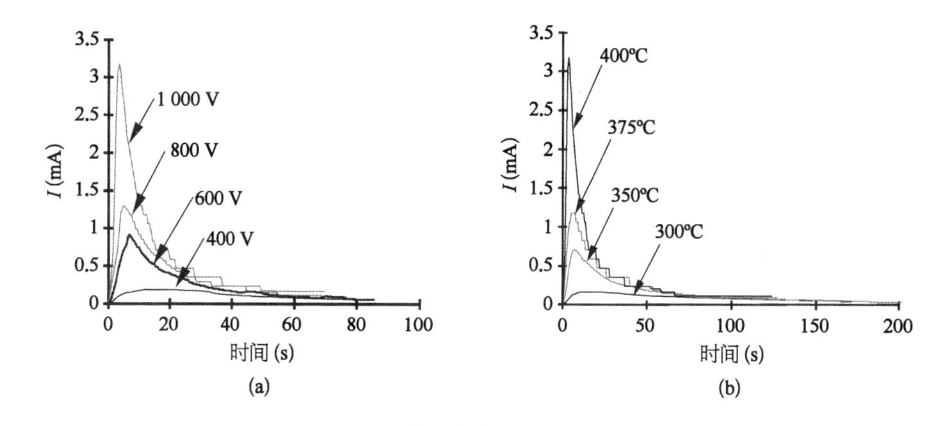

图 8－18　典型的电流和电压的特性

（来源：*hand book of silicon Based MEMS Materials and Technologies*）

外，一种更有效的方法是在真空环境中进行玻璃晶圆和 Si 晶圆的对准和贴合，这样可以有效避免夹带气体。需要注意的是，即使在高真空环境下完成键合，仍需警惕腔体内部可能残留的气体，这些气体可能是来自腔体内表面释放，或在键合高温过程中产生的，这些残余气体也可能在等离子放电中参与反应。

8.4.3　阳极键合过程器件的电化学退化

通常来说，对于那些采用纯机械结构的微流体通道设备或喷墨打印头，其阳极键合过程通常不会存在风险。然而，对于那些包含薄膜电阻、二极管和电容器等电子元件的设备，存在以下两种可能影响器件性能的风险。

（1）玻璃内部的 Na^+ 污染问题：Na^+ 是导致 MOS 器件不稳定的主要原因之一。在 SiO_2 薄膜中，Na^+ 具有导电性和可移动性。若器件表面的 SiO_2 被 Na^+ 污染，可能会导致器件表面电势在不同地点随时间而变化，进而影响器件的电阻稳定性。因此，Na^+ 的存在可能使 MOS 晶体管的阈值电压发生漂移，同时改变 PN 结二极管的漏电流和击穿电压。

（2）阳极键合过程中的高压电场对封装器件的潜在损害：在阳极键合过程中，施加在待键合的玻璃晶圆和 Si 晶圆之间的高压电场可能会损害内部封装的电子器件。为应对此问题，Gianchandani 提出在 CMOS 电路之上的玻璃表面沉积一层金属平面，并将其接地，以避免腔室内电路受到高压电场的影响[26]。此外，Arx 等研究者提出一种方法，将电子器件封装在定制的玻璃容器内，并将其与多晶硅键合，设置的键合电压高达 2 000V，温度达到 320℃，键合时间可设为 10 min。容器的腔室深度约为 2 mm，理论上这样的设计足以防止高压电场对 CMOS 设备造成损害[27]。

8.5 中间层键合

按照中间层的材料分类，中间层键合分为黏合剂键合与金属中间层键合，以下分别介绍。

8.5.1 黏合剂键合

黏合剂键合(adhesive bonding)使用的中间键合层材料通常是玻璃浆料或聚合物等黏合剂。这种方法可以在相对较低的温度下(最高不超过 450℃)实现较高的表面结合能，从而获得较强的结合强度。这对减轻材料之间温差导致的热应力及其可能引发的解键具有重要作用。此外，黏性键合层的介入增加了对待键合表面上的颗粒、污点及缺陷的容忍度，可以在表面瑕疵的条件下实现晶圆间的成功键合。

1. 玻璃浆料黏合剂键合

玻璃浆料黏合剂键合的基本原理是采用低熔点玻璃作为特殊的中间层材料，这要求玻璃的熔点必须低于 450℃。这项技术广泛用于晶圆级封装和密封，其优点包括良好的密封性、高的工艺良率、较低的界面应力以及较高的可靠性。玻璃浆料黏合剂键合过程大致可分为以下几个主要阶段，如图 8－19 所示。

图 8－19　玻璃浆料黏合剂键合界面的 SEM 图像

(来源：*hand book of silicon Based MEMS Materials and Technologies*)

(1) 首先，将玻璃粉末与溶剂混合制成浆料。

(2) 接着利用丝网印刷技术，在刮刀作用下将玻璃浆料填充至丝网模板的孔隙中，在 Si 晶圆上形成均匀分布的图案。

(3) 进行预烧结，以去除浆料中的水分和有机溶剂，使得图案表面达到接近熔融状态，以保持平整度。

(4) 在最后的键合步骤中，使用对准标记确保晶圆接触，然后通过升温和加压完成在键合机中的键合过程。

由于玻璃浆料黏合剂在键合过程中变成熔融状态，因此能容忍较大的键合面粗糙度。玻璃浆料黏合剂键合技术中，由于其在一定温度范围内的膨胀系数与Si和玻璃接近，因而产生的热应力较小，从而使得玻璃浆料黏合剂键合成为一种工艺简单且封装效果良好的键合技术。

通常情况下，玻璃浆料黏合剂键合需要高度精确的丝网印刷工艺，这是一个颇具挑战的步骤。晶圆的几何结构特征、网格的定位移动、丝网印刷时所用刮刀的压力和速度，以及浆料的物理特性(例如黏度和颗粒大小)，都会对最终图案的定义和位置精度产生显著的影响。在进行具体键合操作之前，需要对以下几个重要环节进行仔细考量。

(1) 网版孔洞的设计。

(2) 印刷过程中图案的微观扩展。

(3) 丝网印刷偏差及丝网本身的伸展变形。

以建宇网印制造的型号为HG－250－LTCC的高精密厚膜丝网印刷机为例，其结构示意图及完成打印后的晶圆外观如图8－20所示。其印刷头上安装了透明的保护罩，为玻璃浆料印刷提供了良好的环境条件。在整个印刷过程中，通过精准控制印刷参数，玻璃浆料在刮刀压力下，经过丝网孔洞均匀分布在晶圆

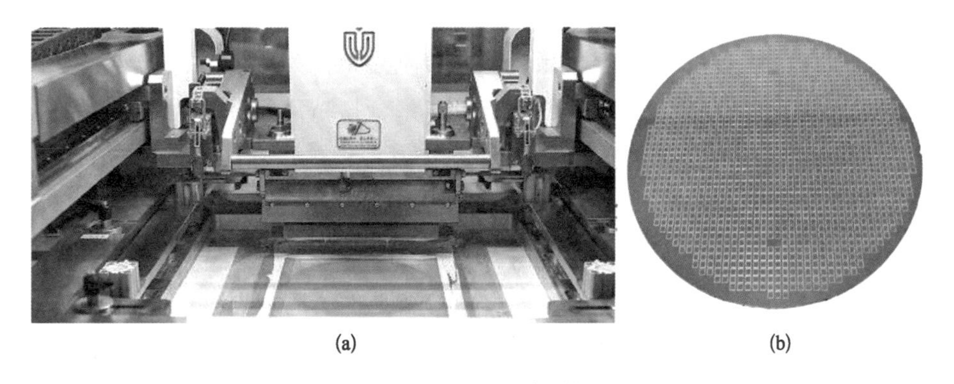

(a)　　(b)

图8－20　丝网印刷机

(a) 型号为HG－250－LTCC的丝网印刷机的结构；(b) 作业后的晶圆外观。(来源：建宇网印官网)

表面，可形成均匀的密封环。

需要注意的是，丝网印刷的玻璃浆料黏合剂框架是3D实体，其中玻璃的厚度主要由网格设计(线宽和膜厚)决定，但也受到多种因素的影响。为了确保器件的密封性，玻璃的厚度必须有明确的设计规格，即使玻璃浆料黏合剂在玻璃键合过程中会发生流动，也必须保证气密性键合。由于影响丝网印刷结构厚度的主要因素是线宽(图8-21展示了不同线宽对厚度的影响)，因此在设计时必须确保晶圆上所有的结构具有一致的线宽。即使在矩形结构的拐角处厚度略有增加，这种增加的厚度也必须保持在合理的范围内，以确保工艺过程的稳定性。

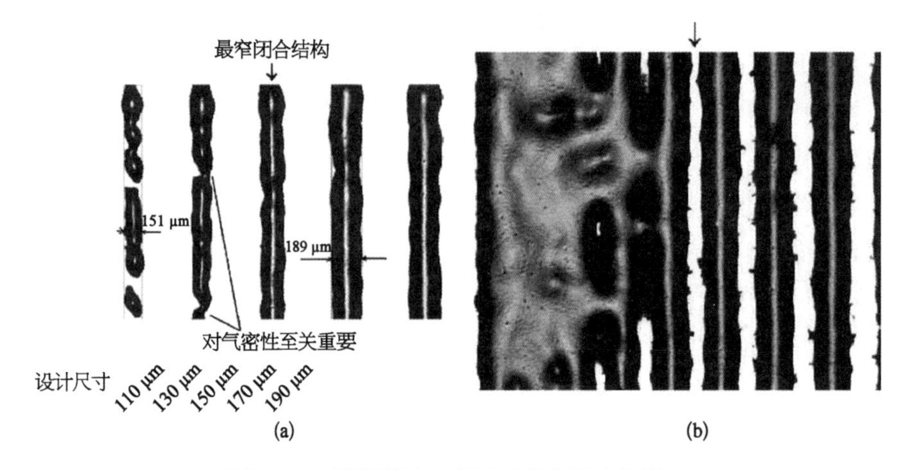

图8-21 不同线宽对于玻璃浆料厚度的影响

(来源：*hand book of silicon Based MEMS Materials and Technologies*)

2. 聚合物黏合剂键合

聚合物黏合剂是由许多连接在一起的小分子(单体)组成的大分子(高分子)。单体的连接过程称为聚合，聚合物黏合剂通常分为4大类：热塑性、热固性、弹性体和混合型聚合物。在键合工艺中，聚合物黏合剂需要以液态、半液态或黏弹性体的形态存在，确保与待键合表面的密切接触。随后，聚合物黏合剂需转变为固态材料，以承受键合所需的温度和压力。

聚合物黏合剂的不同类型具有各自的特性，因此选择合适的聚合物黏合剂至关重要。聚合物黏合剂及其所含的溶剂和添加剂必须与晶圆表面材料和内部器件兼容，并且要适配之前的沉积薄膜，以及键合后的处理步骤。例如，考虑聚合物的热稳定性，机械稳定性，蠕变强度，以及在后续工序中对SC-1(详见第9章)、SC-2(详见第9章)、酸碱及SPM(详见第9章)等有机溶剂的耐腐蚀性都是必要的。常见的聚合物黏合剂有包括如 BCB(benzocyclobutene,供应商：陶氏)、WaferBOND[供应商：布鲁尔科技(Brewer Science,美国)]、mr - I 9000E[供应商：Micro Resist Technology GmbH(德国)]、SU - 8[供应商：MicroChem(美国)],以及 LC - 3200[供应商：3M(美国)]等。表 8 - 1 列出了这些聚合物黏合剂的键合特性。

表 8 - 1　几种常见聚合物黏合剂的键合特性

聚合物黏合剂	键合特性
环氧树脂	热固性材料;强度高且化学稳定性好的界面材料
SU - 8	热固性材料;紫外光固化 强度高且化学稳定性好的界面材料 支持图形化薄膜的键合
BCB	热固性材料;紫外光固化 强度高,化学稳定性和热学稳定性好的界面材料 支持图形化薄膜的键合
正性光刻胶	热熔体;热塑性材料 表面容易产生空洞,结合力弱
含氟聚合物 [如聚四氟乙烯 (polytetrafluoroethylene, PTFE)]	热溶体或热固化;热塑性或热固性材料 化学稳定性好的界面材料 支持带有图案化薄膜的键合
聚酰亚胺 (PI)	热溶体;热塑性材料 高温稳定性;临时键合
热固性聚合物	热固性材料;热固化
液晶聚合物	热溶体;热塑性材料;抗湿性好
蜡类	热溶体;热塑性材料 高温稳定性;临时键合

在使用黏合剂材料进行临时键合的工艺中,解键合过程是必不可少的一环。根据临时键合黏合剂的特点,解键合通常可分为 3 个主要方法。

1) 化学方法

某些临时键合材料能够响应特定的化学反应剂,随后黏合剂的特性发生变化,从而使载片与器件晶圆分离。为了加快溶剂反应,可以对浸泡于解键合溶剂的晶圆进行加热及超声波处理以促进溶解。然而，化学解键合的一个缺点是浸泡时间较长，通常几小时，且晶圆表面与溶剂直接接触，可能会在取出晶圆时对其造成损伤。此外，即使化学反应剂可循环使用，也应考虑其快速消耗和产生废物的潜在危害效应。

2）热处理方法

当键合黏合剂加热成为液体状态时，便可以轻松地将载片与器件晶圆分离。这种方法尤其适用于热塑性材料，因加热会导致黏合剂的黏度下降。当黏度降至 1～2 Pa・s 时，键合的晶圆就会开始分离。常见的分离方法有两种：滑动剥离法和楔入剥离法。滑动剥离是在水平方向上将载片与器件晶圆分离，而楔入剥离则是在垂直方向上执行。多数解键合过程采用楔入剥离法，并且某些复合黏合材料中会专门加入紫外光敏感层，在紫外光照射下，这些复合材料的紫外光敏感层将被破坏，减弱键合强度，此时只需施加微小力量即可完成分离。此外，一些企业如积水（SEKISUI，日本）采用的是多层复合膜，展现为“三明治”结构，包括两层黏附层和核心基膜，如图 8－22 所示。同时，这两层黏附材料外部各有一层保护膜以避免褶皱或污物影响键合效果。

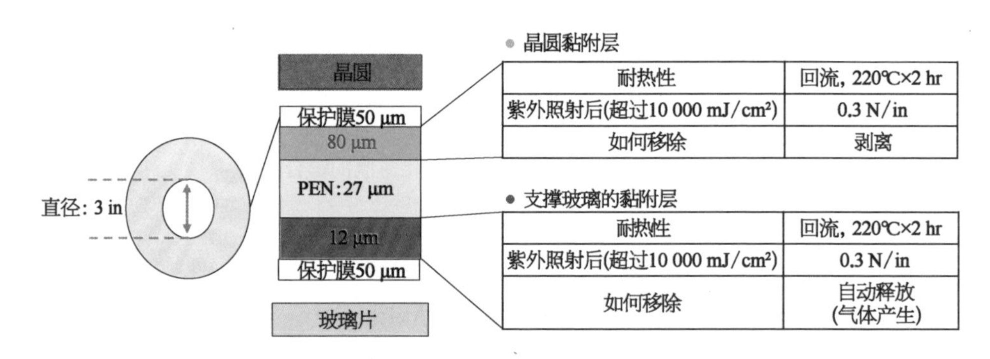

图 8－22　积水生产的多层复合膜的基本特性

在该键合工艺中，首步是去除外层保护膜，接着将其精准地附着于器件晶圆表面上。随后，该晶圆会与一块能够透过紫外光的石英玻璃紧密接触，并在特定温度下施加足够的压力确保两者紧密结合。接下来，使用特定波段的紫外光（波长 405 nm）穿透石英玻璃照射至复合膜结构表面，使之固化并强化两者之间的结合力。该步骤完成后，便可进行一系列后续工艺，如刻蚀、光刻和晶圆减薄等。最后，则是将需解键合的石英晶圆置于解键合的紫外光下（波长 254 nm），此过程将促使 N_2 释放，完成解键合工艺。具体流程如图 8－23 所示。

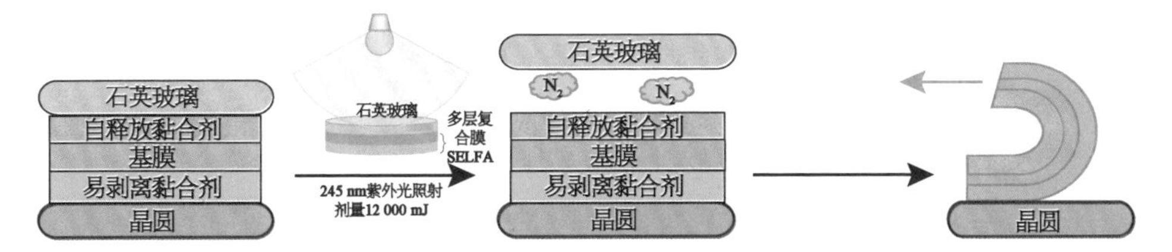

图 8-23　多层复合膜 SELFA 的紫外光模式下解键合原理[28]

运用常州常耀电子科技制造的型号为 CYUVB-602-SE 的半自动解键合设备，能够高效地完成超薄器件晶圆的解键合工艺，如图 8-24 所示。利用紫外光对石英玻璃及 150 μm 厚的超薄器件晶圆进行照射，可使石英和 Si 晶圆表面之间产生气体；再通过楔入剥离法，可实现两片晶圆的有效分离。

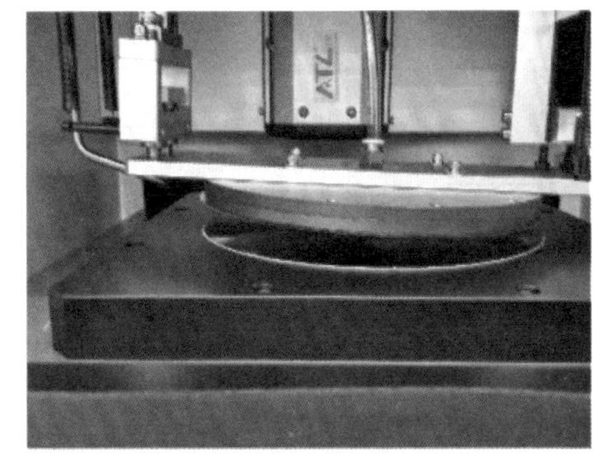

图 8-24　型号为 CYUVB-602-SE 的半自动解键合设备

3）激光处理方法

对于那些无法通过化学腐蚀或热处理方法剥离的临时键合胶，应在键合胶中加入一种释放层材料。目前较为先进的释放层是光热转换(light to heat conversion, LTHC)层材料。当该材料暴露于适宜频率的激光下时，高能激光会在材料表面生成微小孔洞，从而削弱键合强度。之后便可采用楔入剥离法来分离载晶圆和器件晶圆。

8.5.2　金属中间层键合

金属中间层键合技术包含金属热压键合、金属共晶键合、焊料键合及瞬态液相(transient liquid phase, TLP)键合等。图 8-25 展示了 4 种分类和对应的键合机制。在本节中，我们将特别关注金属热压键合和金属共晶键合这两种在 MEMS 领域尤其在晶圆级真空封装应用中广泛使用的键合技术。

1）金属热压键合

金属热压键合是一种至关重要的微电子封装技术，它在高温高压的环境下通过固态扩散的机制将相同金属材质紧密键合在一起，主要的键合模式包括 Au-Au、Cu-Cu 和 Al-Al。这类键合技术的突出优点是低电阻率和优良的密封性能。然而，由于键合过程依赖于固态扩散，其通常要求施加较高的温度和压

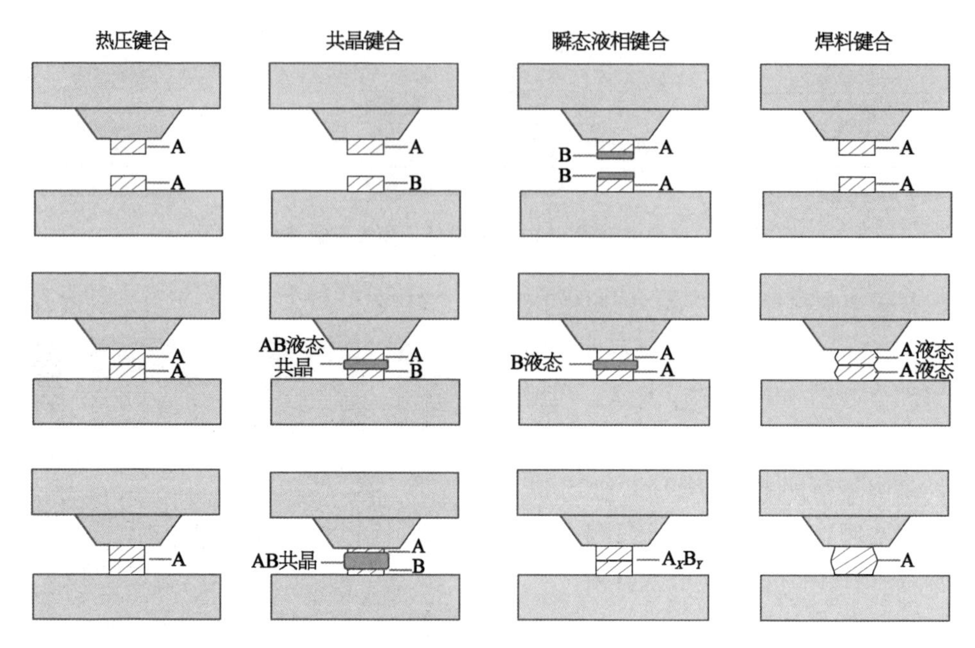

图 8-25 中间层金属键合的分类

力，且对晶圆表面平整度有较高要求。对于 Cu 和 Al 的热压键合而言，键合的质量需在超过 400℃ 的温度下才能得到保证；另一方面，Cu 和 Al 表面容易氧化，因此在键合前需要通过适当的氧化层清除处理以获得理想的键合效果。与 Cu 和 Al 相比，Au-Au 热压键合可在约 300℃ 的较低温度下进行，加之 Au 表面不易形成氧化层，键合前的表面准备工作相对简单。Au 薄膜具有良好的延展性，能够在键合过程中容许一定程度的形变，使得 Au-Au 键合成为最适合热压键合的材料选择。但考虑到 Au 在许多材料上的黏附性不佳，沉积 Au 薄膜时通常需添加 Ti 或 Ge 作为黏附层。为了防止 Au 在高温下向 Si 中扩散，还需增加大约 20 nm 厚的阻挡层，如 TiN 或 Ni。

以 Au-Au 键合为例，为实现热压键合，确保结构稳定且牢固地键合在一起，从而保证器件的正常工作，需要遵循严谨的工艺步骤(图 8-26)。

Au-Au 热压键合工艺流程包括以下几个关键步骤。

(1) 金属化前处理：为了确保高质量的键合，Si 晶圆的表面必须非常干净并且具有良好的界面状态。通常采用乙醇超声波处理来去除 Si 晶圆表面的大颗粒和有机污染物等。

(2) 表面金属化：Au-Au 热压键合的原理是通过 Au 和 Au 在一定压力和

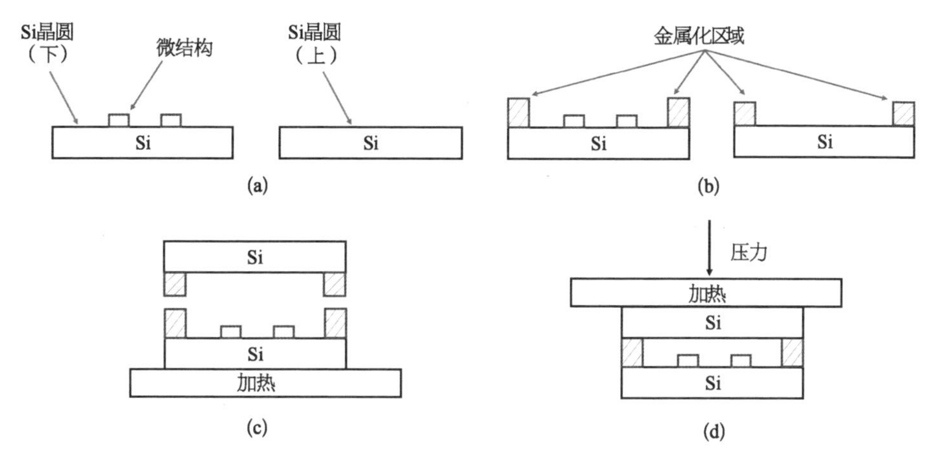

图 8-26 Au-Au 热压键合的工艺流程图

(a) 金属化前处理;(b) 表面金属化;(c) 金属表面处理及对准;(d) 热压键合。

温度下通过扩散和熔融来实现结合。镀金的方法有多种,常见的包括溅射和蒸发镀金。溅射的金属膜通常具有较低的表面粗糙度,而蒸发的金薄膜表面粗糙度较高,因此需要较厚的金层以确保良好的键合质量。图 8-27 展示了使用蒸发镀金的方式,并通过 EVG 的键合设备进行 Au-Au 键合后的超声扫描结果。

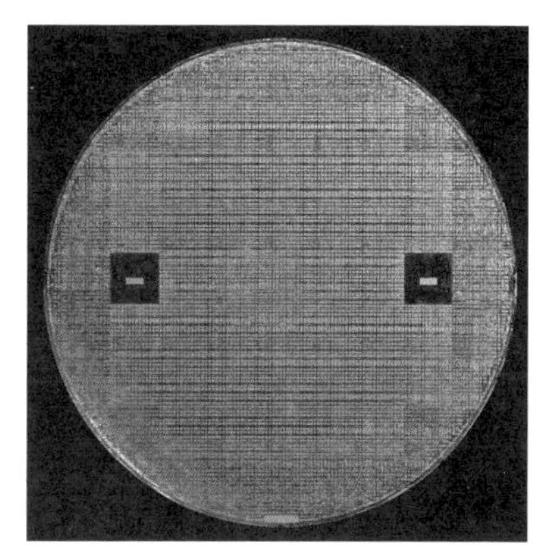

图 8-27 使用 EVG 的键合设备进行 Au-Au 键合后的超声扫描结果

(3) 热压前的键合预处理:由于扩散键合对 Si 晶圆表面的粒子和有机物残留较为敏感,通常会使用 H_2SO_4 和 H_2O_2 的混合溶液进行浸泡清洗,这一过程可以去除在加工过程中形成的污染,如汗液、光刻剂残留等。此外,为了提高晶圆表面的化学活性,有时还会选用等离子活化处理,以增强键合过程中的结合力。

(4) 热压键合:温度和压力是影响 Au-Au 键合质量的两个关键因素。较高的温度会使 Au 薄膜变软,从而增强其扩散效果,提高键合质量。同时,增加键合压力也有助于确保 Au 薄膜之间的充分接触,从而保证良好的键合效果。

2) 金属共晶键合

共晶键合是指两种或多种金属组合,在特定条件下能够直接从固态转化为液态的过程,而中间不经过固液混合态。这一过程的共晶温度通常低于涉及材料的熔点。金属共晶键合在 MEMS 产业中被广泛应用于气密封装、压力封装或真空封装等。常见的金属-合金组合包括 Al - Ge、Au - Si 和 Au -铟(In)等。在共晶键合过程中涉及的所有金属均必须通过液相阶段,因此该过程对表面不平整、划痕或颗粒的存在较为宽容,这有助于实现规模化生产。

金属共晶键合过程通常分为以下两个主要阶段,反应流程如图 8 - 28 所示。

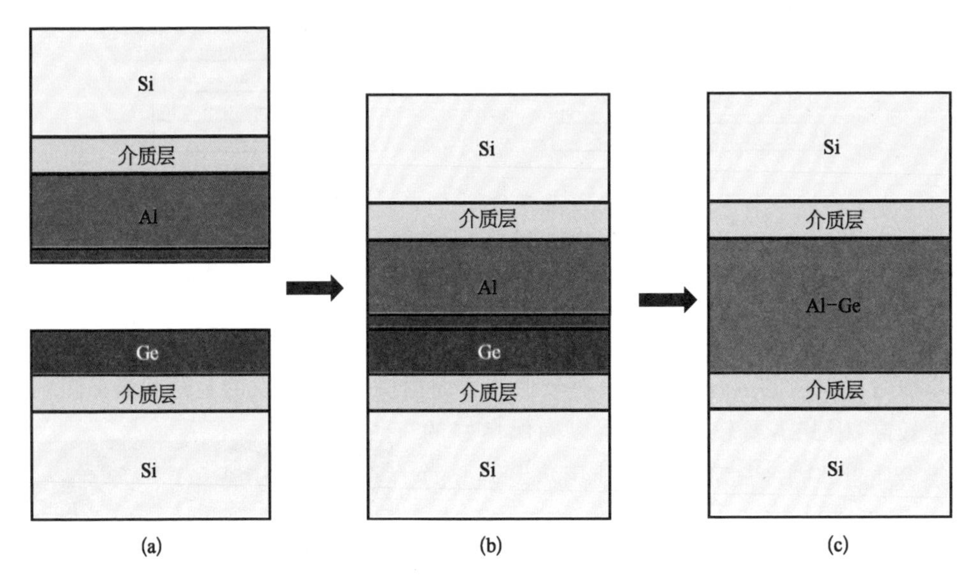

图 8 - 28 Al - Ge 共晶键合的反应流程

(a) 键合前;(b) 第一阶段;(c) 第二阶段。

第一阶段:低熔点金属熔化并形成液相,与高熔点的金属接触后,两者之间发生相互扩散。低熔点金属进入液相后,两者间的相互扩散过程较为迅速。由于在高熔点金属表面形成的金属间化合物籽晶具有较高的形成能,因此促进了金属间化合物的形成。随着高熔点金属的持续消耗和低熔点金属的补充,此化学反应持续进行并使金属间化合物区域扩展,直到高熔点金属层完全接合,阻止了进一步的液相金属扩散。

第二阶段:金属间化合物通过高熔点金属扩散的过程,这一过程较为缓慢,通常需要较长的时间以便完全消耗掉低熔点金属。由于高熔点金属浓度的改变,金属间化合物的熔点提高,当温度达到键合温度以上时,金属间化合物开始固化。随着加热过程的持续,固态金属相逐渐转变为更稳定的金属间化合物结构。值得注意的是,高熔点金属和低熔点金属的厚度配比需要恰当,以避免高熔点金属耗尽而减弱金属间化合物与 Si 晶圆之间的粘接强度。

共晶键合过程的品质主要受温度、压力、金属膜层选择等因素影响，具体如下。

(1) 温度：共晶键合的温度需要精确控制，因为温度分布不均匀、测量误差和杂质影响可能导致实际温度与理论共晶点存在偏差。通常，共晶键合的实际操作温度会略高于理论共晶点以确保材料能充分熔合。

(2) 压力：施加适当的压力至关重要，这确保芯片能与载体均匀接触，从而促进良好的键合。如果压力太小，可能会造成芯片与基板间存在空隙或虚焊点；而压力过大则可能导致芯片破损。

(3) 金属选择：选择成分稳定、不易氧化、表面平整的金属焊料是共晶键合的关键，这能有效减少空洞和其他缺陷的产生。

(4) 清洁度：进行共晶键合操作时，务必保持焊片和待键合表面的清洁，这是因为任何污物、油污或残留物都可能影响键合接口的质量。

(5) 氧化：表面的氧化层可能会妨碍键合材料的浸润性和导致键合强度下降，因此，在键合前需要做好充分的表面处理。

(6) 热应力：为了最小化热应力所引起的问题，应确保芯片具有适当的厚度，并且载体与芯片具备匹配或接近的热膨胀系数是非常重要的。

共晶键合是一个复杂但高精度的工艺过程，旨在保证上下层晶圆在键合机内准确对齐和固定，最终通过加热压力实现两者间的密封连接。以 Al－Si 共晶键合为例，整个过程又可细分为 4 个关键步骤。

(1) 气体置换：对键合机内的密封腔室进行气体置换，以清除其中的 O_2，并充填如 N_2 等不会与工艺材料反应的稳定气体。这一步骤是为了创造一个适宜的键合环境，防止 O_2 与工艺材料产生不必要的化学反应。

(2) 预热：利用加热装置对腔体内的上下压板迅速加热，一旦温度达到预设阶段，维持上下晶圆在此温度下静置 30～45 min。这个过程旨在使晶圆内部可能存在的气体充分释放，从而减少对最终器件性能的潜在影响。

(3) 共晶键合：在移除晶圆间垫片后使上下晶圆密接，同时缓慢升温至共晶点温度，并施加适当压力，使晶圆间发生共晶反应并形成稳固键合。

(4) 冷却与解压：共晶键合完成后，利用冷却系统将上下晶圆温度降下来，并逐步移除施加于晶圆上的压力。待温度达到安全水平后，打开腔体取出已完成键合的晶圆组合。

在实际的键合操作中，确保键合效果的关键在于处理许多细节问题，例如如何控制键合前晶圆的清洁度、如何防止晶圆上的 Al 氧化，以及如何确保 Al－Ge

共晶过程溢出的共晶物不会影响器件的功能等，这些都是半导体制造过程中需要解决的挑战。图 8－29 展示了利用全自动化的 EVG 键合设备进行 Al－Ge 共晶键合操作后的超声扫描图像。

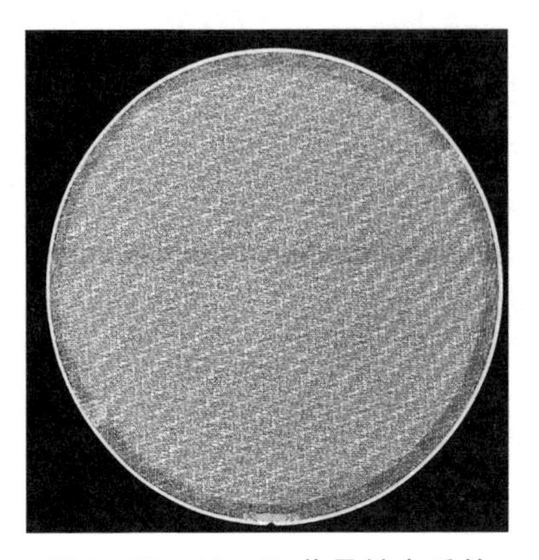
图 8－29　Al－Ge 共晶键合后的超声扫描图像

除了 Al－Ge、Au－Si 和 Au－In 组合外，共晶键合的组合还包括 Al－Si、Au－Ge、Au－锡(Sn)、In－Sn、铅(Pb)－Sn 等，每种金属组合通常对应不同的键合温度要求。由于温度分布的不均匀性以及杂质的存在，实际共晶键合的操作温度通常会比理论共晶点略高。表 8－2 列出了一些常见的共晶键合组合类型及其对应的键合温度。

表 8－2　常见的共晶键合组合类型以及键合温度

共晶模式	共晶比例(wt%)	共晶温度(℃)	键合温度(℃)
Au－In	0.6/99.4	156	180～210
Cu－Sn	5/95	231	240～270
Au－Sn	80/20	280	280～310
Au－Ge	28/72	361	380～400
Au－Si	97.1/2.9	363	390～415
AI－Ge	49/51	419	430～450

8.6　异质集成键合

随着集成电路的快速发展，异质集成键合越来越重要，因此本节单独介绍相关内容。

在异质集成键合领域，除了常见的直接键合和中间层键合技术之外，表面活化键合技术是目前广泛使用的一种直接键合方法。表面活化键合技术利用 Ar

原子或离子对材料表面进行高速撞击,从而增强表面的活性。借助高能粒子的轰击,这一技术可在真空环境下有效去除材料表面的有机物和杂质,实现表面的清洁,为两种材料在原子级别的接近提供了可能。接下来,在绝对真空环境中通过施加适当的压力,使得两个活化后的表面能够紧密结合。由于这一技术依赖于表面间化学键的生成,因此能在较低的温度下完成高质量的键合,是一种非常有效的低温真空键合方法。

在 20 世纪 90 年代,日本东京大学的 Suga 研究团队首次采用离子束快速轰击技术来活化材料表面,以提高其活性。然而,他们面临的一个主要问题是材料一旦暴露在空气中,其表面极易发生氧化和污染。为了克服这一挑战,该研究团队随后开发了一种专用的表面活化键合设备,允许在高真空环境中进行表面活化和键合,避免了材料表面的氧化和污染[29]。这项技术在半导体材料领域取得了显著成就,成功实现了 Si－Si、Si－GaAs 以及 Si－铌酸锂($LiNbO_3$)等材料的键合。图 8－30 展示了利用三菱重工制造的键合设备进行 8 in Si－Si 表面活化键合技术后的超声扫描图像[图 8－30(a)],以及 8 in Si 晶圆与 6 in InP 键合的外观照片[图 8－30(b)]。

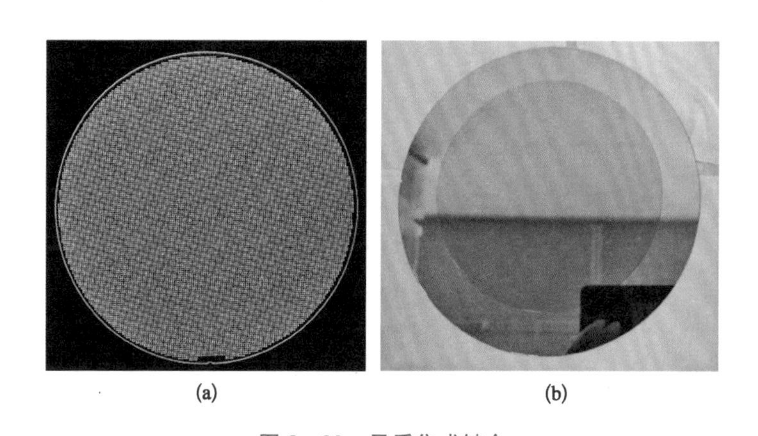

图 8－30　异质集成键合

(a) 8 in Si－Si 表面活化键合技术后的超声扫描图像;(b) Si－InP 键合的外观照片。

随着技术的进步,科研人员开始采用涂覆硅中间层的技术进行表面活化键合,其详细示意如图 8－31 所示。在这一过程中,首先将 SiC 晶圆送入高真空键合设备。接着,利用设备中的高真空活化单元对 SiC 晶圆进行表面活化处理,随后在晶圆表面通过溅射沉积方法形成几纳米厚的 Si 薄膜。最后,在高真空环境中施加压力,以实现 Si－SiC 的有效键合。

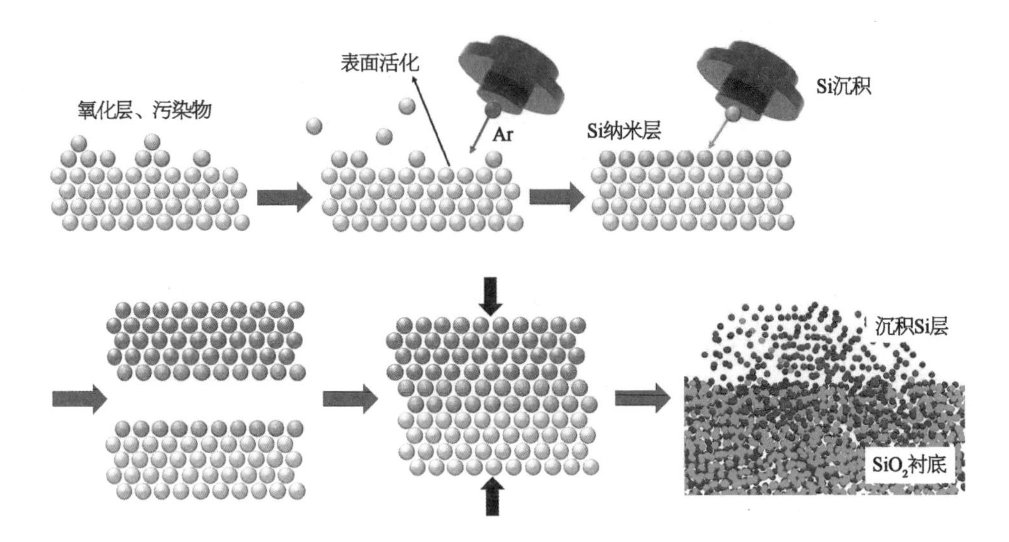

图 8－31　溅射沉积 Si 中间层的表面活化键合过程示意图

图 8－32(a)展示了三菱重工制造的超高真空键合设备的表面活化单元，图 8－32(b)为用三菱重工超高真空键合设备进行 SiC－SiC 键合后的晶圆外观，图 8－32(c)为 8－32(b)中的晶圆通过高分辨透射电镜(high resolution transmission electron microscope，HRTEM)所观察到的切片图像。

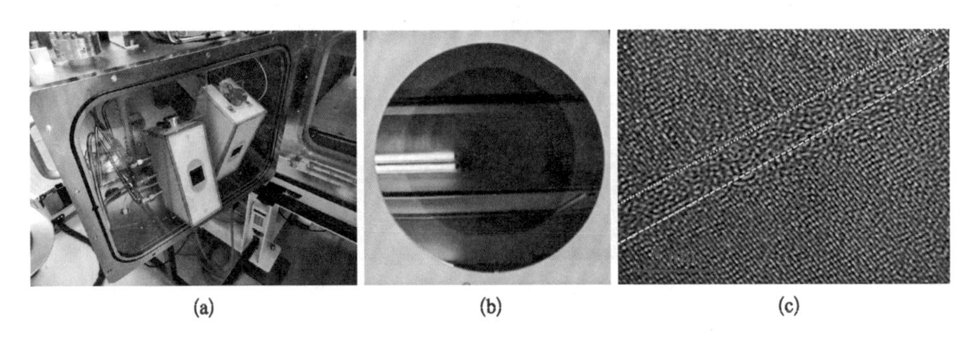

图 8－32　三菱重工制造的超高真空键合设备

(a) 三菱重工制造的超高真空键合机的表面活化单元；(b) SiC－SiC 键合后的晶圆外观；(c) SiC－SiC 键合后的高分辨 TEM 图像。

表面活化技术通过高能粒子的轰击，促使晶圆表面的有机物和杂质在真空环境中分解，从而降低表面能，进而促进晶圆间的键合。这项技术适用于陶瓷-陶瓷、金属-金属、金属-陶瓷之间的键合，但不适用于氧化物材料，如玻璃、石英等；通过表面活化形成的键合强度相对较低，可通过退火处理加以改进。然而，退火处理过程中的高温可能会导致材料出现热变形。因此，为了提升键合强度，一种常用的做法是在晶圆上沉积附着层。为确保良好的键合强度，沉积附着层及键合需在超高真空中完成，且真空度需优于 10～6 Pa，这导致设备成本大幅度高，进而使得生产成本提高。

此外，键合强度与 Si 晶圆表面的粗糙度也存在直接联系，图 8-33 为表面粗糙度与键合强度直接关系图，从该关系图可知，当 Si 晶圆的表面粗糙度超过 1 nm 时，键合强度会急剧下降。

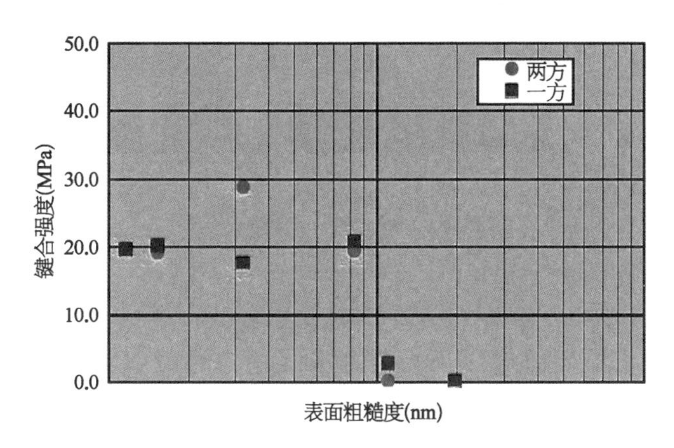

图 8-33　粗糙度与键合强度的关系

8.7　晶圆键合评价方式

对于完成键合的晶圆对，评估其键合质量通常涉及以下几个方面：键合界面的对准精度、界面空洞或气泡的存在情况，以及键合的结合强度。本节中，我们将简要介绍用于检测这些质量指标的具体方法。

8.7.1　键合后的对准精度

通常，键合后的对准精度可以通过红外透射技术进行测量，该技术主要用于检测两个 Si 晶圆之间的对准精度误差。EVG 和苏斯微的键合设备特别配备了用于测量精度的模块，这一模块由 CCD 相机和红外光源组成。图 8-34(a)展示的是苏斯微设备的红外检测平台示意图。从图中可以看出，检测模块的主要工作原理是利用光源辨识晶圆上的对准标记，通过对比上下两片晶圆标记的中心位置差异，进而计算出键合后的偏移量。图 8-34(b)～(c)呈现了晶圆置于平台上进行测量时的实际效果图，以及红外光源穿透键合界面时 CCD 捕获到的对准标记图像。

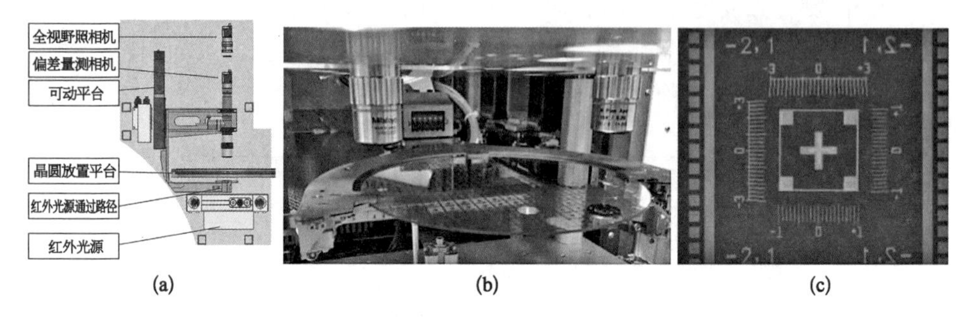

图 8-34　键合精度检测

(a) 苏斯微设备的红外检测平台示意图；(b) 晶圆放置在平台上检测的效果图；(c) 红外光源透视键合界面观察对准标记的 CCD 显示图像。

在无法使用红外光源穿透键合叠片，或者存在因金属层阻挡导致无法通过红外光观测对准标记的情况下，通常采用双面量测系统(double side measurement system, DSM)。该技术如图 8-35 所示，能够支持同时对上下晶圆的对准标记进行双面量测，以获取套刻误差。DSM 量测方法要求上晶圆顶部和下晶圆底部都配备有对准标记，通过装配有上下光学镜头的机台，可以利用可见光来观察并确定双方的位置，避免了对红外光源穿透能力的依赖。随后，机台

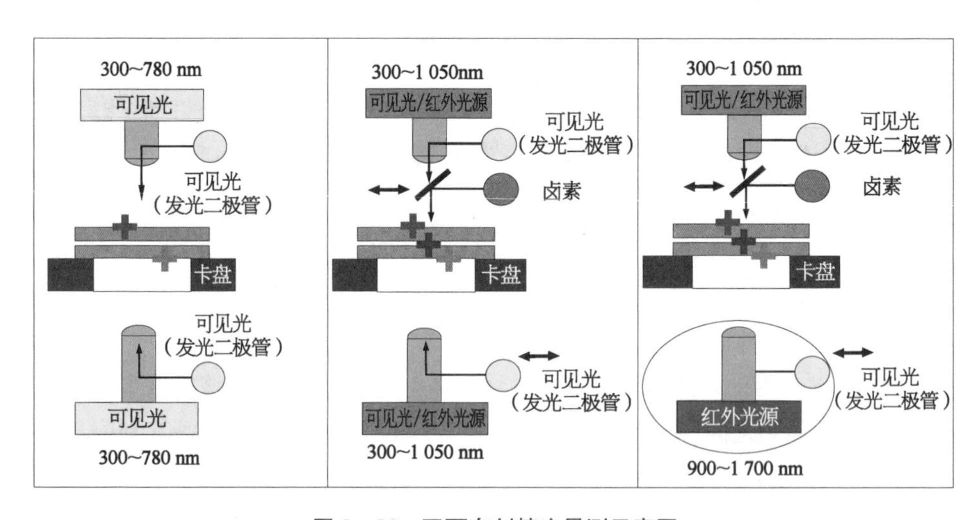

图 8-35　双面套刻精度量测示意图

上的镜头将分别捕捉到这些对准标记，确定它们的中心位置，并据此计算出键合过程中的精度偏差。然而，此方法对上下晶圆中的对准标记的精确度有较高要求，任何显著的偏差都可能对最终的精度量测结果造成影响，因此对于那些精度要求极高的 3D 封装项目，此方法不适用。

8.7.2　键合后的空洞检测

键合完成的晶圆进行界面空洞检测是一个非常重要的质量控制步骤，主要采用两种检测手段：扫描声学显微镜（scanning acoustic microscope, SAM）检测和红外检测。

1）超声扫描显微镜检测

超声扫描显微镜检测是一种优秀的无损检测技术，利用高于 20 kHz 的声波来检查电子元件、LED、金属基板等的内部缺陷，例如裂纹、分层或空洞。此技术通过比较图像的对比度来识别材料内部的声阻抗差异，从而确定缺陷的形状、尺寸和位置。超声扫描显微镜检测依赖介质来传播声波，因此在检测时需要将晶圆浸入水中。它的基本原理是使用专门的声学部件发送和接收短时的超声波，反射波被捕捉并转换成视频信号（即特定灰度值的像素），使得内部结构异常可视化。其工作原理如图 8－36 所示。

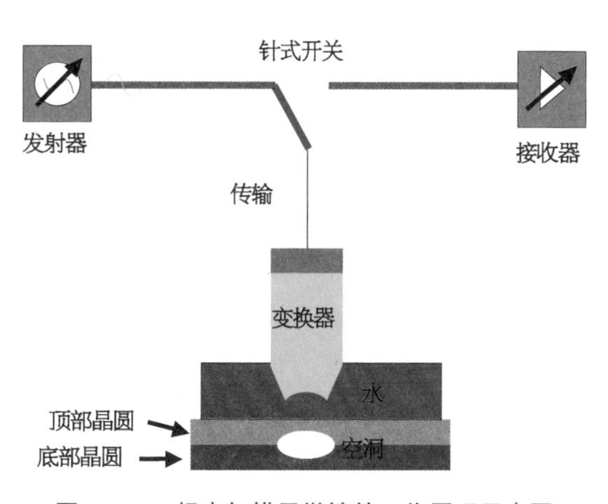

图 8－36　超声扫描显微镜的工作原理示意图

2）红外检测

红外检测利用的是材料对红外光的透过或反射特性来发现界面缺陷。这种方法特别适用于对透明或半透明材料进行检测，例如 Si 晶圆。红外检测不需将材料浸入介质中，可以直接通过红外光源照射并观察反射或透过的光来判断界面缺陷。其工作原理如图 8－37 所示。

这两种方法各有优势，表 8－3 是采用两种方式进行空洞检测后的结果对比。

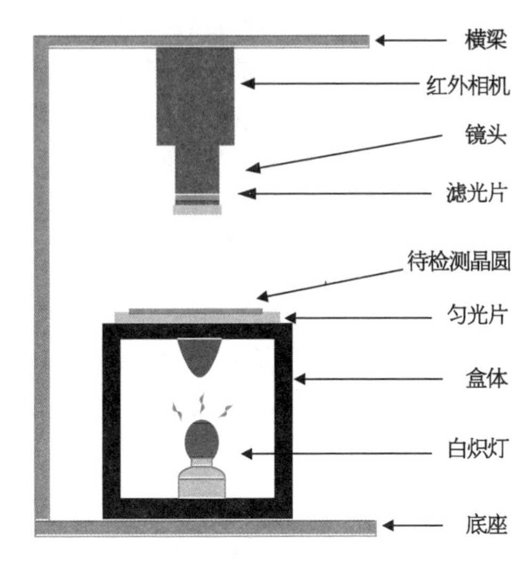

图 8-37　红外检测的工作原理示意图

表 8-3　两种检测方式对比

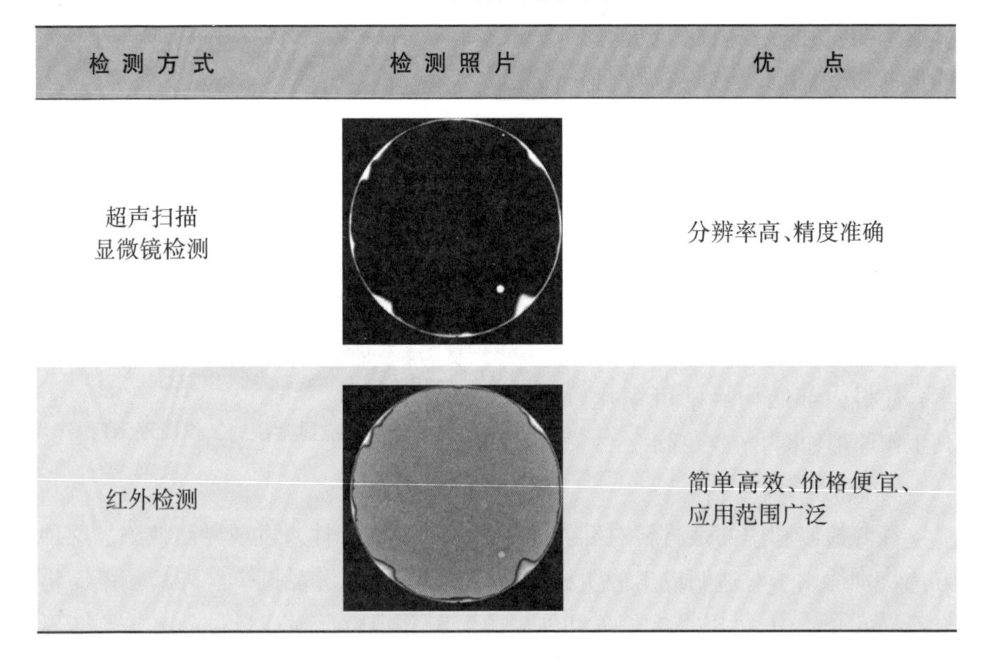

检测方式	检测照片	优点
超声扫描显微镜检测		分辨率高、精度准确
红外检测		简单高效、价格便宜、应用范围广泛

8.7.3　键合质量检测

测试键合质量的主要方法主要归结为测量粘接强度、抗拉强度和剪切强度。

1）粘接强度

粘接强度通常指两个键合界面相互粘接的紧密程度，通常用表面能（surface energy）这一指标来衡量键合质量。该测试方法被称作裂纹传播法，理论上，将一个刃形刀片均匀地插入两个待测晶圆键合界面中后，会在界面层引入裂纹或空洞，如图 8－38 所示。通过测量裂纹长度、刀片厚度、晶圆厚度等参数，并代入理论公式，能够计算出晶圆的粘接强度。一般经过退火处理后的晶圆键合强度需要大于 2 J/m²，这样的粘接强度被认为是能够耐受晶圆研磨加工或薄化处理的标准。

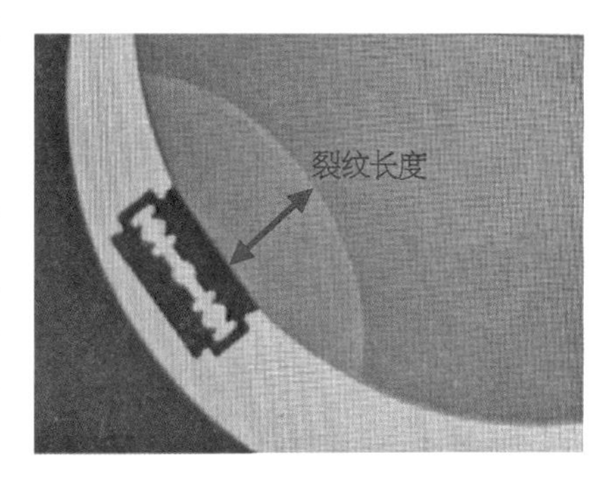

图 8－38　刀片插入键合后晶圆的裂纹

键粘接强度和裂纹的关系如下

$$\gamma=\frac{3E_1T_1^3E_2T_2^3H^2}{16(E_1T_1^3+E_2T_2^3)\cdot L^4} \tag{8-1}$$

其中，H 为刀片厚度，L 为裂纹长度，E_1 和 E_2 为两种键合材料的杨氏模量，T_1 和 T_2 为两种键合材料的厚度。

2）抗拉强度

抗拉强度测试通常需要将样本切割成定制尺寸的试件，随后使用黏合剂将这些试件粘接到拉伸测试机的夹具上。一旦固定就位，便通过拉伸机施加渐增的拉力直至试件断裂，以此来衡量键合后样本的机械强度。如图 8－39 所示，在拉力的作用下，随着拉伸力的持续增加，试件会在某个点断裂，该点的拉力数值即为试件的抗拉强度。随后可依据式（8－2）计算其抗拉伸强度

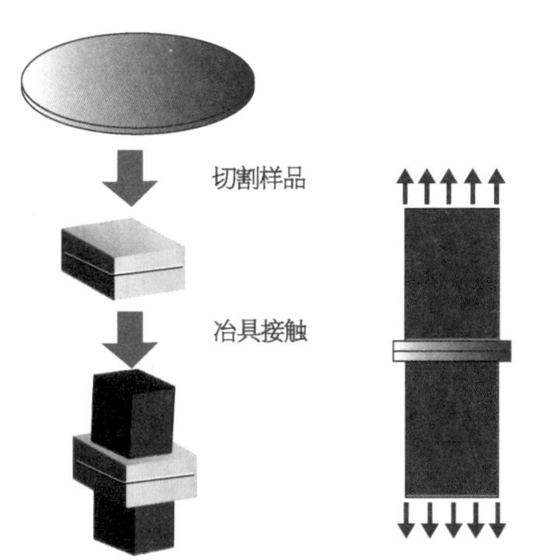

图 8－39　抗拉强度测试示意图

$$F=\frac{F_{max}}{S} \tag{8-2}$$

其中，F_{max} 为样品开裂时的拉力，S 为样品键合界面的实际键合面积。

3）剪切强度

剪切强度是用来评价器件键合界面抵抗平行于界面的应力的能力。封装传

感器的键合界面容易出现上下部分的相对滑动，因此，拥有足够的剪切强度对于确保封装的气密性和器件的稳定性至关重要。这个测试过程与抗拉强度测试有相似之处，首先需要对键合后的样品进行适当的制样，将其裁切至所需的尺寸和形状。在切割过程中，必须确保样品的边缘没有碎裂或脱落，以避免影响后续的测试结果。

接下来，将样品固定在测试设备中并施加水平方向的力，并逐渐增大这个力。当样品在水平方向发生分离时，此时记录的推拉力即为样品能承受的最大推拉力。

8.8　晶圆键合机的国际市场

晶圆键合技术在MEMS、先进封装、CIS等行业有着广泛的应用，而在这些市场中，MEMS占据了最大的份额。

全球晶圆键合设备市场相对集中，主导公司主要集中在国际市场，如EVG、苏斯微、东京电子、AML、三菱重工、Ayumi Industry（日本）和上海微电子等，其中EVG作为全球市场的领头羊，2022年的市场份额达到了59%；紧随其后的是苏斯微，其市场份额为12%。东京电子、AML、三菱重工、Ayumi Industry、上海微电子等企业共同占据大约29%的市场份额。

EVG的产品线齐全，既提供适用于阳极键合、共晶键合、金属扩散键合、直接键合、聚合物键合、熔融键合、混合键合，以及瞬时液相键合的半自动晶圆键合设备，如EVG510、EVG520和EVG540系列，同时也提供针对全自动大批量生产和3D异质集成高对准精度需求的晶圆键合解决方案，包括EVG560、EVG GEMINI、EVG Combond等系列。针对扇出封装、晶圆减薄、3D堆叠和晶圆键合等需求，EVG还提供临时键合和晶圆解键合解决方案，如EVG850、EVG850 TB、EVG850 LT等系列。在晶圆对准技术方面，EVG的SmartView系列已发展至SmartView NT3，实现了高达50 nm的对准精度，此外，EVG设备的键合温度均匀性可达±1%，能够处理最大12 in的晶圆，最大键合压力为100 kN，最高可承受键合温度为550℃。

苏斯微拥有70多年的发展历史，已成为半导体行业微结构工艺领域领先的设备供应商。其产品线涵盖了光刻、匀胶/显影、晶圆键合、光刻掩模版清洗等众多半导体及微加工领域应用。苏斯微的晶圆键合系统包括XB8、SB6/8 Gen2、

XBS200、XBS300、XBC 300 Gen2 等系列，都能够处理最大尺寸为 12 in 的晶圆。这些设备能够实现 500 nm 的对准精度，适用于包括共晶键合、直接键合在内的多种晶圆键合工艺。

中国的键合设备技术起步较晚，正在从手动设备向半自动设备转变。目前尚未形成多模块集成的晶圆键合技术平台，与国际领先设备相比，仍有一定的差距。中国主要的晶圆键合设备供应商包括上海微电子、苏州美图、中国电科二所、芯睿科技、华卓精科、拓荆科技、三河建华高科、博纳半导体等。

其中，上海微电子推出的 SWB 系列晶圆键合设备，适用于多种键合类型，包括有机胶键合、玻璃浆料键合、共晶键合和阳极键合等，其对准精度可达±2 μm。苏州美图开发的阳极晶圆键合设备支持 10～30 kN 的最大键合压力和 450℃的最高温度。中国电科二所制造的真空晶圆键合系统能够提供≤1 μm 的对准精度，且保证键合温度均匀性在±1%以内。

第9章 湿法清洗技术

湿法清洗主要用于去除衬底表面的污染物、杂质和残留物，这是一个关键步骤，因为表面的任何污染都可能导致器件性能的显著下降。其主要作用为去除有机和无机污染物。

在许多制造流程中，湿法清洗和湿法刻蚀结合使用，以实现更高的精度和产品质量。先通过湿法清洗去除表面污染，然后进行湿法刻蚀以形成所需器件结构。这种组合不仅提高了制造过程的效率，也提高了最终产品的性能和可靠性。本章主要介绍湿法清洗技术的基础理论、相关湿法设备的工作原理以及实际操作规范。

9.1 湿法清洗的基本介绍

湿法清洗通常涉及多种化学溶液和水清洗步骤，根据试剂种类划分，湿法清洗技术包括以下 6 种。

(1) 有机清洗：使用有机溶剂，如丙酮、异丙醇等，去除晶圆表面的光刻胶、油污和有机残留物的过程。

(2) 酸性清洗：使用混合酸溶液[通常为 H_2SO_4 和 H_2O_2 的混合物，通常叫作 SPM(sulfuric acid/peroxide mixture)溶液，又称为食人鱼溶液]进行清洗，能有效去除表面的有机残留物和金属污染。

(3) 碱性清洗：使用 KOH 或 $NH_3 \cdot H_2O$ 等溶液清洗，以去除表面污染和部分有机物。在某些去污过程中，碱性清洗被认为是较为温和的清洗方式。

(4) 臭氧水清洗：利用 O_3 溶解在超纯水中的强氧化性使有机物降解，这种方法可以非常有效地去除有机和部分无机污染物。

(5) 超声波清洗：使用超声波振动使清洗液中的空化气泡产生强烈的局部压力和温度，有效破坏并去除附着在晶圆表面的粒子和污染物。

(6) 去离子水冲洗：在各种化学清洗过程后，使用高纯度去离子水进行冲洗，以清除所有化学试剂残留并减少表面离子的污染。

湿法清洗需要严格控制，包括清洗剂的选择、温度、时间以及后处理步骤。正确的清洗方法能有效提高晶圆的产量和性能，是半导体制造过程中不可或缺的一环。随着半导体技术的发展，发展出了标准的清洗工艺，如 SPM 清洗、RCA 清洗等，考虑到工业界常用的清洗手段及实验室常用的清洗手段，本章重点介绍有机试剂清洗、SPM 清洗及 RCA 清洗 3 种技术。

9.2　有机试剂清洗

9.2.1　有机试剂清洗的基本介绍

有机试剂清洗是湿法清洗中非常重要的应用，在科研院校，通常配置有机清洗通风橱来实现有机物的清洗。该类设备专门设计用于处理易挥发的有机溶剂和其他有害化学物质。这种设备通常会维持恒定的空气流动，从而有效地将操作区域内的有毒气体、蒸气或粉尘排出实验室环境，从而保护实验人员免受有害物质的危害并维护实验室内的空气品质。具体来说，有机清洗通风橱通常包含以下几个主要部分。

(1) 排风系统：有机试剂清洗通风橱配置强力的风扇和排风管道，能够将其中的空气抽出并排到室外，从而减少室内空气中的污染物浓度。

(2) 气流控制：为了有效地控制气流并确保安全操作，有机试剂清洗通风橱设计有可调节的通风口和空气流速控制系统，以优化空气流动并防止有毒气体进入实验室环境。

(3) 防火安全设计：因为处理的是易挥发的有机溶剂，有机清洗通风橱通常配备防火材料和防爆设备来增加使用安全性。

(4) 工作面：有机试剂清洗通风橱的工作面设计要能够承受化学腐蚀和物理冲击，常用材料包括不锈钢、环氧树脂或酚醛树脂等耐化学品材料。

(5) 照明和视窗：良好的照明系统和清晰的视窗是实验操作的必要条件。有机试剂清洗通风橱通常内置无影照明，并采用透明耐酸碱材质，如钢化玻璃或特种塑料，方便观察和操作。

(6) 防溢设计：工作面具有一定的边缘高度，以避免液体溢出造成的污染和危险。

(7) 辅助功能：部分有机试剂清洗通风橱还可能配备有水源、气源、电源接口等辅助功能，以方便进行各种实验操作。

(8) 超声波清洗功能：为使得有机物更好脱离晶圆表面，部分有机试剂清洗通风橱配置超声波清洗功能。

通常，在有机清洗通风橱内使用的化学品有醇类(如乙醇、异丙醇)、酮类(如丙酮)及半导体生产常用的有机试剂 NMP 等。

9.2.2 有机试剂清洗的设备及规范操作

在科研院校中，通常有机试剂清洗是在有机试剂清洗通风橱中进行，操作有机试剂清洗通风橱时，应严格遵守相关的安全操作规程，包括但不限于穿戴 PPE、正确处理和储存化学品、定期检查和维护通风橱的功能等。通过这些措施，有机试剂清洗通风橱能够为实验室提供更加安全、清洁的工作环境。图 9－1 为有机试剂清洗通风橱的实物照片。

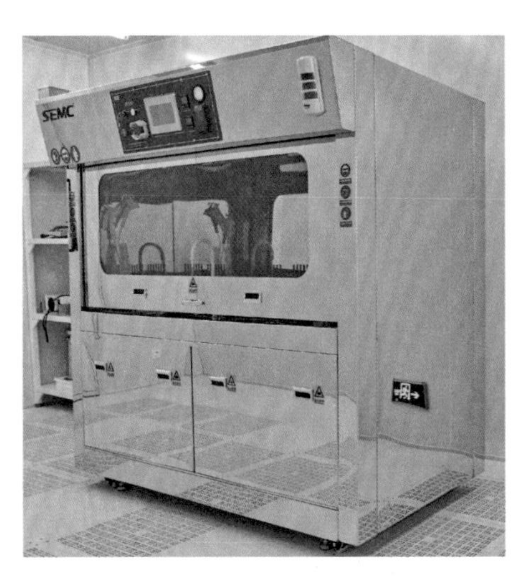

图 9－1 有机试剂清洗通风橱

由于有机清洗使用的化学品易挥发，可能对健康构成危害，因此必须在严格遵守安全规范的条件下进行操作。操作时应遵循的相关操作规范如下。

(1) 个人防护：在进行有机清洗前，务必穿戴适当的 PPE，包括但不限于防化学品手套、护目镜、面罩和实验室专用防护服。

(2) 使用适当的溶剂

① 选择合适的有机溶剂进行清洗，确保它对所需清洗的材料具有足够的溶解能力。

② 确保所用溶剂与被清洗材料的兼容性，避免引起材料损坏或不安全反应。

(3) 控制使用量

① 只使用足够完成清洗任务的最小量溶剂，避免溶剂浪费和过度暴露。

② 使用密闭容器保存溶剂，减少蒸发和挥发性有机化合物的释放。

（4）清洗和操作技巧

① 清洗过程中，避免溶剂直接接触皮肤或眼睛。

② 使用非喷雾方式使用溶剂，以减少气溶胶形成和吸入风险。

③ 清洁完成后，用适当的方法处理和回收使用过的溶剂和清洗布料。

（5）安全储存

① 将未使用的和使用过的溶剂存储在适当标记的、安全的容器中，并放在通风良好、远离热源和阳光直射的地方。

② 确保所有溶剂容器都紧闭，且标签清晰，以防误用。

（6）应急处理

① 熟悉相关的安全数据表(safety data sheet, SDS)内容，包括溶剂的危险性、健康风险和应急响应措施。

② 准备适当的溢出应对设备和材料，如泄漏清理套件，确保快速应对任何溢出或泄漏事故。

（7）环境保护

① 跟踪和记录使用有机溶剂的数量，确保遵守相关环保法规和条例。

② 考虑使用更环保的替代品，如水基清洗剂或其他低挥发性有机化合物化学品。

9.2.3　厂务动力配套要求

要确保有机试剂清洗设备能够稳定有效地运行，除了超净室必备的洁净度、温湿度、电力供应外，还需要配套的厂务动力设施主要如下。

（1）化学品存储与管理系统：鉴于许多有机试剂都具有易燃、挥发或腐蚀的特性，必须有一个安全的化学品存储系统，可能包括防火柜和适当的通风设施。

（2）废物处理系统：由于使用的有机试剂可能包含有害化学品，应配备合适的废物处理和管理系统，如化学废液收集、中和及妥善处理系统，以确保符合环保标准。

（3）防泄漏与应急处理装置：设备和存储区域应配备防泄漏措施，包括二级容器、泄漏监测系统和应急溢出收集容器。此外，还应配备紧急应对设备，如洗眼站和急救淋浴等。

（4）高效的通风与排气系统：操作区域需要良好的通风，这可能包括局部排气罩或全室强制通风，以限制有机蒸气的聚集和减少操作人员的暴露风险。

(5) 温度控制系统：某些有机试剂在特定的温度下才能保持稳定，因此确保存储和操作区域有适当的温度控制系统尤为重要。

(6) 静电控制系统：由于有机试剂容易挥发，静电可能引起火灾或爆炸，所以需要有效的静电控制措施，如防静电地板、防静电设备和适当的接地系统。

(7) 安全监控系统：包括火灾报警器、有毒气体监测器和视频监控系统，以实时监控存储和使用区域的安全状况。

有机试剂清洗通风橱所需的厂务动力条件实物举例如图 9-2 所示。

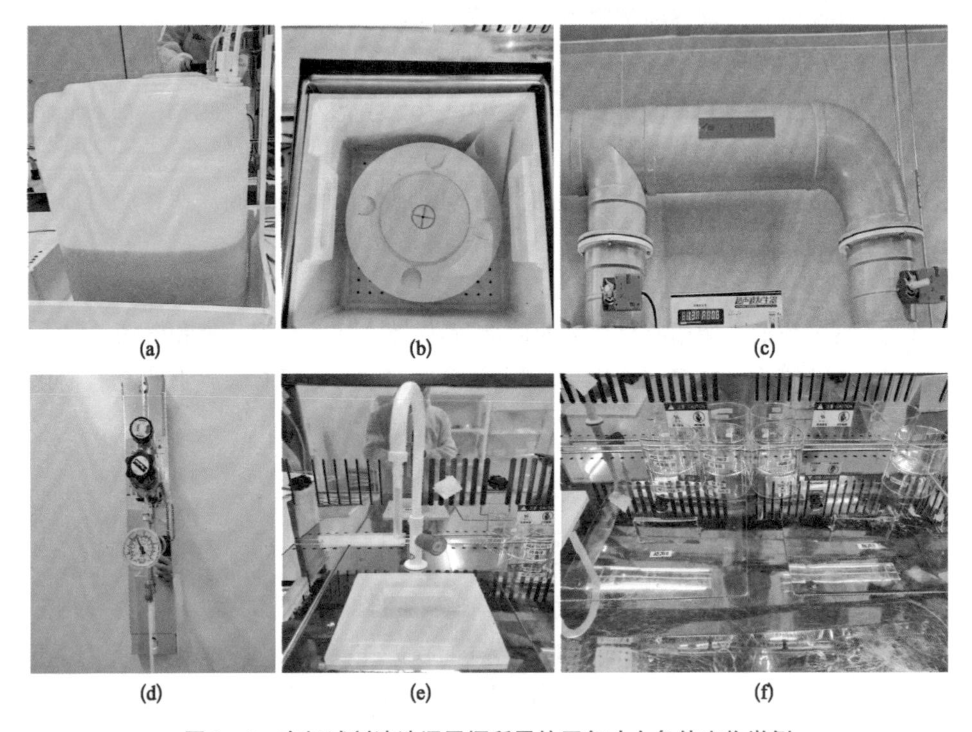

图 9-2　有机试剂清洗通风橱所需的厂务动力条件实物举例

(a) 废液回收桶；(b) 废液回收槽；(c) 有机排气系统；(d) 供气系统；(e) 去离子水；(f) 超声波清洗槽。

9.3　SPM 清洗

9.3.1　SPM 清洗的基本介绍

SPM 清洗是一种在半导体制造和硅基材料处理中常用的湿法清洗方法。

这种清洗方法主要用于去除 Si 表面的金属离子、有机污染物以及氧化层，提高 Si 晶圆的表面质量。SPM 清洗通常将浓 H_2SO_4 和 H_2O_2 按照体积比为 3∶1～4∶1 混合，具体比例可能因应用和所需清洗效果而不同。这种混合溶液能够强烈清洗 SiO_2 表面，去除有机物和某些类型的金属离子污染。具体的清洗过程如下。

(1) 加热：SPM 溶液通常在较高温度(例如 120～130℃)下使用，以增强其清洗能力。

(2) 浸泡：Si 晶圆在 SPM 溶液中浸泡一定时间，通常为 10～30 min，具体时间依据清洗需求而定。

(3) 冲洗和干燥：清洗后，Si 晶圆需使用超纯水彻底冲洗，随后进行干燥处理，以去除所有化学残留物。

SPM 清洗方法的应用和注意事项有以下几项：

(1) SPM 清洗主要应用于半导体、太阳能光伏和其他硅基表面处理行业。

(2) 在处理 SPM 清洗时，操作者需采取适当的安全措施，包括穿戴防酸碱手套、护目镜和安全服，避免接触强烈腐蚀性化学物质。

(3) 由于浓 H_2SO_4 和 H_2O_2 的混合物具有强烈的氧化特性和一定的危险性(如可能引起自燃)，因此必须在专业指导下进行处理和存储。

(4) 由于 H_2O_2 易分解，SPM 溶液不适合长时间保存，建议即配即用。

该清洗方法提供了一种有效的途径来提升 Si 晶圆的表面质量，延长器件的寿命，优化器件性能。然而，鉴于其潜在风险和对环境的影响，务必在严格的安全和环保控制下进行此类处理。

9.3.2　SPM 清洗的设备及操作规范

进行 SPM 清洗时需要的设备如下。

(1) 石英或耐酸塑料容器：用于配制和存放 SPM 溶液，这是因为石英具有优越的耐酸性和耐热性。

(2) 通风橱：所有 SPM 清洗操作都应在通风橱中进行，以确保处理挥发性和腐蚀性蒸气时的安全。

(3) 温控设备：用于加热和维持 SPM 溶液的反应温度，通常在约 80～130℃。

(4) 防护装备：包括酸/碱防护服、防化学品手套、护目镜或安全眼镜、面罩等。

进行 SPM 清洗时的操作规范有如下。

(1) 个人防护：始终穿戴适当的 PPE，包括但不限于耐酸手套、护目镜、防护服等。

(2) 化学溶液的准备

① 严格按照建议的体积比例配制溶液,通常浓 H_2SO_4 和 H_2O_2 的比例为3∶1或7∶3。

② 首先加入浓 H_2SO_4 到容器中,然后缓慢添加 H_2O_2。注意永远不要反向操作,因为先加氧化剂后加酸极易导致剧烈反应。

(3) 反应控制

① 在通风橱中进行所有配制和处理步骤,确保任何气体可以被安全排放。

② 注意控制溶液的温度和反应速度,反应过程中会放热。

(4) 处理和冲洗

① 确保 Si 晶圆或需要清洁的器件在 SPM 溶液中的处理时间足够,通常为10～30 min。

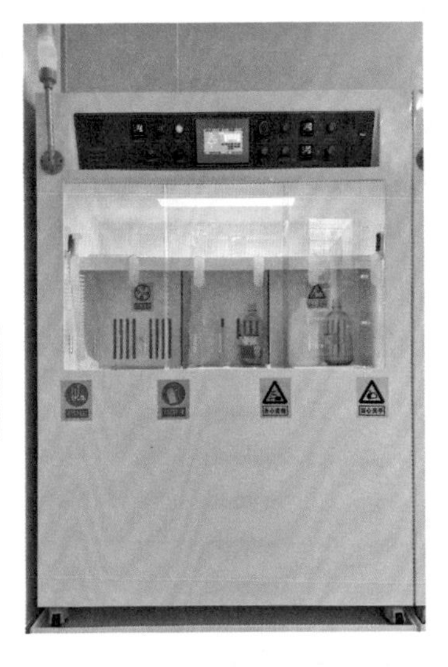

图 9-3　SPM 清洗通风橱

② 反应完成后,使用大量去离子水彻底冲洗 Si 晶圆,以去除所有化学残留物。

(5) 废液处理

① 切勿将未中和的 SPM 溶液直接倒入下水道,应按照环保及实验室规定处理化学废物。

② 使用充足的水对溶液进行稀释和中和后处理。

(6) 应急措施:掌握急救措施,如皮肤或眼睛接触了酸或 H_2O_2,立即使用大量的水冲洗至少 15 min,并寻求医疗帮助。

图 9-3 为 SPM 清洗通风橱实物图,读者可通过扫描图 9-3 旁的二维码观看具体的操作流程视频。

9.3.3　厂务动力配套要求

要确保 SPM 清洗设备能够稳定有效地运行,除了超净室必备的洁净度、温湿度、电力供应外,还需要配套的厂务动力设施主要如下。

(1) 化学品储存与管理设施:SPM 清洗使用的化学品,特别是浓 H_2SO_4 和 H_2O_2,需要专门的安全储存设施。这些化学品储存区需要良好的通风、防火和泄漏监测系统，以及适当的温度控制。

(2) 废液处理系统：SPM溶液使用后产生的废液含有高浓度的化学物质，不能直接排入下水道。需要专业的废液收集和处理系统，确保安全、合规地处理这些废液。

(3) 通风和排气系统：因为SPM清洗过程中会产生腐蚀性蒸气和气体，故此需要高效的排气系统来维护工作环境的安全，保护操作人员免受有害蒸气的影响。

(4) 紧急洗眼和淋浴设备：在操作区域内应配备紧急洗眼站和安全淋浴设施，以便在化学品溅射事故发生时提供及时地冲洗。

(5) PPE：虽然不是厂务动力设施，但确保工作人员穿戴适当的PPE也同样重要，包括防化学品溅射的护目镜、防酸手套、防护服等。

(6) 防泄漏措施：SPM清洗设备及化学品储存区应采取适当的防泄漏措施，如防化学品泄漏的二次容器和防溢池，以便在发生泄漏时能够及时控制，防止化学物质扩散。

(7) 化学品泄漏应急响应设备：应准备化学品泄漏应急处理套件和设备，包括泄漏控制材料(如吸附垫和封堵剂)，以及适用于清理有害化学品泄漏的安全工具和装备。

SPM清洗通风橱所需的厂务动力配套有供气系统、废液回收系统、排风系统等，如图9-4所示。

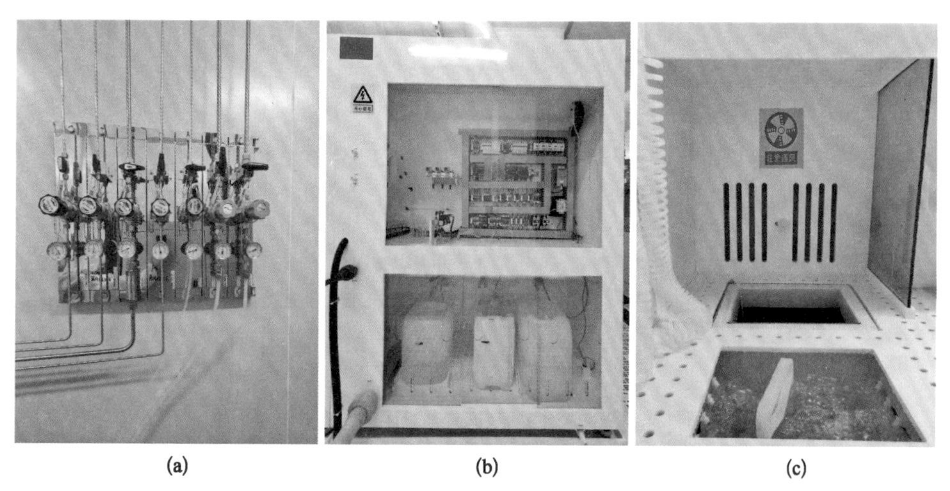

图9-4　SPM清洗通风橱所需的厂务动力条件实物举例

(a) 供气系统；(b) 废液回收系统；(c) 排风系统。

9.4 RCA 清洗

9.4.1 RCA 清洗的基本介绍

RCA 清洗(由美国 RCA 公司开发)作为一种典型的、至今仍是最普遍使用的湿式化学清洗法,是半导体行业 Si 晶圆的标准清洗步骤,该清洗法主要包括以下几种清洗液和清洗办法。

(1) SC-1 清洗:由 $NH_3 \cdot H_2O$、H_2O_2 和 H_2O 组成,三者的常用比例为 1∶1∶5,清洗时的适宜温度为 25～80℃,过高的温度会造成 $NH_3 \cdot H_2O$ 和 H_2O_2 的挥发损失。SC-1 通过碱性氧化,去除 Si 晶圆表面少量的有机物和 Au、Ag、Cu、Ni、镉(Cd)、锌(Zn)、钙(Ca)、Cr 等金属原子污染。

(2) SC-2 清洗:由 HCl、H_2O_2 和 H_2O 组成,三者的常用比例为 1∶1∶5～1∶1∶6,清洗时的适宜温度为 25～80℃,过高的温度会造成 HCl 和 H_2O_2 的挥发损失。SC-2 清洗通过酸性氧化,能溶解多种不被氨络合的金属离子,以及不溶解于 $NH_3 \cdot H_2O$,但可溶解在 HCl 中的 $Al(OH)_3$、$Fe(OH)_3$、$Mg(OH)_2$ 和 $Zn(OH)_2$ 等物质,所以对 Al^{3+}、铁离子(Fe^{3+})、镁离子(Mg^{2+})、Zn^{2+} 等离子的去除有较好效果。

(3) HF 清洗:采用 HF 或稀 HF 去除 Si 晶圆表面的自然氧化膜,其中 HF 和水的常用体积比为 1∶50,清洗温度为 20～25℃。在 SC-1 和 SC-2 溶液清洗后,利用稀 HF 去除晶圆表面的天然氧化层和 H_2O_2 氧化产生的化学氧化层。除去氧化层后,在 Si 晶圆表面产生硅氢,结合在一起形成疏水表面。RCA 清洗配合兆声波可以最大限度地减少化学品和去离子水的消耗,提升清理颗粒的效果。

9.4.2 RCA 清洗的设备及操作规范

RCA 清洗是半导体制造和微电子工艺中用来清洁 Si 晶圆表面的一个重要步骤,特别是在长膜前的准备阶段。此方法主要使用化学溶液去除 Si 晶圆上的有机污染物、金属离子和粒子。RCA 清洗过程通常包含两个主要步骤:SC-1 和 SC-2,有时会配合 HF 步骤以去除氧化层。以下是 RCA 清洗使用的一些主要设备和材料。

(1) 化学品：$NH_3 \cdot H_2O$、H_2O_2、HCl、去离子水等。

(2) 石英容器：用于承载化学溶液和 Si 晶圆。

(3) 加热板：提供恒定的加热源以维持所需的反应温度。

(4) 通风橱：进行所有化学处理以确保操作安全(图 9－5)。

(5) 超纯水系统：产生高纯度的去离子水用于清洗和冲洗过程。

(6) 干燥机：用于完成清洗后的干燥过程。

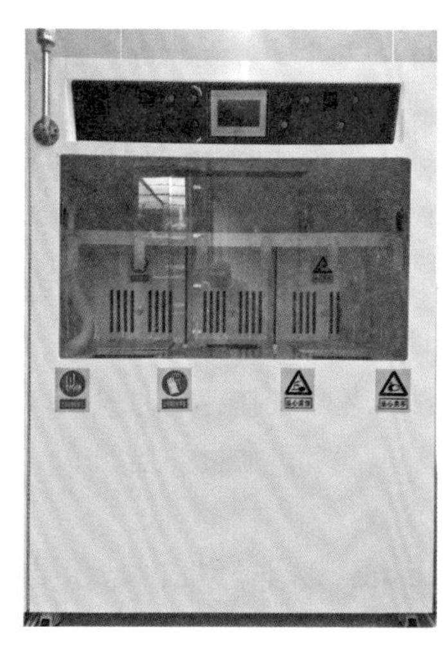

图 9－5　RCA 清洗通风橱

RCA 清洗的操作规范如下。

(1) 个人防护：始终穿戴适当的 PPE，如耐酸手套、护目镜、防护服和鞋套。

(2) 化学溶液的配制

① 按 SC－1 和 SC－2 步骤需要的比例准确配制化学溶液。

② SC－1 清洗涉及 $NH_3 \cdot H_2O$、H_2O_2 和去离子水的混合物，通常以 1∶1∶5 的比例进行配制，并维持在约 75℃的温度。

③ SC－2 清洗则使用 HCl、H_2O_2 和去离子水以 1∶1∶6 的比例配制，同样保持约 75℃的温度。

(3) 清洁程序

① 在通风橱内进行所有化学操作。

② 将 Si 晶圆浸入 SC－1 溶液中约 10～15 min，随后用高纯度的去离子水冲洗。

③ 以相同的方式使用 SC－2 溶液处理 Si 晶圆。

④ 必要时，在 HF 中浸泡后用去离子水冲洗以去除表面氧化层。

⑤ 使用专用干燥机干燥 Si 晶圆。

(4) 安全和废物处理

① 严格遵守化学废物的处理和存储程序，确保所有化学品和废液按照环境安全规定适当处理。

② 确保工作区域通风，避免化学气体长时间聚集。

③ 完成清洗过程后，彻底清洁工作区域，避免交叉污染。

如上所述的湿法清洗过程中涉及多种腐蚀性、剧毒类化学溶剂，如 HF、

H_2SO_4、H_2O_2等。这些溶剂挥发后会严重刺激呼吸道，一旦接触皮肤，会腐蚀皮肤黏膜，甚至引起组织永久性损伤。因此，在进行化学清洗时，务必在特定通风橱内操作，并严格遵守相应的安全操作规程、穿戴 PPE 如手套、护目镜和防护服等。

由于 HF 可以直接穿透皮肤和黏膜，与组织发生化学反应，损伤细胞，引起骨骼和组织坏死，对人体具有不可逆的损害性。因此，将需要用到 HF 试剂的清洗工艺限制在特定通风橱内，对保障工艺的安全进行是非常必要的。

读者可通过扫描图 9－5 旁的二维码观看具体的操作流程视频。

9.4.3 厂务动力配套要求

要确保 RCA 清洗设备能够稳定有效地运行，除了超净室必备的洁净度、温湿度、电力供应外，还需要配套的厂务动力设施主要如下。

(1) 化学品供应和存储系统：由于 RCA 清洗过程会使用到多种化学溶剂和酸碱液体，如 SC－1 和 SC－2 溶液(其中包含 $NH_3 \cdot H_2O$、H_2O_2和 HCl 等)，因此需要一个安全和有效的化学品供应系统，以及专门的化学品存储设施，这要求有足够的防漏、防腐蚀和防火措施。

(2) 废液处理系统：RCA 清洗产生的废液必须经过妥善处理，才能排放。这就需要有废液收集、中和及净化的设施，确保废液处理符合环保要求，避免造成环境污染。

(3) 纯水供应系统：RCA 清洗过程中需要大量的去离子水进行冲洗，因此需要稳定和可靠的超纯水供应系统，以确保水质的纯净性和供应的连续性。

(4) 排风和通风系统：由于 RCA 清洗过程中会使用到腐蚀性和有害的化学物质，必须有良好的排风和通风设施，以维护操作人员的健康和工作环境的安全。

(5) 温度控制系统：某些 RCA 清洗流程需要在特定温度下进行，因此需要有温度控制装置，以确保清洗溶液维持在适宜的温度。

(6) 安全设备和紧急处理设施：包括洗眼站、紧急淋浴设施、化学品泄漏应急处理套件等，以确保在发生意外时可以立即采取应急措施。

(7) 监控和控制系统：为保证清洗过程的精准和可重复性，需要合适的监控和控制系统，以调整和监视清洗参数，确保清洗效果。

(8) 防静电设施：在处理 Si 晶圆等电子材料时，需要有充分的防静电措施，避免静电损伤。

RCA 清洗通风橱所需的厂务动力条件实物举例如图 9－6 所示。

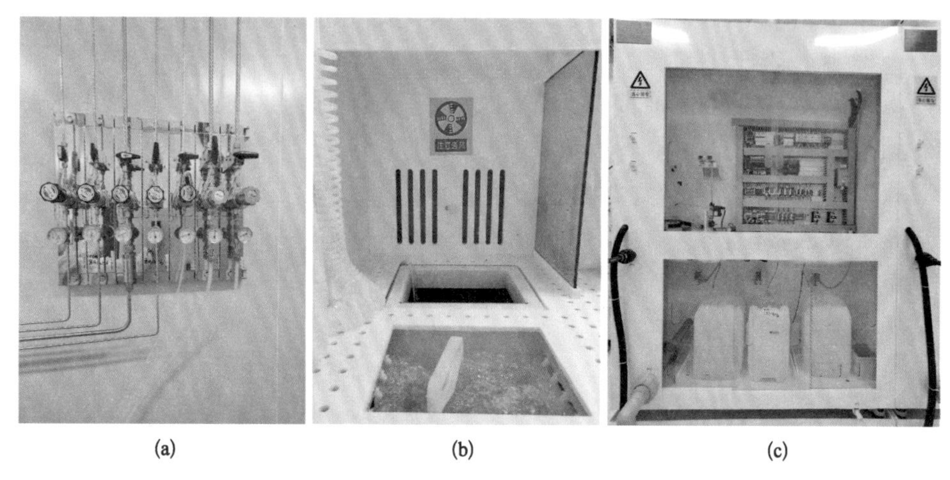

(a)　(b)　(c)

图 9－6　RCA 清洗通风橱所需的厂务动力条件实物举例

(a) 供气系统;(b) 排风系统;(c) 废液回收系统。

9.5　有机试剂清洗、SPM 清洗与 RCA 清洗的异同点

有机试剂清洗、SPM 清洗和 RCA 清洗是三种在半导体制造和微电子工艺中广泛应用的清洗方法,它们各自有不同的目的、化学组成和应用领域。下面是它们之间的异同点。

1) 相同点

(1) 目的：3 种方法的共同目标是清洁表面,去除污染物,提高制造过程中的产品质量和性能。

(2) 应用：它们都广泛应用于半导体制造和实验室环境中,特别是在 Si 晶圆或其他衬底的表面处理过程中。

2) 不同点

(1) 化学组成

① 有机试剂清洗：主要使用有机溶剂(如丙酮、异丙醇)进行清洗,主要针对有机物污染。

② SPM 清洗：由浓 H_2SO_4 和 H_2O_2 混合而成,主要用于去除有机物污染并

提供一定程度的表面氧化。

③ RCA 清洗：包含 SC－1($NH_3 \cdot H_2O$、H_2O_2 和 H_2O)和 SC－2(HCl、H_2O_2 和 H_2O)两个步骤，旨在综合去除有机污染、氧化物和金属离子。

(2) 操作条件

① 有机试剂清洗：通常在室温下进行，依赖于溶剂的物理和化学作用来去除表面污染。

② SPM 清洗：通常需要加热条件以加强清洗效果，反应十分剧烈。

③ RCA 清洗：SC－1 和 SC－2 步骤通常在较高温度下进行(约 70～80℃)，以增强化学反应的能力。

(3) 安全和环保考虑

① 有机试剂清洗：主要关注溶剂的易燃性和挥发性，以及操作者的吸入风险。

② SPM 清洗：需要特别注意其强烈的反应性、高温和产生的气体，对操作者和设备都可能构成风险。

③ RCA 清洗：需要处理使用过的化学药品，尤其注意化学废物的适当处理和存储。

(4) 应用方面的选择

① 有机试剂清洗：适用于初步去除表面油污和某些有机物。

② SPM 清洗：适合在需要深层清洗时去除顽固的有机污染，并提供表面活化。

③ RCA 清洗：更加适合于 Si 晶圆的深度清洁，能够去除多种类型的污染，包括有机污染、无机污染和金属离子。

综上所述，选择合适的清洗方法需要基于污染的类型、所需清洗的深度以及后续工艺的要求。同时，安全和环保措施是执行这些清洗过程时需要特别考虑的因素。

9.6 湿法清洗的国际市场

由于有机清洗主要是在高校实验室使用，产业很少使用，因此本节主要介绍 SPM 及 RCA 的国际市场。

SPM 清洗设备和 RCA 清洗设备原理接近，主流设备公司常用一个平台完成，通过定制不同溶液来达成工艺需求。

目前国外可用于集成电路制造的 RCA 清洗设备主要有迪恩士制造的 SU 系列、FC 系列，东京电子制造的 CELLESTA 系列、EXPEDIUS 系列。

其中，迪恩士制造的 FC-3100 是槽式清洗设备，一次最多可作业 50 片，通过 Si 晶圆在不同溶液槽体间浸泡，完成清洗工艺，可用于 55 nm 及以上技术节点；SU-3200 是单片式清洗设备，一次作业 1 片，在一个腔体内完成稀 HF、SC-1、SC-2 等多种溶液的清洗，颗粒水平优于 FC-3100，一般在 40 nm 及以下技术节点使用。

东京电子制造的 EXPEDIUS-i 也是槽式清洗设备，工作方式和迪恩士的 FC-3100 接近；而 CELLESTA-Pro 是单片清洗设备，对标迪恩士的 SU-3200。

目前中国 SPM 清洗和 RCA 清洗设备主要有盛美、至纯科技等。

盛美主要从事湿法清洗设备的研发和生产，主要产品覆盖大部分湿法清洗领域，也广泛应用于集成电路制造、先进封装等领域。其拥有 TEBO、Tahoe 等专利技术，是中国领先的湿法清洗设备商。其中，TEBO 技术通过高频开关兆声波来控制能量，达到图形无损效果，在 RCA 清洗中起到很好的辅助效果；TAHOE 通过槽式 SPM 清洗加上单片 SC-1、SC-2 清洗的方式，在 H_2SO_4 节约方面有不错的效果，丰富了 SPM 清洗设备的选择。

至纯科技主要从事厂务系统和湿法清洗设备的研发和生产。湿法设备方面主要包括槽式清洗设备、单片清洗设备。

目前，中国 RCA 清洗设备和 SPM 清洗设备的工艺能力已接近国外设备，但在颗粒水平、刻蚀率稳定性方面有待提高。同时，中国厂商也在针对更先进节点使用的技术进行研发。

第10章　超净室的动力环境及工艺设备布局

超净室是用以提供低污染环境的房间，尤其在半导体精密制造领域，超净室的动力环境和工艺设备布局是确保其效能的关键因素。布局超净室时，必须综合考虑各种因素，包括预算、未来扩产的可能性以及特定工艺需求等，来确保既满足当前需求，又能适应未来发展。本章将介绍超净室动力环境及工艺设备布局。

10.1　超净室的动力环境

10.1.1　超净室的洁净度

1. 洁净度的概念及意义

在集成电路工艺制造中，微小的颗粒物可能对产品品质产生严重影响，因此超净室的洁净度非常重要，而洁净度高的超净室可以保证生产过程的可控性和产品的质量稳定性。

超净室的洁净度是指室内空气中悬浮颗粒物的浓度水平。常见的洁净度标准有 ISO 14644 和美国联邦标准 209E，通过对空气中颗粒物数量和尺寸的限制，来评估超净室的洁净度。

ISO 14644 是最常用的国际标准，将空气中的颗粒物按照尺寸分为不同的等级，例如 ISO 5 表示空气中直径大于 0.1 μm 的颗粒物不能超过每立方米 10^5 个，等级越低，洁净度要求越高。美国联邦标准 209E 则是在飞机航空领域常用的标准，将空气中的颗粒物按照尺寸和数量限制分为不同的等级，例如 100 级表示空气中直径大于 0.5 μm 的颗粒物不能超过每立方英尺（ft^3，$1\ ft^3 = 2.831\ 685 \times 10^{-2}\ m^3$）100 个。

为了保证生产的可控性和产品质量的稳定性，超净室的洁净度需根据实际需求进行“量身定做”，以权衡洁净度要求和成本。一般情况下，按照美国联邦标准 209E，封测区可放置在 10 000 级超净室；而镀膜、刻蚀、湿法区一般不超过 1 000 级；光刻工艺在工艺制造中占据核心位置，因此，其洁净度要求较高，一般不超过 100 级。此外，为降低成本并保证芯片良率，通常会在产线上为每台设备配置更高级别的风淋室，以满足更高洁净度要求（如 10 级）。以 SMDL 为例，其超净室包含百级（ISO－5）光刻区，以及千级（ISO－6）镀膜、刻蚀、湿法区。

洁净度的要求和超净室的设计需根据具体情况进行调整，以在满足制造要求的同时，尽量降低成本，并保证产品质量和良率。

2. 洁净度的实现方式

超净室洁净度的实现主要依靠以下几个方面。

（1）过滤系统：使用高效率的过滤系统，包括高效粒子空气过滤器或超高效粒子空气过滤器（图 10－1），来捕捉和去除空气中的微粒。这些过滤器能有效去除 0.3 μm（通过高效粒子空气过滤器）或更小（通过超高效粒子空气过滤器）的颗粒。

图 10－1　高效粒子空气过滤器

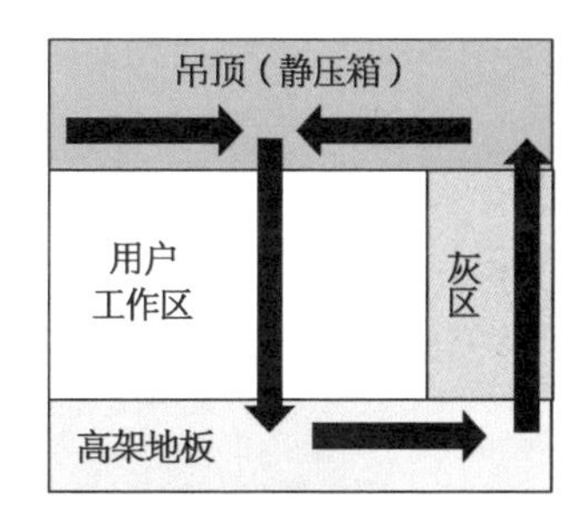

图 10－2　层流模式示意图

（2）气流控制：在超净室内部建立合适的气流模式（如层流、湍流或混合流），确保空气清洁和污染物的稳定去除。层流是一种常见的气流模式，在这种模式下，空气以均匀且稳定的速度向一个方向流动，通常是从天花板到地板，如图 10－2 所示。

（3）空气压力：通过正压保持超净室内空气比外界更为清洁，以防外部污染的空气渗透进来。相对于较不洁净的区域，更洁净的区域会保持较高的压力。

（4）温度与湿度控制：通过精准控制温度和湿度，防止静电积聚并维持设备和产品的生产环境(具体内容在第 10.1.2 节讲述)。

(5) 建筑和建材：超净室的设计需考虑易于清洁的表面，减少缝隙和死角等可能藏匿污染物的地方。墙面、地板和天花板等应使用光滑、无尘、不易产生颗粒的材料，如图 10-3 所示。

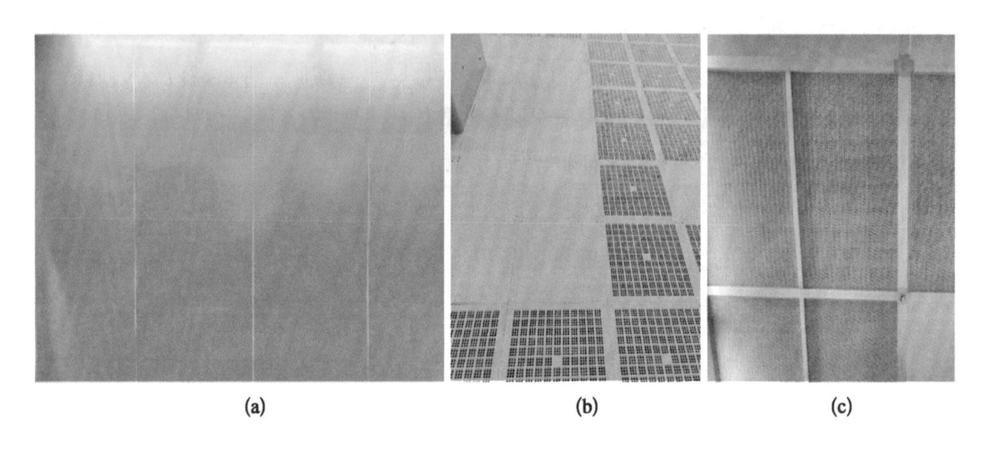

图 10-3　超净室的建材

(a) 墙面；(b) 地板；(c) 天花板。

(6) 进入和退出程序：为了减少人员带入的污染，提供风淋室、更衣室和其他适当的措施，以消除人员身上和物品上的污染物，如图 10-4 所示。

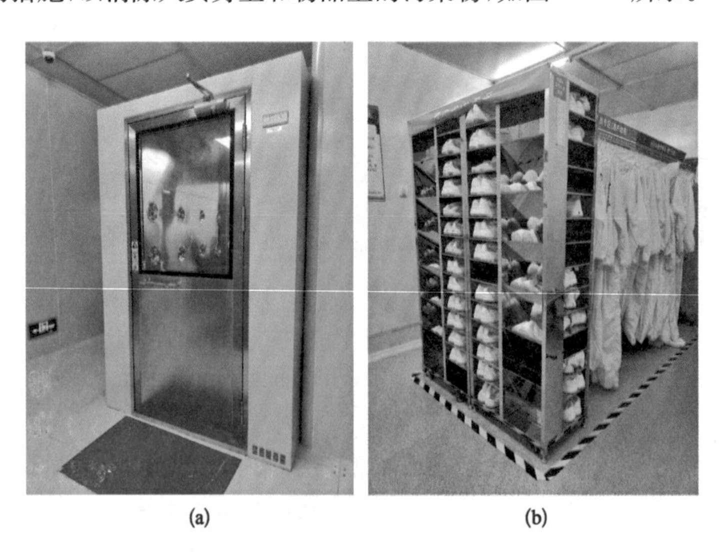

图 10-4　超净室的进口

(a) 风淋室；(b) 更衣室。

(7) 内部布局规划：合理规划设备和工艺流程布局，确保污染物的产生与扩散得到控制(具体内容在第 10.2 节单独讲述)。

(8) 人员培训和行为规范：工作人员需经过专业培训，了解并遵守严格的操作程序及行为规范，以保持超净室的洁净度(具体内容在附录 A 单独讲述)。

此外，为时刻监控超净室的新风系统，一般会配置新风系统监控中心，图 10-5 为 SMDL 的新风系统监控中心。

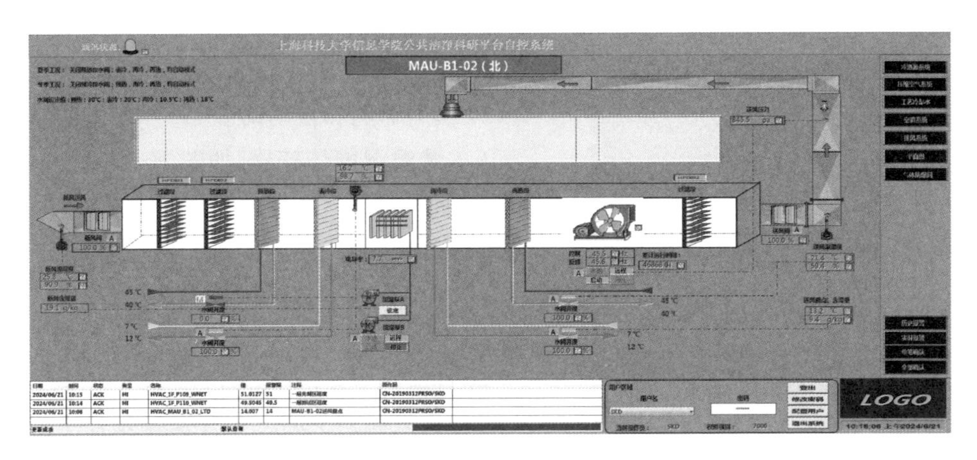

图 10-5　新风机组监控中心

10.1.2　超净室的温度、湿度

1. 温度、湿度控制的意义

温度、湿度是超净室中非常重要的环境参数，对芯片研发及工艺设备的正常运转均有着直接的影响。

(1) 对工艺设备的影响：温度、湿度的变化会对工艺设备的性能和可靠性产生影响。温度的变化可能引起设备材料的膨胀和收缩，导致设备的结构变形和精度下降。湿度的变化可能导致设备零部件受潮、腐蚀或绝缘性能下降。

(2) 对产品质量的影响：温度、湿度对芯片研发过程中的材料特性和工艺步骤有直接影响，从而对产品质量产生影响。过高的温度可能导致晶体管性能下降和电子元件故障，影响芯片的性能。过高或过低的湿度可能导致芯片吸湿或静电放电，影响芯片的电性能、结构稳定性和可靠性。

(3) 实验结果的可重复性和准确性：温度、湿度的稳定与实验结果的可重复性和准确性密切相关。在芯片研发过程中，温度、湿度的变化可能导致实验数据的波动，使得结果无法准确评估和比较，影响研发过程的可靠性和可重复性。

2. 温度、湿度控制方法

对温度、湿度的控制方法主要包括以下几个方面。

(1) 精确的空调系统

① 使用专为超净室设计的空调系统，这种系统可以非常精确地控制温度和湿度。

② 系统通常包括冷却和加热元件、湿度调控设备(加湿器和除湿器)以及高效的风扇和过滤器。

(2) 实时监测和自动调节

① 安装温湿度传感器，如图 10－6 所示，在超净室内的关键区域监测环境状况。

② 将传感器连接到中央控制系统，该系统可以根据实时数据自动调整空调设备，保持达到目标温湿度范围。

(3) 高效过滤和空气处理

① 使用高效粒子空气过滤器或超高效粒子空气过滤器，不仅能去除空气中的粒子污染，也减少了空气处理过程中的温湿度波动(图 10－1)。

② 采用空气处理单元进一步优化空气质量，包括温度和湿度的精准控制。

图 10－6　温湿度传感器

以 SMDL 为例，其使用的温湿度中央控制系统如图 10－7 所示。

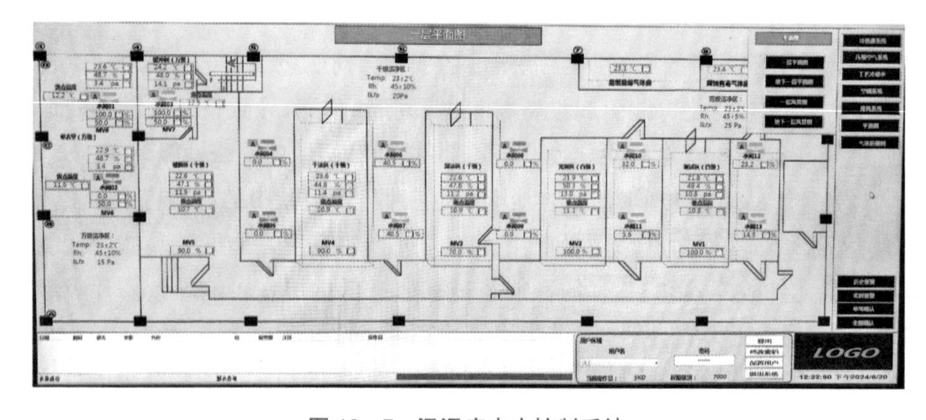

图 10－7　温湿度中央控制系统

(4) 良好的隔热设计

① 通过使用隔热材料和高质量的密封系统,防止外部环境对超净室内温湿度的影响。

② 合理设计窗户和门的尺寸,减少热交换。

以 SMDL 的超净室为例,超净室门的实物如图 10-8 所示。

(5) 适应负载变化的能力:随着超净室内人员、设备运行等变化,热负载会发生变化。空调系统需要有足够的容量和调节能力以适应这些变化,避免温湿度的剧烈波动。

图 10-8　SMDL 超净室门

(6) 严格的入室程序:控制进入超净室的人员和物料,避免带入额外的湿气或热量。可以通过设置缓冲室或空气闸室来实现(具体内容在附录 A 单独讲述)。

(7) 定期维护和校准

① 定期对空调系统和湿度控制设备进行维护和清洁,确保其高效运行。

② 对温湿度传感器进行定期校准,确保监测数据的准确性。

10.1.3　超净室的光源

1. 超净室的光源设计的原则

另外,通常,在超净室中,光刻区的照明光源为黄光,而其他区域均为白光,原因有如下 3 点。

(1) 光刻胶是一种敏感性较高的光敏材料,它对特定波长的光有很强的吸收能力。为了避免光刻胶在光刻区的预处理和对准等操作过程中被意外曝光,因此采用黄色灯光来提供照明。

(2) 另外,黄色灯光的波长范围一般为 570～590 nm,处于可见光的黄色光谱区域。由于光刻胶对这一波长的吸收能力较低,黄色灯光在提供足够照明的同时,不会对光刻胶产生明显的曝光影响。这样可以保持光刻胶的稳定性和敏感性,防止提前曝光导致工艺失效。

(3) 此外,黄色灯光还有助于提高工作环境的视觉对比度,使操作人员能够更清楚地观察和操作，提高工作效率。

需要注意的是，黄色灯光只在特定区域使用，例如光刻工艺区域，而在其他区域仍需使用标准白色照明。在工艺设备和环境设计中，合理的灯光选择能够保护光刻胶的稳定性和制程效果，确保光刻工艺的准确性和稳定性。因此，根据以上要求，通常光刻设备置于100级洁净度的黄光区，刻蚀、镀膜、量测、湿法设备置于1 000级洁净度的白光区。

2. 黄光的获得方法

获得黄光可用的工具及方法如下。

(1) 黄色荧光灯管：最常见的方法是使用黄色的荧光灯管或黄色LED灯，这些灯具发出的光主要集中在黄色波段，特别是在580～590 nm的范围，这个波长区间对大多数光刻胶来说是安全的。

(2) 滤光片：另一种方法是在标准的荧光灯或LED灯具前安装黄色滤光片。这些滤光片可以阻挡大部分可能引起光刻胶光化学反应的蓝光和紫外线，只允许黄色光通过。

(3) 特制灯具：市面上也有为光刻工艺设计的特殊灯具，这些灯具直接发出黄光，而无须进行额外的滤光处理。这类灯具通常更为昂贵，但提供了更可靠和稳定的光源。

以SMDL超净室为例，其在标准荧光灯前安装了黄色滤光片，实物如图10－9所示。

图10－9　加了滤光片的荧光灯管

相比于白光灯，黄光灯具有特殊性，其设计需遵循的相关原则，以及维护需注意的相关注意事项具体如下。

(1) 波长选择：确保所使用的黄光波长不会触发光刻胶的光敏反应。应参考光刻胶的光谱敏感性数据确保波长的选择是正确的。

(2) 照明均匀性：黄光区的照明需要非常均匀，以避免光照不均对工作效果的影响，特别是在高精度的光刻过程中。

(3) 光强度控制：适度的光强度既要确保操作人员的视觉需求，又不能太强以至于影响光刻胶的稳定性。

(4) 定期维护：灯具和滤光片需要定期检查和更换，确保光质和光强的一致性和可靠性。

10.1.4　超净室的电力系统

超净室的电力系统必须满足高度可靠性和安全性的要求，因为任何突发的电力中断或波动都可能导致生产过程中断，造成产品损坏或数据丢失。以下是超净室电力系统设计中需要考虑的几个关键要点。

(1) UPS 系统：这是超净室电力设计中的核心部分，它保证在主电源断电时，关键设备和系统如风机、过滤系统、精密仪器等可以继续运行，直至备用电源接管或电力恢复。这不仅保证了生产连续性，也保护了设备不受电压突变的影响。图 10－10 为 SMDL 超净室的 UPS 系统。

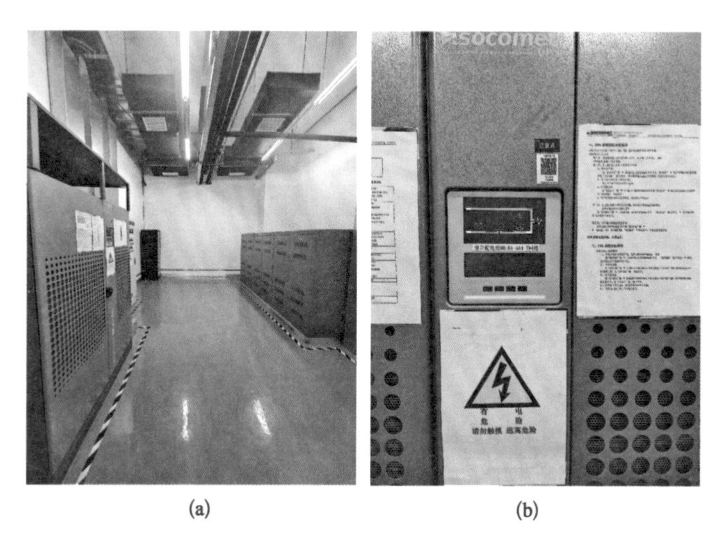

图 10－10　UPS 系统

(a) UPS 电源系统；(b) 控制面板。

(2) 备用发电机：在发生长时间电力中断时，备用发电机能提供必要的电力支持。它通常在 UPS 储备电力耗尽之前启动，以保证超净室的关键操作不受影响。

(3) 电力质量监控：超净室中的电力供应必须具有高质量，包括稳定的电压、频率和纯净的正弦波。电力质量监控系统能够实时监控电力供应状态，一旦检测到异常波动或杂讯，系统能立刻报警，并通过 UPS 系统调整输出，保证设备稳定运行。

(4) 静电控制：由于超净室中操作的敏感性，静电的积累和释放需要被严格控制。电力系统应包括静电消除设施，如静电地板、静电散射设备和人员接地系统

图 10－11　高架地板下的铜排

等(图 10－11 为 SMDL 为设备接地的铜排)。对于特殊工艺设备,如电子束光刻机等高精尖设备,为防止彼此间的接地信号串扰,影响接地效果,还会单独配置独立接地系统。

(5) 能源管理系统：为了确保能源的有效利用和监控,超净室应配备智能能源管理系统。这样的系统不仅帮助监控和控制电力使用,还能优化能源消耗,降低运营成本。

(6) 电力分配：电力分配系统必须设计得既安全又高效,确保电力从源头平稳、安全地传输到每一个用电点。所有的电线和电路都应符合更高的安全标准,并且易于维护和检查。

(7) 合规性和标准：超净室的电力系统设计和安装,必须符合国家法规,达到行业标准规范,如 IEEE、美国国家电气规范(National Electrical Code，NEC)以及当地的电力和建筑规范。

通过上述措施,超净室的电力系统能够提供稳定、安全的电力支持,保障生产过程的顺利进行,同时确保人员和设备的安全。

10.1.5　超净室的水供应及处理

超净室中的水供应和处理至关重要,超纯水(ultra pure water，UPW)是常见的需求,它不仅用于清洗工艺中的设备和产品,还可能被用作生产过程的一部分。以下是超净室中水处理和管理的主要考虑因素。

(1) 水质要求

超纯水是指除去了几乎所有的有机物、无机物、微生物和颗粒物的水。根据不同的应用和工艺,对水的纯度和质量有特定的要求,如电阻率、微生物含量、总有机碳(total organic carbon，TOC)和颗粒物大小与数量。图 10－12 为 SMDL 的超纯水处理系统全貌。

(2) 水处理技术

超净室通常采用多阶段水处理技术,包括但不限于反渗透、电去离子(electrodeionization，EDI)、超滤和微滤、紫外线消毒、脱气等,以确保水质符合要求。图 10－13 为 SMDL 的超纯水处理系统的水处理装置。

图 10-12　超纯水处理系统全貌

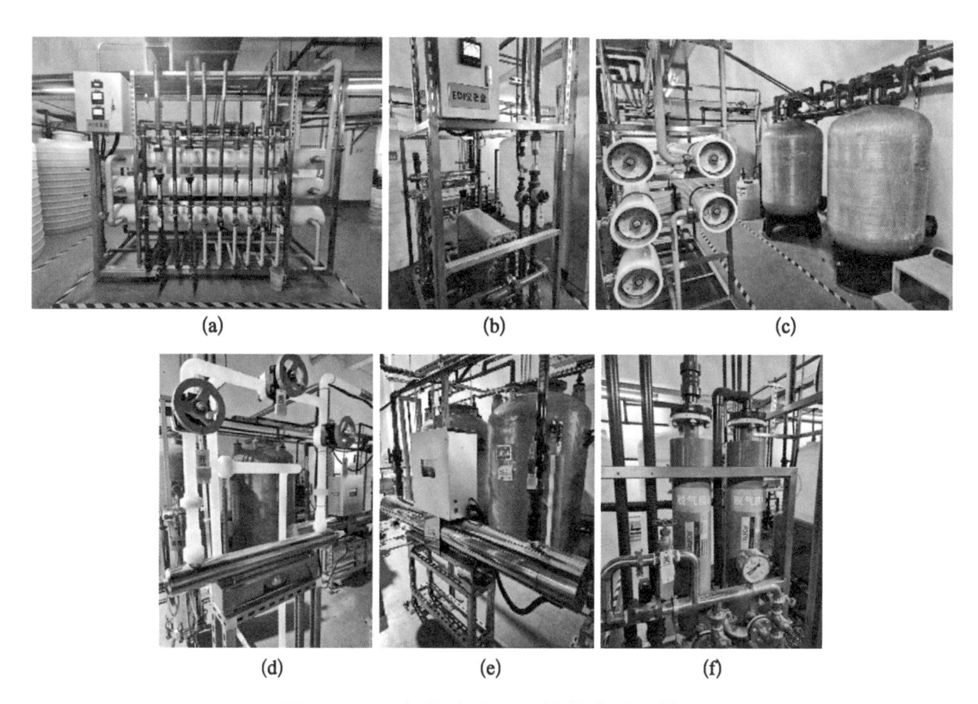

(a)　(b)　(c)　(d)　(e)　(f)

图 10-13　超纯水处理系统的水处理装置

(a) 反渗透装置；(b) 连续去电离子装置；(c) 砂滤活性炭过滤装置(右)；(d) 紫外杀菌装置；(e) TOC 去除装置；(f) 脱除水中的 CO_2、溶解氧的脱气膜装置。

循环系统内的水需要定期监测和测试，以确保持续满足所需标准。图 10－14 为 SMDL 使用的超纯水处理系统的在线监测装置，图 10－15、10－16 为 SMDL 使用的超纯水处理系统的反渗透装置处理监控中心及连续电去离子处理及供水单元监控中心。

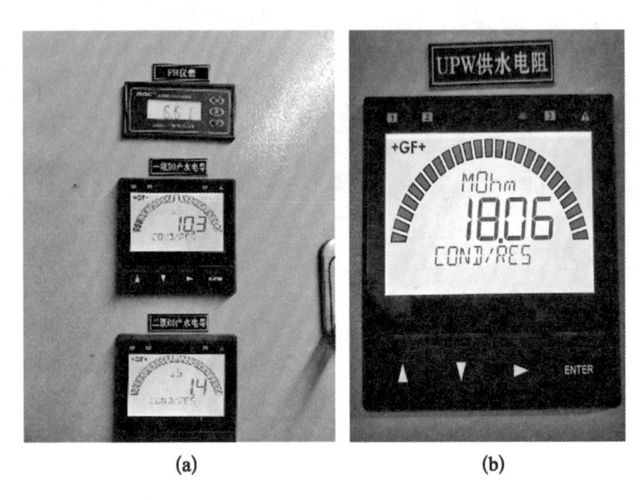

(a)　　(b)

图 10－14　超纯水处理系统的监测装置

(a) 超纯水反渗透装置在线监测仪表；(b) 电阻在线监测装置。

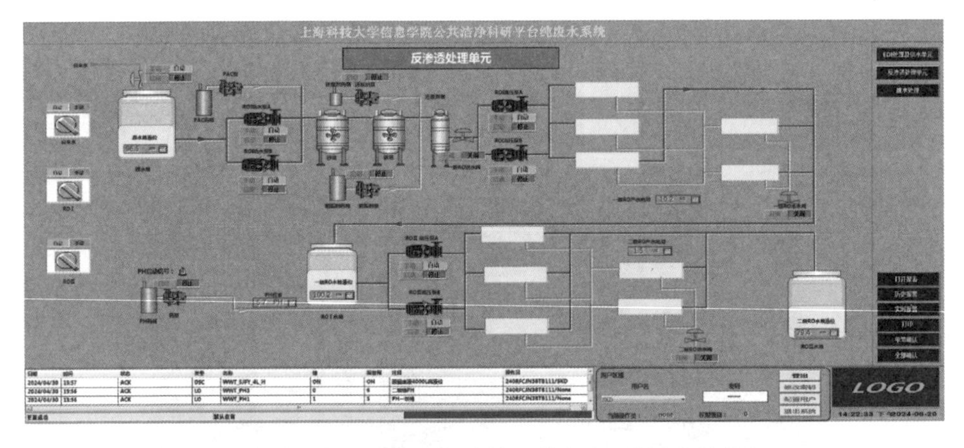

图 10－15　超纯水处理系统的反渗透处理单元监控中心

(3) 水的分配和供应

供水系统设计要保证超纯水能够安全、无污染地输送到使用点。管道设计要考虑到材料的选择[通常采用高纯度的聚四氟乙烯(polytetrafluoroethylene,

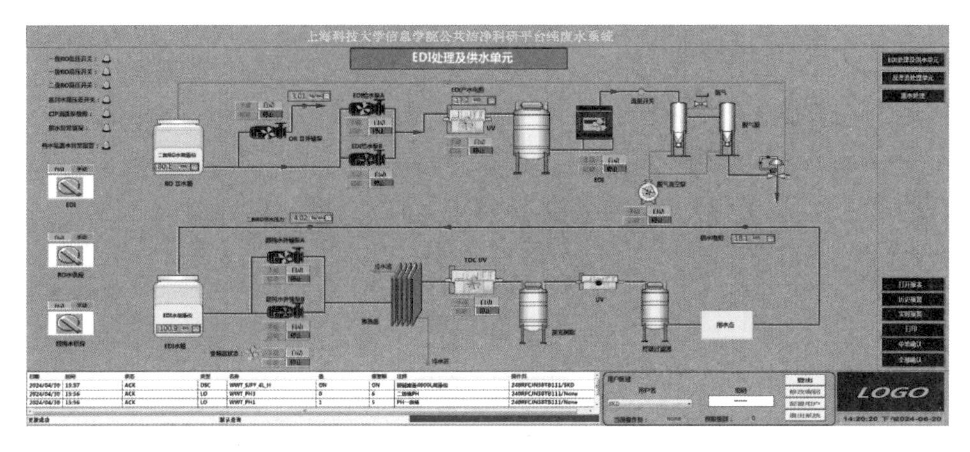

图 10 - 16　超纯水处理系统的连续电去离子处理及供水单元监控中心

PTFE)或聚丙烯(polypropylene, PP)]、流速控制及防止污染物的回流,图 10 - 17 为 SMDL 超纯水处理系统中采用的 PTFE 材质的管材。

图 10 - 17　SMDL 的超纯水处理系统采用的 PTFE 管材

(4) 废水处理

超净室中产生的废水要通过专门的处理系统进行处理,以符合环保要求。以 SMDL 为例,其废水处理单元的监控中心如图 10 - 18 所示。废水处理可能包括中和、过滤、沉淀和生物处理等步骤,以 SMDL 为例,其废水站的组成包括有机、含氟废液收集桶,收集桶满后,需委托有资质的单位处理,而经过酸碱废水中和装置将水的 pH 值调至中性后,可排入市政污水管网(图 10 - 19)。

(5) 监测与维护

需要定期对水处理系统和管道进行维护、清洗和消毒,以保持系统的性能。实施严格的监测计划,包括实时监控和定期抽样测试,确保水质稳定满足严格要求。在设计和维护超净室的水系统时,不仅要考虑到水质的纯净度,还要特别注意系统的可靠性和稳定性,以确保不会因为水质问题影响生产过程和产品质量。

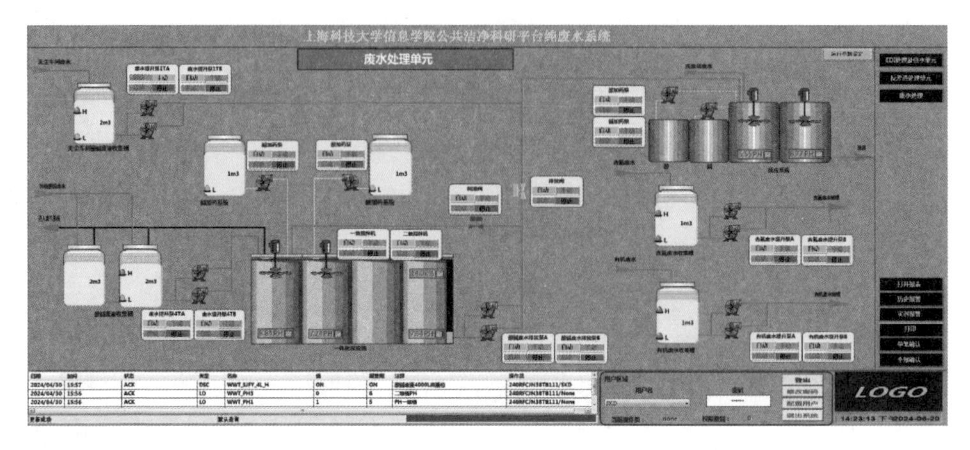

图 10 - 18　SMDL 的废水处理单元的监控中心

图 10 - 19　废水站

(a) 有机废液收集桶；(b) 含氟废液收集桶；(c) 酸碱废水中和装置。

10.2　超净室及工艺设备的布局

10.2.1　超净室及工艺设备的空间布局要求及示例

考虑到超净室的洁净度、温度、湿度及保证工艺制造各个环节可有序进行，需根据实际需求对相关工艺设备的位置及环境进行布局，根据功能分布，有光刻区、镀膜区、刻蚀区、湿法清洗区、量测区，每个区域都具备不同的要求。

(1) 光刻区：光刻工艺是制造集成电路中最核心的环节之一。在光刻区，通常要求 100 级的洁净度以确保光刻胶的质量和图形的准确度。此外，光刻区还需要精确控制温度、湿度和光照等环境参数，以确保光刻胶的照射和固化过程的稳定性。一般的温度范围为 20～25℃，湿度范围为 40%～60%。

（2）镀膜区：在镀膜工艺中，通常要求 1 000 级的洁净度，以防止杂质进入镀膜液中对薄膜质量产生负面影响。此外，镀膜区还需要控制温度、湿度和液体搅拌等参数，以确保涂层的均匀性和附着性。一般的温度范围为 20～25℃，湿度范围为 40%～60%。

（3）刻蚀区：刻蚀工艺用于去除非工艺所需的材料，通常要求 1 000 级的洁净度，以防止刻蚀液中的杂质对芯片产生损害。此外，刻蚀区还需要控制温度、湿度和刻蚀气体的纯度，以确保刻蚀过程的稳定性和精度。一般的温度范围为 20～25℃，湿度范围为 30%～60%。

（4）湿法清洗区：在清洗工艺中，通过浸泡或喷淋的方式去除表面上的杂质，通常要求 1 000 级的洁净度。湿法清洗区还需要控制温度、湿度和清洗液的纯度，以确保清洗效果和芯片表面的完整性。一般的温度范围为 20～25℃，湿度范围为 40%～60%。

（5）量测区：量测工艺用于对制造完成的芯片进行各种性能测量和测试。量测区通常要求 1 000 级的洁净度，以确保测试结果的准确性。此外，量测区还需要控制温度、湿度和电磁干扰等环境参数，以保证测试设备和仪器的稳定性。一般的温度范围为 20～25℃，湿度范围为 30%～60%。

总的来说，各个工艺区域都需要控制洁净度、温度、湿度等环境参数，以确保工艺制造的可控性和产品质量的稳定性。每个区域的洁净度要求根据其工艺特点和对杂质的敏感程度而定，一般在 100～1 000 级之间。

在设计超净室内工艺设备的布局时，考虑到黄光区具备特殊黄光、颗粒度要求更高、防震性要求高等要求，会将黄光区布局在超净室的一侧，并通过一道风淋门将黄光区与白光区隔离。在白光区，考虑到磁控溅射、电子束蒸发、离子束刻蚀设备使用的气体主要为大宗气体 N_2、Ar 及 O_2，一般将该类设备集中放置；考虑到干法刻蚀机等需要大量特种气体[如 CF_4、SF_6、氯气(Cl_2)、三氯化硼(BCl_3)等]，一般将该类设备集中放置；考虑到湿法工艺主要包含易挥发、有毒有害的湿法试剂，一般将该类设备集中放置；考虑到量测设备体积小且对大宗气体及特种气体的需求较少，一般将该类设备放置在对该类气体需求较低的位置；考虑到切割机、抛光机等产生大量颗粒，影响整体环境，一般将该类设备单独放置（如放在灰区）。

SMDL 超净室的工艺设备布局严格执行了上述规定。为使读者更清晰地了解超净室布局，以下以 SMDL 超净室的工艺设备布局为例来展示常规的超净室工艺设备布局。图 10－20 为超净室的整体布局，其中黄色区域为黄光区（光刻区），其他颜色区域均为白光区；图 10－21 为几个区域的实物图；图 10－22～

10－27分别为光刻、镀膜、刻蚀、湿法、后道、量测区域放置的工艺设备的实物图。

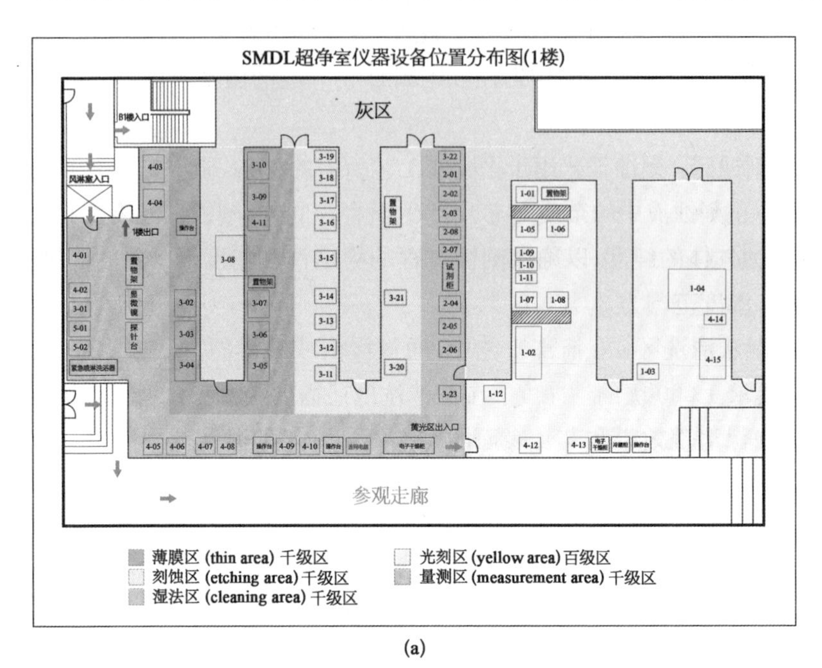

(a)

(b)

图 10－20　超净室布局图

(a)超净室1楼布局图；(b)超净室B1楼布局图。

此外，为方便查询仪器设备名称和所在位置，通常超净室还会对设备进行编号。以 SMDL 为例，SMDL 的每个设备都有唯一的编号。其编号由工艺流程号、设备排序号及楼层标识 3 部分组成。

(1) 工艺流程号：1 个数(1～6 之间)。1 -光刻区，2 -湿法区，3 -干法区，4 -量测区，5 -封装区，6 -其他。

(2) 设备排序号：2 个数(01～20 之间)，按位置排序。

(3) 楼层标识：B 代表设备位于 B1 楼，没有则代表设备位于 1 楼。

例如：设备编号"1 - 03"，代表该设备是 1 楼光刻区的第 3 台设备，查表可知为"高速分辨率无掩模光刻仪 MLA150"；设备编号"1 - 09B"，代表该设备是 B1 楼光刻区的第 9 台设备，查表可知为"电子束曝光机 EBL"。

具体的设备清单及布局编号如表 10 - 1 所示。

表 10 - 1　SMDL 超净室 1 楼的设备清单及布局编号

编号	设　备　名　称	编号	设　备　名　称
1 - 01	接触式光刻系统 MA6	2 - 02	有机清洗通风橱(大样品)
1 - 02	自动匀胶显影机 Track	2 - 03	氮化物清洗槽磷酸
1 - 03	高速高分辨率无掩模光刻仪 MLA150	2 - 04	HF 及 BOE 专用通风橱
1 - 04	步进式光刻机 Stepper	2 - 05	普通酸刻蚀及清洗通风橱(无超声)
1 - 05	1 楼 1 号匀胶通风橱	2 - 06	金属刻蚀及清洗通风橱(含超声)
1 - 06	1 楼 2 号匀胶通风橱	2 - 07	甩干机(4 in、6 in 晶圆)
1 - 07	1 楼 3 号显影通风橱	2 - 08	甩干(4 in、8 in 晶圆)
1 - 08	1 楼 4 号显影通风橱	3 - 01	快速退火炉 RTA
1 - 09	HMDS 烘箱	3 - 02	离子束刻蚀机 IBE
1 - 10	高温烘箱	3 - 03	热蒸发
1 - 11	真空烘箱	3 - 04	多源炉电子束蒸发系统
1 - 12	高温烘箱	3 - 05	介质镀膜 PVD3
2 - 01	有机清洗通风橱(大样品)	3 - 06	磁性金属镀膜 PVD2

（续表）

编号	设 备 名 称	编号	设 备 名 称
3-07	非磁性金属镀膜 PVD1	3-23	等离子去胶机 Asher
3-08	AlN 集成溅射仪 AlN cluster	4-01	电子扫描显微镜 SEM
1-13B	全自动电子束曝光机	4-02	临界点干燥仪
1-14B	半自动电子束曝光机	4-03	原子力显微镜 AFM
1-15B	普通化学清洗槽(显影)	4-04	椭偏仪 IR Wollam
1-16B	普通化学清洗槽(清洗)	4-05	表面轮廓仪
1-17B	普通化学清洗槽(匀胶)	4-06	线性扫描轮廓仪
2-09B	晶圆清洗刻蚀通风橱	4-07	光谱反射膜厚仪
2-10B	RCA 晶圆清洗通风橱	4-08	显微镜
3-09	磁控溅射沉积系统(Mo-Cu 镀膜机)	4-09	白光轮廓仪 3D Laser
3-10	电子束沉积系统-非磁性金属镀膜	4-10	椭偏仪
3-11	化学气相沉积系统 PECVD	4-11	应力测量仪
3-12	化学气相沉积系统 ICPCVD	4-12	显微镜(黄光区右)
3-13	反应离子刻蚀系统 RIE	4-13	显微镜(黄光区左)
3-14	等离子刻蚀系统(Ⅲ-Ⅴ)	4-14	高真空离子溅射仪 SEM 制样
3-15	溴化氢(HBr)刻蚀机(Si)	4-15	3D 电子扫描显微镜 SEM
3-16	原子层沉积系统 ALD	5-01	打线机
3-17	ICP 介质刻蚀机(Si)	5-02	贴片机
3-18	等离子体刻蚀机(不含 In 的Ⅲ-Ⅴ)	2-11B	晶圆甩干机(4 in、6 in 晶圆)
3-19	XeF_2 刻蚀仪 XeF_2 Etcher	3-24B	低压化学气相沉积系统 LPCVD
3-20	反应离子刻蚀机	5-03B	减薄抛光系统 Lapping
3-21	深硅刻蚀机 DRIE	5-04B	划片机 Dicing saw
3-22	HF 干法刻蚀机 uEtch	5-05B	减薄抛光系统 CMP

SMDL 的关键工艺设备共 73 台，它们分布在光刻区、镀膜区、刻蚀区、清洗区、后道处理区及量测区各个专门区域，图 10 - 21 为各个区域的实景图。

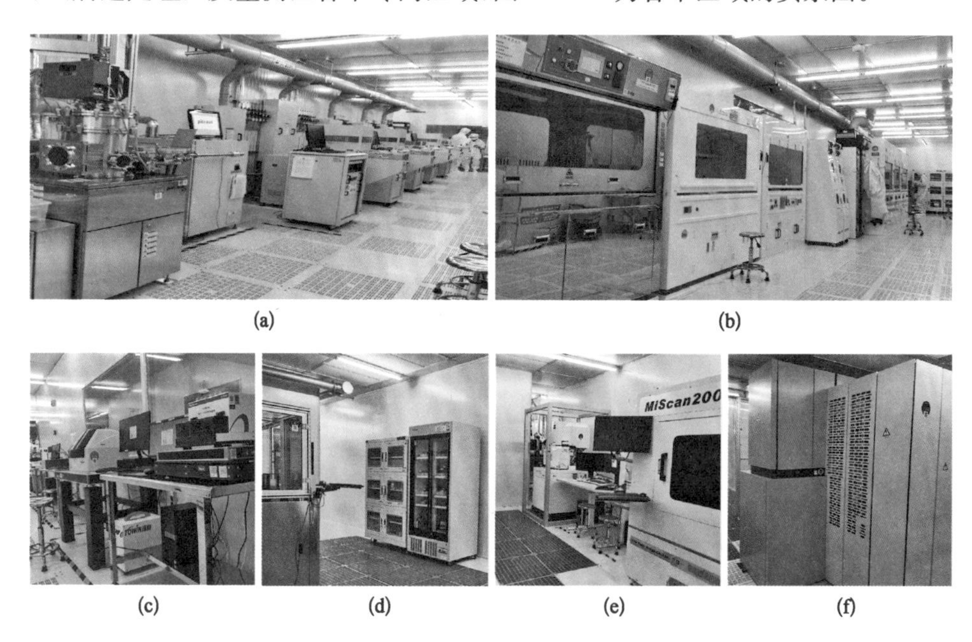

(a)　(b)

(c)　(d)　(e)　(f)

图 10 - 21　超净室各区域实景图

(a) 干法刻蚀区；(b) 湿法刻蚀区；(c) 量测区；(d)～(f) 光刻区。

(1) 光刻区(黄光区)：配置 5 台核心设备及多台光刻辅助设备(图 10 - 22)，能够支持从 10 nm～1 μm 范围内的工艺需求。这些设备包括电子束曝光机、半自动电子束光刻系统、步进式光刻机、紫外光接触式光刻系统，以及激光直写无掩模光刻系统。

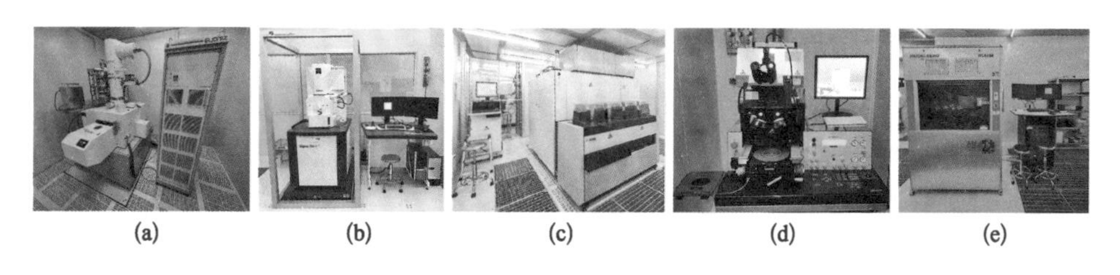

(a)　(b)　(c)　(d)　(e)

图 10 - 22　核心光刻设备

(a) 电子束曝光机；(b) 半自动电子束光刻系统；(c) 步进式光刻机；
(d) 接触式光刻系统；(e) 激光直写无掩模光刻系统。

(2) 镀膜区：包含 11 台关键设备(图 10 - 23)，可选择多种生长模式及镀膜材料。

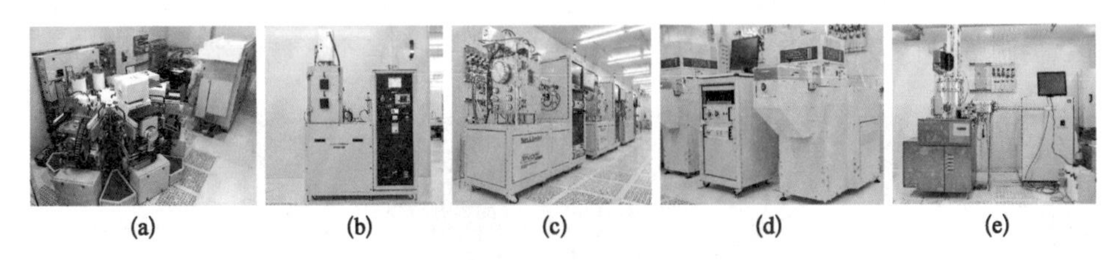

图 10-23 关键镀膜设备实景图

(a) AlN 集成溅射系统;(b) 多源炉电子束蒸发系统;(c) 多靶材磁控溅射镀膜系统;
(d) 等离子体增强化学气相沉积系统;(e) 原子层沉积系统。

(3) 刻蚀区:包含 10 台关键设备(图 10-24),满足不同材料的刻蚀需求。

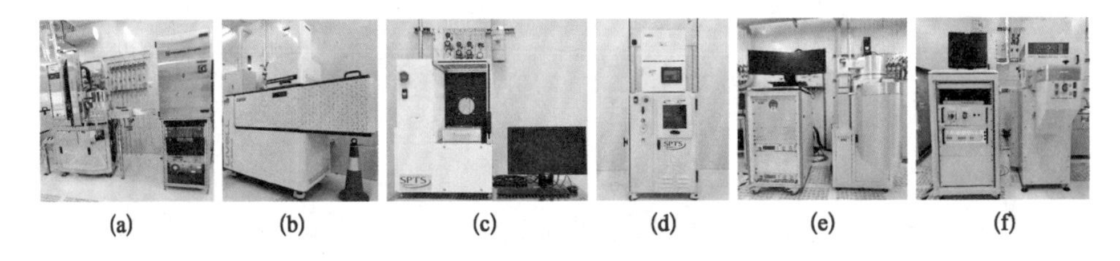

图 10-24 关键刻蚀设备实景图

(a) 深硅刻蚀机;(b) 反应离子刻蚀机;(c) XeF_2 刻蚀仪;(d) HF 干法刻蚀系统;
(e) 高功率等离子体刻蚀机;(f) HBr 刻蚀机。

(4) 湿法清洗区:包含湿法刻蚀、湿法清洗以及甩干机等设备(图 10-25)。

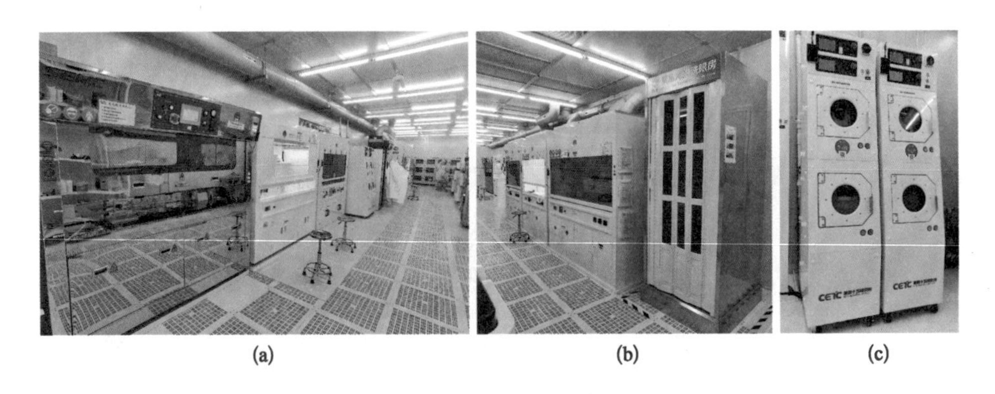

图 10-25 湿法清洗区设备实景图

(a) 湿法清洗通风橱;(b) 湿法刻蚀通风橱;(c) 甩干机。

(5) 后道区:包含贴片机、打线机、抛光机、减薄机及晶圆切割机(图 10-26)。

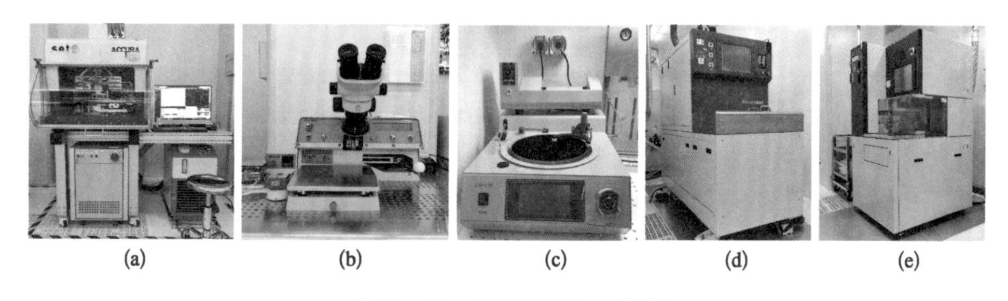

图 10－26　后道区设备实景图

(a) 贴片机;(b) 打线机;(c) 抛光机;(d) 减薄机;(e) 晶圆切割机。

(6) 量测区：包含共聚焦显微镜、膜厚仪、台阶仪、AFM、光学显微镜、应力测试仪和 SEM 等常规量测设备(图 10－27)。

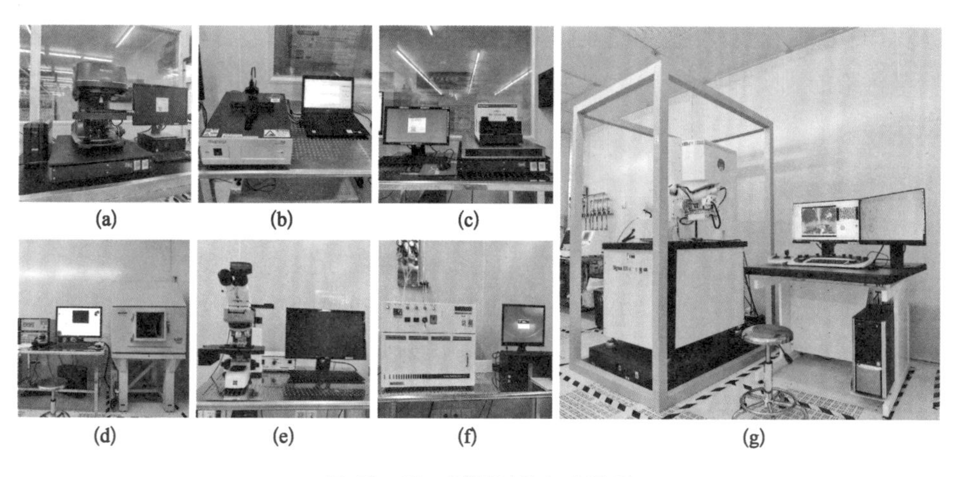

图 10－27　量测区设备实景图

(a) 共聚焦显微镜;(b) 膜厚仪;(c) 台阶仪;(d) AFM;(e) 光学显微镜;(f) 应力测试仪;(g) SEM。

10.2.2　工艺设备的工艺布局安排及示例

工艺设备的工艺布局指的是根据不同的应用需求为工艺设备制定相应的工艺布局，这是协助减少工艺设备之间的交叉污染，并确保产品质量和生产安全而制定的规范。常见要求如下。

(1) 设备清洁和消毒：对于容易积聚污染物的设备，需要定期清洁和消毒。使用适宜的清洗剂、消毒剂和清洁工具，彻底清除设备表面的污染物，以确保下一道工艺不受污染。

(2) 严格的设备验证和清洁程序：确保设备的验证和清洁程序符合标准和规范。每一台设备使用前都应进行验证，确保其正常运行且无污染。同时，在设备间进行转换或生产不同产品前，进行详细的清洁程序，尤其是接触产品的部分。

(3) 严格的人员操作规范：制定并实施严格的人员操作规范，包括使用设备前的洗手程序、着装要求、必要的 PPE 等。确保人员操作不会增加设备的污染风险。

(4) 控制工艺参数和条件：根据工艺要求和产品特性，严格控制工艺参数和操作条件。例如，控制温度、湿度、压力等参数，以确保产品质量，同时减少设备污染和交叉污染的风险。

(5) 设备维护管理：制定设备维护计划，并定期对设备进行维护和保养。确保设备操作正常，减少设备故障和污染传播的机会。

(6) 培训和教育：为所有工作人员提供合适的培训和教育，使他们了解设备交叉污染的风险和防范措施。确保工作人员遵守操作规程和标准操作程序，以减少污染的发生。

发生交叉污染的情况主要如下。

(1) 在真空中工作且经过高温处理的设备：这类设备发生交叉污染的概率较高。在高温和真空环境下，污染物如有机物、金属粉尘或其他残留物可能在设备表面挥发、气化或迁移，并通过气态扩散或凝华的过程，对下次操作或待加工的物质产生污染。

(2) 未经历高温或未在真空中工作的设备：这类设备发生交叉污染的概率相对较低。尽管设备在常温下操作会存在一定的污染风险，但较高温和真空环境下的挥发和迁移程度较低，因此污染物的扩散和转移可能性较小。

(3) 化学品：化学品的特性使其易于引起交叉污染。化学品可能具有不同的反应性和挥发性，当不同试剂、不同器件接触到同一设备时，可能发生汽化或其他化学反应，导致设备交叉污染，并对下一次操作或待加工物质产生负面影响。

因此，根据设备在真空和高温条件下工作与否，以及化学品的特性，可以评估设备和试剂发生交叉污染的概率。这些评估结果可用于指导和实施相应的防控措施，包括设备的专门清洁和验证，化学品的正确存储和分离使用，以最大限度地减少交叉污染的风险。

为使得读者能更清晰地了解工艺设备的工艺布局原则，现以 SMDL 超净室工艺设备的工艺布局为例进行介绍。

尽管在真空环境中工作且经过高温处理的设备容易引起交叉污染，但为了实现设备的共享效益，我们可以在充分考虑器件特性和材料间的交叉污染风险后，仍然可以尝试共享设备的可能性。SMDL 根据不同器件研发类型和相互之间的交叉污染原则制定了交叉污染规范，形成工艺设备的工艺布局，具体如表 10－2 所示。

表 10－2　SMDL 工艺设备的工艺布局

(a) 通用类设备：一般发生交叉污染的概率较低		
功能区	**设备内容**	**备注**
黄光区	HMDS 烘箱、真空烘箱、普通烘箱、匀胶显影机、各类光刻机	电子束光刻机腔体限制“高磁性样品”光刻
测量区	台阶仪、显微镜、膜厚仪、激光测量、应力测试仪、椭偏仪、SEM、AFM	SEM 腔体限制“高磁性样品测量”
湿法区	酸性通风橱、有机通风橱、带磷酸腐蚀槽的通风橱、带槽的 RCA 及 SPM 通风橱、甩干机	使用各“项目”自备专用容器
后道区	贴片机、切割机、背减薄、抛光机、打线机	

(b) 特殊腔体工艺设备：一般发生交叉污染的概率较高（薄膜沉积设备）			
大仪系统设备名称	**设备简称**	**适用衬底**	**设备限制说明**
多源炉电子束蒸发系统	Evap	Ⅲ-Ⅴ、Si、蓝宝石、SiC 等非易挥发性衬底（衬底表面可带光刻胶）	蒸镀金属：Ti、Pt、Ni、Au、GeAu、Pd、Cr 等金属（Al 除外）
电子束沉积系统（非磁性金属镀膜）	PVD200	Si、非磁性金属	蒸镀金属：Ti、Au、Cu 等非磁性金属
多靶材溅射仪（非磁性金属镀膜）	PVD1	Si（表面可带光刻胶）	样品表面可等离子清洗 衬底温度：室温 蒸镀金属：Nb、Cu、Ti、Au、Pt、Pd、Al 等非磁性金属
多靶材溅射仪（磁性金属镀膜）	PVD2	Ⅲ-Ⅴ、Si 或基于蓝宝石、SiC、AlN 等非易挥发性衬底的Ⅲ-Ⅴ材料膜系（室温可带光刻胶，升温工艺不可带光刻胶）	样品表面可等离子清洗 衬底温度：20～500℃ 蒸镀金属：Cr、Ni、Ti、Au、Pt、Pd、Al 等金属

（续表）

大仪系统设备名称	设备简称	适 用 衬 底	设备限制说明
多靶材溅射仪（介质镀膜）	PVD3	Ⅲ-Ⅴ、Si 或基于蓝宝石、SiC 等非易挥发衬底的Ⅲ-Ⅴ材料膜系（室温可带光刻胶，升温不可带光刻胶）	样品表面可等离子清洗 衬底温度 20～500℃ 生长 SiO_2、Al_2O_3、Si_3N_4、TiN 等介质薄膜
磁控溅射沉积系（Mo/Cu 镀膜）	Labline	Si（表面不可带光刻胶）	样品表面可等离子清洗 衬底温度：室温 蒸镀金属：Mo、Cu
化学气相沉积系统	ICPCVD	Ⅲ-Ⅴ、Si 或基于蓝宝石、SiC 等非易挥发性衬底的Ⅲ-Ⅴ材料膜系（表面禁止带光刻胶；衬底表面可裸露的金属：Al、Nb、Au、Cu）	蒸镀薄膜：SiO_2、Si_3N_4 衬底温度：90～140℃ 配气：SF_6、O_2、Ar、SiH_4、N_2、N_2O
化学气相沉积系统	PECVD	Ⅲ-Ⅴ、Si（衬底表面禁带光刻胶；衬底表面可裸露的金属：Au）	蒸镀薄膜：SiO_2、Si_3N_4 衬底温度：300℃ 配气：NH_3、CF_4、SiH_4、N_2、N_2O
低压化学气相沉积系统	LPCVD	Si（表面不可带金属）	共 4 根炉管：1 号—沉积 SiO_2、退火，2 号—沉积 Si_3N_4，3 号—沉积多晶硅/掺杂多晶硅，4 号—沉积磷硅玻璃（phospho silicate glass，PSG） 配气：N_2、O_2、H_2、4% H_2/N_2、SiH_4、NH_3、SiH_2Cl_2、15%PH_3、SiH_4
原子层沉积系统	ALD	Ⅲ-Ⅴ、Si 或基于蓝宝石、SiC 等非易挥发性衬底的Ⅲ-Ⅴ材料膜系（表面禁止带光刻胶；衬底表面可裸露的金属：Au、Al）	SiO_2、Al_2O_3、TiO_2、HfO_2、AlN
氮化铝集成溅射仪	AlN	2 号腔体：Si；3、4、5 号腔体：Si、蓝宝石、SiC、铌酸锂等非易挥发性衬底（衬底为 LN 时仅允许室温生长；表面禁止带光刻胶；衬底表面可裸露的金属：Au、P、Mo）	2 号：物理刻蚀 3 号：Mo 镀膜 4 号：AlN、Al 镀膜 5 号：铝抗氮（AlScN）镀膜或 Mg、Hf 材料，如生长非目前使用的 AlScN，需要自配内衬

（续表）

(c) 刻蚀腔体工艺设备：一般发生交叉污染的概率较高，在进行不同种类Ⅲ-Ⅴ材料刻蚀前，需要进行腔体清洗及跑陪片（conditioning）；使用氯基时，工艺结束后需要立刻把管道残留的气体抽干净，以防气体腐蚀管道。

大仪系统设备名称	设备简称	适用衬底	设备限制说明
反应离子刻蚀系统	RIE	Ⅲ-Ⅴ、Si、蓝宝石、SiC 等非易挥发性衬底（刻蚀区域前后可裸露的金属：Nb、Au、Al、Cu）	允许刻蚀的材料：SiO_2、Si_3N_4（不同衬底分时段使用） 配气：SF_6、O_2、Ar、CF_4、CHF_3
等离子刻蚀系统（三五族刻蚀机）	ICP	Ⅲ-Ⅴ、Si 或基于蓝宝石、SiC 等非易挥发衬底基的Ⅲ-Ⅴ材料膜系	允许刻蚀的材料：Ⅲ-Ⅴ材料［锑化镓（GaSb）、砷化铟（InAs）、磷化铟（InP）］ 配气：SF_6、O_2、Ar、CH_4、H_2、N_2、Cl_2、BCl_3
等离子刻蚀机（不含铟的三五族刻蚀机）	HP-RIE	Ⅲ-Ⅴ、Si 或基于蓝宝石、SiC 等非易挥发性衬底的Ⅲ-Ⅴ材料膜系	允许刻蚀的材料：Ⅲ-Ⅴ材料（GaAs、GaN、AlN 等不含 In 的材料） 配气：SF_6、O_2、Ar、CH_4、Cl_2、BCl_3、H_2
ICP 刻蚀机	鲁汶刻蚀机	Ⅲ-Ⅴ、Si、蓝宝石、SiC 等非易挥发性衬底（允许刻蚀金属、介质等多种材料，不限交叉污染）	配气：CHF_3、SF_6、CF_4、Cl_2、BCl_3、Ar、O_2、N_2、H_2
ICP 介质刻蚀机（Si 基材料刻蚀机）	PT-ICPRIE	Si（允许刻蚀硅基介质、超导体系材料）	配气：CHF_3、SF_6、CF_4、Ar、O_2
HBr 刻蚀机（Si 刻蚀）	HBr-RIE	Si	允许刻蚀的材料：Si 配气：SF_6、O_2、Ar、HBr、Cl_2、C_4F_8
深硅刻蚀机	DRIE	Si 或基于蓝宝石、SiC、石英等非易挥发衬底（刻蚀区域前后可裸露的金属：Au、Al）	允许刻蚀的材料：Si
HF 干法刻蚀机	uEtch	Si 或基于蓝宝石、SiC、石英、铌酸锂、ALN 等非易挥发衬底（刻蚀区域前后可裸露的金属：Au、Al）	HF 干法刻蚀 SiO_2 配气：HF

（续表）

大仪系统设备名称	设备简称	适　用　衬　底	设备限制说明
XeF_2 刻蚀仪	XeF_2 E-TCHER	Si或基于蓝宝石、SiC、石英、铌酸锂、ALN等非易挥发衬底的Si/硅基薄膜(刻蚀区域前后可裸露的金属：Au、Al)	各向同性刻蚀Si 配气：XeF_2
等离子去胶机	Asher	Si或蓝宝石、SiC、石英、铌酸锂、ALN等非易挥发衬底	无
(d) 退火设备			
大仪系统设备名称	**设备简称**	**适　用　衬　底**	**设备限制说明**
快速退火炉	RTA	Ⅲ-Ⅴ、Si或基于蓝宝石、SiC、石英等非易挥发衬底的Ⅲ-Ⅴ材料膜系(可退火金属：Au、Al)	仅限低温工艺，温度<900℃

第11章　超净室的气体

在半导体工艺中，控制污染物是至关重要的，因为任何微小的污染都可能导致器件性能下降、可靠性失效，甚至整个工艺过程的失败。污染会改变器件的尺寸、表面的洁净度，以及造成有凹痕的表面，从而引发各种问题。本章分别从气体及化学品两个方面介绍如何控制超净室的微污染物。

11.1　影响纯度的因素、来源及纯度划分

纯度是表征气体及化学品微污染物含量的关键指标。根据国际标准，材料的纯度按照其中杂质的含量进行分级。

(1) 纯度等级一级：这是超高纯度(ultra high purity, UHP)等级，要求气体中的杂质综合含量低于一定的限制值，通常以 ppm 或 ppb(十亿分之一)为单位来表示。在一级纯度下，物质中的杂质含量非常低，可以满足大多数特定的科学实验需求。

(2) 纯度等级二级：相对于一级纯度而言，二级纯度的物质中允许的杂质含量要略高。通常，二级纯度的物质适用于工业生产过程中对纯度要求较高的场合，但对于一些特殊的实验研究可能会达不到要求。

(3) 纯度等级三级：三级纯度的物质中允许的杂质含量进一步增加，适用于工业生产中对纯度要求相对较低的场合，如气体焊接等。

影响纯度的因素有：杂质气体、颗粒及碳氢化合物，其来源如下。

(1) 杂质气体(如 H_2O、O_2、CO_2等)：来源于气源、输送系统死角、泄漏(分压)、二次污染。

(2) 颗粒：来源于材料部件析出、输送系统死角、建造过程二次污染。

(3) 碳氢化合物(如润滑油、冷却油等工业用油)：来源于气源、材料部件析出等。

基于 SEMI E49 标准的纯度划分如下。

(1) 高纯气体：纯度>99.999 9%。

(2) 超高纯气体：纯度>99.999 99%。

(3) 超高纯化学品：金属离子杂质<1 ppb。

基于 SEMI E49 标准的高纯、超高纯对应的具体指标如表 11-1 所示。

表 11-1 高纯及超高纯的纯度指标

纯度指标	高纯	超高纯
微量水分(H_2O)	<100 ppb	<20 ppb
微量氧分(O_2)	<100 ppb	<10 ppb
碳氢化合物(THC)	<100 ppb	<20 ppb
微颗粒(particle)	<5 pcs/scf @0.1 μm	<5pcs/scf @0.02 μm
泄漏率(leak-rate)	10^{-9} atm·cc/sec	10^{-10} atm·cc/sec

注：<5 pcs/scf @0.1 μm 表示测试气体中>0.1 μm 的颗粒数≤1 颗/标准立方英尺，连续 5 次达标为合格；10^{-9} atm·cc/sec 表示漏孔两侧压差 1 个标准大气压(atm，1 atm=101.325 kPa)下每秒逸出 10^{-9} cm^3 气体。

基于 SEMI 标准的高纯、超高纯电子化学品的划分等级如表 11-2 所示。

表 11-2 电子化学品高纯及超高纯指标

纯度等级	金属杂质(总)	固体颗粒杂质
电子级(SEMI C1、C2) (中小规模集成电路)	<100 ppb	< 1 μm
超纯电子级(SEMI C7) (1 μm 集成电路)	<10 ppb	< 0.5 μm
半导体 MOS 级(SEMI C8) (<0.8 μm 集成电路)	< 1 ppb	< 0.2 μm

11.1.1 高纯系统特点

高纯气体、化学品、水系统具有以下共同特点。

（1）高成本获得。

（2）高成本储存、输送。

（3）极容易被污染（如分压）。

（4）高纯的不可逆转（污染后很难恢复）。

（5）纯度提升很难并且成本很高。

（6）对接触材料、设计、施工、测试均有特殊要求。

（7）通常涉及安全问题，安全管理非常重要。

（8）应用行业和客户基本相同。

（9）通常与洁净厂房设施有关联。

（10）输送系统建造成本高，由专业公司承建。

11.1.2　超高纯气体输送装置的表面处理方式

通常，为了获得超高纯度的气体，需要对运输气体的装置（如管道、阀门等）进行表面处理，以保证与工艺气体接触的表面具备超高纯气体介质工艺要求的性能。这些要求包括低析出、表面平整度零死角、高抗腐蚀性及高机械性能等。通过对装置表面进行处理，可以确保材料与气体接触时不会产生杂质，有效满足超高纯气体介质工艺的要求。具体方法如下。

（1）机械抛光法：通过清洗管道、机械抛光和清洗残留物等步骤，可以达到管道表面平整度和光洁度的要求。机械抛光法能够降低表面粗糙度、消除凸台和凹陷，确保管道无死角、无明显缺陷和污染物。最终，经过检查和验收，超高纯气体运输管道符合超高纯气体的要求，保证了气体的纯度和质量，提高了系统的稳定性和可靠性。

（2）化学钝化法：通过清洗、酸洗、钝化处理等步骤，形成保护性的钝化膜，减少金属与环境接触，确保管道的纯度和质量。最终，经过清洗和中和处理，管道达到超高纯气体运输的标准。化学钝化法有效提高管道表面的保护性能，确保高纯气体的运输质量，提高系统的稳定性和可靠性。

（3）化学抛光法：通过化学腐蚀作用使材料表面达到光滑和光亮。该方法通常使用特定的化学溶液，通过控制溶液的温度、浓度和处理时间来达到理想的抛光效果。这种方法适用于多种金属材料，如不锈钢、Al 等，并且可以在较低的成本下获得较好的表面质量。然而，它可能不适用于所有类型的材料和复杂的形状。

（4）光辉热处理：通常指的是一种热处理工艺，旨在改善金属材料的表面光泽度。这种工艺可能包括退火、淬火或其他热处理方法，使材料表面变得更加光滑和明亮。光辉热处理常用于不锈钢和其他合金材料，以提高其表面质量和耐腐蚀性。这种处理方法通常与化学或机械处理相结合，以获得最佳效果。

(5) 电解抛光：一种利用电化学原理去除金属表面微观不平整部分，以达到光滑表面的技术。在电解抛光过程中，金属作为阳极，在电解液的作用下，表面的微观凸起部分会优先溶解，从而使整个表面变得平滑。这种方法适用于不锈钢、Al、Cu 等多种金属，并且可以产生非常光滑和高光泽的表面。电解抛光还可以提高材料的耐腐蚀性，并有助于去除表面的机械损伤和氧化层。

图 11-1 为经过表面处理后的 Valex 品牌的管道内部照片。

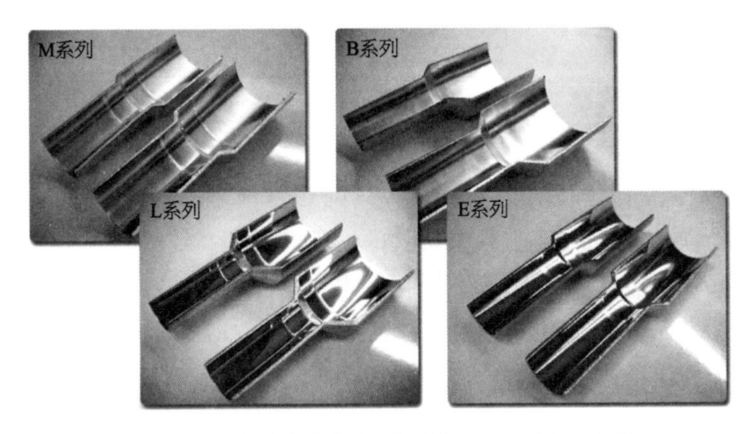

图 11-1　管道分类参考，分别为 M、B、L 及 E 系列

11.2　超净室中的气体种类

按照不同的分类方式，超净室中的气体可以分为两种不同的类型。根据用途和生产量分类，气体分为大宗气体和特种气体；根据物理状态和热力学性质，气体分为永久性气体和液态压缩气体。

11.2.1　分类 1：大宗气体、特种气体

1）大宗气体

大宗气体主要有 H_2、He、N_2、O_2、Ar。其特点是在半导体生产中用量很大，

虽然用量大，但对气体和管道品质要求也很高，不同的厂务工艺对应的大宗气体的纯度也有不同要求。

大宗气体应用举例：在半导体行业中，Ge和Si是两种重要的半导体材料，处于元素周期表中的第Ⅳ族，但是Ge在工艺和器件性能上存在问题，它的熔点限制了高温工艺，更重要的是，它的表面缺少自然发生的氧化物从而容易漏电，而Si的发现解决了这两个问题，并且Si的来源十分广泛，当今世界上超过了90%的生产用的晶圆材料都是Si，现在也有第三代新型半导体，以氮化镓(GaN)和SiC、氧化锌(ZnO)、金刚石为四大代表。很多半导体化合物由元素周期表中的第Ⅱ、Ⅲ、Ⅴ和Ⅵ族的元素形成。而用于置换、保护的气体，严格来说，应该使用第Ⅷ族的本征惰性气体，但是这种惰性气体生产成本相对较高，所以在实际生产中，大多使用高纯N_2作为保护气。

2）特种气体

用于电子产品生产、掺杂、外延、离子注入、刻蚀等工艺中使用的自燃性、可燃性、毒性、腐蚀性、氧化性、惰性等特种气体种类繁多，相较大宗气用量比较少，但因其特殊的气体性质和对工艺起到的关键作用，特种气体系统及设备的设计和安全要求会更为严格。特种气体由于其极稀有性(如Xe)、需人工提纯或合成[如六氟化钨(WF_6)]和极高纯度等特点，因而一旦被污染就很难再次被提纯。

特种气体应用举例：Si元素在第Ⅳ主族，最外层有4个电子，既不像导体那样极易摆脱原子核的束缚，成为自由电子，也不像绝缘体那样被原子核束缚得那么紧，它介于绝缘体和导体之间，属于半导体，导电特性介于两者之间。Si可以制成多晶硅和单晶硅，两者都是半导体材料：当熔融的单质硅凝固时，Si原子以金刚石晶格排列成许多晶核，如果这些晶核长成晶面取向相同的晶粒，则形成单晶硅；如果这些晶核长成晶面取向不同的晶粒，则形成多晶硅。多晶硅与单晶硅的差异主要表现在物理性质方面：由于单晶硅具有更高的电性能，因此在生产高端、性能要求高的芯片和高效太阳能电池等产品中应用较广；而多晶硅由于成本低，较容易生产，并且在一些要求电性能相对较低的产品中得到广泛应用。虽然单晶硅生长过程有更严格的控制和更高的纯度要求，导致单晶硅的成本更高，但是，Si晶圆作为半导体材料中的衬底材料，为保证器件的稳定性、良率、大规模生产等要求，需全部采用单晶硅。因此，从厂务角度，在生产Si晶圆时，需要严格控制污染物。在Si晶圆上镀膜、刻蚀、生长材料时，很多工艺都会用到SiH_4。其特性如下。

(1) SiH_4 是一种自燃性气体,熔点为-185℃,沸点为-112℃,在空气中会自燃,与空气可形成爆炸性混合物,在空气中的爆炸极限为0.8%~98.0%体积分数,室温下可以与卤素或重金属卤化物激烈反应。SiH_4 加热到400℃开始分解为非晶硅和 H_2,加热到600℃以上分解生成晶体硅,半导体工业主要采用该方法来生产多晶硅。

(2) SiH_4 毒性很大,会强烈刺激人的呼吸道,中毒者可能出现头痛和恶心等症状,吸入量较大时会引起呼吸道及淋巴系统生理病变。同时 SiH_4 气体在钢瓶内的压力很高,且属于燃爆性气体,对于一般的毒腐性、可燃性气体,除了对放置气源钢瓶柜体的壁厚有一定厚度要求,还要对设备进行排风换气,SiH_4 的换气次数就有严格的国标规定。美国压缩气体协会(Compressed Gas Association, CGA)的13号规范就是专门针对 SiH_4 气体的,SiH_4 作为半导体常用的气体介质,用量很大,对 SiH_4 设备及 SiH_4 系统、SiH_4 站的安全设置要十分重视。

11.2.2 分类2: 永久性气体、液态压缩气体

1) 永久性气体

永久性气体是指在标准状况下无论使用多大的压力去压缩,都不会变为液态的气体,需要降温使其转变为液态,如 N_2、He、Ar 等。

2) 液态压缩气体

在标准状况下加压就能转变为液体的气体。美国运输部(Department of Transportation, DOT)将压缩气体定义为任何在容器内的绝对压力在70华氏度(℉,华氏温度$=1.8\times$摄氏温度$+32$)下达到40磅力每平方英寸(绝对压力)(pound per square inch absolute, Psia。1 Psi$=6.894\ 76\times10^3$ Pa)的气体或压强达到104 Psia(在130℉下)或蒸气压力达到40 Psia(在100℉下)的可燃性液体。

11.3 气体的潜在危险性

根据气体的特性和对环境、人体的影响,可以将气体进一步分类为不可燃气体、可燃气体、氧化性气体、有毒气体和腐蚀性气体(图11-2)。

(1) 不可燃气体: 指不能与 O_2 或其他氧化剂发生明显燃烧反应的气体。这

图 11-2　气体危险分类图

些气体在常规条件下不具有燃烧性能。例如，N_2、Ar 等就是不可燃气体。

(2) 可燃气体：指与空气或 O_2 能够形成一定浓度的混合气态，并遇到火源会发生燃烧或爆炸的气体。常见的可燃气体有 CH_4、C_2H_6、H_2 等。

(3) 氧化性气体：指在一定条件下，与材料接触会产生较为剧烈的失去电子的化学反应的气体。例如，O_2 是一种常见的氧化性气体。

(4) 有毒气体：指对生物体具有毒性或危害性的气体。吸入或暴露在高浓度的有毒气体中可能导致中毒、伤害或危及生命。半数致死浓度超过 200 ppm 但不超过 2 000 ppm 的气体称为毒性气体(toxic gas)，半数致死浓度不超过 50 ppm的气体称为剧毒性气体(virulent gas)。例如，AsH_3、Cl_2、一氧化碳(CO)等都被认为是有毒气体。

(5) 腐蚀性气体：指在一定条件下，对材料或人体组织接触产生化学反应引起可见破坏的气体。例如，HF、硫化氢(H_2S)等都具有腐蚀性。

这些分类是根据气体的化学性质、燃烧性质、毒性等特性进行的，对于了解和处理不同气体的危险性和安全性非常重要。在使用或处理这些气体时，应该遵循相应的安全操作规程和措施，以保护自身和环境的安全。

11.3.1　不可燃气体

不可燃气体的危险性主要在于物理方面：窒息性(取代肺中的 O_2)、高压、低温。不可燃气体主要有 N_2、Ar、He 等。缺乏 O_2 对人体很危险，在实际生产中几乎每年都有相关案例，O_2 浓度与对应症状如表 11-3 所示。

表 11-3　O_2 浓度与对应症状

浓　度	症　　状
19.5%	人类正常生活所需要的最低 O_2 浓度极限[来自职业健康与安全标准(occupational safety and health administration, OSHA)]
15%～19.5%	人体工作能力下降，呼吸系统和循环系统出现先期症状
12%～14%	呼吸、脉搏加快，渐渐失去知觉
10%～12%	呼吸、脉搏进一步加快，丧失判断能力，嘴唇发紫
8%～10%	失去意识，呕吐
6%～8%	处于这种环境下 8 min 的死亡率 100%，6 min 的死亡率 50%，4～5 min 尚可恢复
4%	40 s 内昏迷、抽搐、停止呼吸，直至死亡

以上数据显示，采用屏住呼吸、冲进缺氧区域的方式进行援救是不可取的行为，因此禁止不戴呼吸器及其他安全装置进入缺氧区域。

高压是所有压缩气体及液化气体共有的物理危害性，钢瓶或压力容器可承受 15～6 000 磅每平方英寸(表压力)(pounds per square inch gauge, Psig)的压力，在失控情况下，突然的压力释放或泄漏会造成人身的伤害或其他破坏。

低温液态气体也十分危险，如液氧、液氩、液氮、液氢、液氦。低温液态气态泄漏，低温蒸气扩散，从周围吸收大量热量，使人体冻伤，还可能会引起周围装置结构的破裂损伤。

针对不可燃气体的危险防护如下。

(1) 保证空气的流动，配备排风系统。

(2) 正确的钢瓶操作流程。

(3) 监测 O_2 浓度、配备自给式呼吸器(self-contained breathing apparatus, SCBA)。

(4) 不可单人独立工作。

11.3.2　可燃气体

可燃气体的危害性主要表现为：窒息性(取代肺中的 O_2)、高压、可燃性。主要有乙炔(C_2H_2)、H_2、CH_4、丙烷(C_3H_8)、NH_3。其可燃范围、自燃温度及比重如表 11－4 所示。

表 11－4　气体的可燃范围、自燃温度及比重

气　体	可燃范围(空气中)(%)	自燃温度(°F)	比重(空气=1)
C_2H_2	2.5～100	571	0.90
H_2	4～74	1 074	0.07
CH_4	5～14	999	0.56
C_3H_8	2.1～9.5	842	1.56
NH_3	16～25	1 204	0.60

引燃可燃气体需要同时具备 3 个条件：① 气体浓度在其燃烧范围内；② 氧化介质，如空气或 O_2；③ 激发能源。

要特别注意 H_2，H_2 具有低激发能源、宽的燃烧范围及很快的扩散速度，通常情况下可将其视为自燃气体。

可燃气体的危险防护措施如下。

(1) 保证空气的流动，配备排风系统。

(2) 正确的钢瓶操作流程。

(3) 使用防爆设备。

(4) 避免任何火花产生的可能。

11.3.3　氧化性气体

氧化性气体是指具有氧化剂性质的气体，能够加速燃烧或使可燃物质燃烧的气体，具有很高的活泼性和反应性。以下是一些常见的氧化性气体。

(1) O_2：O_2是最常见的氧化性气体，也是空气中的主要成分之一。O_2能够促进其他物质的燃烧反应，并支持生物体进行呼吸。

(2) 卤素气体：包括氟气(F_2)、Cl_2和溴气(Br_2)等，这些气体也具有强烈的氧化性。它们能够与许多其他元素和化合物发生氧化反应，并释放出活性氧。

(3) 二氧化氮(NO_2)：NO_2是一种红棕色有刺激性气味的气体。它是氮氧化物的一种，具有很强的氧化性。NO_2可与其他物质反应，产生有害的氮氧化物。

氧化性气体的危险性在于助燃、高反应性、过高含氧量。在一定条件下能与可燃物质产生剧烈的反应，加剧火灾或爆炸。在处理或存储这些气体时，需要采取适当的安全措施，以防止潜在的火灾和爆炸风险。

需重点注意的是，在富氧环境中工作，依然需要佩戴呼吸机。并且在离开富氧环境后，需要先到置换区（分离区）中用低压的压缩气体去吹扫身体，一般采用CDA进行吹扫。衣服材质一般都是化纤材料，从富氧环境出来之后，若不进行吹扫，一旦产生火花，就会爆燃，非常危险。同时，在富氧环境里，一般会对地面、墙面做特殊处理，以防火花的产生。

11.3.4 有毒气体

有毒气体的种类繁多，它们可以造成严重的健康问题甚至导致死亡。以下列出了一些集成电路中常见的有毒气体及其特性。

(1) NH_3：在室温和大气压力下，NH_3是一种无色，具有刺激性气味的碱性气体。

(2) 砷化氢（AsH_3）：在室温和大气压力下，AsH_3是一种无色且具有蒜臭味的气体，在半导体材料制备过程中，AsH_3可用于半导体材料的掺杂，并且掺杂浓度可控，从而改变半导体材料的电学性能。

(3) PH_3：在室温和大气压力下，PH_3是无色、可燃和剧毒的气体，具有烂鱼气味。用作N型半导体的掺杂剂、聚合作用的引发剂和缩合作用的催化剂，也用于有机合成。

有毒气体中毒主要有以下几种途径。

(1) 吸入途径：最常见的中毒途径。人在呼吸过程中将有毒气体吸入肺部，气体通过肺泡进入血液并传播至全身，对身体各器官产生毒性作用。

(2) 皮肤接触：某些气体可以穿透皮肤和黏膜，进入人体内部。

(3) 口服（误食）：虽然不常见，但某些气体或其溶液在保管或操作不当时可能会导致口服中毒。

(4) 眼睛接触：有的气体对眼睛黏膜有很强的侵蚀性，如果眼睛直接接触到气体，除了造成眼部伤害外，还可能通过眼睛的黏膜吸收引起全身性中毒。

中毒后的症状取决于具体气体的种类、浓度、暴露时间、个体敏感性等因素。典型的中毒症状包括呼吸困难、喉咙痛、咳嗽、胸痛、眼睛刺激或疼痛、皮肤瘙痒或出现红疹、头晕、恶心、呕吐、丧失意识等。

了解这些有毒气体的特性，是避免和减轻其潜在危害的第一步。当处理或操作这些气体时，必须严格遵守相关的安全规定，采取适当的防护措施，如戴上防护面具和穿上防护服、确保良好的通风、及时进行气体检测，以确保工作者和环境的安全。在紧急情况发生时，还应立即实施紧急应对措施，并向专业的急救团队求助。

对于有毒气体，毒理学定义如下。

(1) 最高允许浓度值-时间加权平均允许浓度(threshold limit value-time weighted average，TLV－TWA)：作业人员按每天 8 h、每周 5 d 工作制工作，健康不会受到损害的毒性气体时间加权平均浓度。

(2) 最高允许浓度值(threshold limit value，TLV)：毒性气体在空气中的浓度小于该值时，充分且持续暴露于该环境中的作业人员的健康不会受到损害。

(3) 允许暴露限值(permissible exposure limit，PEL)：在 8 h 工作日中可以接触到的有害物质的最大浓度。

(4) 短时间平均允许浓度(short term exposure limit，STEL)：毒性气体在一个工作日期间的短暂(任何 15～30 min 内)暴露空气中浓度平均值的最大允许值。

(5) 立即威胁生命和健康浓度(immediately dangerous to life and health，IDLH)：有害环境中空气污染物浓度达到某种危险水平，如可致命、可永久损害健康或可使人立即丧失逃生能力。

(6) 半致死浓度(lethal concentration 50，LC50)：在空气中使健康的成年大白鼠连续吸入 1 h，能引起受试白鼠在 14 d 内死亡一半的气体的浓度。

(7) 最高允许峰值浓度(threshold limit value ceiling，TLV－C)：在工作期间的任何时间都不能超过的浓度。

(8) 爆炸浓度下限值(low explosion limit，LEL)：易燃性气体在空气或氧化气体中发生爆炸的浓度下限值。

针对易燃易爆气体，比如 H_2，一般 1/4 LEL 是一级报警，1/2 LEL 是二级报警。

以 SiH_4 为例，若设定 SiH_4 的最高接触浓度是 5 ppm，那么对监测浓度有以下规定。

(1) 一般来说，在气体浓度达到 TLV 时，会对生命安全造成威胁，侦测器会监测到泄漏气体，设备会亮红灯，并有报警器提醒人员赶紧撤离，造成生产中断，这是二级报警。

(2) 在气体浓度达到 1/2 TLV 时，设备会亮黄灯，提醒气体可能存在泄漏，或者侦测器探头异常，这属于一级报警。

当然这两个值并不固定，可以根据客户的安全要求进行更改。比如，设置 1/8 TLV 黄灯亮，1/4 TLV 红灯亮。但是修改此数值时，会把安全限度放在首位，不允许超过安全限度进行 TLV 修改。

有毒气体危险防护措施如下。

(1) 提供排风系统。

(2) 正确操作气瓶。

(3) 配备毒气监测系统。

(4) 穿戴适当的 PPE。

(5) 进行操作及安全培训。

11.3.5 腐蚀性气体

腐蚀性气体指那些能够对人体及其他物体(如金属、塑料、橡胶等)造成危害和损害的气体。下面列出一些常见的腐蚀性气体。

(1) Cl_2：在环境条件下，Cl_2是黄绿色的非可燃气体，有强烈刺激性气味，具有窒息性，对鼻腔和咽喉有刺激作用。

(2) F_2：F_2为浅黄色、剧毒、强腐蚀性气体。具有强烈刺激性特征气味。其化学性质非常活泼，可以与几乎所有的有机物和无机物发生反应，具有最高价态的金属氟化物以及少数全氟化有机化合物除外。

(3) NH_3：NH_3是一种碱性气体，易溶于水。对于任何要和 NH_3接触的设备，推荐使用 Fe 和钢材质，不能使用 Cu、Sn、Zn 及其合金，因为它们会受潮湿 NH_3的腐蚀。

(4) HCl：HCl 气体是有毒的腐蚀性气体，有刺激性气味，具有窒息性。从本质上，HCl 对金属是惰性的，正常条件下并不腐蚀常用金属。但 HCl 极易溶于水，形成强酸，绝大多数金属都会受其腐蚀。

(5) HF：HF 即使在低浓度下也极具腐蚀性，能够与大多数玻璃和金属反应形成相应的氟化物。同时，HF 可能通过吸收皮肤上的水分形成水溶性的氢氟酸，该酸会深入人体组织导致严重损伤，对人体极为危险。

(6) BCl_3：BCl_3是一种无色气体，在潮湿空气中有烟雾出现，遇水迅速水解，水解产物为盐酸和硼酸，从而具有腐蚀性。干燥的 BCl_3是非腐蚀性的，可以在钢瓶内运输。

(7) DCS：DCS 是一种无色、易燃和有毒的气体，有刺激性气味。在潮湿空气中发烟，遇水水解，生成盐酸和聚硅氧烷混合物。在约 1 000℃时，可淀积出具有优良质量的均匀的外延硅结晶层。DCS 主要用于外延硅的沉积工艺，需要在严格控制的环境下操作。

(8) BF_3：BF_3是一种无色的、有强烈刺激性的有毒气体，有刺鼻的气味，具有窒息性，在潮湿空气中产生烟雾。处理干燥的 BF_3，推荐使用不锈钢、Cu、Ni、黄铜和 Al 作为存储容器和输送管道的制作材料。然而，当处理潮湿的 BF_3时，由于其较高的腐蚀性，需要使用更加耐化学腐蚀的材料。此时聚四氟乙烯(别名铁氟龙)、聚乙烯(polyethylene, PE)和纯聚氯乙烯(polyvinyl chloride, PVC)等塑料材料是较好的选择，这些材料在 80℃时也不会受到腐蚀。需要特别注意的是，橡胶管、酚醛树脂、尼龙、纤维素及一般的聚氯乙烯在与潮湿的 BF_3 接触时易受到严重的腐蚀和损坏，因此不推荐使用这些材料来处理潮湿的 BF_3。

这些腐蚀性气体对设备和人体健康及安全构成重大威胁，因此在工业和化学实验室等环境中处理这些气体需要格外小心，要采取适当的安全措施，如使用防腐材料和保持良好的通风。同时，工作人员需要穿戴适当的 PPE，以减少对健康的危害。

对于腐蚀性气体，也可以使用钢瓶来进行包装，但需要对钢瓶进行以下特殊处理。

(1) 在钢瓶内加入内胆或者镀膜。

(2) 保证钢瓶内部没有水分(尤其是卤素气体，会与水发生反应)。

针对腐蚀性危险的防护如下。

(1) 提供排风系统。

(2) 正确操作气瓶。

(3) 采用相容的原材料。

(4) 降低含水量。

(5) 穿戴适当的 PPE。

操作腐蚀性气体所应配备的 PPE 包括橡胶防护服、橡胶手套、面具、自给式呼吸器。

11.4　气体储存、运输与控制

11.4.1　正确操作和储存气体

半导体工艺使用的气体基本以瓶装形式包装，放置于专门的气体房中，按照

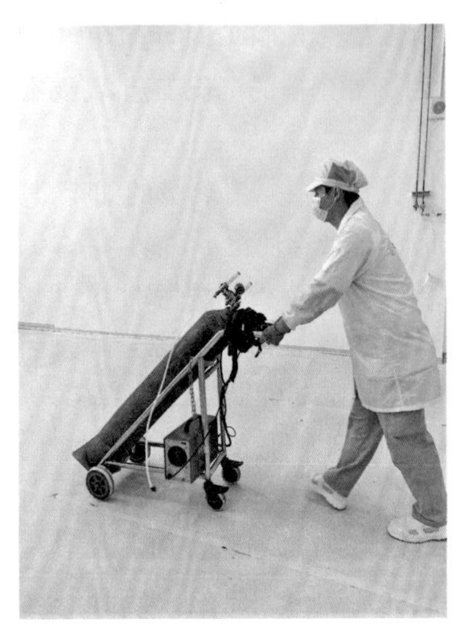

图 11-3　气瓶运输车

气体性质，气体房可分为惰性气体房、可燃气体房、毒腐气体房，一些性质特殊的气体也可能会单独设置气体房间。气瓶的运输、存放、使用及归还等均需按照严格要求进行，具体如下。

(1) 气瓶运输：不可机械撞击气瓶，不可用气瓶作为滚轮，不可通过气瓶盖吊升气瓶，不可用磁铁或吊索吊升气瓶，不可通过旋转来移动或固定气瓶。气瓶需要使用单瓶或者双瓶运输车进行运输，如图 11-3 所示。

(2) 气瓶存放：高温会引起瓶内压力上升，低温会使得瓶体易碎和气瓶阀失效。因此气瓶不能随意放置，需要贴好标签标识，在单独的区域隔离，并且使用钢瓶锁链进行固定。

(3) 气瓶使用：需配合气体系统及设备进行，在未供应气体时，气瓶阀需关闭，打开气瓶的前置条件非常严格，未经授权的专业操作人员不可随意开启气瓶阀。

(4) 气瓶归还：确保气瓶阀已经正确关闭、封住出口端、并装配气瓶帽，若过程中有任何问题，须及时通知气体供应商进行处理。

11.4.2　储存、运输及气体输送系统装置

用于储存、运输气体的装置有钢瓶、Y 瓶、T 瓶、集装格、杜瓦、鱼雷车、ISO 槽车、低温储罐。气体输送系统装置及相关部件有气瓶柜、气瓶架与气瓶面板、大宗特气输送系统、阀门箱、减压面板、阀门盘、分气箱、蒸发器、尾气处理器、纯化器、连接件、调压阀、气体过滤器等，以下分别介绍。

1) 钢瓶

钢瓶可用来运输 N_2、H_2、O_2、Ar、He、HCl、Cl_2、CF_4、SF_6 等气体，有 3 L、8 L、16 L、29 L、40 L、44 L、47 L、49 L 等规格。实物如图 11-4 所示。

图 11-4　钢瓶

2）Y 瓶

Y 瓶可用来运输 SiH_4、NH_3、CF_4、N_2O、HCl 等气体，其结构为水平放置，容积为 440～470 L。实物如图 11－5 所示。

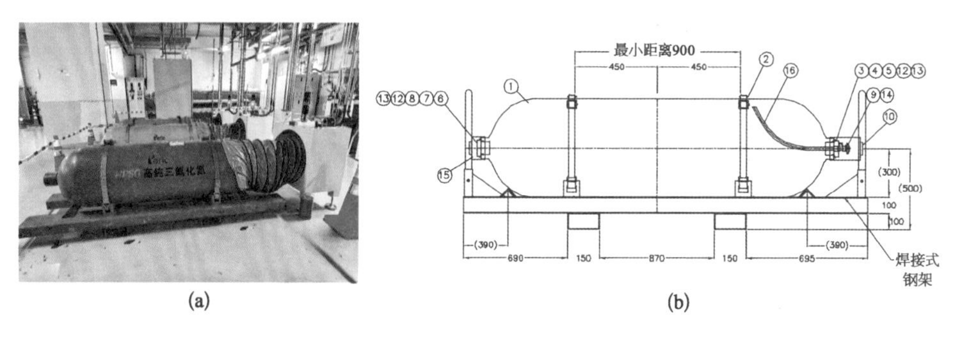

图 11－5　Y 瓶

(a) 实物图；(b) 结构示意图。

3）T 瓶

T 瓶可用来运输 NH_3、HCl 等液化气体，其结构为水平放置，容积为 930～950 L。T 瓶实物如图 11－6 所示。

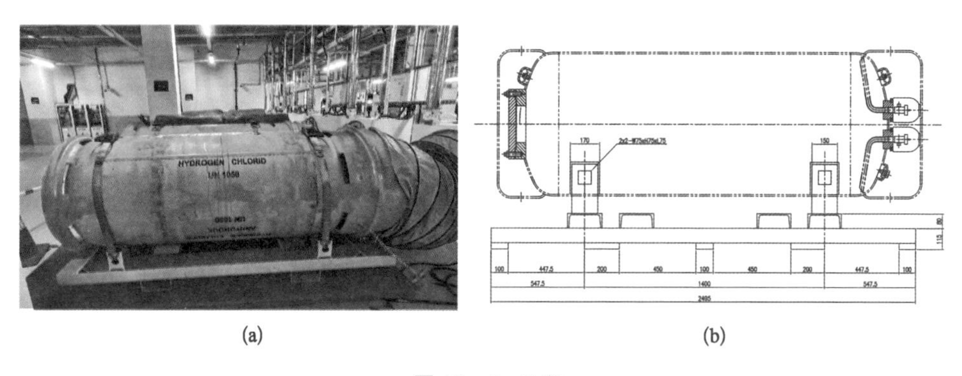

图 11－6　T 瓶

(a) 实物图；(b) 结构示意图。

T 瓶和 Y 瓶的主要区别体现在以下几个方面。

(1) 形状与结构：T 瓶的整体形状呈现 T 字形，其管口向两边延伸，而 Y 瓶的整体形状呈现 Y 字形，管口则向左上和右上角延伸。这种形状上的差异使得两者在视觉和使用上都有所不同。

(2) 用途与气体存储：Y 瓶主要用于永久气体，尤其是那些临界温度低于 －10℃ 的气体，如 H_2、SiH_4、NF_3 等。这类气体的钢瓶设计压力≥12 MPa，因此被称为高压气瓶。而 T 瓶则适用于液化气体的贮存及使用，如 HCl、CO_2、NH_3、Cl_2 等。其内壁的光洁度和洁净度可为向用户输送高纯度气体提供可靠的质量保证。

(3) 设计与制造标准：Y 瓶的瓶体设计、制造、检验和验收可以按照 DOT - 3AA 标准、ISO 11120 标准或《大容积钢质无缝气瓶》(GB/T 33145 - 2023)进行，确保为用户提供可靠的安全保证。

(4) 价格：T 瓶和 Y 瓶的价格也存在差异，具体价格因市场供需、品牌、质量等因素而异。但一般而言，由于 Y 瓶在制造和质量控制上可能更加严格，其价格可能会稍高于 T 瓶。

4) 集装格

集装格的作用是将若干个钢瓶放在一起存放，一般有 15、16、20 瓶包装的集装格，可用来存放 N_2、H_2、He、SiH_4 等高压气体。实物如图 11 - 7 所示。

图 11 - 7　集装格

图 11 - 8　杜瓦

5) 杜瓦

杜瓦一般用于常温下压力极高、用量很大的气体存储。杜瓦常被设计为贮存、运输和使用液氧、液氮、液氩或液态 CO_2、液化天然气等低温液态气体，并能可靠而经济地实现这些气体的运输，就地储存和供应。其容量通常大于 160 L。实物如 11 - 8 所示。

此外，由于其良好的保温性能，杜瓦还能确保储存的气体或液体在长时间内保持稳定的温度和压力。值得注意的是，杜瓦的供应使用过程中需要各个阀门正确打开和关闭，以确保液态气体的供应顺利、防止压力过高。在某些情况下，如果钢瓶的压力不够，还可以打开增压阀来增压。

6）鱼雷车

鱼雷车一般用于装载高压气体，特别是与军事或潜水作业相关的气体。这类钢瓶经过特殊设计和制造，能够承受高压，并保持气体的稳定性和安全性。常适用的气体有 H_2、He、SiH_4 等高压气体。实物如图 11－9 所示。

图 11－9　鱼雷车

7）ISO 槽车

ISO 槽车常用来运输、存储 NH_3 等大用量液化气体，实物如图 11－10 所示。

图 11－10　ISO 槽车

8）低温储罐

低温储罐用来存储用量很大的大宗气体，如 N_2、O_2、Ar 等，实物如图 11－11 所示。

9）气瓶柜

气瓶柜(gas cabinet，GC)用于腐蚀性、毒性、可燃性、自燃性气体的气瓶放

图 11－11　低温储罐

置与工艺设备的气体供应，实物如图 11－12 所示。有以下 3 种类型。

(1) 全自动型：包含柜体和控制系统两部分，可实现自动切换、自动吹扫功能。

(2) 半自动型：包含柜体和控制系统两部分，可实现自动切换、手动吹扫功能。

(3) 手动型：仅含柜体，无控制系统部分，为全手动操作。

图 11－12　气瓶柜

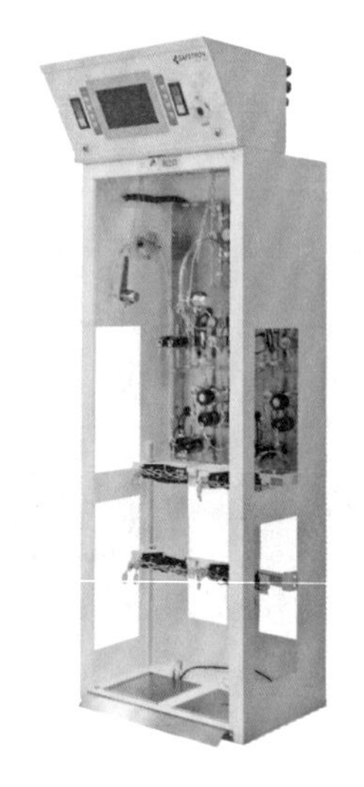

图 11－13　气瓶架与气瓶面板

10) 气瓶架与气瓶面板

气瓶架(gas rack, GR)与气瓶面板(gas panel, GP)主要用于惰性气体的气瓶放置与工艺设备的气体供应，实物如图 11－13 所示。有以下 3 种类型。

(1) 全自动型：包含柜体和控制系统两部分，可实现自动切换、自动吹扫功能。

(2) 半自动型：包含柜体和控制系统两部分，可实现自动切换、手动吹扫功能。

(3) 手动型：仅含柜体，无控制系统部分，为全手动操作。

11) 大宗特气输送系统

大宗特气输送系统(bulk specialty gas system，BSGS)用来进行腐蚀性、毒性、可燃性、自燃性气体的气瓶放置与工艺设备的气体供应与控制。实物如图 11-14 所示。设备种类如下。

(1) 全自动型：包含柜体和控制系统两部分，可实现自动切换、自动吹扫功能。

(2) 半自动型：包含柜体和控制系统两部分，可实现自动切换、手动吹扫功能。

图 11-14　大宗特气输送系统

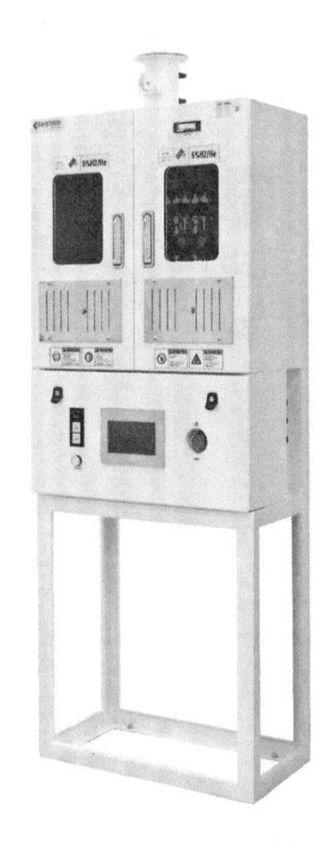

图 11-15　阀门箱

12) 阀门箱

在输送腐蚀性、毒性、可燃性、自燃性气体过程中，阀门箱(valve manifold box，VMB)通过管道将气体分配给相应的工艺设备。实物如图 11-15 所示。设备种类如下。

(1) 全自动型：包含柜体和控制系统两部分，可实现自动切断、自动吹扫功能。

(2) 半自动型：包含柜体和控制系统两部分，可实现自动切断功能。

(3) 手动型：包含柜体，需手动操作。

13) 阀门盘

在输送惰性气体过程中，阀门盘(valve manifold panel, VMP)通过管道将气体分配给相应的工艺设备，实物如图 11-16 所示。设备种类如下。

(1) 自动型：包含面板和控制系统两部分。可实现自动切断功能。

(2) 手动型：包含柜体，需手动操作。

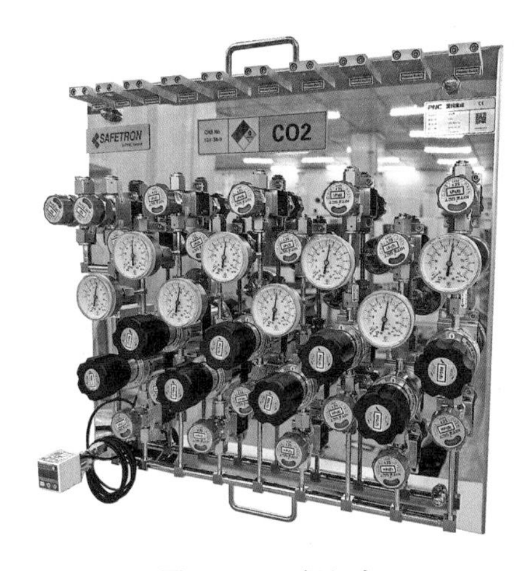

图 11-16 阀门盘

图 11-17 减压面板

14) 减压面板

减压面板(valve stand, VS)是在输送惰性气体的过程中使用的管道调压隔离装置，实物如图 11-17 所示。设备种类如下。

(1) 球阀类：接口为卡套连接方式，配置球阀，调压阀、压力表等部件。

(2) 膜阀类：接口为真空连接径向密封[vacuum coupling radius(VCR) seal]连接方式，配置隔膜阀、调压阀、压力表等部件。

15) 分气箱

分气箱(gas box)用于气体的混合或进入工艺腔体前的分配及气体压力流量的调节，属于工艺设备的一部分。实物如图 11-18 所示。其种类如下。

(1) 混气类：多种气体按照既定比例混合供应。

(2) 分配类：参与工艺反应前进行流量、压力、温度等参数调节，一般配置质

图 11-18　分气箱

量流量控制器(MFC)、调压阀等部件。

16）蒸发器

蒸发器(vaporizer)用于液化气体蒸发为气态时的热量交换装置，提供液相转化为气相时所必需的热量，常用于大宗气体的蒸发，如 N_2、O_2、Ar 等。实物如图 11-19 所示。设备种类如下。

(1) 常温型：常温状态下，通过空气热交换来补充液化气体相态变化时的热量。

(2) 外部加热型：当所需热量靠空气热交换不能满足时，需补充外部加热功能。

图 11-19　蒸发器

17）尾气处理器

尾气处理器用于处理易燃、易爆、有毒、腐蚀性气体的排气与吹扫装置，处理后的尾气达标后排入大气中。实物如图 11－20 所示。设备种类如下。

（1）吸附式：用吸附剂吸附的方式处理废气中的毒害气体。

（2）燃烧式：用燃烧的方式处理易燃性、自燃性气体。

（3）电热水洗式：用电加热的方式处理易燃性气体，然后用水洗的方式处理生成物。

图 11－20　尾气处理器

图 11－21　气体纯化器

18）纯化器

纯化器（purifier）用于去除气体中的气相杂质，实物如图 11－21 所示。设备种类如下。

（1）催化吸附式：用催化吸附的方式处理工艺气体中的杂质气体，此类型可再生。

（2）吸气剂式：用锆（Zr）吸附气体中的所有杂质，该方式不可再生。

（3）钯膜式：用于 H_2 的纯化，效率高，对 H_2 中的氧分含量要求高。

19）连接件

连接件用于连接气体管道，分为真空连接径向密封接头及双卡套接头，以下分别介绍。

(1) 真空连接径向密封接头

真空连接径向密封接头(VCR 型)是一种高性能的真空密封连接器,广泛应用于真空技术、半导体制造、科研实验等领域。由于其具有高真空密封性、快速连接与断开,以及重复使用的特点,该类型接头在需要频繁拆卸和重新安装真空系统的场合中特别受欢迎。其结构如图 11-22 所示。其特点包括:① 该类型接头含有金属垫片面,可实现密封;② 泄漏率高达 10^{-10} mbar · m^3/s(氦检值);③ 该类型接头属于超高纯小尺寸标准连接件,安装便捷。

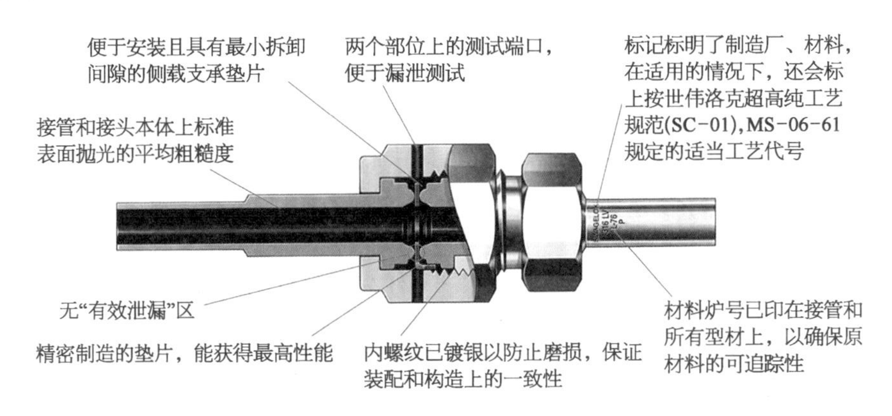

图 11-22　面密封接头的结构

(2) 双卡套接头

双卡套接头主要用于非高纯系统,可保证的泄漏率为 10^{-6} mbar · L/s,一般转动一圈加 1/4 圈进行旋紧,振动会导致连接松动。其结构如图 11-23 所示。

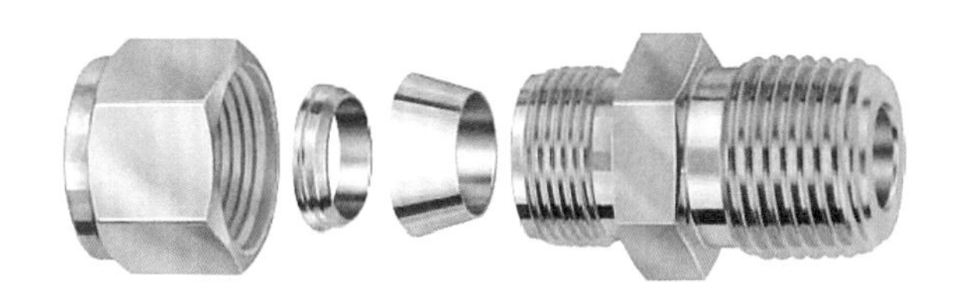

图 11-23　双卡套结构

20) 调压阀

调压阀主要用于调节气体系统中的气体压力,主要目的是维持稳定的压力以保证工艺制程稳定、提高系统效率、节能、提高安全性和稳定流量。然而,调压阀是气体系统中容易失效的部件,因此在使用过程中需要注意以下几个方面。

(1) 需要与供应商确认调压阀使用的介质和环境,以便正确配置和选择调压阀。

(2) 调压阀是调节阀后出口压力,将调压阀调到一定压力后,若进口流量变化,会使调压阀的压损也发生变化,从而影响调节出口压力变动,因此需考虑流量因素,根据实际使用情况进行精准调压。

(3) 常见的调压阀失效模式可能是源气中的颗粒物和水分等原因造成的,需要进行分析,并在调压阀前后设计合适的过滤器来阻止这些杂质进入气体系统。

(4) 调压阀后还应设置安全阀,以便在压力超过预设范围时进行超压排放,保证系统的安全性。

(5) 对于液化气体来说,选择合适的调压阀也十分重要,需要考虑其特殊性质以及对调压阀的材质、性能(如流量系数)要求。

因此,在使用调压阀时,需要综合考虑上述因素,从而选择合适的调压阀型号,以保证系统长期稳定地正常运行。各种类型的调压阀如图 11-24 所示,其内部结构如图 11-25 所示。

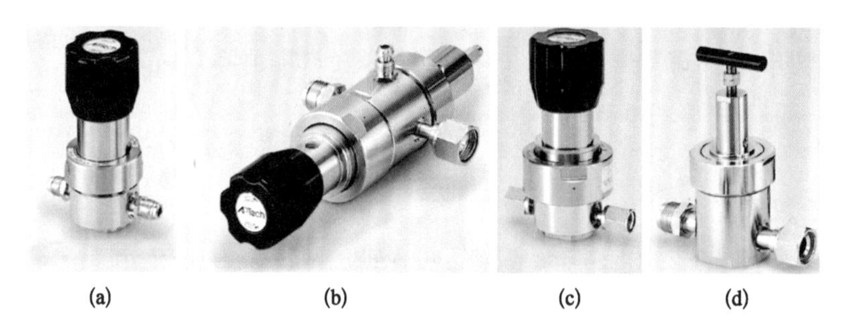

图 11-24 调压阀类型

(a) 通用型调压阀;(b) 二次调压阀;(c) 高压高流量调压阀;(d) 大流量调压阀。

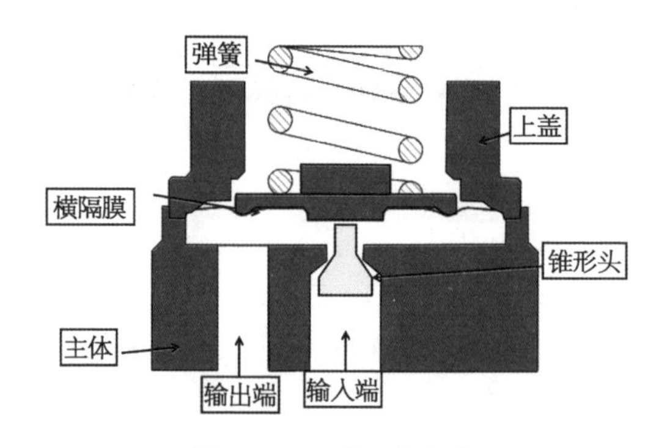

图 11-25 调压阀结构

21）气体过滤器

气体过滤器的作用是阻止颗粒物、固体杂质和液滴等进入流体系统，确保气体的净化和纯净性，以保护设备、提高气体系统的效率和安全性。按照滤芯、装配形式、气体输送等分类标准可具备不同的种类。

（1）按滤芯分类：有 PTFE、可溶性聚四氟乙烯（polyfluoroalkoxy，PFA）、Ni、陶瓷、硅纤维等。

（2）按装配形式分类：有可更换滤芯式过滤器、线性过滤器（line filter）、垫片式过滤器（gasket filter）等。

（3）按气体输送位置分类：有大宗气过滤器（bulk filter）、在线式过滤器、使用点过滤器（point of use filter）等。

在过滤过程中，最常见且难以处理的杂质是油，尤其是碳氢化合物。由于难以完全清除这些杂质，因此主要通过保持输送管道的清洁，以及操作人员穿戴干净的防护服来避免其进入气体系统。气体过滤器实物如图 11-26 所示。

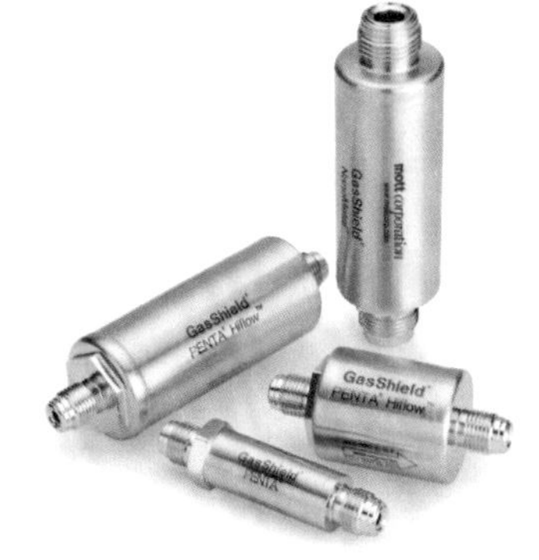

图 11-26　气体过滤器

11.5　气体的安全控制

气体安全的重要指标有以下两点。

（1）易燃气体的重要指标是 LEL，指在特定条件下可燃气体或蒸气与空气混合后，能够形成爆炸性混合物的最低浓度。

（2）有毒气体的重要指标是 TLV，表示建议的最高接触浓度，超过该浓度可能对人体产生有害影响。

根据以上要求，气体侦测器的报警设定分为以下几种情况。

（1）LEL 低报警：当气体浓度达到 10% LEL 时，侦测器会发出闪灯警报。

（2）LEL 高报警：当气体浓度达到 40% LEL 时，侦测器会提示关闭气瓶柜和阀门箱。

（3）TLV 低报警：当气体浓度达到 50% TLV 时，侦测器会发出闪灯警报。

（4）TLV 高报警：当气体浓度达到 100% TLV 时，侦测器会提示关闭气瓶柜和阀门箱。

通过设置不同的报警设定，气体侦测器能够及时监测和警示有害气体的存在，提供及时的安全保护。为方便理解，图 11－27 给出气体监测点的设计示例。

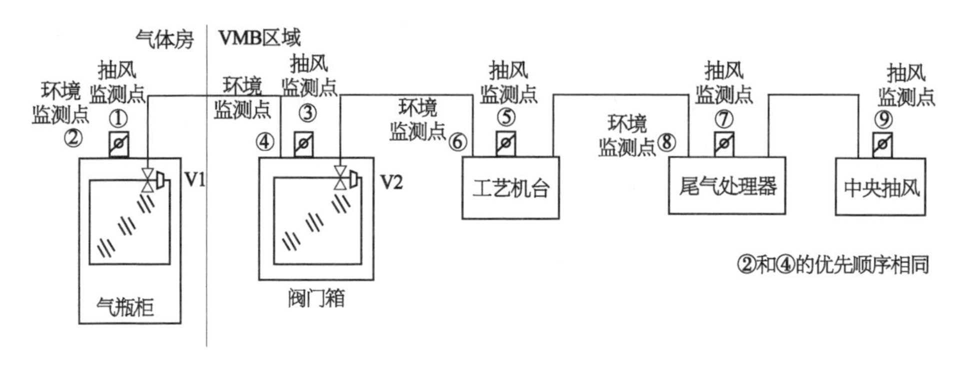

图 11－27　气体监测点的设计示例

11.6　气体供应设备换瓶提纯

当钢瓶内气体使用完后，需要更换新的气体钢瓶。换瓶过程中，杂质可能会污染洁净的管道。因此对于气体供应设备来说，为保证正式供应中气体的纯净度，须有一套标准的换瓶流程。而针对气体性质的不同，分为惰性、非毒害、高压毒害气体换瓶流程，针对客户对自动化的需求，又分为手动、半自动、全自动换瓶流程。气体危害程度越高，自动化程度需求越高，换瓶程序越复杂，从而保证换瓶操作的规范和安全。

以高压毒害气体供应设备换瓶流程为例，大致可以分为两部分，一部分管道参与工艺供应，另一部分参与吹扫排放。在空钢瓶拆除前，需要先关闭气瓶阀，此时工艺管道内还残存着毒害气体，也就是工艺气体。在正式拆除钢瓶前，为避免这部分气体拆除时危害人体，需要先将这部分工艺气体通过排放管道排放掉，再使用吹扫气通过吹扫管道，将工艺管道排放后残留的少量工艺气吹扫、排放干净并抽真空。吹扫、排放、抽真空步骤往往进行多次，该步骤完成后就可以拆除空钢瓶，换上新钢瓶。

新钢瓶换上后，在正式供气前，还需要对管道进行提纯操作，新钢瓶内的满瓶气体压力比管道高，此时迅速打开气瓶阀，然后关上气瓶阀，同时配合单向阀以防管道中的杂质进入钢瓶，通过排放的方式去除管道内的杂质，再加入吹扫气进行吹扫、排放、抽真空，吹扫气体大多是惰性气体，如 N_2。在实际中，杂质不一定是均匀分散的，此外考虑到钢瓶压强的影响等多重因素，需要反复吹扫多次。经过循环吹扫、抽真空等骤，就可以将管道中绝大部分的杂质去除。

在真实的特气柜换瓶流程中，还会有负压保压、正压保压、压力监控等流程，以确保换瓶提纯操作的正确有效，除去手动更换钢瓶的步骤，其余步骤即吹扫、排放、抽真空、保压等基本是通过程序控制阀门开关进行自动化操作，以提高效率、保障气体纯度和安全。

具体流程如图 11－28 所示，其中涉及的阀门有：高压隔离阀(high pressure isolation valve，HPI)、高压排空阀(high pressure vent valve，HPV)、普通 N_2 微漏阀(general N_2 bleeding valve，GNBV)、工艺 N_2 微漏阀(process N_2 bleeding valve，PNBV)、工艺 N_2 低压隔离阀(process N_2 low pressure isolation valve，PLPI)、工艺 N_2 高压隔离阀(process N_2 high pressure isolation valve，PHPI)、吹排气隔离阀(purge gas isolation valve，PGI)。

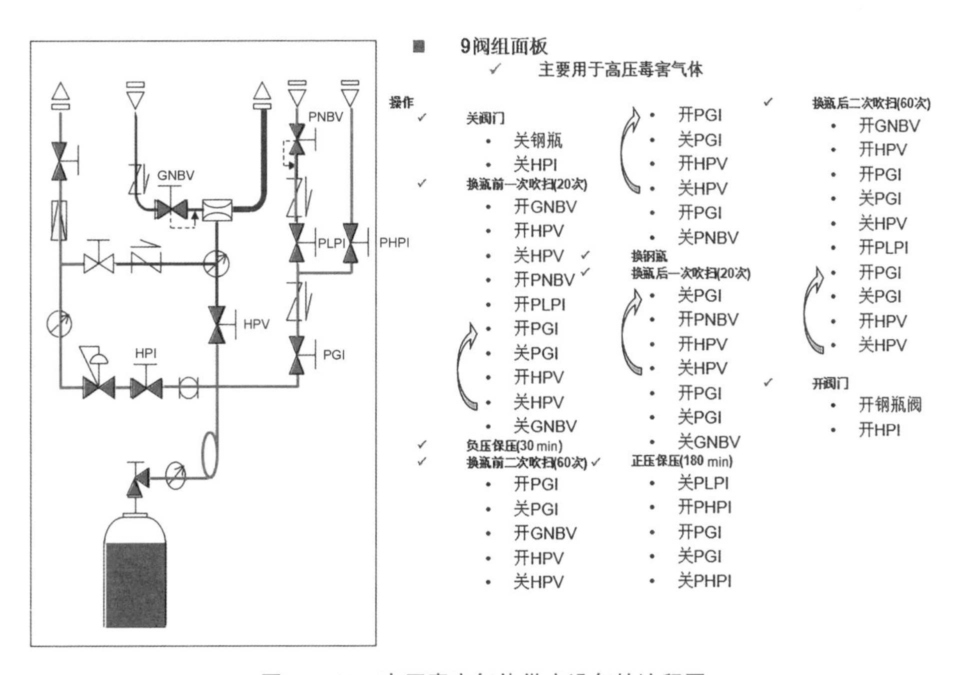

图 11－28　高压毒害气体供应设备的流程图

针对惰性气体、非毒害气体的换瓶流程如图 11-29 及 11-30 所示。

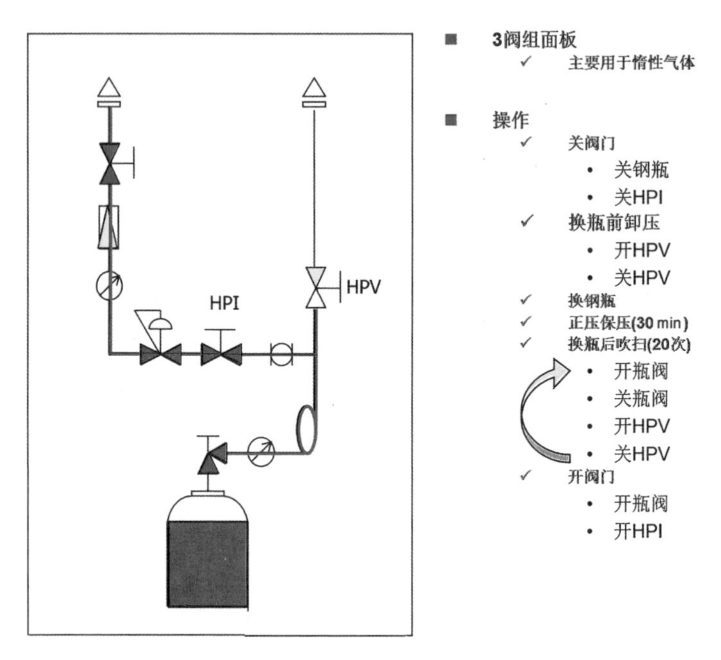

图 11-29　惰性气体供应设备换瓶的流程图

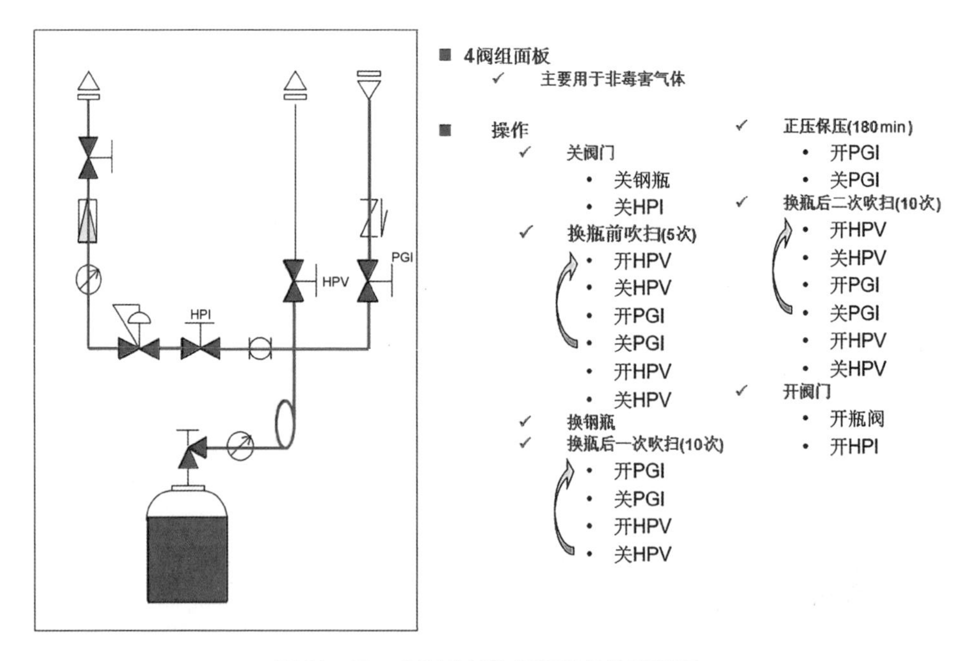

图 11-30　非毒害气体换瓶设备的流程图

11.7 低温液体

除了常规的气体外，还有常见的低温液体，如液氧、液氩、液氮、液氢和液氦等。这些低温液体由于极低的沸点，在常温下容易快速蒸发成气体。例如，液氧的沸点约为－183℃，液氩的沸点约为－186℃，液氮的沸点约为－196℃，液氢的沸点约为－253℃，液氦的沸点约为 －269℃。

这些低温液体的危险性主要包括以下几点。

(1) 蒸气快速扩散：当这些液体蒸发时，会迅速扩散到周围环境中，可能产生低氧环境，尤其在没有适当通风的封闭空间中，可能会有窒息的危险。

(2) 极度低温引起冻伤：低温液体温度极低，直接接触人体，可能立即造成严重的冻伤。

(3) 引起周围装置的损伤：由于低温液体温度极低，可能会导致接触的材料过冷和脆化，增加物理损坏的风险。此外，低温液体转化为气态时体积会急剧膨胀，这可能导致周围设备及结构件受损，甚至可能因此引发更大的危害。

(4) 能见度降低：当低温液体蒸发时，冷气体与周围较热的空气接触会产生大量雾气，这可能降低能见度，对安全及救援构成威胁。

处理这些低温液体时，应遵守严格的安全协议和存储规定，保证穿戴合适的PPE(如保温手套、防风镜、绝缘服等)，并确保操作区域具备良好的通风条件，以预防这些危险。在设计和维护相关设施时，也应采用适合低温条件的材料，并确保所有气体管道处于密封状态，以防止任何形式的泄漏或装置损坏。同时，操作人员应接受适当的训练，了解应对突发事件的适当措施。图 11－31 为低温液体

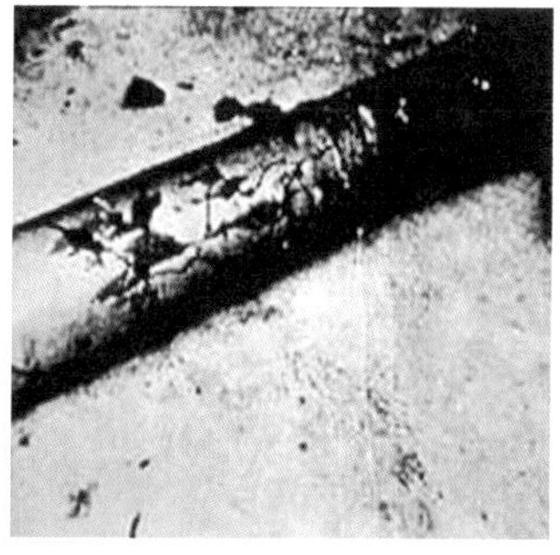

图 11－31　低温液体造成的结构件破裂

造成的结构件破裂。

针对低温液体导致的低温危险防护手段包括：① 提供排风系统；② 正确操作气瓶；③ 具备正确的系统设计，包含但不限于耐低温材料、绝热措施、安全阀、温压监控及冗余等设计。

第12章 超净室中的化学品

超净室中使用的化学品类型和性质是非常特殊与复杂的，因为它们必须满足极高的纯度要求以避免污染敏感的制造过程。超净室常见的化学品包括光刻胶、溶剂、酸和碱、氧化剂、显影剂、缓冲液等。在产业界，为高效率生产，采用全自动化学品供应系统，本章详细介绍相关内容。

12.1 化学品供应系统

常见的化学品供应系统(chemical supply system)大致包括：控制单元、槽车单元(lorry unit)、化学品补充单元(chemical charge unit)、化学品稀释单元(chemical dilution unit)、化学品混合单元(chemical mixing unit)及化学品供应单元(chemical transfer unit)、化学品储罐(chemical storage tank)、化学品供应罐(chemical supply tank)、化学品输送管道、分支阀箱(tee-box)、阀门箱(valve manifold box)、化学品监控系统(chemical monitor and control system)、化学品运行辅助系统(chemical utility)组成。

当工艺机台发出化学品需求信号时，控制单元会执行供应指令，通过启动相应的联动装置(如阀组、泵组)，通过 N_2 向供应罐加压或泵抽的方式，从供应罐中将化学液体通过化学品输送管道输送至分支阀箱、阀门箱，再将其供应至相应的工艺机台，满足工艺机台对多种高纯度化学品的需求。这些化学品主要应用于集成电路制造过程中的工艺刻蚀、清洗等以去除晶圆上的微粒和金属离子、晶圆表面氧化膜的清洁、光刻胶图案显影和光刻胶去除等。

化学品供应系统的供应流程如图12-1所示。各单元的具体介绍如下。

(1) 控制单元：一般为集成了可编程逻辑控制系统的自动控制系统，用于监控整个化学品供应系统的操作，并在需要时进行干预。

(2) 槽车单元：通常是指专门设计的大型化学品运输车，用于运输和储存大

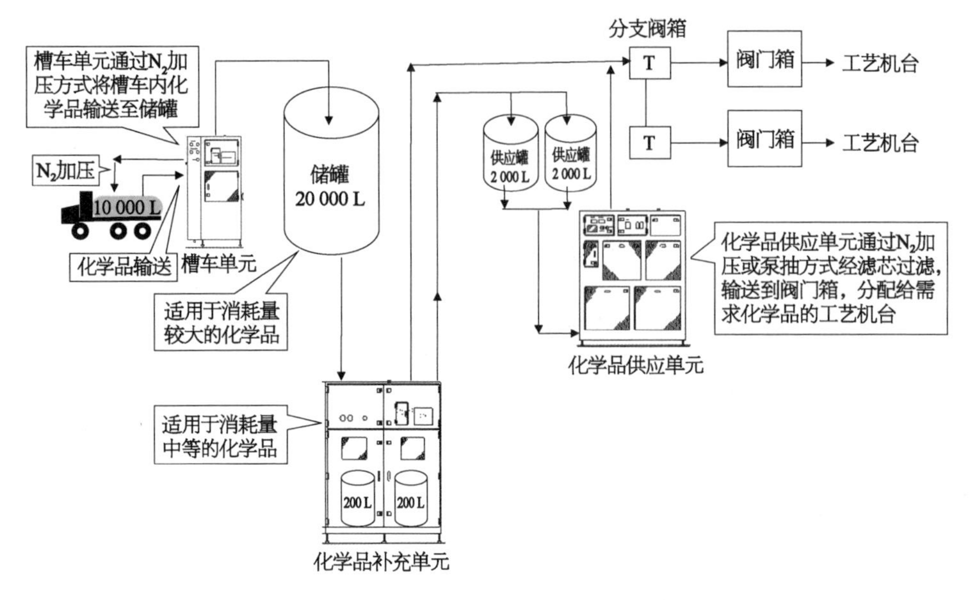

图 12-1　化学品供应系统流程图样例

批量的液态化学品。其中，槽车单元使用 N_2 加压将槽车内的化学品压入储罐备用。

(3) 化学品补充单元：用于 200 L 桶装化学品的补充操作，200 L 满桶的化学品通过化学品补充单元内的泵经化学品输送管道传送到化学品供应单元的供应罐内，填充完成后，操作人员重复补充操作，满足化学品供应单元的供应需求。

(4) 化学品稀释单元：用于对纯化学品与纯水进行稀释，采用泵抽模式循环稀释到所需浓度。

(5) 化学品供应单元：当工艺机台发出需求化学品信号时，控制单元向化学品供应单元发出供应指令，化学品供应单元通过启动相应的联动装置，通过 N_2 加压或泵抽的方式，从供应罐中将化学品经阀门箱供应到使用的工艺机台。

(6) 储罐：此处化学品在供应过程中的中间储存点，可以暂时存储一定量的化学品，以确保供应的连续性和稳定性。

(7) 供应罐：用于化学品日常供应使用(根据化学品性质选择使用 N_2 加压或泵抽形式)，供应罐配置的常规设计为两个及以上的供应罐交替使用，以确保供应的连续性和稳定性。

(8) 化学品输送管道：用于传输强酸、强碱以及有机类的高纯度化学品，将化学品输送到工艺机台。

(9) 分支阀箱：用于连接主管道与分支管道。它通常位于工艺机台附近，方便根据机台所需配置相应的化学品。分支阀箱通过连接下挂的阀门箱，将化学品从主管道输送到工艺机台。在设计分支阀箱时，需依据主管道的供应能力以及机台对压力和流量的具体需求，合理设置分支阀箱的数量以确保系统高效稳定运行。

（10）阀门箱：常规设计为 4 个供应出口，为不同工艺机台分配所需的同种化学品。

（11）化学品监控系统：用来对化学品供应系统实现监控、显示、报警、数据收集等功能的远程监控系统。

（12）化学品运行辅助系统：安全稳定供应中的动力源，可保持运行中各参数的长效稳定，确保工艺制造过程中所需的高品质化学品的安全供应。

12.1.1　槽车单元

大用量化学品通常通过槽车供应系统进行填充。在槽车单元中，采用 N_2 加压方式从 ISO 槽车（图 11－10）将化学品输送至化学品储罐。随后，通过化学品补充单元的泵将化学品输送到供应罐。当工艺机台请求化学品时，控制单元会接收到信号并执行化学品供应指令。化学品供应单元便会启动相应的联动装置，通过 N_2 或泵抽的方式，将供应罐内的化学品通过化学品输送管道输送至阀门箱，从而供应到指定的工艺机台。这一过程确保了高纯度化学品能够准确无误地送达各个工艺机台点。

12.1.2　化学品补充单元

化学品补充单元即化学品 200 L 桶补充系统，通过化学品补充单元，借助泵将 200 L 桶内的化学品输送至储罐内。

化学品补充单元配置的要求如下。

（1）管道、阀门组合和泵应安装在单一机柜内，并且柜内需配置取样盒和废液回收泵。

（2）需配备安全联锁装置，以防非正常情况下打开柜门，触发报警并立即停止化学品的填充。

（3）柜内应配备泄漏传感器，一旦监测到泄漏，会触发报警并停止操作。

（4）名称识别和安全标识：供应单元应配有条码扫描仪以确认化学品信息

和危险标识，以防在补充化学品的过程中出错。机柜的排气口应连接至动力排气处理系统，以防化学挥发物污染环境。

(5) 安全警示标识：单元柜体正面需贴有关于穿戴安全装备和其他安全警告的标识，包括防护手套、防护面罩、防护眼镜、防护面具、防护服、安全鞋、腐蚀和中毒警告标签。

(6) 易燃易爆化学品柜的安全措施：涉及易燃易爆化学品的部分，应独立配备感温传感器和火焰探测器，与 CO_2 自动灭火系统联动。一旦触发探测器，将启动警报、CO_2 灭火、关闭排气和联动监控系统，以保障安全。

(7) 过滤滤芯和输送：化学品的供应及输送单元柜内应配备高精度过滤器，保障化学品供应的纯净度。采用泵输送时，泵应设计为二组并联，泵一用一备，以确保供应稳定。若采用 N_2 输送，应配置两个或多个供应罐交替使用，保持供应稳定。

(8) 洁净度要求：为确保填充过程中化学品的纯净度，补充单元柜顶需安装高效空气过滤器。与此同时，柜门应能自动联动。同时内部配备纯水枪和 N_2 枪，用于内部的清洁和吹扫。

化学品补充单元工作流程如图 12-2 所示。

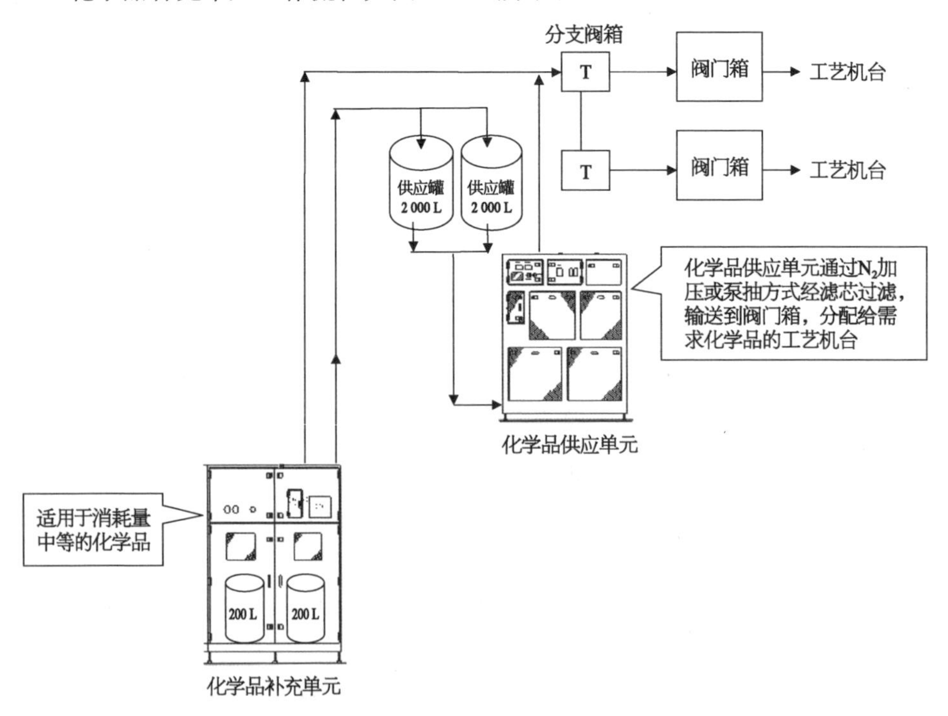

图 12-2 化学品补充单元的工作流程

至纯科技开发的化学品补充单元的实物如图 12 - 3 所示。

图 12 - 3　化学品补充单元

12.1.3　化学品混合与稀释单元

适用于工艺制备过程中对化学品浓度有稀释要求的化学品，化学品混合与稀释单元根据浓度要求计算化学品原液和超纯水重量，稀释单元程序将化学品补充单元的原液和成比例的超纯水加入混合罐内，混合稀释单元通过计量装置、泵抽循环混合、pH 计、电导率计等浓度分析仪器进行浓度质量控制与管理，经过混合稀释单元循环混合合格后，混合稀释单元的泵将化学品输送到供应罐内，当工艺机台发出请求化学品信号时，化学品供应单元开启对应联动装置，通过 N_2 加压或泵抽的方式，将供应罐内稀释后的化学品通过化学品输送管道经阀门箱供应到指定的工艺机台。

图 12 - 4 为常用的化学品混合与稀释单元的流程图。

12.1.4　化学品供应单元

化学品补充单元负责从 200L 桶中提取化学品，并通过配备的隔膜泵将其

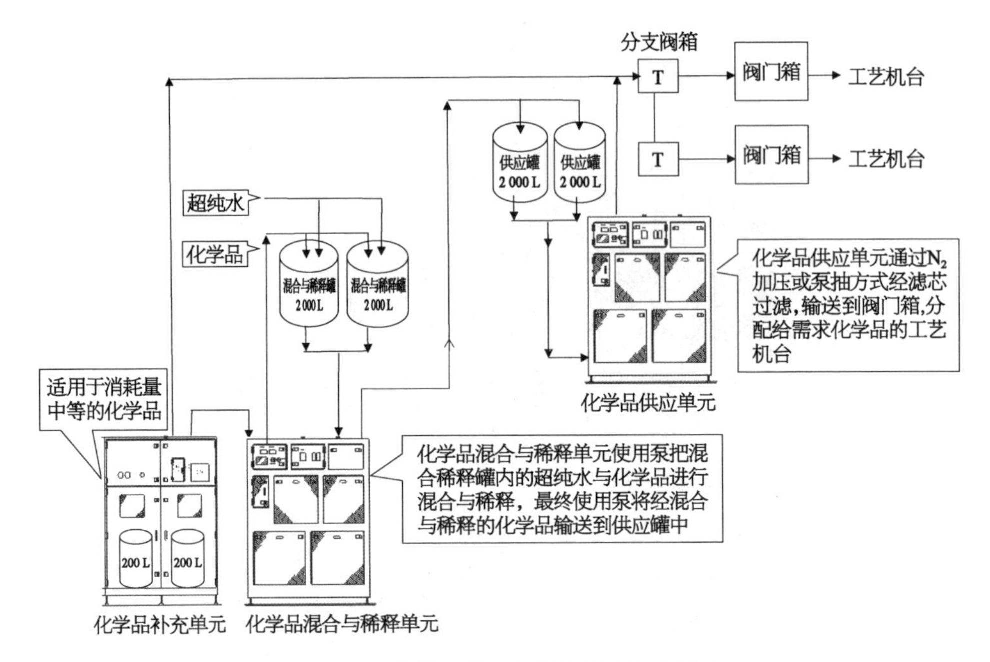

图 12-4　化学品混合与稀释单元的流程图

输送至供应罐中以供后续使用。当工艺机台需要化学品时，化学品控制单元会接收到信号并执行相应的化学品供应指令。位于化学品供应单元随后启动相应的联动装置，通过 N_2 加压或泵抽的方式将供应罐中的化学品通过化学品输送管道传输经阀门箱供应到指定的工艺机台。

化学品供应单元的配置要求如下。

(1) 管道、阀门组合和泵应安装在单一机柜内，柜内需配置取样盒和废液回收泵。

(2) 柜内应配备泄漏传感器，一旦监测到泄漏，会触发报警并停止供应。

(3) 机柜排气：机柜的排气口应连接至动力排气处理系统，以防化学挥发物污染环境。

(4) 安全警示标识：单元柜体正面需贴有关于佩戴安全装备和其他安全警告的标识。包括防护手套、防护面罩、防护眼镜、防护面具、防护服、安全鞋，以及腐蚀和中毒警告标签。

(5) 易燃易爆化学品柜的安全措施：涉及易燃易爆化学品的部分，应独立配备感温传感器和火焰探测器，与 CO_2 自动灭火系统联动。一旦触发探测器，将启动警报、CO_2 灭火、关闭排气和联动监控系统，以保障安全。

(6) 过滤滤芯和输送：化学品供应单元柜内应配备高精度过滤器，保障化学品供应的纯净度。采用泵输送时，泵应设计为二组并联，泵一用一备，以确保供应稳定。若采用 N_2 输送，应配置两个或多个供应罐交替使用，保持供应稳定。

(7) 洁净度要求：为确保填充过程中化学品的纯净度，内部配备纯水枪和 N_2 枪，用于内部的清洁和吹扫。

图 12－5 为至纯科技开发的化学品供应单元。

图 12－5　化学品供应单元

12.1.5　化学品储罐

化学品储罐系统包括储罐、混合罐(blending tank)和供应罐，它们都配备了多级液位探测器，包括高-高、高、中、低、低-低液位传感器以及可视化的液位计，确保能够精准监控液体的存储量。储罐在运行中采用 N_2 来保持密封性，增强化学品的存储安全。在使用 N_2 输送化学品的场合，储罐还配置有安全泄压阀，以防压力过高导致罐体损坏。为方便日常维护和检查，化学品储罐附近设置了便于检视的标志卡，上面标有储罐年检信息、化学品名称以及储罐编号。这是遵循《电子工程环境保护设计规范》(GB 50814－2013)等国家相关规范的要求。

此外，储罐设计了防泄漏围堰，以防化学品泄漏时造成二次风险和伤害。围堰或储罐的钢制支撑结构上涂有抗腐蚀和防静电的环氧涂料，以确保整个系统的安全性和环保性。图 12－6 为至纯科技开发的具有防泄漏围堰的化学品储罐。

图 12-6 具有防泄漏围堰的化学品储罐

12.1.6 化学品输送管道

一般来说,酸碱类化学品的主要供应管道选用内层为 PFA451 材质的管道,对于强酸强碱类及渗透性较强的化学品,则选用 PFA951 材质的管道,而外层采用 C-PVC(clean-PVC)材质的可视管道进行保护,保证了内层的 PFA 材质的管道安全,也避免了物理外力的刮碰、撞击,同时 C-PVC(clean-PVC)材质的可视管道也方便日常管道巡检,并观察 PFA 材质的内管状态。管道连接处的分支阀箱内的隔膜阀也采用 PFA 材质,以确保与管道材料的兼容性和整体系统的耐腐蚀性。

对于非腐蚀性有机溶剂,主供应管道则需要使用 SUS316L-EP 不锈钢管,这种材质具有足够的耐化学性和长期耐用性。供应系统中管道连接的分支阀箱内的隔膜阀也应选用相同的材质,以维持整个供应系统材质的一致性。

而对于腐蚀性有机溶剂,主供应管道设计为内层使用 PFA451 材质的管道配合外层为 SUS304 材质的不锈钢管的双层管道结构,利用不同材质的优势,既保证了管道的耐腐蚀性,也确保了物理强度。在这种供应系统中,管道之间连接分支阀箱内的隔膜阀同样采用 PFA 材质,与内层管道材质相匹配。

当化学品供应管道需要穿过墙壁或楼板时,无论是 SUS316L-EP 不锈钢管还是 SUS304 材质的外管,穿墙的管道必须确保没有焊接缝隙,以避免化学品泄漏或管道强度降低的风险。此外,穿墙管道的洞口需要使用不可燃材料进行密封，以确保系统的安全性。

图 12－7 为至纯科技开发的带阀门箱的化学品输送管道照片。

图 12－7　带阀门箱的化学品输送管道

12.1.7　分支阀箱

当工艺机台请求对应的化学品时，会在就近的区域配置分支阀箱，分支阀箱会下挂阀门箱（实物如图 11－15 所示），最终由阀门箱供应到工艺机台，设计时要根据化学品主管道供应能力及在满足工艺机台对压力、流量需求情况下，进行设计配置分支阀箱的数量。

12.1.8　阀门箱

化学品阀门箱的安装位置通常在紧邻工艺机台的区域（超净室内）。其主要作用是将来自化学品供应单元的化学品正确分配并输送到指定的工艺机台上。标准的阀门箱设计通常包括 4 个输出接口，但其配置可以根据生产需求进行调整。具体设计配置包括：盒体采用 PVC 材质的透明箱盖、用于控制主管道的手动阀、主管道排放阀，每个输出接口配置手动控制阀、取样阀、气动阀，以及安装在阀门箱内的泄漏传感器和压力传感器。这些配置确保了化学品分配的灵活性和安全性。根据主管道的供应能力和工艺机台的需求，阀门箱中的输出接口数量可以适当增加或减少，以保持供应的有效性和效率。每个阀门箱都配备有独立的工艺排气口，这些排气口连接到厂务专门的排气处理系统，以确保供应及日常维护过程中环境的安全。图 12－8 为至纯科技开发的化学品阀门箱。

图 12-8　化学品阀门箱

12.1.9　化学品监控系统

1. 化学品监控系统的功能

化学品监控系统确保了整个供应过程的安全、高效并符合环保要求。下面是化学品监控系统的主要内容。

(1) 供应流程图：展示各化学品的供应流程。

(2) 化学单元位置图：显示化学品各单元在厂区的布局。

(3) 过程流程图：展示工艺流程和操作步骤。

(4) 分支阀箱：用于控制和分配化学品流向。

(5) 阀门箱：控制和分配到具体工艺机台的化学品。

(6) 储罐供应压力：监控储罐的压力状态。

(7) 储罐液位：监测储罐的液位高度。

(8) 地坑泵液位：监测泵和泄漏监测系统的液位高度。

(9) 气动阀开关及泵的状态：追踪操作状态，确保正确调节。

(10) 泄漏监测：用于发现化学品泄漏并触发警报。

(11) 化学品供应时间的记录：记录时间，提供日志和历史数据。

(12) 稀释系统重量、浓度：监控稀释系统的效率和输出。

(13) 酸碱及有机溶剂排风监视：确保危险化学物质的安全排风。

(14) 系统警报事件：记录时间、日期、位置等重要信息，以便追溯和采取措施。

(15) 信息截图与输出打印：提供操作记录的文档证据。

化学品监控系统应与下列系统集成。

(1) 排风系统：在机柜内取样或维护机柜，以及有阀件微渗时，防止化学品挥发到机柜外，确保挥发性化学品的安全排放。

(2) 气体侦测系统：监测有害气体，保证工作人员和环境安全(SMDL 的气体侦测器如图 12－9 所示)。

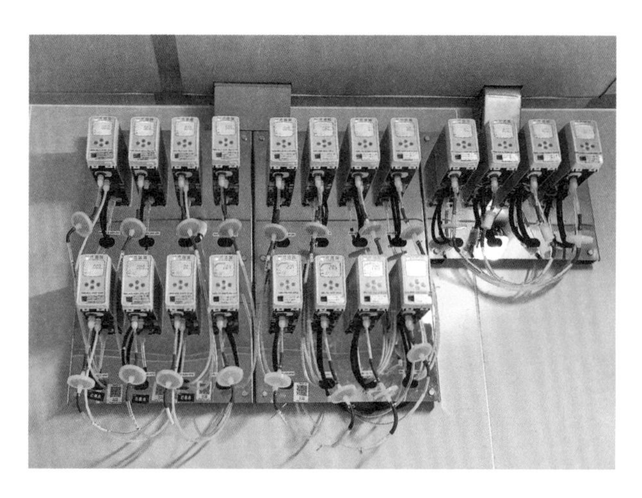

图 12－9　气体侦测器

(3) 消防报警控制系统：与消防报警相联动，确保紧急情况下快速响应。

(4) 机柜工艺排风系统：在机柜内取样、维护机柜及阀件微渗时防止化学品挥发到机柜外，为不影响房间内的环境污染，进行机柜内环境置换。以 SMDL 为例，图 12－10 为其碱排风系统监控。

整体而言，化学品监控系统为维护化学品供应系统提供了关键的数据和信息，通过这些监控措施能够全面确保系统的安全运行。

2. 化学品系统的门禁及监控

每个化学品站房均实行门禁管控，仅为专业运行人员和管理工程师的胸卡授权，以开启门禁，从而确保站房的安全管理。此外，在每个站房、槽车填充区域及化学品应急出口处均安装了摄像头，这些摄像头既能覆盖机柜操作界面区域，也能覆盖机柜背面的维护区域。对于易燃易爆的化学品站房，所安装的摄像头均采用防爆设计，以防止因环境特殊性质导致的安全事故。这样的安排既保障

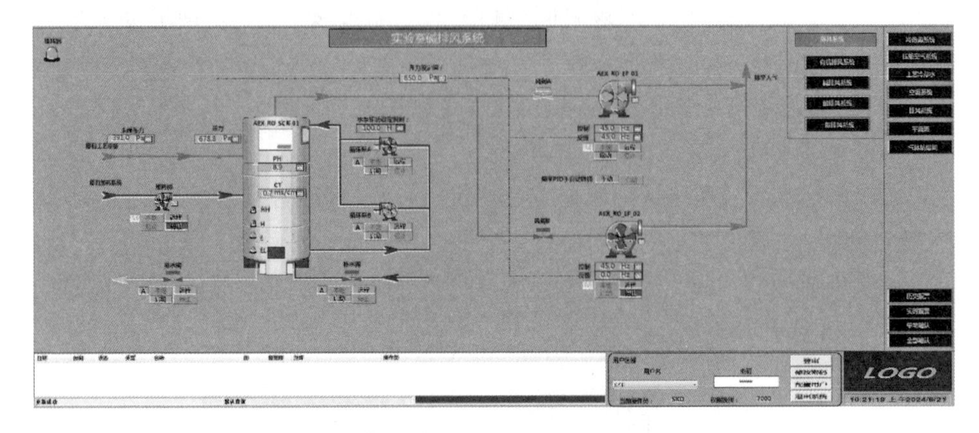

图 12-10　碱排风系统监控

了化学品处理区域的安全，也便于实时监控并快速响应任何异常情况。

3. 化学品泄漏报警系统

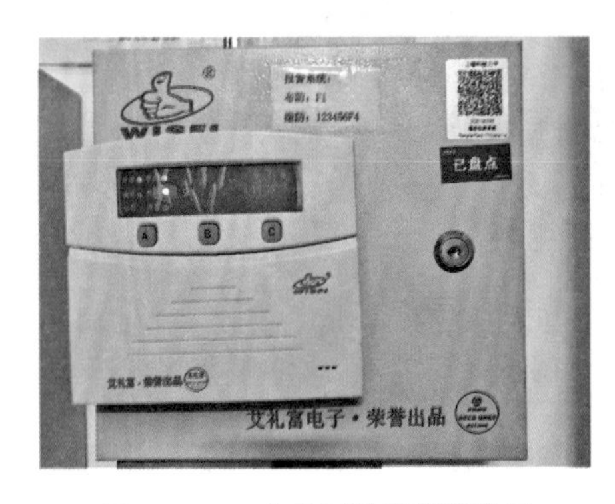

图 12-11　化学品泄漏报警装置

化学品供应系统的关键部位都需配备化学品泄漏传感器，用于实时监控潜在的化学品泄漏情况。

一旦监测到化学品泄漏，相应的报警系统会启动声光报警，提醒现场工作人员采取紧急措施。若化学品泄漏传感器被触发，系统将联动启动事故排风，进行快速换风以控制及降低潜在的危害。

以 SMDL 为例，其化学品泄漏报警装置如图 12-11 所示。

12.1.10　化学品运行辅助系统

1. 配电与照明

在化学品供应系统中，电力配置和照明的设计需特别考虑到系统的特殊性，以确保安全和可控性。

(1) 电力配置：由于化学品供应系统的特殊性，其电力配置通常采用“市电、发电机电源及 UPS”的模式。这种配置方式旨在提供一个更稳定和安全的电源供给，确保在电力供应出现问题时，化学品供应系统仍能安全、可靠地运行。其中，UPS 特别重要，它可以在市电断电的情况下维持系统的基本操作，防止意外情况对生产造成较大影响。

（2）照明设计

① 易燃易爆环境：对于置于易燃易爆房间的化学品供应系统，其电气设施和照明设计需严格遵守《爆炸危险环境电力装置设计规范》(GB 50058－2014)的相关规定。这意味着所有电气设备和照明系统都必须采用防爆设计，以防止任何可能引发爆炸或火灾的电气故障。

② 酸碱站房内设计：酸碱站房内因为化学品具有高腐蚀性，因此所有电气设备和照明都需采用防腐蚀设计。通过使用耐腐蚀材质和防护措施，可以确保电气系统即使在腐蚀性环境中也能长期稳定地运行。

以上设计和配置措施是出于对安全的严格要求，保障化学品供应系统在各种环境下的正常运行，防止由于电气问题而引发的任何安全事故，进而确保整个生产流程的顺畅和安全。

2. 防雷与接地

在易燃易爆化学品系统中，确保静电和雷电防护措施的安全性是至关重要的。由于易燃易爆化学品在存储和处理过程中极易受到静电放电和雷击的影响，因此安装静电释放球、化学品设备、储罐和管道的接地是必要的安全措施。这些措施需要遵循如下规定。

（1）安装静电释放球：在易燃易爆站房门口以及槽车填充区域的槽车单元安装静电释放球。静电释放球的作用是减少或消除静电积累，防止静电放电引发火灾或爆炸。

（2）化学品设备、储罐和管道接地：所有易燃易爆化学品设备、储罐和管道都必须进行良好的接地，以确保在静电积累或雷击的情况下能有效地导电。

（3）所有静电和雷电防护措施都必须符合现行国家标准《建筑物防雷设计规范》。

（4）年度绝缘电阻检测：化学品系统特殊设备的接地绝缘电阻需每年进行一次检测，以确保其始终满足阻值小于 10 Ω 的要求。这种定期检测是为了监控接地系统的状态，及时发现和修复接地绝缘电阻异常的问题，以维持系统的安全运行。

图 12－12 的右下角为 SMDL 为易燃易爆站房门口配置的静电释放球。

通过这些严格的安全防护措施，可以有效防止因静电或雷电引发的火灾和爆炸事故，确保易燃易爆化学品系统的安全运营。

图 12-12　易燃易爆站房门口的静电释放球(右下角)

3. 自动控制与仪表

化学品系统的自动控制与仪表的安装及选型,确实需要遵循严格的国家和国际标准来确保设施的安全性和有效性。以下是一些关键的参考标准。

(1)《爆炸危险环境电力装置设计规范》(GB 50058-2014):提供了设计、安装及检验爆炸和火灾危险环境电力装置的基本要求与指导。

(2)《外壳防护等级(IP 代码)》(GB 4208-2017):定义了电气设备外壳对防尘、防水性能的分类。在选择化学品处理和存储系统的电气设备时,适当的防护等级对于确保设备安全运行非常重要。

(3) 国际电工委员会(International Electrotechnical Committee, IEC)标准:IEC 是发行涉及电气、电子及相关技术领域标准的国际性组织。参考 IEC 标准是确保化学品系统自控与仪表安装及选型达到国际安全与操作规范的关键。

(4)《爆炸性环境 第 1 部分:设备 通用要求》(GB/T 3836.1-2021):关于设计和安装用于可能存在爆炸性气体环境的电气设备的中国国家标准,详细描述了防爆电气设备的通用要求。

(5)《自动化仪表工程施工及质量验收规范》(GB 50093－2013)：针对自动化仪表工程施工质量与验收的指导性国家标准，包括了自动化仪器及系统的安装、调试和验收准则。

这些标准涵盖了从电气安全、防爆、仪表安装到工程验收的各个方面，帮助系统设计者和运营者创建和维护一个符合安全法规和行业最佳实践的工作环境。遵循这些标准不仅可以确保化学品系统的安全运作，也能提高系统的稳定性和可靠性。

12.2　化学品站房

根据化学品特性对其分类并存储在不同的房间中，将化学品储存仓库领用的 200 L 桶化学品转移到对应的站房内以便补充和使用。厂务化学品系统的站房被分为酸房、碱房、有机房，以及氧化类化学品间，其中含氟类和盐酸化学品系统须设立专用的单独站房。站房内 200 L 桶的放置数量需要根据产能和公司的安全环保要求进行规划，并应遵循国家相关规范和标准。

站房的设计应考虑化学品的危险特征：有机溶剂具有易燃易爆性质，因此应采用防火门；地面则应使用防静电环氧涂层。酸碱类化学品由于其具有腐蚀性，地面应采用防腐蚀环氧涂层。储罐放置区域应设置围堰以进行防泄漏保护。房间内四周及槽车填充区域需要设有泄漏废液收集沟，沟内应设置废液收集坑，并且不同性质的化学品泄漏废液收集沟应独立设置。站房内的桥架和支架必须使用防腐蚀的烤漆桥架与支架。

易燃易爆站房更须设置外墙泄压设施，确保设计符合现行国家标准《建筑设计防火规范》(GB 50016－2018)的相关规定。这样的设计和规划是为了保证化学品的安全存放和使用，以及确保工厂人员和周围环境的安全。

12.2.1　冲身洗眼器及消防

根据化学品站房和槽车填充区域的特殊要求，冲身洗眼器及消防装置的配备和设计需要遵循如下原则。

(1) 冲身洗眼器的数量：确保每个化学品站房至少配备 2 个冲身洗眼器(图 12－13)，以便在紧急情况下，相关人员能迅速接受初步冲洗，减少化学品对身体

图 12-13　紧急冲身洗眼器

的伤害。

(2) 冲身洗眼器的设计：冲身洗眼器的排水管应设置回水弯(排气弯)，这有助于防止污水逆流，确保冲洗过程的清洁与安全。

(3) 槽车填充区域的特殊配置：考虑到槽车填充区域可能会发生化学品泄漏的紧急情况，该区域配备的冲身洗眼器应为快捷式冲身洗眼器，以便快速使用。

(4) 易燃易爆化学品站房的特殊要求：对于存储或处理易燃易爆化学品的站房，冲身洗眼器应配备单独的防爆泵、防爆型水位探测器、防爆电磁起动器。排水管道应配置出口单向阀，防止回流污染并确保防爆安全。

(5) 消防设施的规范：化学品站房内外应配备消火栓、灭火器等消防装备，其配置和设计应符合《建筑设计防火规范》(GB 50016-2018)标准，以确保发生火灾时能够快速应对。化学品站房内的自动喷水灭火系统应设计符合《自动喷水灭火系统设计规范》(GB 50084-2017)标准，以提高灭火效率。

(6) 易燃易爆溶剂的特殊灭火措施：考虑到易燃易爆溶剂的特殊性，有机溶剂输送柜应单独配置 CO_2 灭火系统。CO_2 灭火系统能够在无残留的情况下快速灭火，适合易燃易爆化学品机柜的灭火需求。

12.2.2　通风与排风

化学品站房的空调新风系统设计是为了确保安全、健康以及适宜的工作环境。以下是详细的设计考虑因素。

(1) 温湿度控制：化学品站房的温湿度控制至关重要，因为一些化学品可能对温度和湿度变化十分敏感，同时适宜的温湿度有助于维持操作人员的舒适度。温湿度参数应根据化学品的存储和使用要求预设，并通过空调新风系统进行恒温恒湿控制。

(2) 一般通风系统：一般通风主要是用于提供足够的新鲜空气流通，防止挥发物质累积，保持空气质量。常态下的通风，应确保房间内空气的定时更新与净化。

(3) 事故通风系统：在发生泄漏或其他化学事故时，事故通风系统将被启动，以高风量快速排除有害气体，防止有毒、有害气体累积，保护工作人员的安全和健康。事故通风风量设计为一般通风风量的一倍，确保在紧急情况下有足够的风量排除危险气体。

(4) 风量需求：各站房的风量应根据站房的大小、工作人员数量，以及化学品的种类和存储量来确定。同时考虑一般通风和事故通风的需求，以及空气流通的最优路径设计，确保有效控制房间内的空气质量。

(5) 空气过滤和排放：所有进入化学品站房的空气都应经过过滤，以去除尘埃和可能的污染物。同时，所有从站房排放到外部的空气也应经过净化处理，以防对外界环境造成污染。

通过上述设计考虑因素，化学品站房的空调新风系统能够有效地控制室内环境的温湿度和空气质量，在日常操作和紧急情况下，保障工作人员安全和健康。

12.2.3　废水废液收集

每个化学品供应单元、分支阀箱及阀门箱底部都配备了防泄漏收集箱和排液阀门，以便收集任何可能因微渗漏而产生的化学品。泄漏的化学品被引导至排液管道或废液收集桶中储存。一旦发生泄漏，安全环保部门将负责联系合格的废液处理公司，以安全地运送并妥善处理这些废液。

为了进一步加强安全措施，化学品站房装配了废液回收系统，防泄漏围堰的设计容量必须超过围堰内最大容量的单个储罐，以确保在发生泄漏时能收集全部液体。防泄漏围堰内设有专门的泄漏废液收集沟和收集池，用于积存泄漏的化学品。根据不同化学品的属性，所收集的废液随后可以通过泵送至废液处理系统，进行有效分离与处理。以 SMDL 为例，其防泄漏围堰如图 12－14 所示。

图 12－14　化学品防泄漏围堰

12.3 化学品系统建设中须执行的规范及标准

化学品系统建设中须执行一套复杂的规范及标准，具体如下。

《电子工厂化学品系统工程技术规范》(GB 50781－2012)

《建筑设计防火规范》(GB 50016－2018)

《电子工业洁净厂房设计规范》(GB 50472－2008)

《工业企业厂界噪声标准》(GB 12348－2008)

《供配电系统设计规范》(GB 50052－2009)

《低压配电设计规范》(GB 50054－2011)

《电力装置电气测量仪表装置设计规范》(GB/T 50063－2017)

《交流电气装置的接地设计规范》(GB/T 50065－2011)

《通用用电设备配电设计规范》(GB 50055－2011)

《爆炸危险环境电力装置设计规范》(GB 50058－2014)

《剩余电流动作保护装置安装和运行》(GB 13955－2017)

《电力工程电缆设计规范》(GB 50217－2018)

《工业设备及管道绝热工程施工规范》(GB 50126－2008)

《工业金属管道工程施工规范》(GB 50235－2010)

《工业金属管道工程施工质量验收规范》(GB 50184－2011)

《现场设备、工业管道焊接工程施工规范》(GB 50236－2011)

《现场设备、工业管道焊接工程施工质量验收规范》(GB 50683－2011)

《工业管道的基本识别色、识别符号和安全标识》(GB 7231－2003)

《大气污染物综合排放标准》(GB 16297－1996)

《工业企业厂界环境噪声排放标准》(GB12348－2008)

《工业企业设计卫生标准》(GBZ 1－2010)

《声环境质量标准》(GB 3096－2008)

《环境空气质量标准》(GB 3095－2012)

《硅集成电路芯片工厂设计规范》(GB 50809－2012)

《电子工业废水废气处理工程施工及验收规范》(GB 51137－2015)

《洁净室施工及验收规范》(GB 50591－2010)

《电气装置安装工程 低压电器施工及验收规范》(GB 50254－2014)

《建筑物防雷工程施工与质量验收规范》(GB 50601－2010)

《爆炸和火灾危险环境电气装置施工及验收规范》(GB 50257－2014)

《抗震支吊架安装及验收规程》(T/CECS 420－2022)

《电气装置安装工程接地装置施工及验收规范》(GB 50169－2006)

《自动化仪表工程施工及质量验收规范》(GB 50093－2013)

《智能建筑工程质量验收规范》(GB 50339－2013)

《现场设备、工业管道焊接工程施工规范》(GB 50236－2011)

《工业金属管道施工及验收规范》(GB 50235－2010)

《钢质管道焊接及验收》(GB/T 31032－2014)

《流体输送用不锈钢无缝钢管》(GB/T 14976－2012)

Environmental, Health, and Safety Guideline for Semiconductor Manufacturing Equipment(半导体制造设备的安全卫生及环保标准,SEMI S2)

Safety Guideline for Evaluating Personnel and Evaluating Company Qualifications[半导体制造设备的安全卫生及环保评估报告的安全标准(评估人员和评估公司的资格,SEMI S7)]

Safety Guidelines for Ergonomics Engineering of Semiconductor Manufacturing Equipment(半导体生产设备的人机工程的安全标准,SEMI S8)

第13章 安全生产管理

安全生产的目标是保护人员安全、保护工厂设备安全。针对人员安全，须制定详细的逃生、疏散路线并培训相关人员。针对工厂安全，须打造高效可视的安全生产管理应急响应体系，并培养训练有素的应急响应小组(emergency response team, ERT)。

13.1 安全生产管理的应急响应体系

安全生产的应急响应体系用于确保在发生事故或紧急情况时能够迅速、有效地行动，以最大限度减少事故带来的伤害和损失。这一体系涉及多个方面，包括预防措施、应急预案的制定、人员培训、资源配置等。以下是建立和维护一个有效安全生产管理应急响应体系的关键要素。

(1) 风险评估和防范

① 进行全面的风险评估：定期对工作环境、工艺流程及设备进行风险评估，识别潜在的安全风险和薄弱环节。

② 制定风险减缓措施：基于风险评估的结果，制定相应的风险控制和减缓措施，如技术改进、工艺优化或安全隔离。

(2) 应急预案的制定和实施

① 定制应急预案：针对各种可能出现的紧急情况(如火灾、化学泄漏、设备故障等)，制定详尽的应急预案。

② 预案的逐级分类：应急预案须包括各个级别的响应流程，详细到每个关键职能的具体职责和行动指导。

(3) 培训与演练

① 定期培训：组织定期的安全生产与应急响应培训，确保所有工作人员熟悉应急预案和安全操作程序。

② 模拟演练：定期举行应急响应演练，如火灾逃生演练、化学泄漏应对演练

等，以提高工作人员的实战反应能力和团队的协调合作能力。

(4) 资源配置与管理

① 资源配备：确保必要的安全设备和应急处理工具随时可用，例如消防设备、防护装备、泄漏紧急处理包等。

② 应急通信系统：建立高效的应急通信系统，确保紧急情况下信息的迅速传达和有效响应。

(5) ERT 的建设

① 组建 ERT：根据需要组建专门的 ERT，成员须经过专业训练并具备必要的应急技能。

② 角色与职责明确：明确每个成员的角色和职责，确保在紧急情况下各自的任务清晰明确。

(6) 监督与改进

① 持续监控与评估：对应急响应体系的有效性进行定期评估和监测，及时发现问题并调整优化。

② 反馈与学习：鼓励工作人员提供反馈，从每次演练或实际应急响应中吸取经验。

通过这些策略的实施，可以构建一个强大且灵活的安全生产管理应急响应体系，极大地提升应对突发事件的能力，确保人员安全和生产稳定。这不仅有助于实现法规要求，更是企业社会责任和可持续经营策略的重要一环。表 13-1 为工业界关于应急响应体系建设的案例，其设置内容主要包括综合监控中心与应急响应。

表 13-1　应急响应体系设置案例

部　门	系统及职能
综合监控中心 (24 h 值守)	防灾报警系统 现场颗粒监控系统 过滤单元监控系统 特种气体监控系统 化学品供给回收系统 漏液监控系统 监控摄像快速捕捉系统
应急响应	应急器材装备 设备应急处置卡 应急抢险的预案实战演练

13.2 综合监控中心

综合监控中心的主要责任是实现对生产现场的全面实时监控，当发现异常情况时迅速反应并协调不同部门和应急小组，以确保开展迅速而有效的应急响应和事故处理。此外，监控中心还负责收集和分析数据，对潜在风险进行预测和预防，并在事故发生后，提供准确的信息用于事故调查和未来预防策略的改进。

图 13-1 为 SMDL 超净室的综合监控中心的照片。

图 13-1 综合监控中心

综合监控中心的具体组成及任务如下。

(1) 防灾报警系统：监测潜在灾害及设施内部的异常情况，如火灾、化学泄漏等，并在第一时间报警，再由监控中心通过全场广播启动应急响应机制(ERT)展开抢险救灾。

(2) 现场颗粒监控系统：实时监测工作区域内的颗粒物水平，保证生产和工作环境的清洁与安全。

(3) 风机过滤单元监控：监测超净室中风机过滤单元(fan filter unit, FFU)的运行状况，以保持洁净室高效运作。

(4) 特种气体监控系统：监测特种气体如 NH_3、Cl_2 等的浓度，确保它们不会超出安全阈值。

(5) 化学品供给回收系统装置：监控化学品供应链，包括存储、使用和回收过程,预防化学品泄漏或滥用。

(6) 漏液监控：监测漏液并报警,防止液体泄漏造成的电气设施损坏及其他安全问题。

(7) 监控摄像快速捕捉系统：对关键区域进行视频监控,实时捕捉异常情况,以便迅速反应并调查事故原因。

13.2.1　防火报警系统

防火报警系统是建筑物安全的关键组件之一,可以在火灾发生初期提供警告,从而使人员能及时疏散并采取措施灭火,以减少人员伤亡和财产损失。防火报警系统通常包括以下几个基本组成部分。

(1) 感烟探测器和感温探测器

① 感烟探测器能够监测到空气中的烟雾颗粒,通常用于早期火灾探测。

② 感温探测器反映环境温度的急剧升高,适用于热量较多的火灾环境。

(2) 手动报警按钮：在发现火灾初期,能够手动激活报警系统,通知整栋建筑物的人员。

(3) 声光报警器：在监测到火灾的情况下,系统会通过声光报警器发出警报,提醒人员迅速疏散。

(4) 控制面板：防火报警系统的“大脑”,用于接收各种探测器和手动报警按钮的信号,并根据这些信息激活声光报警器及其他响应措施。控制面板还可以提供火灾位置和程度等信息。

(5) 紧急疏散指示：一旦报警激活,系统还可以控制紧急出口和安全出口指示灯,以指导人员安全疏散。

(6) 集成系统：与超净室消防喷淋装置等集成,实现自动化的火灾响应方案,如自动打开疏散通道、启动消防喷淋等。

图 13-2 为防火报警系统实物图。

13.2.2　现场颗粒监控系统

现场颗粒监控系统用于实时监测超净室中的悬浮颗粒,通过连续监测,保证环境中的颗粒含量不超过特定标准,从而确保产品的质量和安全。现场颗粒监控系统对于净化级别要求极高的半导体制造业是不可或缺的。

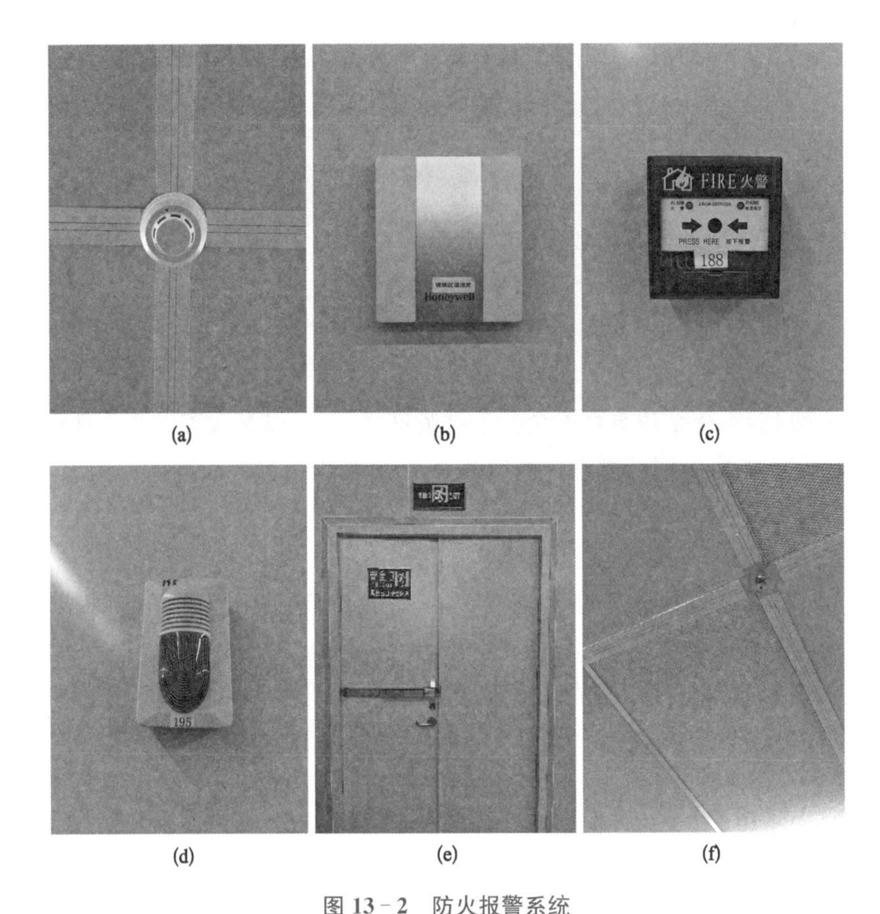

图 13－2　防火报警系统

(a) 感烟探测器;(b) 感温探测器;(c) 手动报警按钮;(d) 声光报警器;
(e) 紧急出口及安全出口指示灯;(f) 喷淋装置。

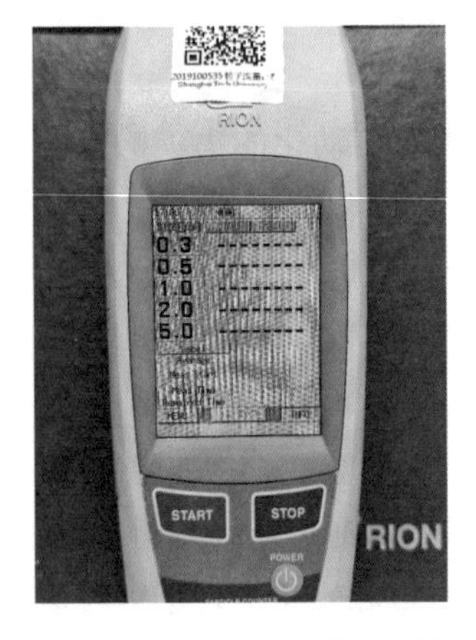

图 13－3　手持式颗粒计数器

现场颗粒监控系统主要包括以下几个关键部分。

(1) 颗粒计数器：用于测量空气样本中的特定大小颗粒的数量。颗粒计数器可依据颗粒直径大小，检测空气中每立方米或每立方英尺的颗粒数量。图 13－3 为 SMDL 使用的手持式颗粒计数器。

(2) 取样探头：收集待测环境的空气样本并将其送至颗粒计数器进行分析。

(3) 数据分析和记录设备：用于处理颗粒计数器的输出数据，将数据格式化成可读的报告，并储存为历史记录。

(4) 实时监测软件：软件系统将从颗粒计数器收集的数据进行分析、展示，并可设置报警阈值，一旦监测到颗粒含量超标便会触发警告。

(5) 报警系统：在颗粒含量超过预定阈值时，会发出声音或光线信号，以警告操作人员进行必要的干预措施。

(6) 通信接口：现代的监控系统通常能够与中央监控系统或工厂自动化系统集成，实时传送数据，并可远程访问或控制。

通过这些系统的实施和数据监测，操作人员可以及时了解超净室内的洁净状态并采取措施避免潜在的生产问题。

13.2.3　特种气体监控系统

特种气体监控系统用于实时监测和控制超净室内特种气体的浓度，这些特种气体可能包括易燃、有毒、腐蚀性或其他有害气体。其组成及作用如下。

(1) 实时监测：系统通过安装在关键位置的气体侦测器实时监测空气中特定气体的浓度。图 13－4、13－5 为 SMDL 使用的特种气体监控系统、侦测器种类及气体类型。

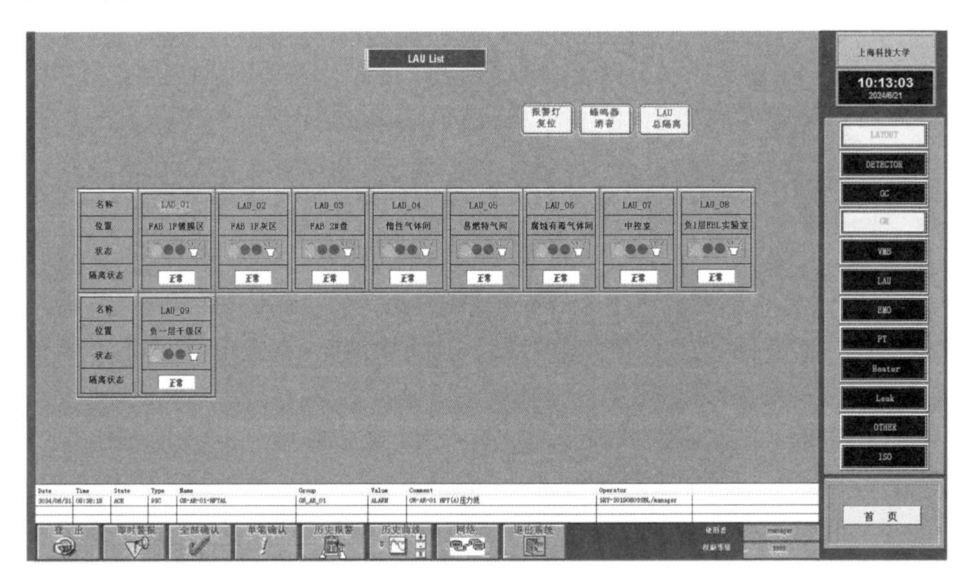

图 13－4　特种气体监控系统

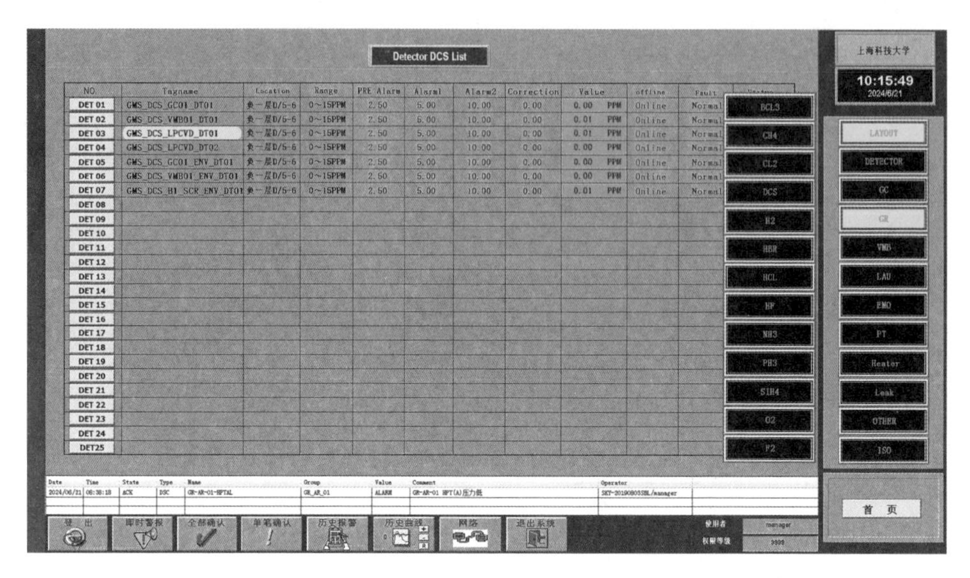

图 13－5　特种气体监控系统中的侦测器种类及监控气体类型

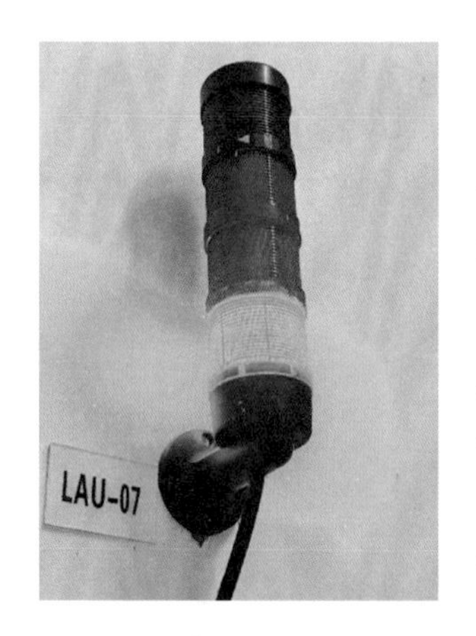

图 13－6　特种气体侦测器

(2) 警报系统：一旦检测到气体浓度超出预设的安全范围，监控系统立即发出警报，通过声音、光信号或发送电子信息的方式警告操作人员和安全管理人员。

(3) 自动控制：在某些情况下，系统可以与通风、空调系统或紧急切断阀联动，自动调整或切断气体供应，以减少危险。

(4) 数据记录和分析：特种气体监控系统还能够记录气体浓度的历史数据，便于事后分析和调整。

特种气体监控系统的关键技术如下。

(1) 气体探测技术：包括电化学、红外、光电离探测器等，针对不同的气体种类选择适合的探测技术。图 13－6 为 SMDL 使用的特种气体侦测器实物照片。

(2) 通信技术：采用有线或无线通信技术，将探测器数据实时传输到监控中心。

(3) 控制技术：利用程序逻辑控制或计算机控制系统，实现对通风、报警等设备的自动控制。

13.2.4　化学品供给回收系统装置

化学品供给回收系统装置是用于安全、高效供应和回收制造过程中使用的化学品的一套系统。在半导体制造中，对于处理化学品需求十分严格。该系统不仅确保了生产的持续性和效率，也在最大程度上降低了对人员和环境的潜在危险。

其主要组成及功能如下。

（1）化学品供给部分：将化学品从储存容器安全输送到使用点。这通常通过泵送系统、管道和控制阀来实现，确保精准和连续的化学品供应。

（2）自动控制系统：用于监控和调节化学品的供应流程，包括流量、压力和浓度等，以满足生产过程中的具体需求。

（3）化学品回收部分：从生产过程中回收未使用完的化学品，进行存储或处理。这部分可能包括泵、过滤器、冷凝器和储存容器等。

（4）污染控制和处理设施：对回收的化学品进行必要的处理，如中和、稀释或净化，以便再次使用或安全排放。

（5）安全措施：包括泄漏监测与报警系统、紧急切断阀和通风设备等，确保在操作过程中化学品的安全管理。

（6）操作界面与监控系统：操作人员可通过界面监控系统状态，调整参数，并在异常情况下迅速采取行动。

其优势与应用如下。

（1）资源优化：通过回收和再利用化学品，减少浪费，降低成本。

（2）环境友好：减少化学品的排放，降低对环境的影响。

（3）提高安全性：减少人员直接接触化学品的机会，降低事故风险。

（4）提升生产效率：确保连续和稳定的化学品供应，优化生产流程。

化学品供给回收系统装置的设计和实现需要根据具体的应用场景和需求进行定制，以适应不同类型的化学品、处理容量和工艺流程。正确实施这一系统对保障生产安全、提升效率和保护环境都至关重要。

13.2.5　漏液监控系统

漏液监控系统是一种重要的环境监控设备，用于及时监测和报告漏液情况，避免由水泄漏引起的设备损坏和其他潜在的安全问题。在超净室里，漏液监控变得尤为关键，因为超净室容纳着大量的电子设备和精密仪器，漏液可能导致严重的后果。

漏液监控系统的主要组成部分如下。

(1) 感应器：漏液感应器是监控系统中的关键部件，它们用于监测特定区域内的水分存在。感应器可以分为点型和线型两种，点型感应器用于特定位置的监测，而线型感应器则可覆盖更广的区域。

(2) 控制单元：所有感应器都连接到控制单元上，该单元对感应器的信号进行分析，并在监测到漏液情况时触发报警。控制单元还可能有远程监控和报警的功能。

(3) 报警设备：一旦监测到泄漏，系统会通过声音、光信号或发送电子通知等方式报警，以便采取紧急措施。

(4) 集成接口：一些高端的漏液监控系统提供集成接口，以便将漏液监控集成到更广泛的建筑管理系统或安全监控系统中。

漏液监控的重要性如下。

(1) 防止设备损坏：及时发现并处理漏液可以防止或减少对超净室内敏感电子设备或仪器的损害。

(2) 保护数据安全：在数据中心这样的场所，漏液可能导致数据损失或系统故障，及时的漏液监控有助于保护数据的安全性。

(3) 避免停机时间：通过防止设备损坏，漏液监控有助于避免停机和生产延迟。

(4) 提升安全：防止因漏液引发的滑倒跌落等意外伤害和其他安全隐患。

图 13-7 为 SMDL 使用的漏液感应线(又叫漏液检测绳)。

图 13-7　漏液感应线

13.2.6 风机过滤单元监控

风机过滤单元(FFU)监控是超净室环境控制系统的一个重要组成部分,在维持超净室内洁净等级方面发挥关键作用。通常将 FFU 安装在超净室的天花板上,用于提供高效率的空气过滤,以去除空气中的微粒,确保超净室内的空气达到特定的洁净标准。有效的 FFU 监控系统能够确保这些单元正常工作,及时发现和解决问题,从而避免污染超净室环境。

FFU 监控系统的主要功能如下。

(1) 实时监测: FFU 监控系统能够实时监测每一个 FFU 的工作状态,包括风速、风量、压差及高效、超高效空气过滤器的状态等。

(2) 故障报警: 当 FFU 出现故障,如风速过低、过滤器堵塞等,监控系统会立即报警,通知维护人员进行检查和维修。

(3) 远程控制: 监控系统通常允许用户通过电脑或者自动化系统远程控制 FFU 的运行,包括开关、调整风速等。

(4) 数据记录: 监控系统可以记录 FFU 的运行数据,为维护和故障诊断提供参考。

实现 FFU 监控的技术有以下几种。

(1) 传感器技术: 安装在 FFU 或风道中的传感器用于实时监测风速、压差等参数。

(2) 通信技术: FFU 与监控中心之间通常通过有线或无线网络通信,使得数据传输和远程控制成为可能。

(3) 软件平台: 专门的监控软件平台能够集中显示所有 FFU 的状态,提供直观的界面和操作方式。

FFU 监控系统的优点如下。

(1) 保障超净室的洁净度: 通过实时监测和及时维护,FFU 监控系统能够有效保障超净室空气的质量。

(2) 提高效率: 远程控制和故障报警减少了人工巡检的需要,提升了维护效率。

(3) 设备寿命: 通过维护 FFU 的最佳工作状态,可以延长过滤器及 FFU 本身的使用寿命。

图 13-8 为 SMDL 的 FFU 监控系统界面,图 13-9 为 SMDL 使用的 FFU 实物图。

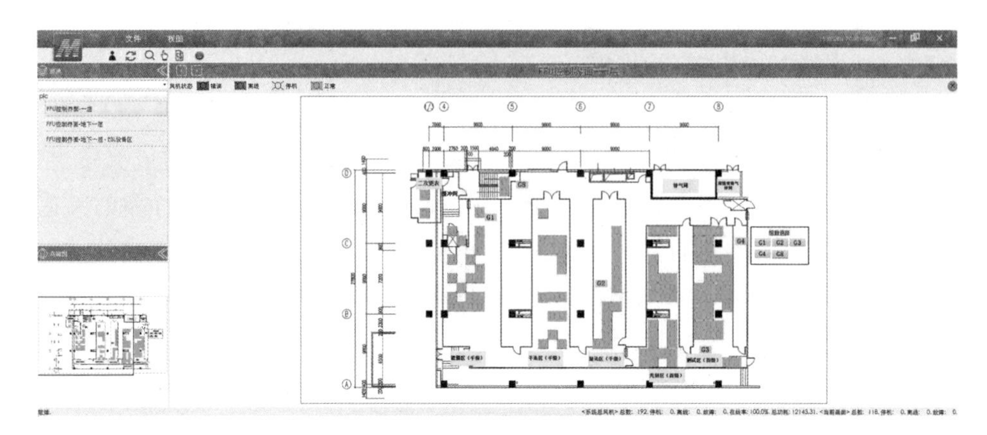

图 13-8　FFU 监控系统

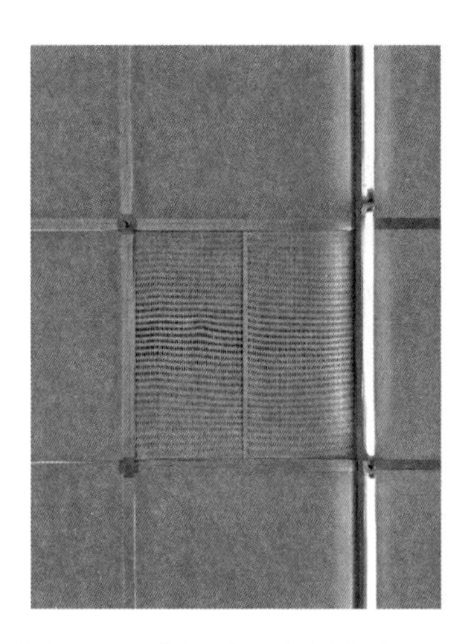

图 13-9　超净室天花板上的 FFU

13.2.7　监控摄像快速捕捉系统

为配合生产安全，超净室厂房通常会配置监控摄像快速捕捉系统（图 13-10），为确保超净室内外所有点位都能在监控中心看到，根据超净室及配套设施的总面积，一般生产现场的监控摄像头会配置超过上百个乃至上千个。监控中心 24 h 监控厂区安全，由专人应对，值班人员会通过监控中心确保整个超净室外围及生产现场内部的正常运转。

应急处置的时间通常遵循“黄金 3 分钟”原则，因此须以最快的速度完成安

图 13－10　监控摄像快速捕捉系统

全问题处置。监控摄像快速捕捉系统可以确保厂务值班人员第一时间发现安全问题，并通过在监控摄像快速捕捉系统上一键操作，确保 30 s 内初步解决问题，效率可提升 6 倍以上。

13.3　应急响应

正确的应急响应是确保工作场所安全的重要组成部分，它能够在紧急情况发生时最小化伤害并保护生命财产。一个有效的应急响应体系通常包含应急器材装备的配备、安全风险点的了解、设备应急处置卡的准备，以及应急抢险的预案实战演练。此外，有效的应急响应还应包含培训和教育、通信系统、应急联络和协作、文档和记录等。

13.3.1　应急器材装备

应急器材装备须根据工作场所特定的风险进行定制，如灭火器、急救包、安全疏散标志、气体检测仪器、PPE（如防火帽、防毒面具、防火服）、自给式呼吸器等，并定期检查和维护这些器材，确保在需要时它们是可用的。

超净室内的应急设施如图 13－11 所示。此外，可以通过加装保护装置确保生产现场设备的安全，如紧急停止开关（emergency machine off，EMO）、机台自动灭火装置。

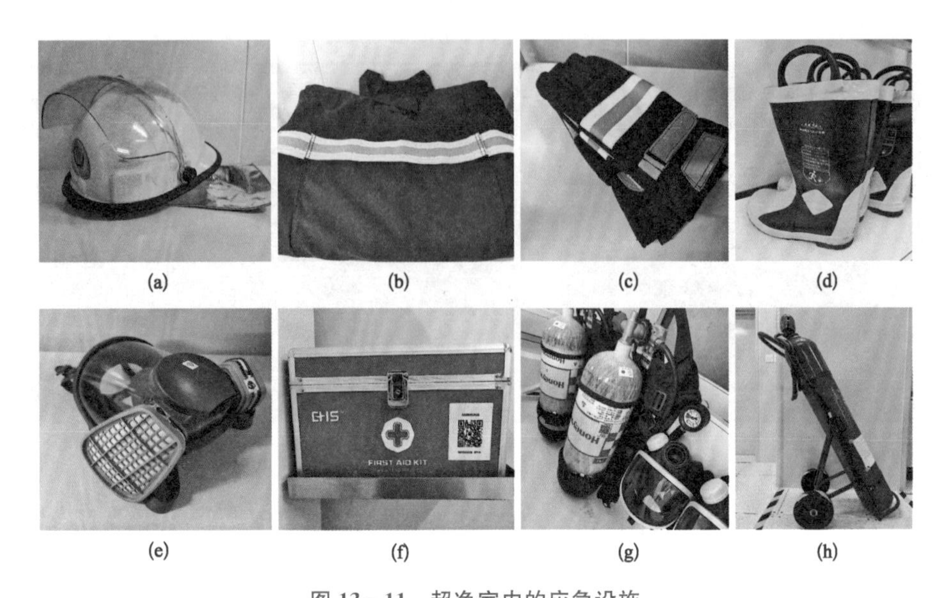

图 13-11　超净室内的应急设施

(a) 防火帽;(b) 防火服;(c) 防火手套;(d) 防火鞋;(e) 防毒面具;
(f) 急救包;(g) 自给式呼吸器;(h) 灭火器。

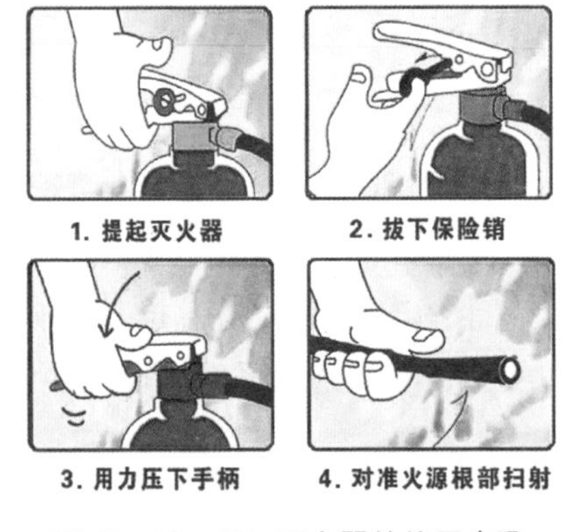

图 13-12　CO_2 灭火器的使用步骤

考虑到超净室的特殊性,干粉灭火器会造成环境污染,也不能使用水基灭火器,最好选择 CO_2 灭火器。因为使用 CO_2 灭火器灭火后不留痕迹,也不会污损、腐蚀设备物品,使用之后不用二次清洁,也不会对超净室的空气环境造成污染,因此 CO_2 灭火器在洁净室内得到普遍使用。具体使用步骤如图 13-12 所示。

(1) 取出 CO_2 灭火器,一手托住瓶底,一手握住手柄。将灭火器放置在地上,喷头向下倾斜 45°放置。

(2) 拔去手柄处的保险销。注意拔保险销时不能紧握把手,否则保险销无法拔出。

(3) 按下手柄进行灭火,使用时要尽量防止皮肤因直接接触喷桶和喷射胶管而造成冻伤。

(4) 一手托瓶底,一手握住手柄,将喷口对准火源根部。

发生电气火灾时,如果电压超过 600 V,切记要先切断电源后再灭火。

13.3.2　设备应急处置卡

设备应急处置卡是设备出现安全问题时的指导材料，应贴附于各设备最明显处，方便取用。当异常发生后，相关人员可根据应急处置卡的指引进行有效处理，将灾害遏制在初期。

设备应急处置卡应图文并茂地详细说明设备出现紧急情况时该如何处理，应包含化学品种类及应急处理、应急防护要求、应急联络方式等，但为方便紧急处理，内容应简单、涵盖重点内容（图 13－13 为 SMDL 的设备应急处置卡）。

设备紧急处置信息卡

设备名称	电子束曝光机 ELS125G	联系工程师	高某某 138-xxxx-xxxx
应急联络 /ERT 队长	方某某 177-xxxx-xxxx	厂务联络人	秦某某 138-xxxx-xxxx

关闭项目	关闭项目明细	位置	附图
第一步： 电源 1	①EMO (380V)	电脑间左侧电 柜中层偏右	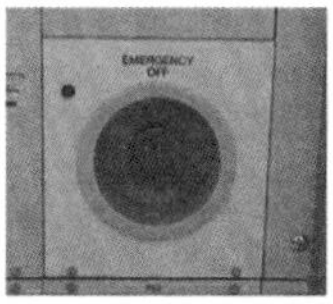
第二步： 电源 2	②UPS、 ③NFB BOX	操作间隔壁 逃生通道	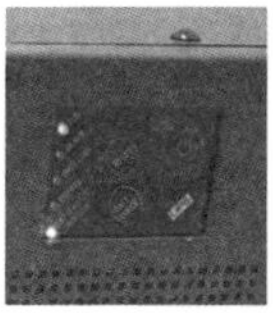 
第三步： 气体	氮气、CDA	操作间墙上 面板	
注意事项	1. 使用灭火器灭火前切断电源，现场操作人员必须穿绝缘鞋； 2. 就近拿取应急物资。		

图 13－13　设备应急处置卡

13.3.3 应急响应小组建设及实战演练

为了建立完善的抢险救灾机制，应当有计划地进行各类型救灾的演练。在超净室外须结合季节变化，开展不同类型的演练。在超净室内须结合自身特点开展漏气/漏液/火灾大型综合演练。基本要求如下。

(1) 制定预案：编写详细的应急预案，包括疏散路线、集合点、关键人员的联系信息，以及各种可能情况的应对措施。图 13－14 为 SMDL 的应急响应小组(ERT)架构图，图 13－15、13－16 为 SMDL 的疏散路线图，图 13－17 为紧急集合点。

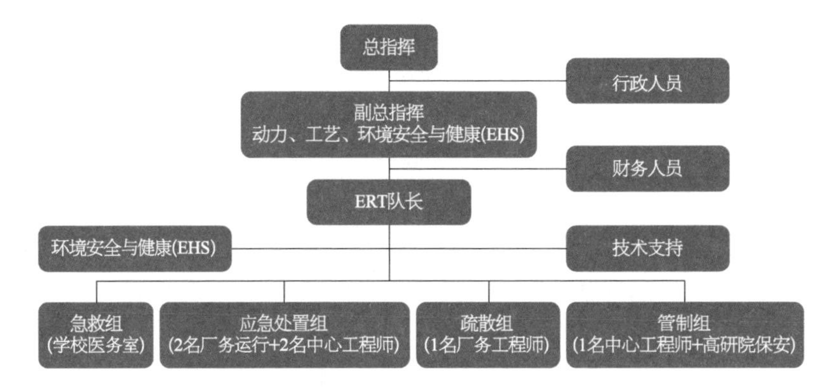

图 13－14 ERT 架构图

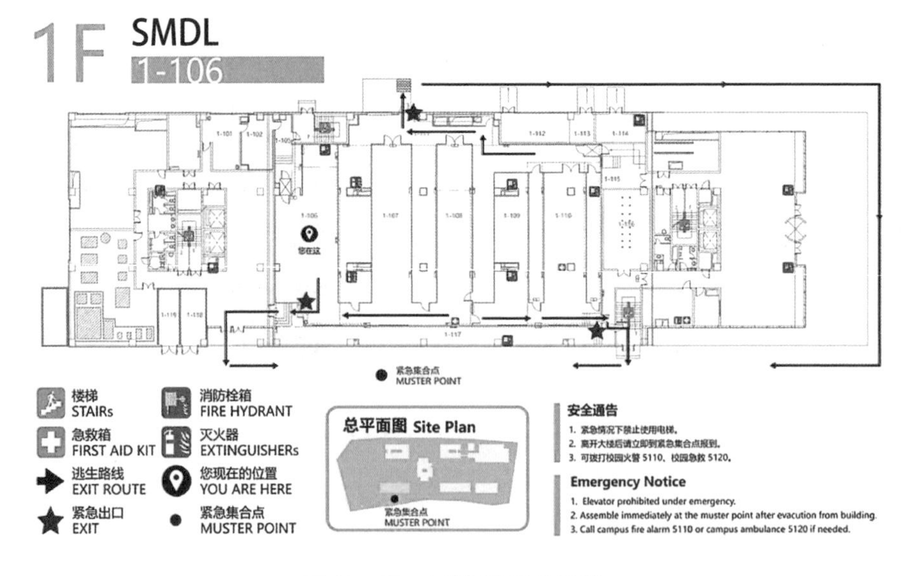

图 13－15 1 楼消防疏散路线

B1 SMDL
B-101-102

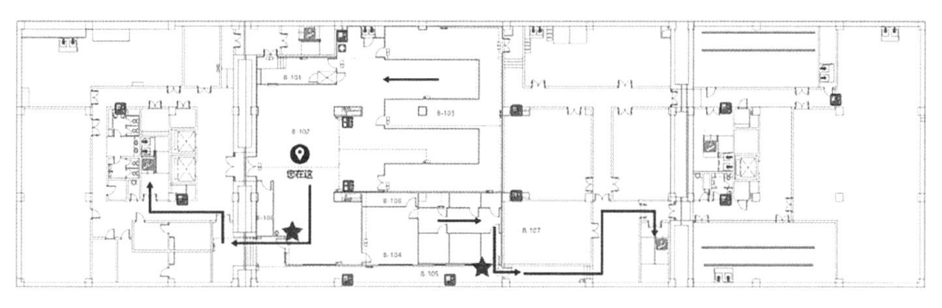

图 13-16　B1 楼的消防疏散路线

图 13-17　紧急集合点

(2) 实战演练：定期进行应急演练，包括疏散演练、消防演练、化学泄漏处理等，确保工作人员知道如何在紧急情况下安全行动。图 13-18～13-20 分别为 SMDL 消防演练、漏液、气体泄漏的应急实施方案，图 13-21 为 SMDL 消防演练时 ERT 的灭火监控照片，图 13-22 为 SMDL 人员撤离至紧急集合点的监控照片。

职责分配			人员	对讲机	装备		参与人员	工作任务1	工作任务2
第一梯队	指挥长	ERT队长	ERT队长	√	袖章		方某某（男）	第一时间确认异常机台EMO已关闭，在现场进行救灾指挥	
	救灾组	抢险小组	一号位		战斗服		沈某某（男）	读取机台信息卡，关设备EMO； 携带手提式灭火器（1个），进行灭火动作（60s内）；	使用手提式灭火器（2个），进行灭火动作；
			二号位	√	战斗服		董某某/王某某（男）	携带手提式灭火器（1个），进行灭火动作（60s内）； 铺设水带	开水阀
		跑位小组	一号位	√			彭某某（男）	读取机台信息卡，关闭循环水、电、危险气开关、终端厂务emo	关闭后返回现场，搜寻可用的2个灭火器给抢险小组；辅助铺水带
		管制小组	一号位	√	袖章		宋某某（女）	释放闸机，清点工艺间内人员情况	到风淋室外，检查后援小组装备是否整齐，记录后援小组SCBA剩余时间（10min）
第二梯队	支援组	后援小组2名队员	一号位		战斗服	SCBA	赵某某（男）	携带手提式灭火器（1个），进行灭火动作（60s内）	接水带，指挥长确认后出水
			二号位		战斗服	SCBA	王某某（男）	携带手提式灭火器（1个），进行灭火动作（60s内）	接水带，指挥长确认后出水
		急救小组1名队员	一号位		撬棒、大力钳		马某某（男）	穿净化服在风淋室门口待命，送撬棒、大力钳进现场	
	疏散组	3名队员	一号位		喇叭，袖章		吴某某（女）	一楼黄光区逃生口放喇叭	
			二号位	√	喇叭，袖章		王某某（女）	为伤员提供基础急救（参观走廊），拨打20685120校园医务室电话	一楼白光区逃生口放喇叭
			三号位		袖章		厂务保洁员	在疏散点，清点人数	
	监控组	1名队员	一号位	√	袖章		李某某（女）	联络记录事件进度	随时向指挥长报告监控系统读值变化情况

图 13－18　消防演练的应急实施方案

	职责分配			人员	对讲机	装备		参与人员	工作任务1	工作任务2
漏液演习	第一梯队	指挥长	ERT队长	ERT队长	√	袖章		方某某（男）	第一时间确认异常机台EMO已关闭，在现场进行救灾指挥	
		救灾组	抢险小组	一号位		C/A防	SCBA	沈某某（男）	携带防溢箱到达现场，检测PH值，使用防溢箱承接	使用吸液棉、围栏条等对漏液点进行围堵
				二号位	√	C防	SCBA	董某某/王某某（男）	携带防溢箱到达现场，完成漏点的内外圈隔断，支援一号接力救灾	如必要开启区域紧急排风系统， 合理使用现场救灾物资，
			跑位小组	一号位	√			彭某某（男）	读取机台信息卡，关闭循环水、电、危险气开关、终端厂务emo	关闭后返回现场，搜集救灾物资返回至现场
			管制小组	一号位	√	袖章		宋某某（女）	释放闸机，清点工艺间内人员情况，协助一号穿戴A防	到风淋室外，检查后援小组装备是否整齐，记录后援小组SCBA剩余时间（10min）
	第二梯队	支援组	后援小组2名队员	一号位		C防	SCBA	赵某某（男）	携带吸液机前往现场支援	到达现场后接替抢险小组，使用吸液机、吸液棉持续救灾
				二号位		C防	SCBA	王某某（男）	携带电盘到达现场给吸液机供电	打开地漏，内外圈洗消
			急救小组1名队员	一号位		撬棒、大力钳		马某某（男）	穿净化服在风淋室门口待命，送撬棒、大力钳进现场	
		疏散组	3名队员	一号位		喇叭，袖章		吴某某（女）	一楼黄光区逃生口放喇叭	
				二号位	√	喇叭，袖章		王某某（女）	为伤员提供基础急救（参观走廊），拨打20685120校园医务室电话	一楼白光区逃生口放喇叭
				三号位		袖章		广务保洁员	在疏散点，清点人数	
		监控组	1名队员	一号位	√	袖章		李某某（女）	联络记录事件进度	随时向指挥长报告监控系统读值变化情况

图 13－19　漏液的应急实施方案

	职责分配			人员	对讲机	装备		参与人员	工作任务1	工作任务2
漏气演习	第一梯队	指挥长	ERT队长	ERT队长	√	袖章		方某某（男）	前往监控室调取监控，进行救灾指挥工作	根据报警信息，缩小锁定泄露范围、区域
		救灾组	抢险小组	一号位		A/B防	SCBA	沈某某（男）	在安全情况下，寻找泄漏源，关闭前端阀门，VMB	返回装备区进行更换钢瓶继续寻找漏点
				二号位	√	A/B防	SCBA	董某某/王某某（男）	在安全情况下，寻找泄漏源，关闭前端阀门，VMB	返回装备区进行更换钢瓶继续寻找漏点
			跑位小组	一号位	√	C防	SCBA	彭某某（男）	穿戴好装备待命，如需关阀，读取机台信息卡，到达指定位置关阀	阀门关闭后向ERT队长进行报告，后返回装备区协助钢瓶更换
			管制小组	一号位	√	袖章		宋某某（女）	释放闸机，清点工艺间内人员情况	到风淋室外，检查后援小组装备是否整齐，记录后援小组SCBA剩余时间（10min）
	第二梯队	支援组	后援小组2名队员	一号位		C防		赵某某（男）	搜集可用钢瓶送至装备区	对各区域进行持续搜救
				二号位		C防		王某某（男）	搜集可用钢瓶送至装备区	对各区域进行持续搜救
			急救小组1名队员	一号位		撬棒、大力钳		马某某（男）	穿净化服在风淋室门口待命，送撬棒、大力钳进现场	
		疏散组	3名队员	一号位		喇叭，袖章		吴某某（女）	一楼黄光区逃生口放喇叭	
				二号位	√	喇叭，袖章		王某某（女）	为伤员提供基础急救（参观走廊），拨打20685120校园医务室电话	一楼白光区逃生口放喇叭
				三号位		袖章		广务保洁员	在疏散点，清点人数	
		监控组	1名队员	一号位	√	袖章		李某某（女）	联络记录事件进度	随时向指挥长报告监控系统读值变化情况

图 13－20　气体泄漏的实施方案

(a)

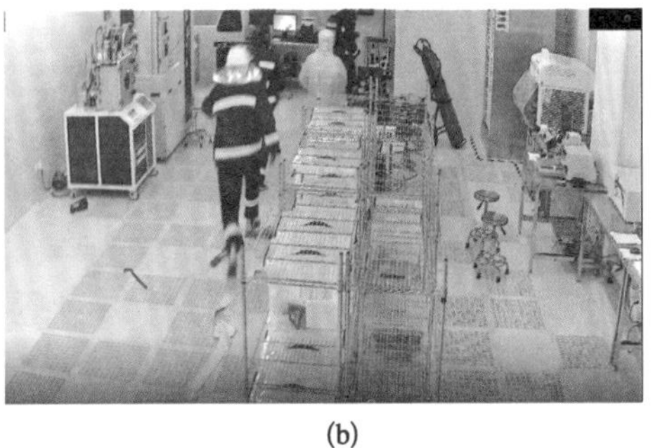

(b)

图 13－21　火灾演练

(a) 灭火中;(b) 灭火后撤离。

图 13－22　火灾演练紧急集合点

(3) 评估与反馈：演练后进行评估和反馈，找出不足，优化预案。

读者可通过扫描图 13－21 旁的二维码观看消防演练视频。

附录 A　安全培训

安全培训对于任何进入超净室的人员来说都是至关重要的。以下几点强调了安全培训的重要性和必要性。

（1）识别和防范风险：通过安全培训认识超净室内的潜在风险，例如化学泄漏、交叉污染、设备故障等。了解这些风险及其可能的后果是预防事故和保护自身安全的第一步。

（2）正确穿戴和使用 PPE：超净室内的工作往往需要穿戴特殊的 PPE，如口罩、手套、防护眼镜和防护服。通过安全培训学习如何正确穿戴和使用这些装备，免受化学物质和有害微粒的伤害。

（3）应急准备和响应：在紧急情况下，例如化学品溢漏、火灾或其他意外事故，了解如何迅速有效地响应是至关重要的。安全培训包括了解紧急疏散程序、学习使用紧急洗眼站和淋浴设施，以及如何报告事故等。

（4）增强意识和责任感：安全培训能够增强保护自己和他人安全的责任感，有助于建立一种安全的工作环境。

接下来将概述超净室的基本信息，并提供必要的安全指导。为保护人员安全，SMDL 制定了一系列政策。

A.1　安全守则

海因里希法则提出了一条关键的事故预防原则：为了避免严重的死亡或伤害事故，必须防止轻微伤害的发生；而为了防止轻微伤害，就必须避免那些没有造成伤害但有潜在危险的事故；最终，为了预防这些无伤害的潜在事故，就必须消除日常生活中的不安全行为和状态（图 A－1）。海因里希法则以 1∶29∶300 的比例揭示了不同安全级别问题的分类与频率，这个法则强调了通过管理和减少较小事故以及不安全行为，可以在较大程度上减少严重事故的发生。

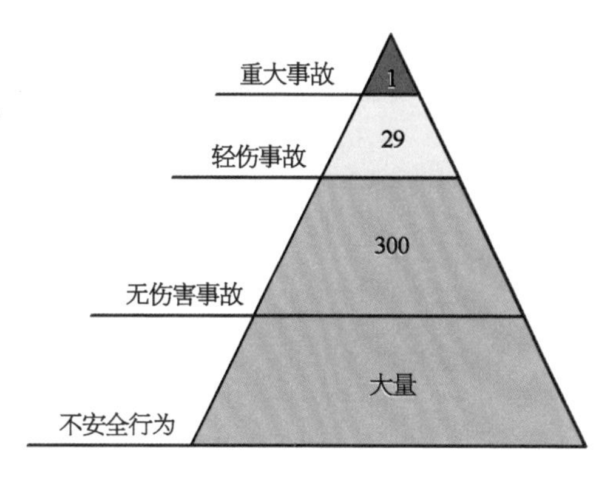

图 A-1　海因里希法则

通常，实验室的安全守则如下。

(1) 细致制定计划，合理安排工作。

(2) 会使用提供的所有安全设施和防护设备，清楚它们的放置位置。

(3) 任何形式的嬉戏打闹都是危险和不允许的。

(4) 如果见到他人有危险举动，应指出。

(5) 向相关人员报告所有不安全的情形和行为，以及任何可能引起意外事件的状况。

(6) 了解常见危险化学药品的性质，在有充分的防护措施时才能使用。

(7) 绝不能在无人看管的情况下进行实验。

(8) 保持实验区域干净整洁，规范使用水、电、气等。

(9) 如果出现不可控的局面，须离开现场并请求援助。

(10) 外来人员进入超净室必须听从相关陪同人员安排。

A.2　认识危险化学品

所有化学品都有一书一签。一书指的是化学品安全技术说明书(material safety data sheet, MSDS)，是化学品生产商和经销商按法律要求必须提供的关于化学品理化特性(如 pH 值、闪火点、易燃度、反应活性等)、毒性、环境危害，以及对使用者健康可能产生的危害(如致癌、致畸等)的一份综合性文件(表 A-1)。安全技术说明书作为最基础的技术文件，主要用途是传递安全信息，为化学品生产、处置、贮存和使用各环节安全操作规程的制订提供技术信息，为危害控制和预防措施设计提供技术依据。安全技术说明书是作业人员安全使用化学品的指导性文件，也是企业安全教育的主要内容。安全技术说明书应包括安全信息 16 大项近 70 个小项的内容。

一签指的是化学品安全标签，用文字、图形符号和编码的组合形式表示化学品所具有的危险性及安全注意事项(图 A-2)。安全标签由生产企业在货物出厂前粘贴、挂拴、喷印在包装或容器的明显位置，若改换包装，则由改换单位重新

表 A-1　化学品安全技术说明书

化学品安全技术说明书内容	
1 化学品及企业标识	9 理化特性
2 成分/组成信息	10 稳定性和反应性
3 危险性概述	11 毒理学资料
4 急救措施	12 生态学资料
5 消防措施	13 废弃处置
6 泄漏应急处理	14 运输信息
7 操作处置与储存	15 法规信息
8 接触控制/个体防护	16 其他信息

粘贴、挂拴、喷印。它是针对危险化学品而设计的，向操作人员传递安全信息的一种载体，用简单、明了、易于理解的文字或图形表示有关化学品的危险特性及其安全处置的注意事项，以警示作业人员进行安全操作和使用。与化学品安全技术说明书相比，化学品安全标签更加简洁明了，给予操作人员直观的安全提示。

对于不熟悉的化学品，在使用之前必须去了解其一书一签。

危险的化学品可以分为 6 大类，如表 A-2 所示。

表 A-2　危险化学品的分类及常用的危险化学品

类　别		常用危险化学品
第 1 类	易燃液体	乙醇、丙酮、异丙醇
第 2 类	易燃固体、自然物品及遇湿易燃物品	/
第 3 类	氧化剂和有机过氧化物	H_2SO_4、H_2O_2
第 4 类	放射性物品	/
第 5 类	腐蚀品	HF、HCl、HNO_3、H_3PO_4
第 6 类	杂项危险物质和物品	/

图 A-2　化学品安全标签示例

由信号词、象形图、危险说明、防范说明、产品标识及供应商标识等要素组成。

为保证人员安全及规范使用化学品，任何进入超净室的人员都必须事先了解相关化学品及操作使用规范，根据实验要求制定详细的操作规程并严格遵守，熟悉所用试剂及反应产物的性质，对实验中可能出现的异常情况具有足够的防备措施（如防爆、防火、防溅、防中毒等）。

一般来说，超净室中涉及的化学品有工艺类和厂务系统类。

（1）工艺类化学品：浓 H_2SO_4、H_2O_2、HCl、HF、H_3PO_4、乙酸（CH_3COOH）、HNO_3；乙醚（$C_4H_{10}O$）、光刻胶、乙醇、丙酮、异丙醇、NH_4F、$NH_3 \cdot H_2O$、显影剂。

（2）厂务系统所用到的液体化学品：10%浓度 H_2SO_4、32% NaOH、絮凝剂、还原剂、阻垢剂、缓蚀剂、非氧化型杀菌剂。

A.3 SMDL 常用的化学品

SMDL 常用的化学品有以下几类。

1）气体种类

① 大宗气体：N_2、CDA、O_2、Ar、He。

② 惰性气体：C_4F_8、CHF_3、CF_4、SF_6、N_2O。

③ 腐蚀气体：BCl_3、Cl_2、HBr、HCl。

④ 易燃易爆气体：SiH_4、NH_3、CH_4、H_2。

2）液体种类

浓 H_2SO_4、H_2O_2、HCl、HF、H_3PO_4、CH_3COOH、HNO_3、$C_4H_{10}O$、光刻胶、乙醇、丙酮、异丙醇、NH_4F、$NH_3 \cdot H_2O$、显影剂。

3）目前厂务系统所用到的液体化学品

32% NaOH、絮凝剂、还原剂、阻垢剂、缓蚀剂、非氧化性杀菌剂。

A.4 化学品的存放规范

化学品的存放规范性非常重要，尤其对非生产型科研单位而言，同时它对实验室安全和实验成果的准确性也都有重要意义。以下是存放规范性的重要意义。

（1）安全保障：化学品可能具有毒性、易燃性、腐蚀性和爆炸性等特性，不当存放可能引发事故和危险。遵守存放规范性可以确保化学品的安全存放，减少火灾、爆炸和毒性风险，保护实验室工作人员和设备的安全。

（2）防止试剂互相污染：化学品可能相互反应，产生危险物质或失去活性。严格遵守存放规范性可以防止试剂之间发生不期望的反应或污染，确保试剂的质量和纯度，保证实验结果的准确性。

(3) 易于取用和管理：存放规范性可以使试剂有序地摆放，便于查找和取用。正确标注试剂名称、编号、生产日期和有效期等信息可以帮助合理管理试剂，并及时更新所需试剂的库存。

(4) 环境保护：不当存放的化学品可能造成泄漏、挥发或渗漏到环境中，对土壤、水源和大气造成污染。遵守存放规范性可以减少对环境的污染，并通过妥善处理废弃试剂来减少对环境的负面影响。

(5) 符合法规：化学品的存放通常受到法规或行业标准的要求。遵守这些规定可以确保实验室符合相关标准和法规，并减少因违反规定而产生的法律和财务风险。

存放标准可以确保不同类型的化学品互不干扰，减少相互反应引发爆炸等事故的风险。以下是针对不同类型化学品的存放标准。

(1) 有机化学品：有机化学品具有易燃易爆的特性，应存放在专门设计的不锈钢防爆柜中。这种柜子通常具有防爆构造和防火性能，可以降低试剂引发火灾或爆炸的风险。

(2) 腐蚀性化学品：腐蚀性化学品会损害容器或其他试剂，并对人员和环境构成危险，应单独放置在由 PP 材质制成的化学品柜中。PP 材质具有良好的耐腐蚀性能，能够有效防止腐蚀性化学品对柜子的破坏。

(3) 一般性化学品：相对而言，一般性化学品的危险性较小，对人员和环境的风险较低，可以放置在由 PP 材质制成的化学品柜中。PP 材质具有良好的化学稳定性和耐腐蚀性，适用于存放一般性化学品。

除了不同类型的化学品的存放标准外，还应遵循以下存放原则。

(1) 标识和分类：对每种化学品进行正确的标识和分类，并确保标签上包含必要的安全信息，如危险性、存放要求和应急措施等。

(2) 避光和通风：有些化学品对光线敏感，应存放在避光处，避免直接暴露在阳光下。另外，确保存放区域通风良好，以减少有害气体的积聚。

(3) 隔离存放：不同类型的化学品应分开存放，防止不同试剂之间发生不期望的反应或污染。

(4) 温度控制：某些化学品对温度敏感，应存放在符合要求的温度范围内，以确保其稳定性和安全性。

(5) 监控和检查：定期检查化学品的存放情况，确保柜子和容器的完整性，并定期处理过期或废弃的化学品。

A.5 化学品的取用规范

为确保人身安全，化学品的使用必须遵守规范，一般规范如下。

(1) 剧毒化学品的领用必须严格遵守双人收发制度。

(2) 在实验室中使用任何化学品，必须在瓶子上贴上批准标签。

(3) 如果需要二次密封，也应标有化学品名称。

(4) 必须遵守标准的化学品处理程序。

(5) 处理一般性质化学品或有机化学品，如乙醇、丙酮、异丙醇等，只要按超净室要求穿戴完整即可。

(6) 处理危险化学药品(包含 HF、SPM、TMAH)必须穿戴 PTFE 防护围裙、防紫外线护目镜和耐腐蚀面罩。另外，如果是处理强酸强碱溶液，一定要穿戴耐酸碱橡胶手套。如果是处理 HF，一定要穿戴 PVC 长筒手套。更细节的 PPE 请参考相关标准操作手册。

(7) 操作者不可长时间(≥1 min)离开操作台，如需将未完成的实验溶剂暂时存放在通风橱中，请在容器醒目位置标出溶液名称、注意事项、操作者姓名、联系方式、操作者离开时间等信息，以提醒其他实验室成员小心对待(处理危险化学药品如 HF、SPM、RCA 等，不允许离开，须立即处理)。

(8) 超净室的多数溶液和超纯水一样无色透明，因此需小心对待，以免受伤。

(9) 如在超净室中闻到不明气味或强烈刺激性气味，立即停止实验，撤离超净室并报告超净室管理人员。

(10) 如有少量不明液体，可戴好防护手套，用洁净布擦除，如遇化学品泼洒或发现大量不明液体，应立即停止工作，并向超净室管理人员汇报。

生产所需的有毒有害添加物须采用保险箱保存，由专人保管钥匙，须 2 人到场同时使用 2 把钥匙才能打开领用，并上传登记台账。

生产所需有毒有害的添加物采用防爆柜保存，由专人保管钥匙，领用登记台账双人签字确认。图 A-3 为 SMDL 存放丙酮等化学品的防爆柜。

图 A-3　存放丙酮等化学品的防爆柜

A.6　化学品废弃物处理规范

为确保超净室安全及人员安全，化学品废弃物处理须遵循相应规范，具体措施如下。

（1）实验室化学品废液主要分为有机废液、酸性废液和碱性废液：应将废液分别倒入相应的废液桶中，器皿的第一次和第二次清洗废液也应倒入废液桶中集中收集。注意不要将酸或碱的废液倒入有机废液桶中，以免引发剧烈反应甚至爆炸。

（2）严禁直接将未处理的酸碱废液倒入水池并排入下水道：这些废液可能对下水道和环境造成污染和危害，应该按照相关规定将酸碱废液交给专门的废液处理单位进行处理。

（3）处理废液时要注意观察是否有废液溅洒在台面或地面上，实验结束后应检查实验台附近是否有水或其他液体洒落。如有液体溅洒或洒落，应及时用无尘纸或其他方法进行处理。如果发现有大量化学品在地面上，应立即通知超净室工作人员，并在了解如何处理的情况下协助处理。

（4）对于洒出的粉末状化学品，可以使用吸尘器进行处理。真空室里如有剥落的金属碎屑，也可以使用吸尘器清理。这样可以避免化学品在环境中的扩散，降低风险。

（5）清洗过程中要注意个人防护措施。无论是无机试剂清洗还是有机试剂清洗，都应穿戴适当的 PPE，如酸碱防护手套、护目镜和口罩。如果使用有毒或剧毒化学品，还应穿戴相应的防护装备。使用过的 PPE 要彻底清洗，然后整齐地放回原处，避免化学残留物影响其他人的使用。

(6) 生产现场废弃物的安全、分类和废弃管理。严格按照规定设置不同类型的废弃物置场，标签标识显著，每天按时进行回收。图 A-4 为 SMDL 的各类废弃物回收桶。

图 A-4　化学品废弃物回收桶

(a) 破损玻璃器皿、试剂空瓶临时存放处；(b) 酸性废弃物回收桶；
(c) 碱性废弃物回收桶；(d) 一般废弃物回收桶(左侧)。

A.7　SMDL 超净室需关注的重要安全风险点

SMDL 超净室内重要的安全风险点如图 A-5 及表 A-3 所示。

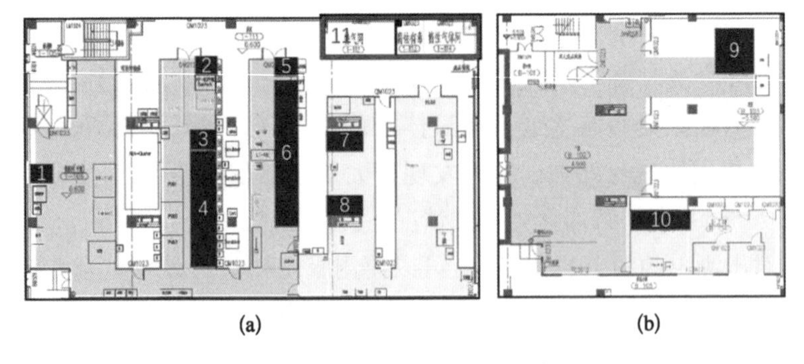

图 A-5　超净室安全风险点

(a) 1 楼风险点；(b) B1 楼风险点。

表 A-3　实验室各区域风险点及风险源

区域	设　备	风 险 源	区域	设　备	风 险 源
1	临界点干燥仪	CO_2窒息	7	匀胶通风橱	有机物挥发
2	XeF_2刻蚀机	气体泄漏	8	显影通风橱	有机物挥发
3	原子层沉积	TMA 泄漏	9	LPCVD	PH_3泄漏、高温
4	RIE、CVD	开腔尾气泄漏	10	通风橱	强酸强碱、有机物泄漏
5	HF 刻蚀机	气体泄漏	11	易燃易爆间	CH_4、H_2、NH_3、SiH_4
6	通风橱	强酸强碱、有机物泄漏	11	剧毒品间	PH_3、BCl_3、Cl_2、HBr、HCl

1 楼的风险点是 1 至 8 号，B1 楼的风险点是 9 和 10 号，11 号是超净室外侧的特气房。从图 A-5 和表 A-3 中可以看出，超净室内重要的安全风险点主要是气体泄漏、化学品泄漏及挥发，其中日常使用率最高的而且最容易出现安全问题的是通风橱。

通常通风橱内会配有纯水枪、高纯氮气枪、排风、电力、废水排和浓废液的收集，因此使用通风橱必须全程佩戴护目镜(图 A-6)。常见的不安全不规范的行为如下。

(1) 安全挡板拉至安全高度以上。

图 A-6　通风橱实物图

(2) 使用通风橱过程中,将头探进通风橱内。

(3) 使用完毕后未清理通风橱内的实验器具。

(4) 在通风橱内进行加热工艺时,无人值守。

A.8 超净室安全规范

为了确保人身安全,进出人员需严格遵守超净室的各项规范,以 SMDL 为例,其制定的安全规范如下。

(1) 所有人员须遵循“安全第一”的原则。

(2) 禁止单独作业(“单独工作”定义为超净室内只有一名人员工作持续30 min及以上)。

(3) 进入超净室的人员须进行安全培训,培训考核通过后,进入下一道程序。

(4) 如需带入化学品,应提前报备审批后方可带入,并按照要求存放在指定位置、合规使用和废弃。

(5) 超净室内禁止带入食物、电脑、私人物品等。

(6) 化学品存储、使用和废弃须严格按照超净室要求。

(7) 锐器或其他危险品放入锐器收集盒里。

(8) 严禁擅自调节气体阀门。

(9) 在不具备处理紧急状况的能力下,切记以自身安全为第一位,第一时间朝安全位置撤离,到达安全位置后立刻通报险情,请求支援。

(10) 注意超净室各门口安装的报警系统,任何人一旦发现报警信号(亮黄灯或红灯)或听到报警铃声,应停止工作,立即通知超净室内其他人员离开超净室,保证自身安全的同时通知中控室,因延误报告造成损失者要承担责任。

(11) 熟识常见的安全标志(图 A-7)。

空气中的微粒、有害空气、细菌及人体自身携带的皮屑和灰尘,都会对涉及半导体工艺的产品合格率产生重要影响。因此,超净室中需要使用专用的清洁用品,如超净室专用吸尘器、粘尘胶棒、无尘拖把、防静电无尘布、无尘纸、无尘室垃圾桶等。禁止携带不必要的物品进入超净室是保证工艺环境洁净度的关键。禁止带入超净室的物品如下。

图 A-7 常见的安全标识

(1) 非超净室专用文具,如普通铅笔、钢笔等。

(2) 易破损或产生飞屑的物品,如棉花、皮毛、泡沫、白板笔、白板擦、木丝板、纸箱等。

(3) 食品类。

(4) 个人物品,如钥匙、钱包、打火机、香烟、化妆品等。

(5) 其他未经清洁的物品。

A.9 超净室的管理规范

要稳定运行超净室,确保生产安全、高效,除建设安全生产管理的应急响应体系以外,还应建设配套的超净室的管理规范。包括以下内容。

(1) 清洁和消毒程序:规定超净室内各个区域的清洁和消毒的频率、方法及材料,以确保设施和设备保持清洁和无菌状态。

(2) 人员进出规范:包括进入超净室前的准备、穿着洁净服的要求、使用风淋室和洁净通道的程序等,以防人员带入污染,并防止微生物入侵超净室。

(3) 设备操作规范：涵盖设备的操作要求、使用方法、维护和校准等程序，以确保设备正常工作，不对室内环境产生负面影响。

(4) 废弃物处理：规定废弃物的处理方法和程序，包括化学废液、生物废弃物和其他废弃物的分类、收集、储存和处理。

(5) 管理记录和文件：规定超净室的操作、清洁、维护、校准、培训等的记录和文件管理要求，以便管理和监控超净室的运行和性能。

(6) 培训和教育：规定超净室操作人员的培训和教育要求，以确保他们了解超净室的规范和操作程序，具备操作技能和安全意识。

综上所述，超净室管理规范涵盖了设计规范、净化要求、清洁消毒程序、人员进出规范、设备操作规范、废弃物处理、安全措施、记录和文件的管理，以及培训和教育等方面的要求。这些规范的制定和执行对于超净室的有效管理和运营至关重要。

A.10 超净室进出规范

超净室是一个高度洁净的环境，需要遵守严格的进出规范，以确保净化级别和无菌状态的维持。以下是超净室的进出规范。

(1) 穿戴适当的防护装备：进入超净室前，必须穿戴适当的防护装备，包括洁净服、无尘鞋套、帽子、口罩和手套等。这些装备有助于减少人员对超净室的污染和微生物散布。

(2) 准备进入前的净化程序：进入超净室前，应先接受适当的净化程序。包括洗手、穿戴洁净服、戴上防护装备，以及经过风淋室或其他适当的空气过滤装置，以去除身上的尘埃和微生物。

(3) 限制进出门的开启时间和频率：为减少因进出超净室而引入污染源的机会，应尽量限制进出门的开启时间和频率。在进入或离开超净室时，门应尽快关闭，并在必要时进行适当的空气冲洗或净化。

(4) 不允许携带严禁物品进入：进入超净室时，不得携带严禁物品，如食品、化学品和其他可能引入污染的物品。只允许携带必需的实验工具和设备，并经过适当的净化和消毒处理。

(5) 遵守严格的操作规程：在超净室中进行实验或操作时，必须遵守严格的操作规程和卫生要求，以防污染或交叉感染的发生。操作人员应经过培训，并具备良好的卫生习惯和操作技能。

（6）保持室内清洁和整洁：在超净室中，应保持室内的清洁和整洁。避免堆放杂物及阻碍空气循环，保持室内设备和工作区域的整洁。

（7）严格控制访客和外来人员进入：为了确保净化级别和无菌状态的维持，应严格控制访客和外来人员的进入，并采取必要的防护措施，如临时领取洁净服、佩戴口罩等。

综上所述，超净室的进出规范是确保净化级别和无菌状态维持的关键措施。通过穿戴适当的防护装备、执行进入前的净化程序、限制进出门的开启时间和频率等措施，可以有效防止污染源的引入并确保超净室的洁净环境。

为方便理解，现以 SMDL 制定的进出管理办法为例作详细介绍。图 A-8 为 SMDL 进出超净室的基本步骤示意图。

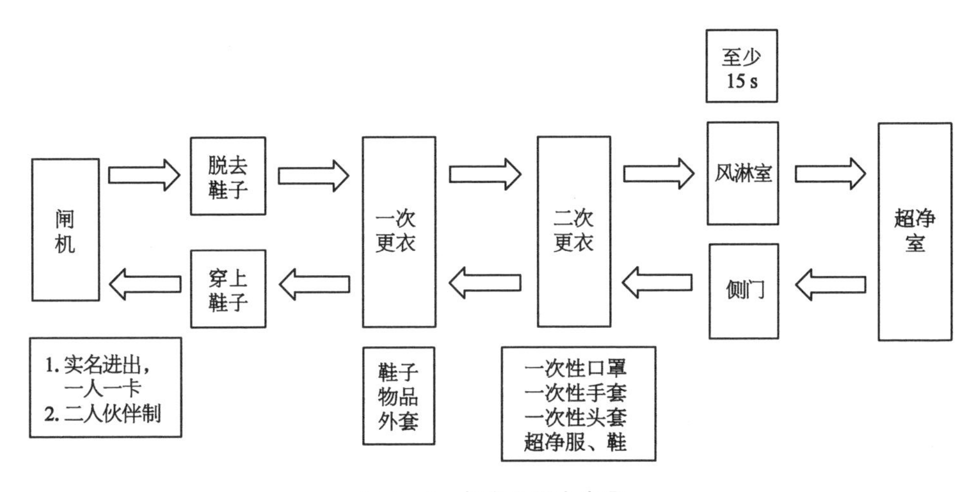

图 A-8　超净室进出步骤

进入超净室的人员须穿戴无尘服。进入无尘室前，须在规定区域脱鞋，将鞋置于鞋柜内，外衣置于衣柜内。进入更衣区域，净化服的穿戴顺序及标准如下（图 A-9）。

（1）手套：戴上手套后，应将手套的手腕置于衣袖内，以隔绝污染源。

（2）网帽：头发必须完全覆盖在帽内，不得外露，如有眼镜，请擦拭以清洁眼镜。

（3）连体无尘服：选用尺寸合宜的无尘服，只有这样才能保证将身体包裹住，不会因为袖子或裤管太短而露出皮肤。

（4）鞋套：将鞋套盖在裤管之上。

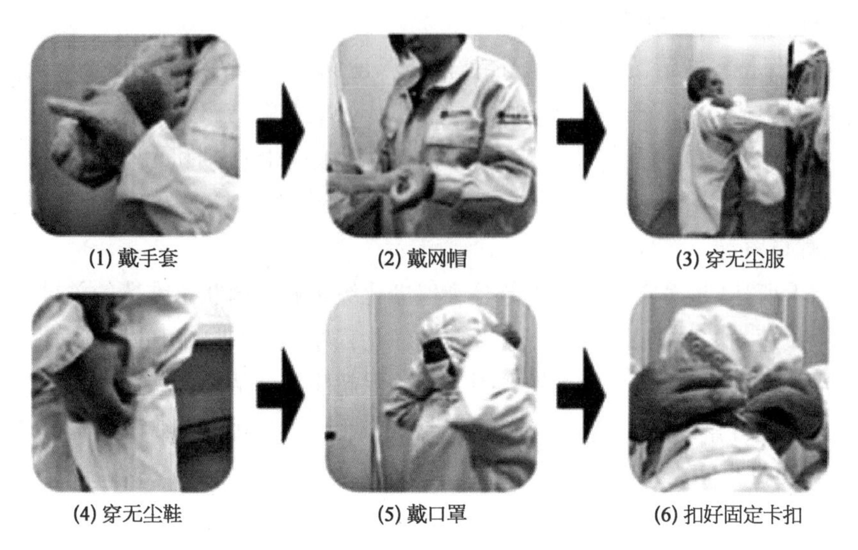

图 A-9　无尘服的穿着步骤

(5) 口罩：戴口罩时，应将口罩戴在鼻子上，以盖住口鼻孔为原则。

(6) 扣好固定卡扣。

除了需要注意上述无尘服的穿着要点外，还要关注眼睛的保护，具体措施有以下几点。

(1) 在超净室内，在必要的情况下必须佩戴防紫外线护目镜。对于佩戴近视眼镜的人员，应选配可与近视眼镜兼容的防紫外线护目镜。不建议佩戴隐形眼镜进入超净室，即便佩戴了实验室防紫外线护目镜，隐形眼镜也可能增大眼睛受伤处理的困难度。进行化学、生物安全和高温实验时，不得佩戴隐形眼镜。

(2) 需要使用激光或做强辐射实验的人员，应准备专门的防激光防紫外线护目镜。

(3) 使用有机清洗、酸清洗、匀胶与显影等通风橱时必须配套护目镜，避免化学品损伤眼睛。

超净室常用的防护手套分为橡胶手套和 PVC 材质的手套。

(1) 橡胶手套：在处理腐蚀液的时候，一般的丁晴手套并不能提供足够的保护。这时，需要佩戴上厚重的耐酸碱橡胶手套。在使用之前，须检查手套有无破损，一旦发现破损，切勿继续使用。每次使用之后在通风橱规定地方晾干手套再回收进塑料袋。

(2) PVC 材质或氯丁二烯橡胶材质的手套：处理 HF 时，建议使用长袖型大小合适的手套以避免试剂从手腕处流入。在使用之前，须检查手套有无破损，一旦发现破损，切勿继续使用。每次使用之后放置在通风橱规定地方晾干手套再回收进塑料袋。

需要格外强调的是，在处理强酸碱或 HF 等腐蚀性化学品时，须穿 PTFE 材质的围裙以保护身体，并佩戴耐腐蚀面罩。

常见穿着错误如图 A－10 所示，主要包括网帽露在外面、头发露出网帽、魔术贴没贴、固定扣没扣等。错误的穿着会导致外界污染被带入超净室。

图 A－10　无尘服常见穿着错误

实验结束后，换下的无尘服及无尘鞋须放置在合适位置。以 SMDL 无尘服、无尘鞋放置要求为例（图 A－11），相关规范包括：无尘服垂直悬挂，无尘鞋同侧摆放，出洁净室把公共无尘服和无尘鞋放回对应的尺码位置。

图 A－11　无尘服、无尘鞋放置要求

附录 B　化学符号对照表

名　称	化学式/缩写	类型(按用途/性质分类)
氮化硅	Si_3N_4	衬底/薄膜
氮化镓	GaN	衬底/薄膜
氮化铝	AlN	衬底/薄膜
氮化铌	NbN	衬底/薄膜
氮化钛	TiN	衬底/薄膜
多晶硅/掺杂多晶硅		衬底/薄膜
二氧化锆	ZrO_2	衬底/薄膜
二氧化硅	SiO_2	衬底/薄膜
二氧化钛	TiO_2	衬底/薄膜
硅	Si	衬底/薄膜
硅碳氮	SiCN	衬底/薄膜
绝缘体上硅	SOI	衬底/薄膜
磷硅玻璃	PSG	衬底/薄膜
磷化铟	InP	衬底/薄膜
铝钪氮	AlScN	衬底/薄膜
铌酸锂	$LiNbO_3$	衬底/薄膜
砷化镓	GaAs	衬底/薄膜
砷化铟	InAs	衬底/薄膜

（续表）

名　称	化学式/缩写	类型（按用途/性质分类）
碳化硅	SiC	衬底/薄膜
锑化镓	GaSb	衬底/薄膜
氧化铪	HfO_2	衬底/薄膜
氧化铝、蓝宝石	Al_2O_3	衬底/薄膜
氧化镁	MgO	衬底/薄膜
铟镓砷	InGaAs	衬底/薄膜
N-甲基吡咯烷酮	NMP	化学试剂
氨气	NH_3	化学试剂
丙酮	C_3H_6O	化学试剂
氟化铵	NH_4F	化学试剂
高氯酸	$HClO_4$	化学试剂
甲基丙烯酸甲酯	MMA	化学试剂
磷酸	H_3PO_4	化学试剂
硫酸	H_2SO_4	化学试剂
六甲基二硅胺	HMDS	化学试剂
氢氧化钾	KOH	化学试剂
氢氧化钠	NaOH	化学试剂
三甲基铝	TMA	化学试剂
双氧水	H_2O_2	化学试剂
四(二甲氨基)铪	TDMAHf	化学试剂
四甲基氢氧化铵	TMAH	化学试剂
四氯化钛	$TiCl_4$	化学试剂
四乙氧基硅烷	TEOS	化学试剂

（续表）

名　　称	化学式/缩写	类型(按用途/性质分类)
无水乙醇	EtOH	化学试剂
硝酸	HNO_3	化学试剂
溴	Br_2	化学试剂
盐酸	HCl	化学试剂
氧化铈	CeO_2	化学试剂
乙醚	$C_4H_{10}O$	化学试剂
乙酸	CH_3COOH	化学试剂
异丙醇	C_3H_8O	化学试剂
重氮萘醌	DNQ	化学试剂
氟化氢/氢氟酸	HF	气体/化学试剂
氨水	$NH_3 \cdot H_2O$	气体
八氟环丁烷	C_4F_8	气体
丙烷	C_3H_8	气体
臭氧	O_3	气体
氮气	N_2	气体
二(二乙氨基)硅烷	SAM-24	气体
二氟化硅	SiF_2	气体
二氯二氢硅	DCS	气体
二氧化氮	NO_2	气体
二氧化碳	CO_2	气体
氟化氙	XeF_2	气体
氟气	F_2	气体
高纯氮气	PN_2	气体

（续表）

名　称	化学式/缩写	类型(按用途/性质分类)
硅烷	SiH_4	气体
氦气	He	气体
甲烷	CH_4	气体
氪	Kr	气体
磷烷	PH_3	气体
硫化氢	H_2S	气体
六氟化二硅	Si_2F_6	气体
六氟化硫	SF_6	气体
氯气	Cl_2	气体
氢气	H_2	气体
三氟化氮	NF_3	气体
三氟化硼	BF_3	气体
三氟甲烷	CHF_3	气体
三氯化硼	BCl_3	气体
砷烷	AsH_3	气体
四氟化硅	SiF_4	气体
四氟化碳	CF_4	气体
四氟化锗	GeF_4	气体
氙	Xe	气体
溴化氢	HBr	气体
压缩干燥空气	CDA	气体
氩气	Ar	气体
氧气	O_2	气体

（续表）

名　称	化学式/缩写	类型（按用途/性质分类）
一氧化二氮	N_2O	气体
一氧化碳	CO	气体
乙炔	C_2H_2	气体
乙烷	C_2H_6	气体
氟化氪	KrF	准分子
氟化氩	ArF	准分子
聚丙烯	PP	塑料
聚四氟乙烯	PTFE	塑料
可溶性聚四氟乙烯	PFA	塑料
磷	P	非金属
硼	B	准金属
砷	As	准金属
锑	Sb	准金属
锗	Ge	准金属
铁镓	FeGa	合金
锗金	GeAu	合金
铂	Pt	金属
锆	Zr	金属
镉	Cd	金属
铬	Cr	金属
镓	Ga	金属
金	Au	金属
钼	Mo	金属

（续表）

名　称	化学式/缩写	类型（按用途/性质分类）
铌	Nb	金属
镍	Ni	金属
铅	Pb	金属
钛	Ti	金属
钽	Ta	金属
铜	Cu	金属
钨	W	金属
锡	Sn	金属
锌	Zn	金属
铟	In	金属
氢氧化铝	$Al(OH)_3$	金属氢氧化物
氢氧化镁	$Mg(OH)_2$	金属氢氧化物
氢氧化铁	$Fe(OH)_3$	金属氢氧化物
氢氧化锌	$Zn(OH)_2$	金属氢氧化物

附录 C　本书涉及的非法定计量单位换算表

物理量名称	名称、符号及换算
长度	英寸(in)[=0.025 4 m] 埃(Å)[=0.1 nm=10^{-10} m]
旋转速度	转每分(rpm)[=1 r/min=(1/60)s^{-1}]
压强	托(Torr)[=133.322 Pa] 巴(bar)[=100 kPa=0.1 MPa] 标准大气压(atm)[=101.325 kPa] 磅力每平方英寸(lbf/in^2)[Psi][=6.894 76×10^3 Pa]
体积	立方英尺(ft^3)[=2.831 685×10^{-2} m^3]
能量	电子伏(eV)[=1.602 177×10^{-19} J]
温度	华氏温度(℉)[=1.8×摄氏温度(℃)+32]

参考文献

[1] ALLEN R. Lightning strikes mathematics: equations that spell progress are solved by electronics. Popular Science Monthly. 2012, 148(4): 83-87.

[2] KAANTA C, COTE W, CRONIN J, et al. Submicron wiring technology with tungsten and planarization. IEDM Technical Digest, 1987: 209.

[3] 张汝京,等.纳米集成电路制造工艺(第2版).北京:清华大学出版社,2017.

[4] 何晖,包汉波.国内外特种气体的发展概况.深冷技术,2017,(3):55-59.

[5] 杰克逊 K A.半导体工艺.屠海令,万群,译.北京:科学出版社,1999.

[6] 张霞,刘宏波,顾文,等.全球光刻机发展概况以及光刻机装备国产化.无线互联科技,2018,15(19):110-111.

[7] 任泽生.匀胶显影设备工艺原理、结构及常见故障分析.电子技术与软件工程,2022,(15):128-131.

[8] 彭荣超.晶圆检测设备产业的现状、挑战与发展趋势研究.中国设备工程,2023,(7):174-176.

[9] 梁慧康,段辉高.电子束光刻设备发展现状及展望.科技导报,2022,40(11):33-44.

[10] Wang S T, Yang J J, Deng G L, et al. Femtosecond laser direct writing of flexible electronic devices: A mini review. Materials, 2024, 17(3): 557.

[11] 韦亚一.超大规模集成电路先进光刻理论与应用.北京:科学出版社,2016.

[12] 韦亚一,粟雅娟,董立松,等.计算光刻与版图优化.北京:电子工业出版社,2021.

[13] 李扬环.反向光刻技术和版图复杂度研究.浙江大学，2012.
[14] XIE X，BONING D. CMP at the wafer edge—modeling the interaction between wafer edge geometry and polish performance. MRS Online Proceedings Library，2005，867.
[15] TRUJILLO-SEVILLA J M，RAMOS-RODRIGUEZ J M，GAUDESTAD J. Roughness and nanotopography measurement of a silicon wafer using wave front phase imaging：high speed single image snapshot of entire wafer producing sub nm topography data//2020 31st Annual SEMI Advanced Semiconductor Manufacturing Conference，2020.
[16] 夸克 M，瑟达 J.半导体制造技术.韩郑生，等译.北京：电子工业出版社，2015.
[17] 范·赞特 P.芯片制造——半导体工艺制程实用教程(第六版).韩郑生，译.北京：电子工业出版社，2015.
[18] 方佼，於广军，闻永祥，等.HF 气相刻蚀技术及其在 MEMS 加速度计中的应用.中国集成电路，2016，25(4)：73－77.
[19] BENEDETTO V，PAOLO F，FRANCESCO F V，et al. Silicon sensors and actuators：the Feynman roadmap. Berlin：Springer，2022.
[20] LAI S L，JOHNSON D，WESTERMAN R. Aspect ratio dependent etching lag reduction in deep silicon etch processes. Journal of Vacuum Science & Technology A：Vacuum，Surfaces，and Films，2006，24(4)：1283－1288.
[21] Li D L，Cui X H，Du M，et al. Effect of combined hydrophilic activation on interface characteristics of Si/Si wafer direct bonding. Processes，2021，9(9)：1599.
[22] PLACH T，HINGERL K，TOLLABIMAZRAEHNO S，et al. Mechanisms for room temperature direct wafer bonding. Journal of Applied Physics，2013，113(9)：094905.
[23] TAKAFUMI F，HIDETO H，HIROSHI Y，et al. Oxide-oxide thermocompression direct bonding technologies with capillary self-assembly for multichip-to-wafer heterogeneous 3D system integration. Micromachines，2016，7(10)：184.
[24] CHEW S K，DE VOS J，BEYNE E. Wafer-to-wafer hybrid bonding：

pushing the boundaries to 400 nm interconnect pitch. Nature Reviews Electrical Engineering，2024，1：71 - 72.

[25] 林炳承，秦建华.图解微流控芯片实验室.北京：科学出版社，2008.

[26] GIANCHANDANI Y B，MA K J，NAJAFI K. A CMOS dissolved wafer process for integrated P^{++} microelectromechanical systems// International Conference on Solid-state Sensors & Actuators. IEEE，1995.

[27] ARX J V，ZIAIE B，DOKMECI M，et al. Hermeticity testing of glass-silicon packages with on chip feed throughs//Solid-State Sensors and Actuators，1995 and Eurosensors IX. Transducers' 95. The 8th International Conference on IEEE，1995.

[28] SHIOJIMA T，WATANABE R，HATAI M，et al. Development of self-releasing adhesive tape as a temporary bonding material for 3D integration. IEEE，2020.

[29] TAKAGI H，KIKUCHI K，MAEDA R，et al. Surface activated bonding of silicon wafers at room temperature. Applied Physics Letters，1996，68(16)：2222 - 2224.

索 引

E

F

G

H

J

K

L

M

N

P

Q

R

S

T

W

X

Y

Z